高等工科院校新形态教材

CAXA CAM 制造工程师实用案例教程（2020 版）

主　编　关雄飞
副主编　李　龙　王丽洁
参　编　冯　伟　王二建
主　审　马一民

机 械 工 业 出 版 社

本书以我国完全自主产权的CAXA CAM制造工程师2020软件为介绍对象，内容包括制造工程师软件的基本操作、线架构建、曲面造型、实体造型、数控加工自动编程五个模块，详细讲解了软件具有的工程模式及创新模式零件造型、三维球、编辑包围盒等，可极大地丰富读者的建模手段，使得零件三维建模更加简单、快捷。

本书是在《CAXA制造工程师2013 r2实用案例教程》的基础上更新升级的，采用项目引领、任务驱动的模式，案例经典，深入浅出，循序渐进，理论与实践相结合，启发性强，图文并茂，内容精炼，引人入胜，读者可在学习中体验成功，提高兴趣。

本书可作为高等工科院校机电类专业教材，满足普通本科和高等职业教育本科学生制造类专业课程的学习，也可作为研究生、高职院校师生以及相关专业工程技术人员的参考资料。

本书配有电子课件、全部案例及课后练习题解题操作视频，凡使用本书的教师可登录机械工业出版社教育服务网（http://www.cmpedu.com）下载。咨询电话：010-88379375。

图书在版编目（CIP）数据

CAXA CAM制造工程师实用案例教程：2020版/关雄飞主编. —北京：机械工业出版社，2021.9（2025.2重印）

ISBN 978-7-111-69111-2

Ⅰ.①C… Ⅱ.①关… Ⅲ.①数控机床-铣削-程序设计-高等学校-教材 Ⅳ.①TG547

中国版本图书馆CIP数据核字（2021）第184979号

机械工业出版社（北京市百万庄大街22号 邮政编码100037）
策划编辑：王英杰 责任编辑：王英杰 安桂芳
责任校对：郑 婕 封面设计：鞠 杨
责任印制：常天培
北京机工印刷厂有限公司印刷
2025年2月第1版第8次印刷
184mm×260mm · 14.75印张 · 362千字
标准书号：ISBN 978-7-111-69111-2
定价：48.00元

电话服务
客服电话：010-88361066
010-88379833
010-68326294

网络服务
机 工 官 网：www.cmpbook.com
机 工 官 博：weibo.com/cmp1952
金 书 网：www.golden-book.com
机工教育服务网：www.cmpedu.com

前言

工业软件国产化是“中国制造 2025”的必经之路，是科技强国的核心实力。突破制约我国产业安全的关键技术瓶颈，打破可能被“卡脖子”的技术领域壁垒已经迫在眉睫，工业软件国产化势在必行。

北京数码大方科技股份有限公司（CAXA 数码大方）是中国领先的工业软件和工业互联网公司。CAXA 数码大方始终坚持技术创新，自主研发数字化设计（CAD）、产品全生命周期管理（PLM）、数字化制造（MES）等软件，是我国早期从事此领域的软件公司，研发团队拥有多年专业经验，具有国际先进技术水平，在北京、南京和美国亚特兰大设有三个研发中心，目前已拥有 330 余项商标、专利、专利申请及著作权。CAXA 数码大方是国家智能制造标准化总体组成员单位、大数据标准工作组全权成员单位、中国信息技术标准化技术委员会委员、北京标准化协会单位会员，牵头或参与了国家智能制造标准、工业云、工业大数据、增材制造等标准体系的建设。

CAXA CAM 数控车、CAXA CAM 制造工程师、CAXA CAM 线切割，都是由 CAXA 数码大方开发的具有完全知识产权、自主可控的国产化 CAD/CAM 一体化软件。

CAXA CAM 制造工程师 2020 软件是基于 CAXA 3D 平台全新开发的 CAD/CAM 系统，采用全新的 3D 实体造型、线架曲面造型等混合建模方式，涵盖从两轴到五轴的数控铣削加工方式，支持数字孪生系统从设计、编程、代码生成、加工仿真、机床通信到代码校验的闭环执行。

CAXA CAM 制造工程师软件不仅是一款高效易学、具有很好工艺性的数控加工编程软件，而且是一套 Windows 原创风格、全中文三维造型与曲面实体完美结合的 CAD/CAM 一体化系统。CAXA CAM 制造工程师软件为数控加工行业提供了从造型设计到加工代码生成、校验一体化的全面解决方案。

本书具有以下特点：

1）案例系统、典型且丰富，循序渐进，让学习更高效。

2）零件的实体特征建模采用了工程模式与创新模式，结合三维球、编辑包围盒功能，使解题思路更广、方法更加灵活便捷。

3）各种数控加工功能已扩展至 50 余种，在概念清晰、注重基础的前提下，理论联系实际，体现分析、解决实际问题的灵活性与实用性。

4）采用项目引领、任务驱动的模式，内容精炼，深入浅出，启发性强，触类旁通，图文并茂，通俗易懂。

本书由西安理工大学关雄飞教授担任主编，渭南技师学院李龙高级技师和西安理工大学王丽洁教授担任副主编，CAXA 数码大方西北事业部技术副总经理、高级技师冯伟和技术经理王二建参与编写。全书由中国人民武装警察部队工程大学马一民教授主审。具体编写分工（包括文字及解题视频）如下：模块一、模块二由王丽洁、王二建编写，模块三、模块四由关雄飞、冯伟编写，模块五由关雄飞、李龙编写。

本书在编写过程中，得到了 CAXA 数码大方西北事业部总经理王艳及各位同事的大力支持和帮助，在此表示衷心的感谢！

由于编者水平有限，书中难免有疏漏或不当之处，恳请读者批评指正。E-mail：383406741@ qq. com。

编　者

目 录

前言
模块一　制造工程师软件的基本操作 …… 1
任务一　“双层叶轮”文件的显示操作 …… 1
任务二　吊钩模型颜色与背景的变换操作 …… 5
知识点拓展 …… 6
一、界面介绍 …… 6
二、常用键含义 …… 10
三、帮助 …… 12
思考与练习题 …… 13
模块二　线架构建 …… 15
任务一　平面曲线图形的绘制 …… 15
任务二　挡块的线架造型 …… 20
任务三　支架的线架造型 …… 22
知识点拓展 …… 24
一、3D 空间点 …… 25
二、三维曲线 …… 26
三、曲线修改与查询 …… 28
四、其他 3D 曲线 …… 29
思考与练习题 …… 35
模块三　曲面造型 …… 37
任务一　五角星的曲面造型 …… 37
任务二　花瓶的曲面造型 …… 40
任务三　可乐瓶底的曲面造型 …… 44
知识点拓展 …… 48
一、三维球工具 …… 48
二、曲面的生成 …… 55
三、曲面的编辑 …… 66
思考与练习题 …… 76
模块四　实体造型 …… 79
任务一　鼠标模型的实体造型 …… 79
任务二　蜡烛灯的实体造型 …… 84
任务三　轴承盖的实体造型 …… 89
任务四　弯管的实体造型 …… 93
任务五　叶轮的实体造型 …… 95
任务六　支架的实体造型 …… 99
任务七　铰链的实体造型 …… 102
任务八　手轮装配体的实体造型 …… 105
任务九　管接头的实体造型 …… 113
任务十　茶几的实体造型与渲染 …… 117
知识点拓展 …… 123
一、草图 …… 123
二、特征 …… 144
思考与练习题 …… 162
模块五　数控加工自动编程 …… 170
任务一　盘体零件的加工编程 …… 170
任务二　印章字体的雕刻加工 …… 178
任务三　底座零件的加工编程 …… 182
任务四　球铰座零件的加工编程 …… 190
任务五　锻模电极的加工编程 …… 195
任务六　圆柱凸轮槽的四轴加工编程 …… 198
任务七　异形截面柱体的四轴加工编程 …… 201
任务八　滑杆支架的五轴钻孔加工编程 …… 205
任务九　可乐瓶底凹模的五轴加工编程 …… 209
任务十　下啮合座的五轴加工编程 …… 212
知识点拓展 …… 222
思考与练习题 …… 224
参考文献 …… 229

Chapter 1

模块一 制造工程师软件的基本操作

知识能力目标

1. 认识操作界面以及各种菜单、工具条项目组成。
2. 掌握“打开”“保存”等命令的使用。
3. 掌握“显示缩放”“旋转”“平移”和“视向”等命令的使用。
4. 掌握显示视图平面及当前作图平面快捷键的使用。
5. 掌握颜色、渲染、材质、系统的设置方法。

任务一 “双层叶轮”文件的显示操作

任务背景

CAXA CAM 制造工程师 2020 软件提供了图形文件的显示操作命令，这些命令只改变图形在屏幕上的显示位置、比例和范围等，不改变原图形的实际尺寸。图形的显示控制对复杂图形和较大图形的绘制具有重要作用。

任务要求

1）利用“视向定位”命令显示双层叶轮模型的主视图、正等侧视图等操作。

2）使用工具“ ”和“ ”等进行双层叶轮模型的旋转、平移、放大和缩小等操作。

3）利用快捷键显示图形视向和当前作图平面的变换。

4）能对实体添加材质操作。

5）显示零件最佳效果。

任务解析

1）双击软件图标，进入 CAXA CAM 制造工程师 2020 软件的工作界面。

2）单击“文件”→“打开”命令，打开 CAXA CAM 制造工程师 2020 软件安装目录下“Samples”（例如：C：\CAXA\CAXACam\22.0\CamConfig\Samples）文件夹里的“双层叶轮”文件。

3）使用“视向”命令来显示双层叶轮模型不同的视图方向。

4）使用工具“ ”和“ ”等进行双层叶轮模型的旋转、平移、放大和缩小等显示变换操作。

5）使用快捷键<F2>～<F9>显示视图方向和当前作图平面的变换。

本案例的重点、难点

1）如何打开和保存文件。

2）如何使用“视向设置”命令来显示图形的不同视向。

3）如何对图形进行放大、缩小、旋转和平移等显示变换操作。

4）常用快捷键的功能作用。

操作步骤详解

1. 打开文件

单击“打开”按钮“”，弹出“打开”对话框，按照安装目录路径，找到“Samples”文件夹，打开“双层叶轮”文件，如图 1-1 所示。

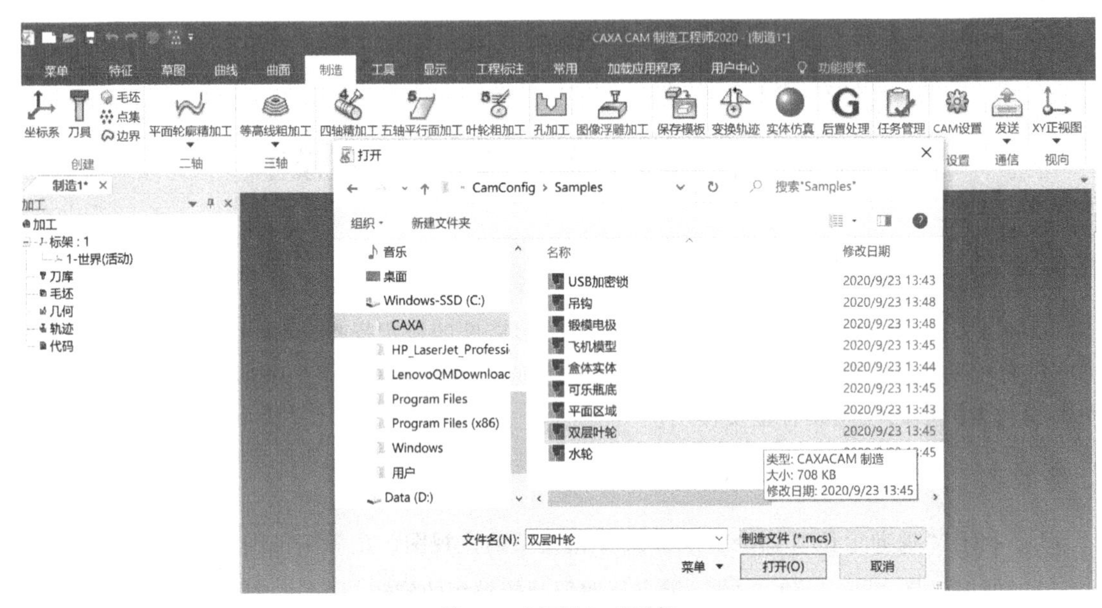

图 1-1 “打开”对话框

2. 视向定位

1）单击“菜单”→“显示”→“视向设置”，或单击屏幕下方显示工具条“”按钮边的黑三角，弹出视图方向菜单，通过选择“主视图”“俯视图”和“T. F. L”等，可以从几个固定方向显示零件，如图 1-2 所示。

2）单击“菜单”→“显示”→“显示”，或在屏幕下方显示工具条中，单击“”按钮，弹出视图显示操作命令菜单，可以实现零件视图的动态缩放、局部放大、平移和动态旋转操作，如图 1-3 所示。

3）在键盘上分别按<F2>、<F3>、<F5>、<F6>、<F7>、<F8>、<F9>各键，观察视图及坐标系变化。（注：Windows10 系统，须同时按<Fn>键）。

① <F2>键：按<F2>键，可实现鼠标左键拖动平移操作。按<Esc>键或单击鼠标中键结

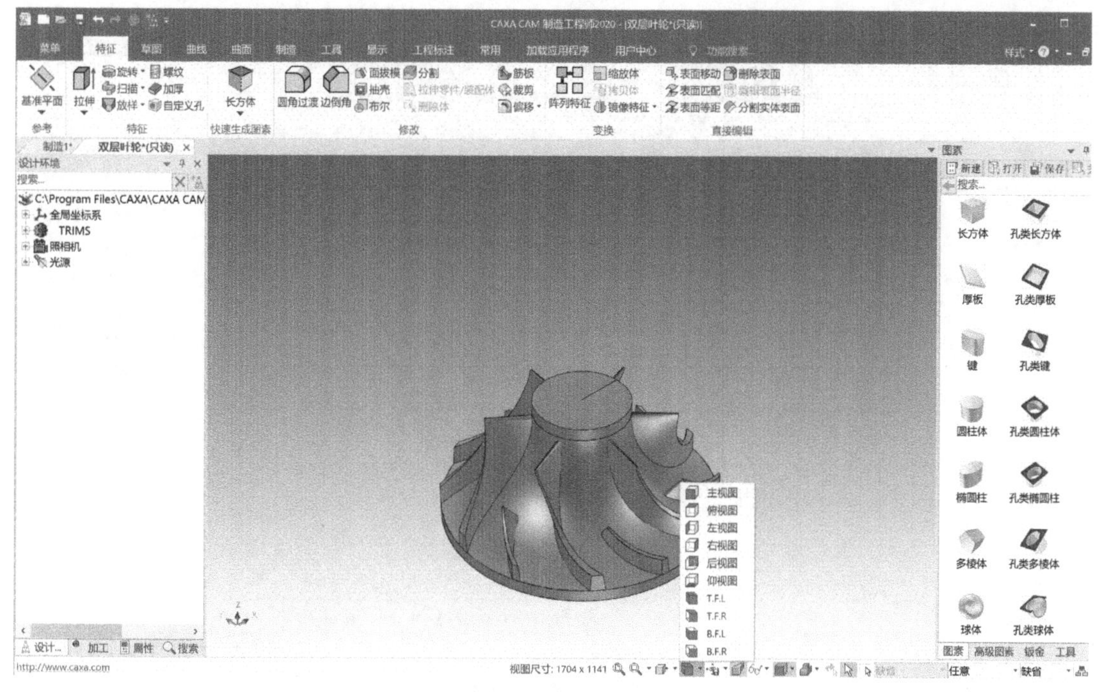

图 1-2　视向设置工具

束。按<Shift>键+鼠标中键也可实现鼠标拖动平移操作。

② <F3>键：按<F3>键，可实现鼠标左键动态旋转操作；长按鼠标中键也可实现动态旋转操作。按<Esc>键结束。

③ <Ctrl+F2>键：可实现相对上下左右移动操作。

④ <F5>键：选择“XOY”平面显示，且“XOY”平面为当前作图平面。

⑤ <F6>键：选择“YOZ”平面显示，且“YOZ”平面为当前作图平面。

⑥ <F7>键：选择“XOZ”平面显示，且“XOZ”平面为当前作图平面。

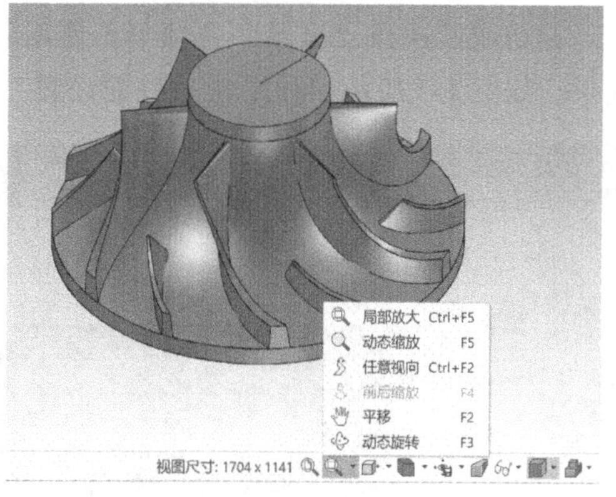

图 1-3　视图变换操作

⑦ <F8>键：显示轴测图。

⑧ <F9>键：在三维曲线操作界面，重复按<F9>键，可以切换作图平面（注意观察坐标系间的斜线变化）。

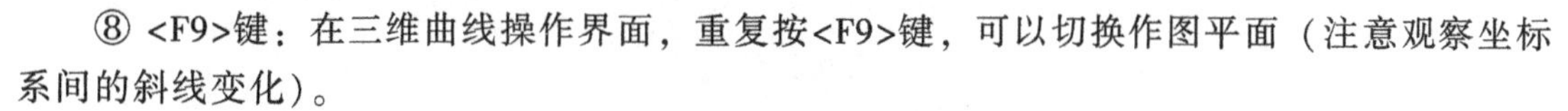

3. 添加材质

将光标放在零件实体上，单击鼠标右键，在快捷菜单中选择“编辑材质库”，弹出“编辑材料”对话框，单击“国标材料”，选择“铜合金”→“H90”，确定后添加材料完成，结果如图 1-4 所示。如果要取消材料，将光标放在零件上，单击鼠标右键，在快捷菜单中单击“取消材料”即可。

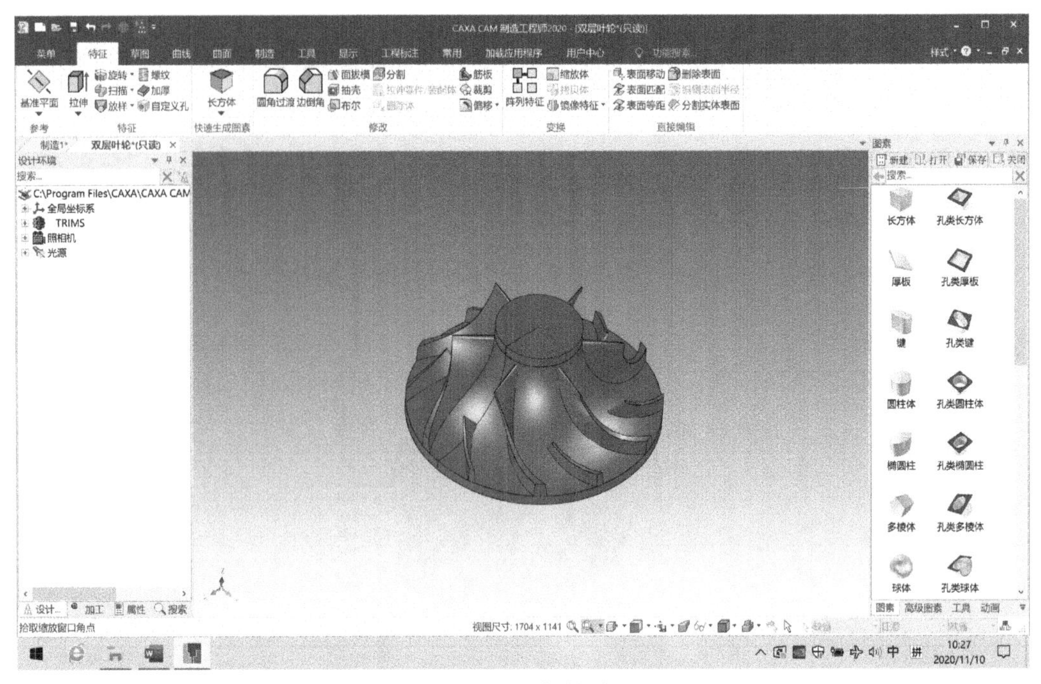

图 1-4　添加材质

4. 显示最佳效果

在功能区选择“显示”选项卡，使用“渲染”→“真实感”→“性能设置”显示零件最佳效果，如图 1-5 所示。如果在“性能设置”中单击“恢复所有到默认值”，则渲染取消。

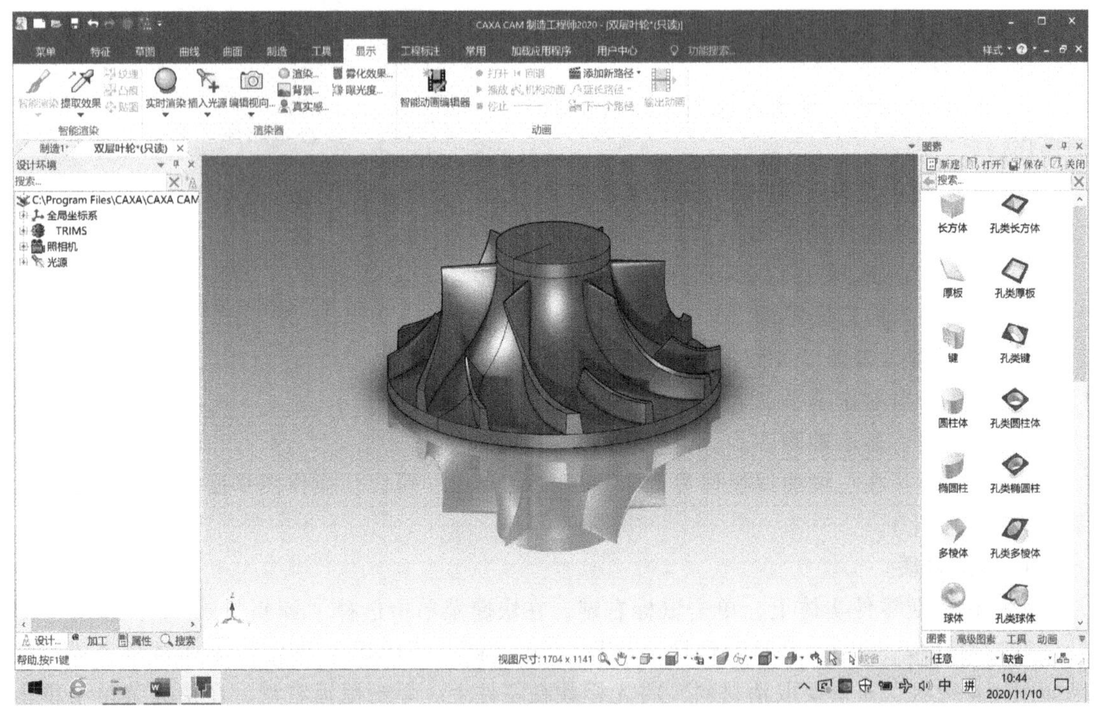

图 1-5　最佳效果

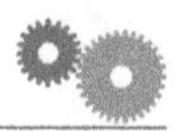

5. 保存文件

由于“双层叶轮”是打开的只读文件，所以无法保存编辑或修改。单击“文件”→“另存为”命令，弹出“另存为”对话框，输入文件名“双层叶轮”，保存在“桌面”，单击“保存”按钮，如图 1-6 所示。

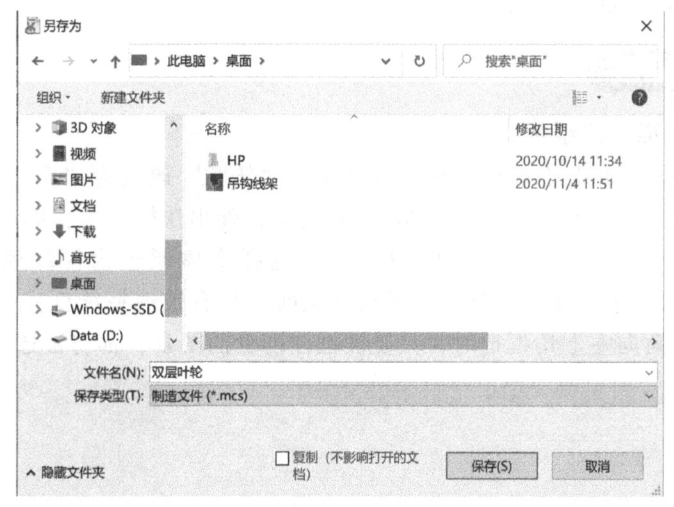

图 1-6 “另存为”对话框

任务二　吊钩模型颜色与背景的变换操作

任务背景

CAXA CAM 制造工程师 2020 软件提供了图形文件的各种设置操作命令，这些命令包括层设置、拾取过滤设置、系统设置、光源设置和材质设置等。通过设置可以改变绘图、显示的操作环境与效果。

任务要求

1）使用“颜色”命令改变吊钩模型体为深绿色，平台为紫红色。

2）使用“背景”命令将背景设置为白色。

任务解析

1）选择主菜单“编辑”→“颜色修改”命令，框选吊钩体曲面，单击鼠标右键，弹出“颜色管理”对话框，选择深绿色后确定。

2）按<Ctrl>键不松（可进行多选），分别单击拾取矩形平台的 5 个平面（拾取不到时旋转图形），单击鼠标右键，弹出快捷菜单，单击“颜色”命令，则弹出“颜色管理”对话框，选择紫红色后确定。

3）选择主菜单“设置”→“系统设置”→“颜色设置”→“修改背景颜色”→“使用单一颜色”→“背景颜色”，弹出“颜色管理”对话框，选择白色后确定。

本案例的重点、难点

1）对图素的单选、多选和框选。
2）图素颜色的改变。
3）背景颜色的改变。

操作步骤详解

1. 变吊钩体曲面为深绿色

首先，在屏幕右下角状态栏中，把拾取过滤由“任意”改变为“面”，单击框选吊钩体曲面（注意不要选矩形平台），然后，单击鼠标右键，弹出快捷菜单，单击“智能渲染”后弹出“智能渲染属性”对话框，如图 1-7 所示，选择实体颜色为深绿色后确定，结果如图 1-8 所示。（提示：从屏幕左上角向右下角框选时，只有被选择线框完全框住的图素才会被选中；而从右下角向左上角框选时，只要被框住部分的图素，都将被选中。）

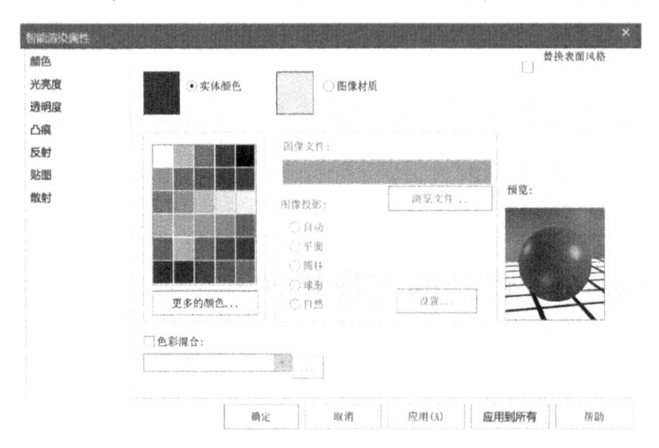

图 1-7 “智能渲染属性”对话框

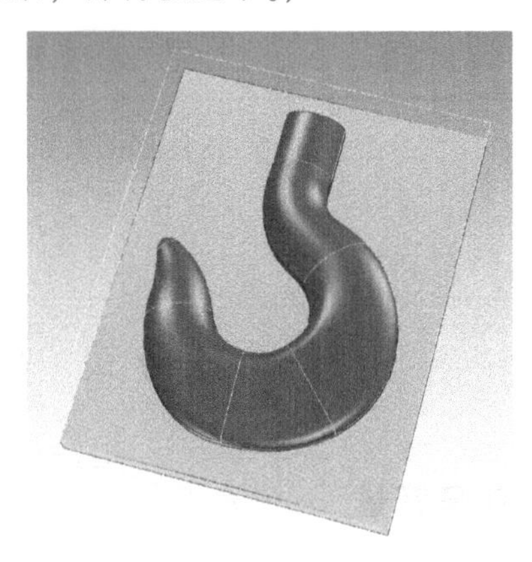

图 1-8 改变吊钩体曲面颜色

2. 变矩形平台为紫红色

改变颜色也可以通过设计元素库中的“颜色”选项来实现。单击设计元素库右上角的“打开”按钮，在弹出的菜单中选择“颜色”，出现颜色元素库，选择“紫红色”，拖拽至矩形平台，松开鼠标左键即完成颜色变换，结果如图 1-9 所示。

3. 变背景为白色

如果用上述方式拖拽“白色”至背景处，则可以完成背景色的变换。另外，在空白处单击鼠标右键，弹出快捷菜单（图 1-10），单击“背景”后弹出“设计环境属性”对话框，在“背景设置”的“颜色”项中，改变“顶部颜色”为白色，则背景颜色完成变换，结果如图 1-11 所示。如果要恢复原默认设置，则“顶部颜色”选择“自动”即可。

知识点拓展

一、界面介绍

界面是交互式 CAD/CAM 软件与用户进行信息交流的中介。系统通过界面反映当前信息

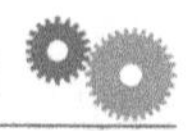

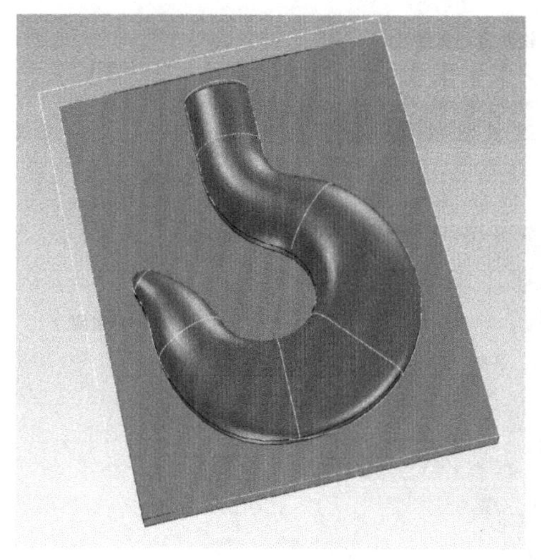

图 1-9　矩形平台颜色变换

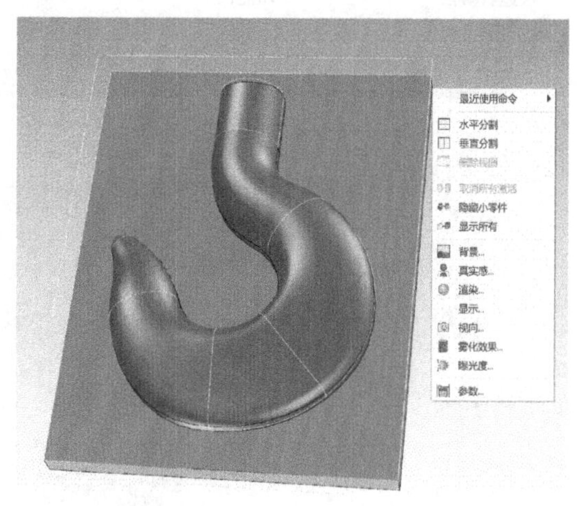

图 1-10　右键快捷菜单

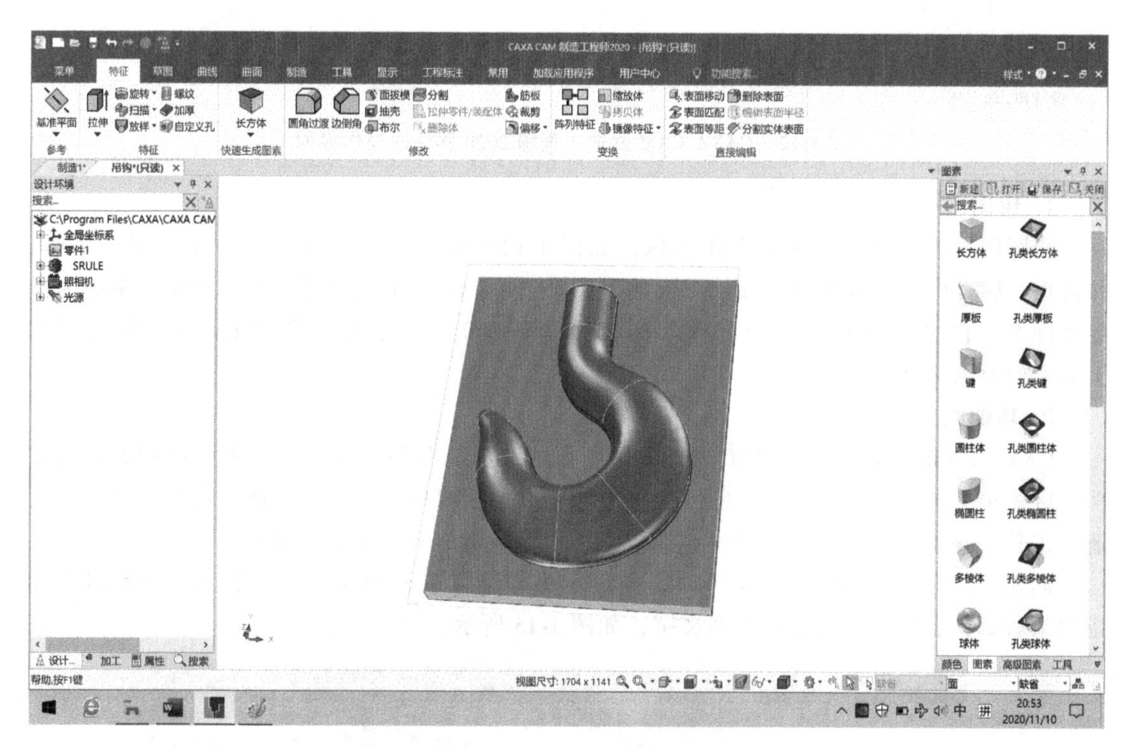

图 1-11　变背景为白色

状态及将要执行的操作，用户按照界面提供的信息做出判断，并经由输入设备进行下一步的操作。CAXA CAM 制造工程师软件的用户界面，和其他 Windows 风格的软件一样，各种应用功能通过菜单和工具条驱动；状态栏指导用户进行操作并提示当前状态和所处位置；设计树/加工树记录了历史操作和相互关系；绘图区显示各种功能操作的结果；同时，绘图区和设计树/加工树为用户提供了数据的交互功能，如图 1-12 所示。CAXA CAM 制造工程师 2020 软件工具条中的每个按钮都对应一个菜单命令，单击按钮和单击菜单命令的操作是同效的。

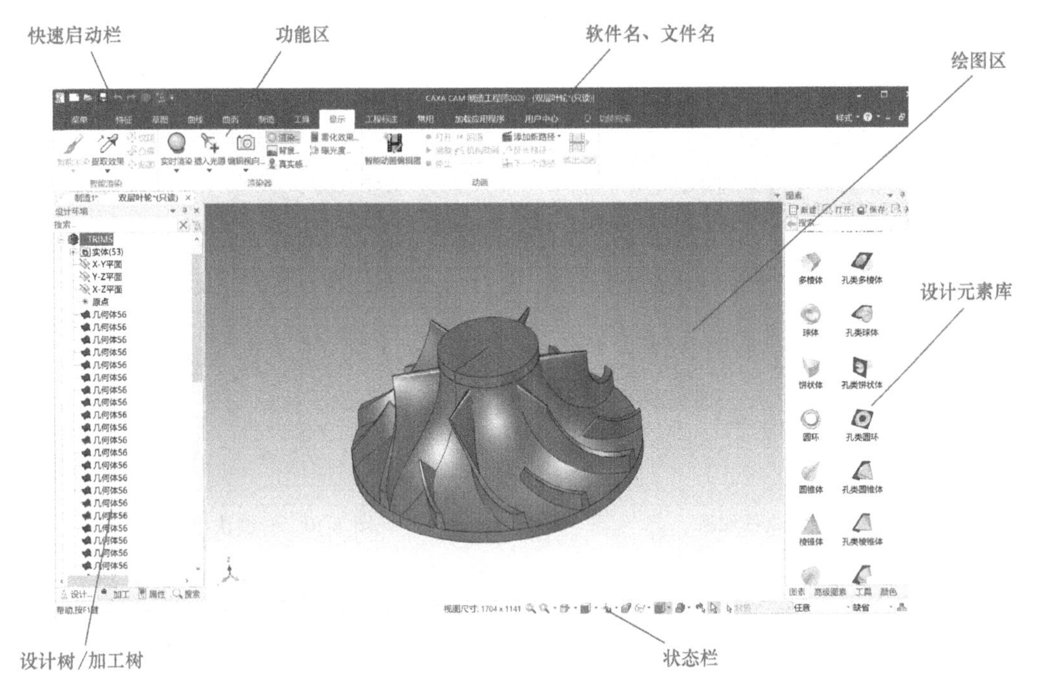

图 1-12　CAXA CAM 制造工程师 2020 软件的操作界面

1. 绘图区

绘图区是进行绘图设计的工作区域，如图 1-12 所示的空白区域。它位于屏幕的中心，并占据了屏幕的大部分面积。在绘图区的中央设置了一个三维直角坐标系，该坐标系称为世界坐标系，它的坐标原点为（0.0000，0.0000，0.0000）。在操作过程中的所有坐标均以此坐标系的原点为基准。

2. 功能区

CAXA CAM 制造工程师 2020 软件采用了简洁的功能布局，将工具命令分组归类，通过功能区主菜单选项卡来显示。功能区主菜单选项卡包括菜单、特征、草图、曲线、曲面、制造、工具、显示、工程标注、常用、加载应用程序、用户中心和功能搜索。

例如，当选择“特征”选项卡时，便显示出与特征造型相关的一组工具命令，将光标指向某命令，会显示该命令的解释文字，如图 1-13 所示。

图 1-13　“特征”选项卡与命令组

3. 立即菜单

立即菜单描述了该项命令执行的各种情况和使用条件。根据当前的作图要求，正确地选择某一选项，即可得到准确的响应。例如，在“曲线”选项卡中，选择“三维曲线”，单击

“直线”命令，便出现画“直线”的立即菜单（图 1-14a），从中选取某一项（如“两点线”），则会在下方出现一个选项菜单或者改变该项的内容，如图 1-14b 所示。

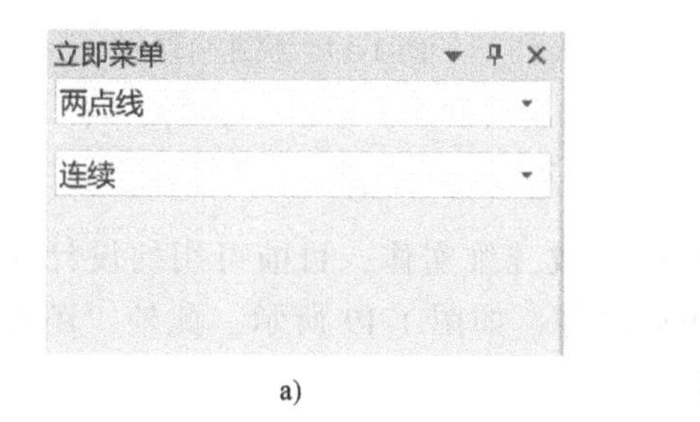

a)

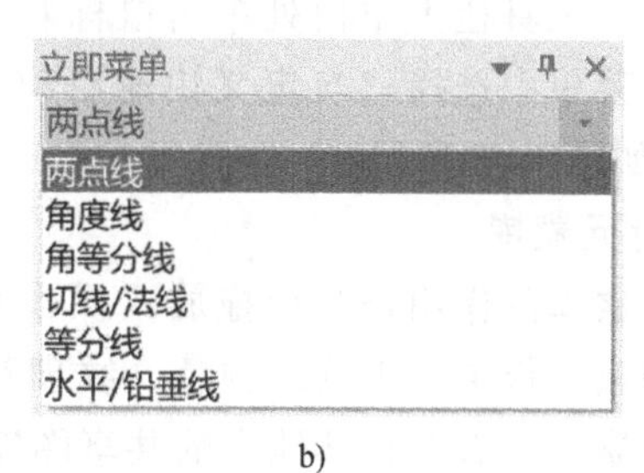

b)

图 1-14　画“直线”的立即菜单

4. 快捷菜单

光标处于不同的位置或选中不同的对象，单击鼠标右键会弹出不同的快捷菜单。熟练使用快捷菜单，可以提高绘图速度。

例如，点选吊钩模型中一条线（变为浅蓝色），单击鼠标右键，则弹出一快捷菜单，如图 1-15 所示。

5. 对话框

某些菜单选项要求用户以对话的形式予以回答，单击这些菜单时，系统会弹出一个对话框，如图 1-16 所示为“制造”选项卡工具栏中“创建毛坯”对话框，用户可根据当前操作做出响应。

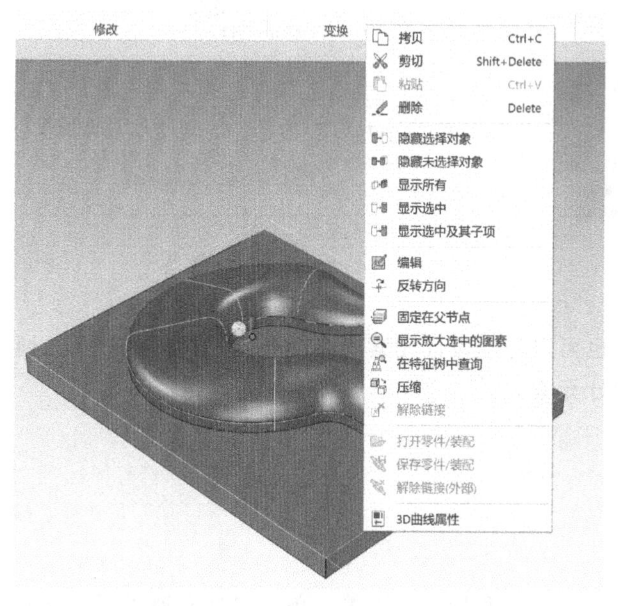

图 1-15　快捷菜单

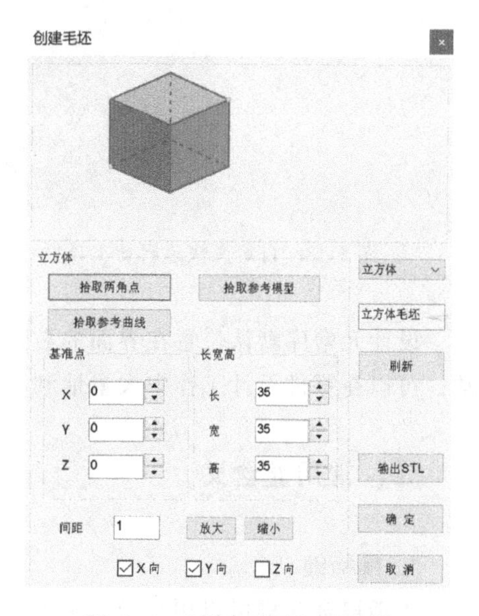

图 1-16　“创建毛坯”对话框

6. 快速启动栏

在软件界面的左上方，有一条始终显示的工具条，这里有用户最常用的功能。快速启动栏如图 1-17 所示。

当用户希望改变快速启动栏中项目时，可以单击快速启动栏最右边的下三角，也可以在工具栏上空白处单击鼠标右键，在右键菜单中选择“自定义快速启动工具栏”，如图 1-18 所示。

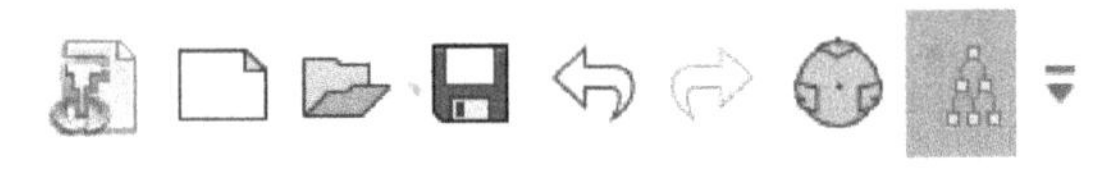

图 1-17　快速启动栏

7. 设计元素库

设计元素库的作用是配合拖放式操作直接生成三维实体，目前可用的设计元素库有图素、高级图素、钣金、工具、颜色、纹理和动画等，如图 1-19 所示。此外，还可以生成自己的设计元素库或者获得其他人的共享图库。

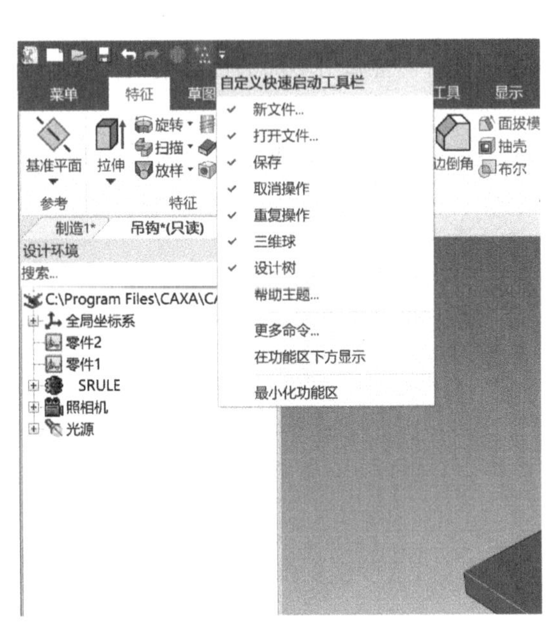

图 1-18　自定义快速启动工具栏

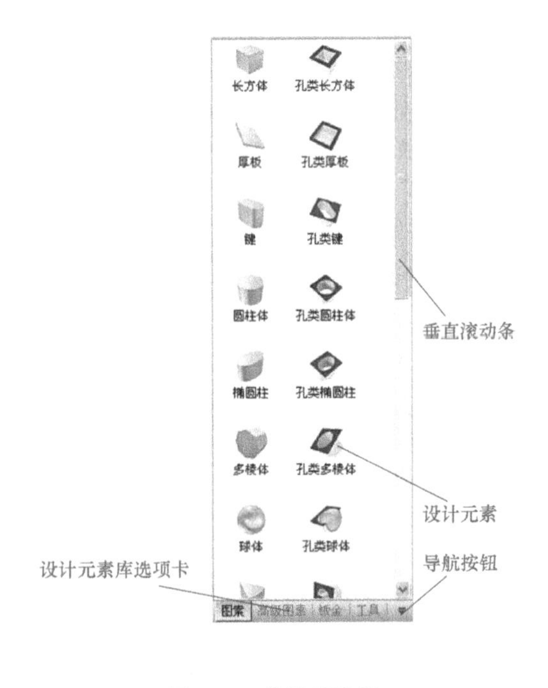

图 1-19　设计元素库

设计元素库默认位置在界面的右边，也可以拖动设计元素库浮动到自己想要的位置。通常，可以在零件设计工作中大量地利用设计元素。

二、常用键含义

1. 鼠标键

单击鼠标左键可以用来激活菜单、确定位置点和拾取元素等；单击鼠标右键可以用来确认拾取、结束操作和终止命令。

例如，要运行画直线功能应先把光标移动到直线图标上，然后单击鼠标左键，激活画直线功能，这时，在命令提示区出现下一步操作的提示；把光标移动到绘图区内，单击鼠标左键，输入一个位置点，再根据提示输入第二个位置点，就生成了一条直线。

又如，在删除几何元素时，当拾取完要删除的元素，单击鼠标右键就可以结束拾取，被拾取到的元素就被删除掉了。

本书中的单击一般指按一下鼠标左键，右击为按一下鼠标右键。

2. <Enter>键和数值键

（1）<Enter>键　在绘制图线时按下<Enter>键，即完成绘图命令并退出命令。在绘制二维草图时，<Enter>键的作用同鼠标左键，表示对屏幕点的确认。

（2）数值键　在系统要求输入点时，可以输入坐标值。在绘制空间曲线时，如果状态栏左侧提示输入点，则可通过数值键输入坐标数值，形式是："x，y，z"，输入完成后，按<Enter>键完成。如图 1-20 所示，在绘制圆形曲线时，圆心点坐标为（100，50.68，79.5）。

在绘制二维草图时，如果需要通过数值键输入点坐标，则在立即菜单中输入 x、y 坐标，然后按<Enter>键完成，如图 1-21 所示。注意：两坐标值通过空格键分开，而不是用顿号。如果坐标值以@开始，则表示相对于前一个输入点的相对坐标；在某些情况下也可以输入字符串。

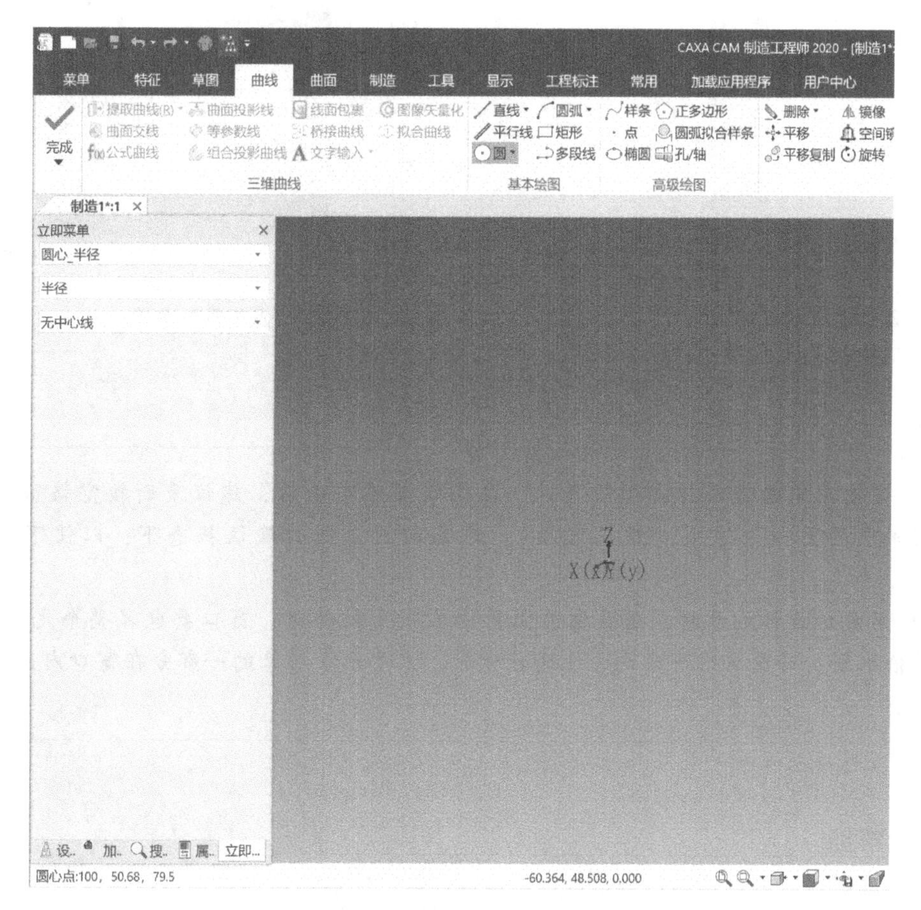

图 1-20　绘制空间曲线时输入点坐标

3. 空格键

空格键可以配合系统的当前操作，产生不同的快捷菜单。例如，当系统要求输入点时，按空格键会弹出"点工具"菜单，如图 1-22 所示。

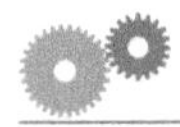

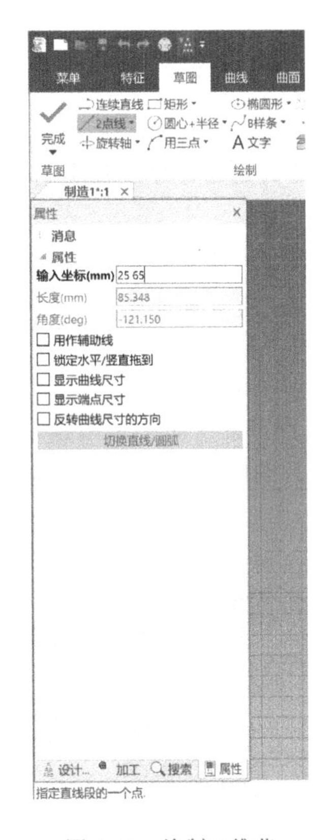

图 1-21　绘制二维草图时输入点坐标

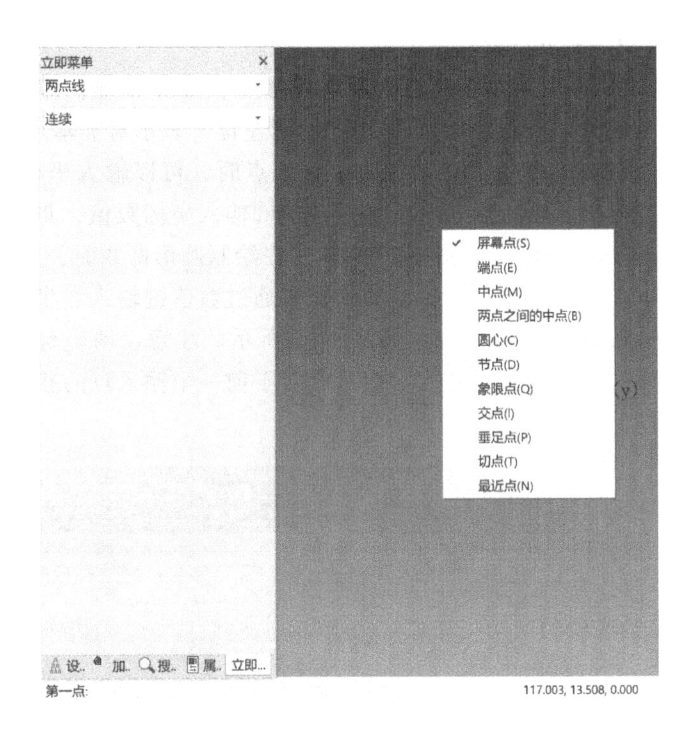

图 1-22　“点工具”菜单

注意：

1）当使用空格键进行类型设置时，在拾取操作完成后，建议重新按空格键，选择弹出菜单中的第一个选项（默认选项），让其回到系统的默认状态下，以便下一步的选取。

2）用窗口拾取元素时，若是由左上角向右下角拉开时，窗口要包容整个元素对象，才能被拾取到；若是从右下角向左上角拉开时，只要元素对象的一部分在窗口内，就可以拾取到。

三、帮助

单击主菜单“帮助”，显示下拉菜单，选择“帮助主题”，弹出 CAXA CAM 制造工程师 2020 用户手册和 CAXA3D 实体设计 2020 用户手册，单击“索引”，便会出现内容目录，用户可根据需要选择相应的内容查询阅读，如图 1-23 所示。如果需要了解软件某些功能的详尽说明，则可以查看本用户手册。

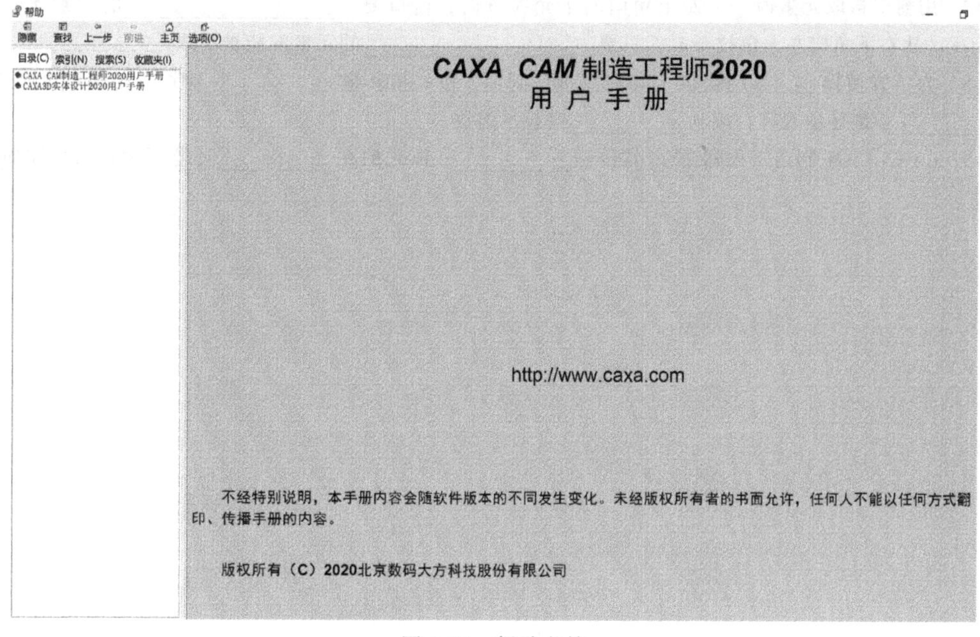

图 1-23　帮助文档

思考与练习题

1-1　了解 CAXA CAM 制造工程师 2020 软件的操作界面，列举出其所包含的功能选项卡、菜单和工具条。各功能选项卡、标准工具条的功能项目有哪些？

1-2　打开文件的方法有哪些？如何存储文件？

1-3　什么是立即菜单？试分别产生画“直线”和“圆”的立即菜单。

1-4　什么是快捷菜单？如何产生“点工具”菜单？

1-5　试通过设置菜单改变 CAXA CAM 制造工程师 2020 软件的界面背景颜色。

1-6　试按软件安装目录路径，找到“Samples”文件夹，打开“飞机模型”文件，进行以下操作：

1）分别通过<F2>、<F3>、<F5>、<F6>、<F7>、<F8>键对模型进行显示移动、视向转换。

2）分别通过状态栏模型显示工具按钮，如图 1-24 所示，对图形进行相应操作并观察模型的显示变化。

3）改变模型颜色为深灰色，背景为淡蓝色，并另存在桌面上，文件名：电极，文件格式：. mxe。

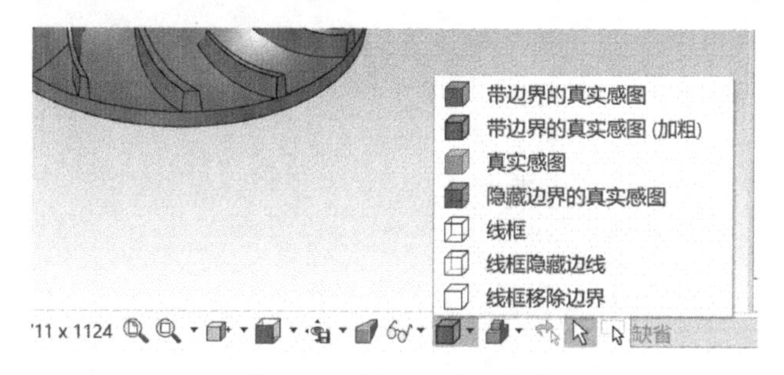

图 1-24　模型显示工具栏

1-7 用窗口拾取元素时，由左上角向右下角拉开时，窗口要____________________的元素才能被拾取，相反，从右下角向左上角拉开时，只要____________________的元素就能被拾取。

1-8 为了方便操作，系统提供了功能热键，例如：按<Shift>键+__________键可以使模型显示平移，按<__________>键显示旋转，滚动__________键显示缩放。

1-9 CAXA CAM 制造工程师 2020 软件是__________一体化的在__________环境下运行的数控加工编程软件。

Chapter 2

模块二

线架构建

知识能力目标

1. 掌握曲线生成的基本功能和应用，能根据已知条件选择正确的作图方式。
2. 掌握曲线编辑、几何变换工具的应用，能根据作图需要选择恰当的工具。
3. 学会分析实体轮廓结构特点，选择正确而简练的线架构建方法。
4. 熟悉各种立即菜单、快捷菜单、快捷键和鼠标左右键的应用。
5. 培养读图能力和空间想象力。

任务一 平面曲线图形的绘制

任务背景

CAXA CAM 制造工程师 2020 软件提供了丰富的曲线绘制工具，并且提供了各种曲线编辑、几何变换、显示和状态工具，掌握这些工具的应用，是学习三维实体造型的重要基础。

任务要求

根据图 2-1 所示的尺寸，在 *XOY* 平面中完成平面图形的绘制。坐标原点 *O* 设在 ϕ34 圆心处。

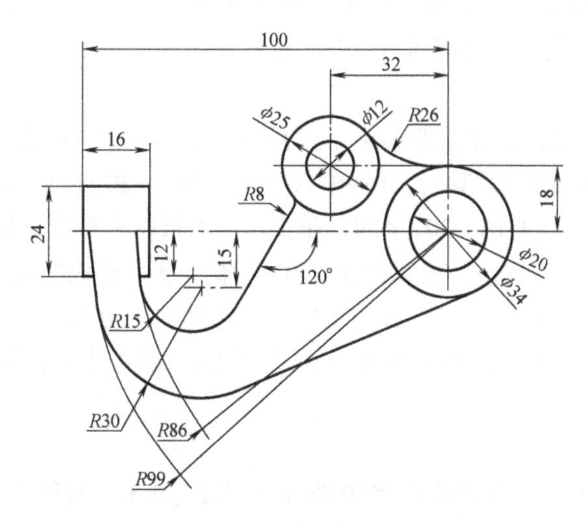

图 2-1 平面图形

提示：

国家标准规定，机械图样中的尺寸以mm（毫米）为单位时，不需标注单位符号（或名称），如采用其他单位，则必须注明相应的单位符号，本书正文叙述中，尺寸单位为mm时，简洁起见，有的地方也未加单位符号。

任务解析

1）选择作图平面为 XOY 平面，坐标原点为 $\phi 34$ 圆心处。

2）用等距线得到 $\phi 12$、$\phi 25$ 同心圆圆心，绘出两组同心圆。

3）绘出圆弧 $R99$、$R86$，找到内切圆圆心后画出 $R30$、$R15$。

4）绘制公切线，绘制相切角度线，用曲线过渡工具得到圆弧 $R8$ 和 $R26$。

5）使用矩形工具绘制矩形，通过平移定位。

6）使用删除和修剪工具，对图形多余曲线进行修剪。

本案例的重点、难点

1）如何选择作图平面。

2）如何使用直线、整圆、圆弧和矩形等曲线生成工具。

3）如何使用等距、圆弧过渡、平移、删除和修剪等曲线编辑、几何变换工具。

操作步骤详解

1. 选择作图平面

打开CAXA CAM制造工程师软件，进入绘图状态，在功能区选择“曲线”→“三维曲线”，进入曲线绘制界面，选择 XOY 平面（按<F5>键，Windows10系统+<Fn>键）。

2. 作参考基准线

单击“╱直线”按钮，在立即菜单中选择“水平/铅垂线”→“水平+铅垂”→“长度=100”，选择坐标原点，得到参考基准线如图2-2所示。

3. 作同心圆

1）单击“⊙圆”按钮，在立即菜单中选择“圆心_半径”→“直径”→“无中心线”，按左下角提示，点选坐标原点为圆心，分别输入直径“20”→按<Enter>键、输入直径“34”→按<Enter>键，得到两个同心圆 $\phi 20$、$\phi 34$，单击鼠标右键结束命令，如图2-3所示。

2）单击“等距线”按钮，在立即菜单中选择“单个拾取”→“单向”，输入“距离：18”“单个”，按左下角提示，选择水平基准线，选择向上方向，得到水平等距线；同理，以距离32，得到铅垂等距线；以等距线交点为圆心，绘制两同心圆 $\phi 12$、$\phi 25$，如图2-4所示。

4. 作内切圆弧

单击“圆弧”按钮，在立即菜单中选择“圆心_半径_起终角”，输入“半径：99”“起始角：180”“终止角：250”，点选坐标原点为圆心，得到圆弧 L_1；将 L_1 向内等距30，

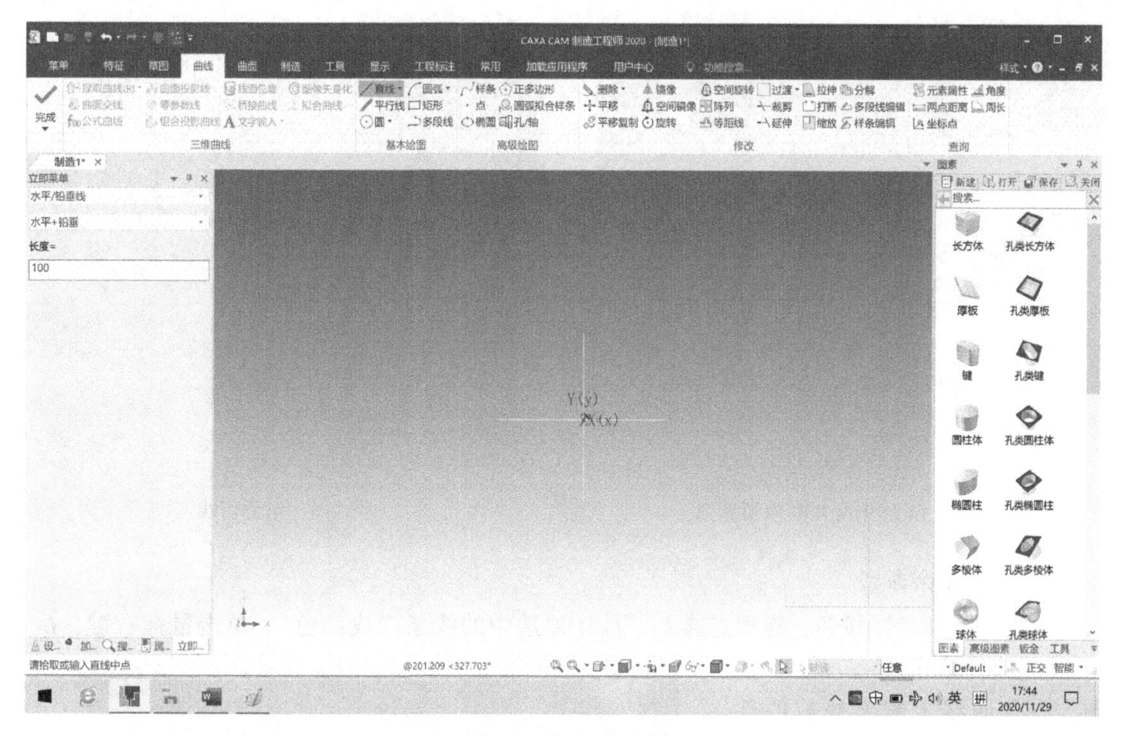

图 2-2　参考基准线

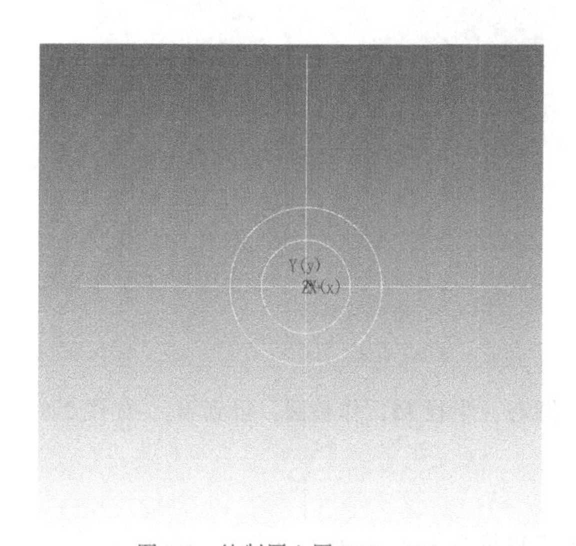

图 2-3　绘制同心圆 $\phi20$、$\phi34$

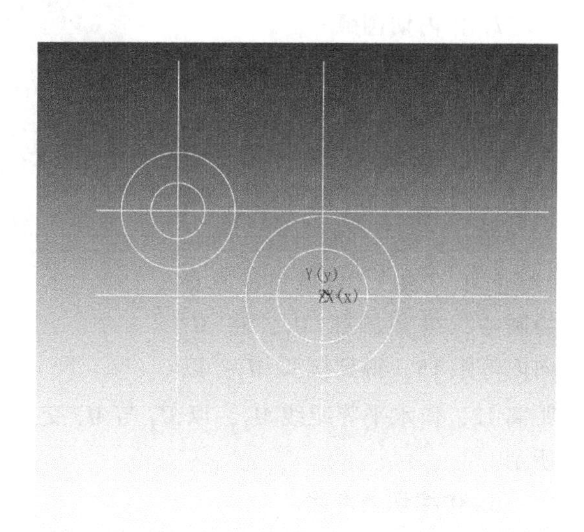

图 2-4　绘制同心圆 $\phi12$、$\phi25$

得到圆弧 L_2；以距离 15，作水平等距线 L_3，以 L_2 与 L_3 交点为圆心，半径 30，作整圆，得到 L_4，如图 2-5 所示。

5. 作公切线

单击“╱直线”按钮，在立即菜单中选择“两点线”→“单根”，按左下角提示，选择“第一点：”按空格键，在快捷菜单中选择“切点”或按<T>键，点选圆弧 L_4 和 $\phi34$ 圆弧（在切点附近单击），得到公切线，如图 2-6 所示。

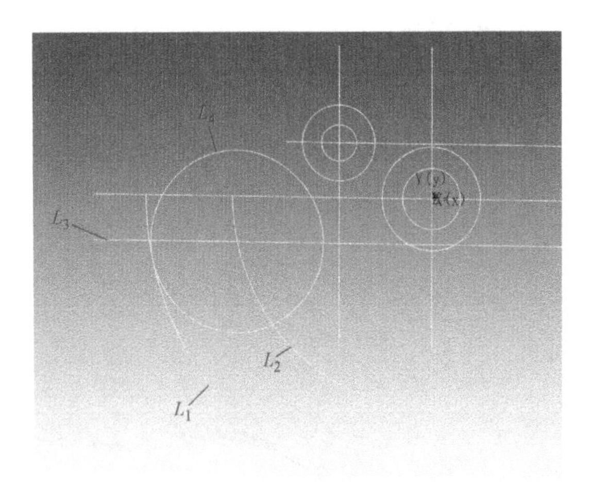

图 2-5　作 $R99$ 及 $R30$ 内切圆弧

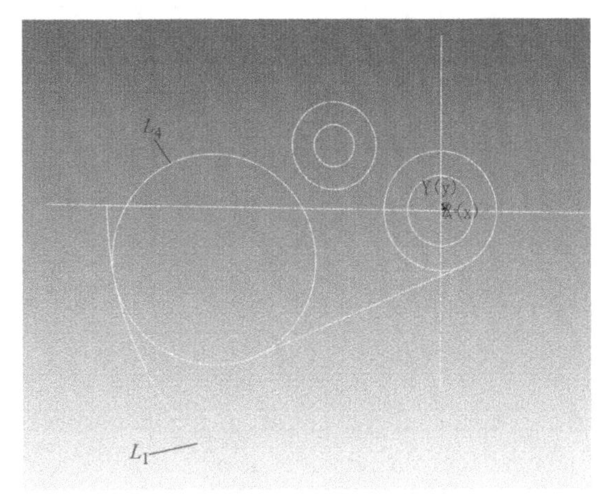

图 2-6　作公切线

6. 修剪多余曲线

单击“删除”按钮，连续点选 L_2、L_3（被选中的线条变成红色），单击鼠标右键，L_2、L_3 被删除；单击“裁剪”按钮，点选曲线上需要修剪的部分，得到结果如图 2-7 所示。

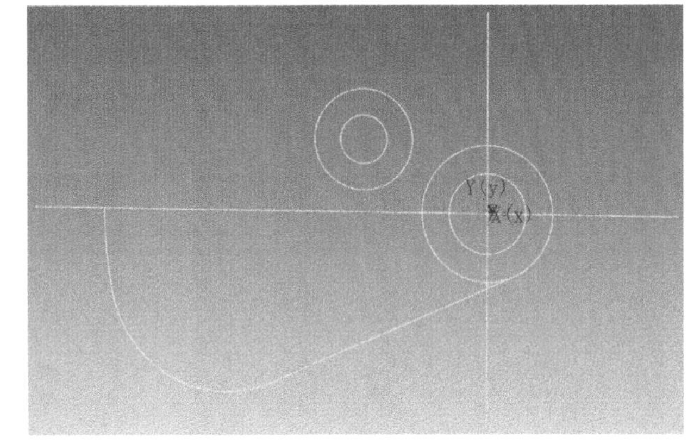

图 2-7　修剪后结果

7. 作内切圆弧

首先按空格键或按<S>键，恢复点方式为“缺省点”。单击“圆弧”按钮，在立即菜单中选择“圆心_半径_起终角”，输入“半径：86”“起始角：180”“终止角：250”，点选坐标原点为圆心，得到圆弧 M_1，将 M_1 向内等距 15，得到圆弧 M_2；以距离 12，作水平等距线 M_3，以 M_2 与 M_3 交点为圆心，半径 15，作整圆，得到 M_4，如图 2-8 所示。

8. 作相切角度线

单击“直线”按钮，在立即菜单中选择“角度线”→“X 轴夹角”→“到点”，输入“角度：度=60，分=0，秒=0”，按空格键，在快捷菜单中选择“切点”或按<T>键，点选圆弧 M_4（在切点附近单击），光标向右上角移动，按<S>键（注意：文字输入方式为英文状态），在适当的位置单击确定角度线终点，结果如图 2-9 所示。

9. 曲线过渡

单击“过渡”按钮，在立即菜单中选择“圆角”→“裁剪始边”，输入“半径：8”，按左下角提示，拾取第一条曲线为角度线，然后点选圆弧 $\phi25$（在过渡圆弧切点附近单击）；再改变选项“不裁减”，输入“半径：26”，分别点选整圆 $\phi25$ 和 $\phi34$（在过渡圆弧端

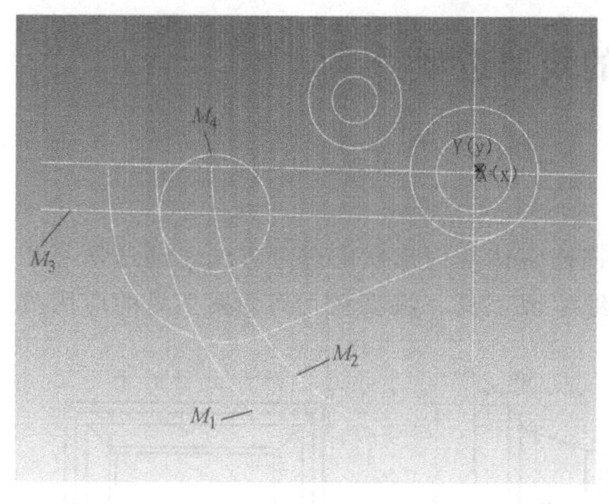

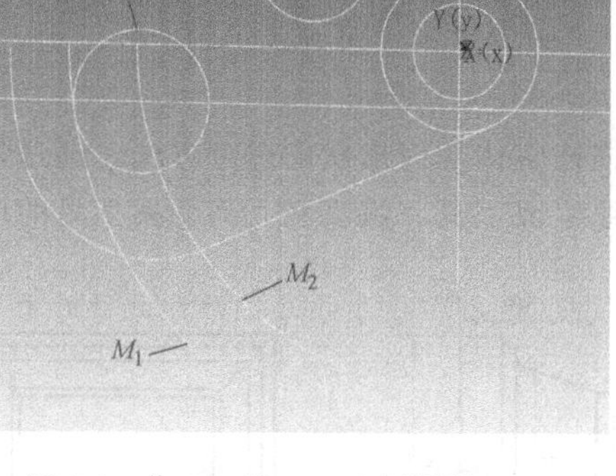

图 2-8 作 *R*86 及 *R*15 内切圆弧

图 2-9 作相切角度线

点附近单击），最后修剪多余曲线，得到结果如图 2-10 所示。

10. 绘制矩形

单击“矩形”按钮，在立即菜单中选择“长度和宽度”→“中心定位”，输入“角度：0”“长度：16”“宽度：24”，无中心线，按左下角提示，在绘图区空白处单击绘出矩形，如图 2-11 所示。

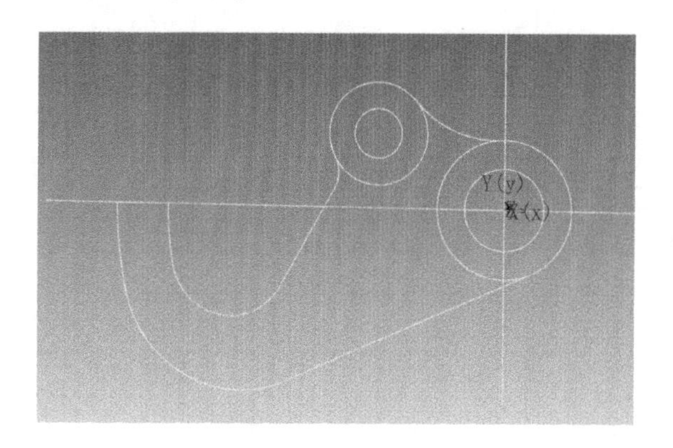

图 2-10 曲线过渡

图 2-11 绘制矩形

11. 矩形平移

单击“平移”按钮，在立即菜单中选择“两点”→“旋转角 0”→“比例 1”，框选矩形对象（图形变成红色），单击鼠标右键，先点选矩形左边框中心点为起点，再在左下角输入第二点：“-100，0”，然后按<Enter>键完成平移，修剪多余曲线，得到结果如图 2-12 所示。（提示：直线段的端点、中点、切点和交点可以自动捕捉。）

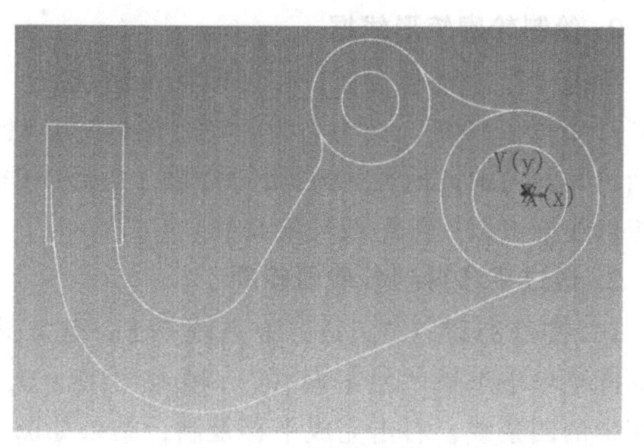

图 2-12 图形绘制结果

任务二　挡块的线架造型

任务背景

线架造型是通过绘制出几何体的轮廓曲线来描述实体几何形状的造型方法，通过学习和训练实体的线架造型，可以进一步理解和掌握曲线生成工具、编辑和几何变换工具的应用技巧，同时，建立良好的空间概念。为下一步更好地掌握曲面、实体造型功能打下扎实的基础。

任务要求

根据图 2-13 所示的尺寸，完成挡块的三维线架造型。

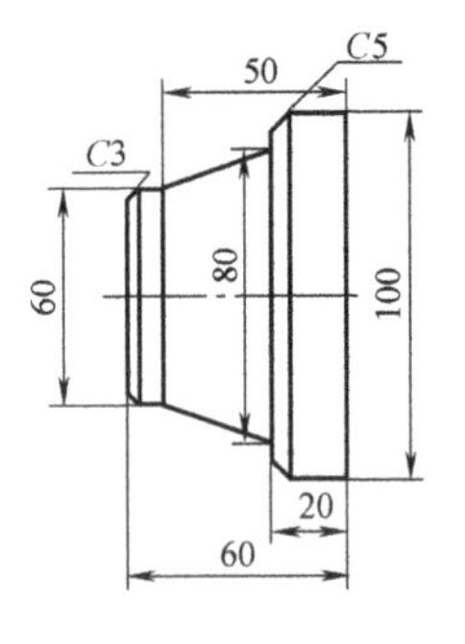

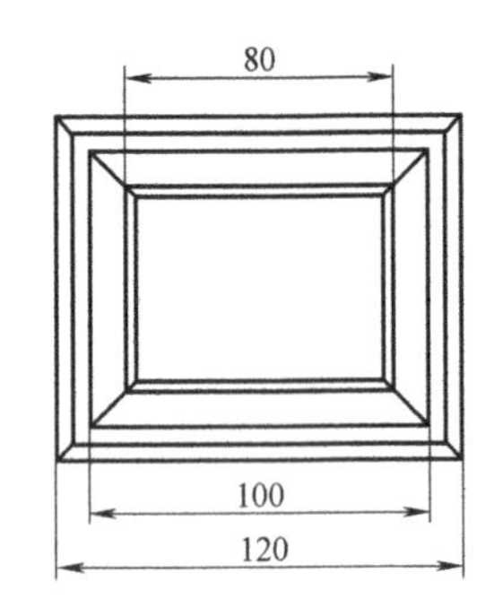

图 2-13　挡块零件图

任务解析

1）将挡块零件底面定位在 *XOY* 平面上，底面中心设在原点。

2）绘制出挡块各个轮廓矩形线框。

3）连接出各个线框的棱线。

本案例的重点、难点

1）明确各个轮廓矩形线框的尺寸和位置。

2）如何通过平移工具简化操作。

操作步骤详解

1. 选择作图平面

打开 CAXA CAM 制造工程师软件，按<F5>键（Windows10 系统+<Fn>键），将挡块零件底面定位在 *XOY* 平面上，底面中心设在原点。

2. 绘制轮廓矩形线框

单击“矩形”按钮，在立即菜单中选择“长度和宽度”，输入“角度：0”“长度：120”“宽度：100”，无中心线，在绘图区原点处单击绘出一个矩形，命令结束；用同样方法画出其他轮廓截面在 *XOY* 面的投影（矩形线框），如图 2-14 所示。（提示：倒角形成的两个矩形线框可以用等距线功能得到。）

3. 通过平移得到各截面轮廓

1）按<F8>键（Windows10 系统+<Fn>键）进入轴测图显示，单击“平移复制”按钮，在立即菜单中选择“给定偏移”，输入“DX = 0，DY = 0，DZ = 15，份数 = 1”，然后拾取最大矩形的四条线，右击完成平移复制，结果如图 2-15 所示。

2）单击“平移”按钮，在立即菜单中选择“给定偏移”，输入“DZ = 20”，其他不

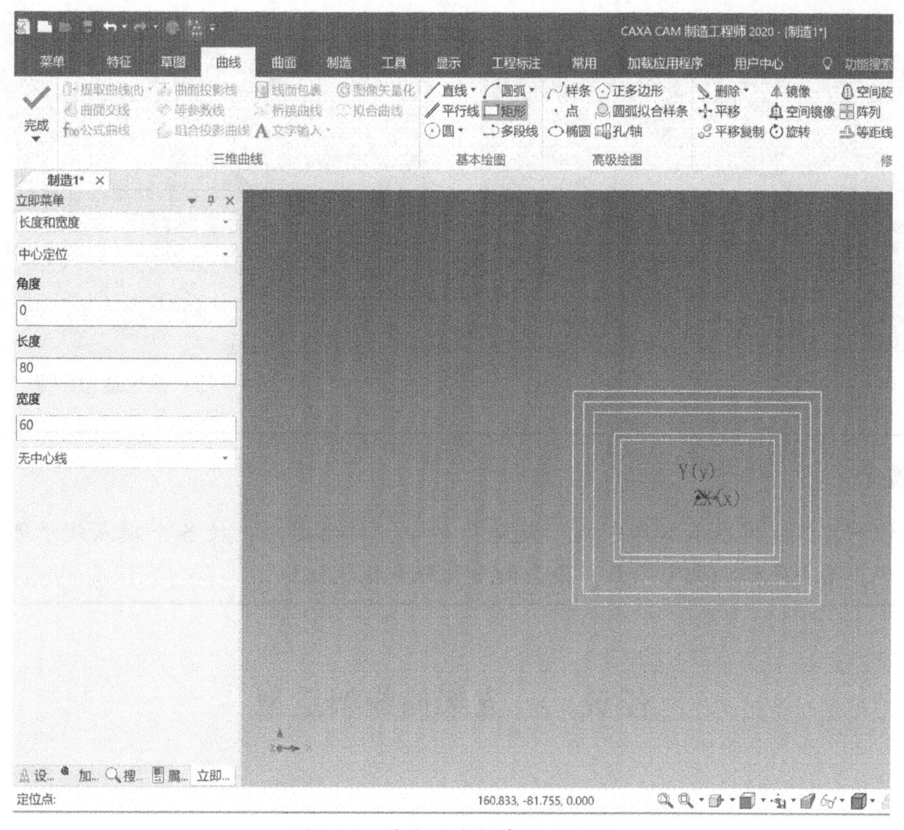

图 2-14　绘出 5 个轮廓矩形线框

变，拾取次大矩形的四条线后右击，得到结果如图 2-16 所示。

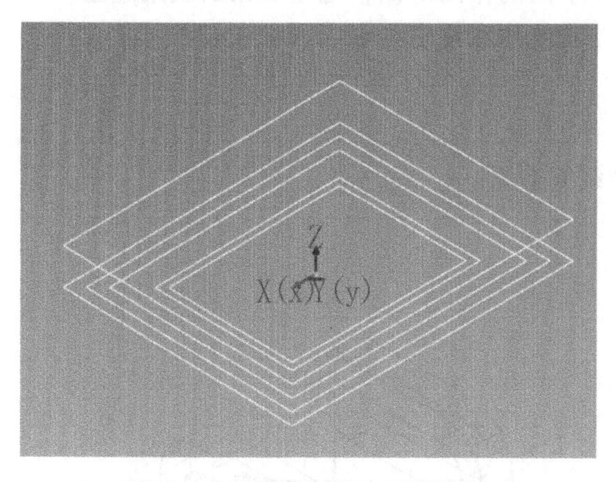

图 2-15　平移复制最大矩形线框

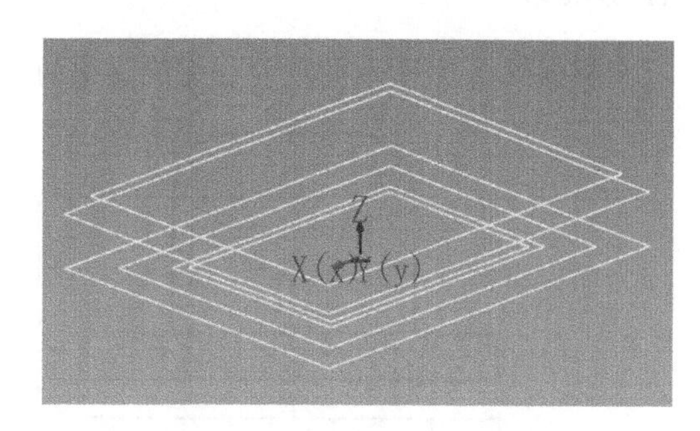

图 2-16　平移第二圈矩形线框

3）根据图 2-13 中的尺寸数据，按上述方式将各个矩形线框平移到对应的高度，如图 2-17 所示。

4. 画出各个棱线

单击“╱直线”按钮，在立即菜单中选择“两点线”→“连续”（非正交，在右下角状态栏中设置），连接相应顶点，结果如图 2-18 所示。

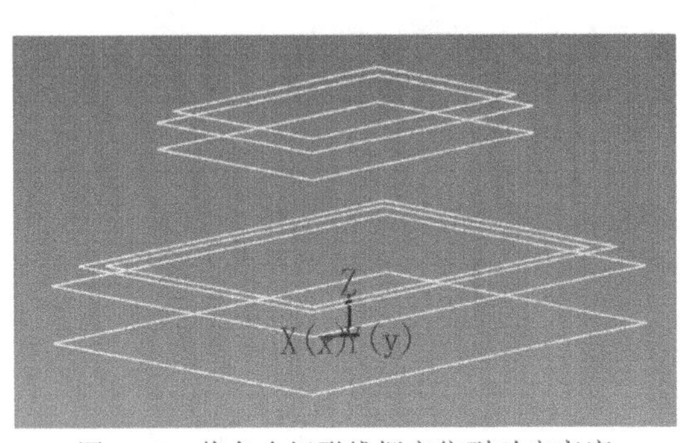

图 2-17　将各个矩形线框定位到对应高度

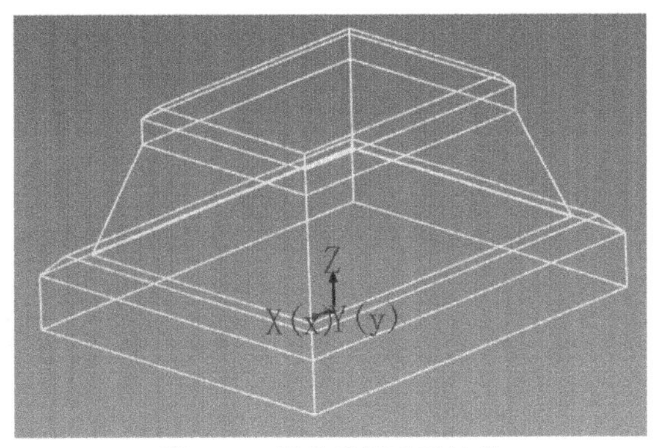

图 2-18　挡块线架造型结果

提示：

操作中可以使用显示工具中的“旋转”命令，转动图形，使各个顶点处于可拾取位置。另外，单击鼠标右键可以结束命令和重复命令快捷切换。

任务三　支架的线架造型

任务背景

通过前例，学习了由直线段构成的几何体的轮廓线架的绘制，本例中支架的轮廓线架不仅有直线，还有圆弧和整圆，并且这些曲线处于不同的作图平面，通过支架的线架造型，可以进一步提高曲线生成工具、编辑和几何变换工具的作图技巧。

任务要求

根据图 2-19 所示的尺寸，完成支架的三维线架造型。

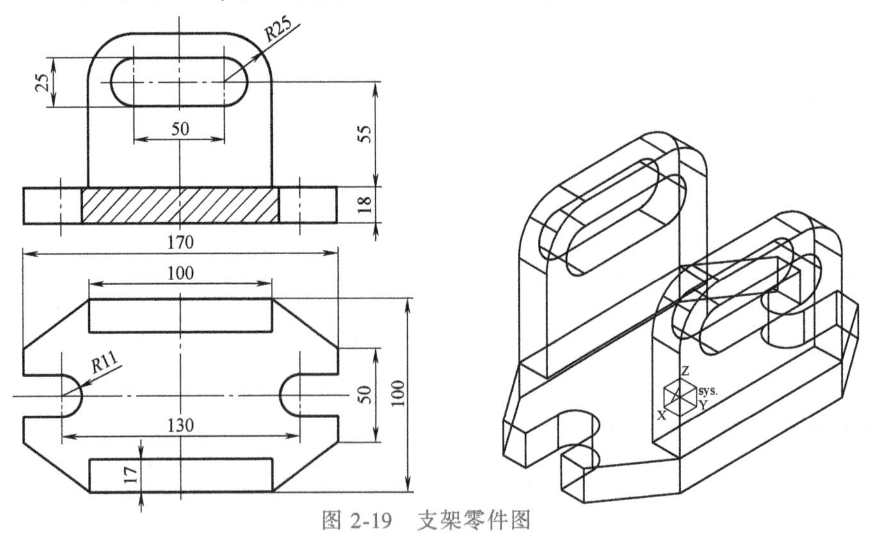

图 2-19　支架零件图

任务解析

1）将支架看成是由一个底板和两个支承板组成。

2）底板定位在 *XOY* 平面上，底面中心设在原点。

3）支承板定位在 *XOZ* 平面上，可以采用平移复制的方式简化操作。

4）连接出各个线框的棱线。

本案例的重点、难点

1）圆弧和整圆的空间表达。

2）如何分解问题，简化操作。

操作步骤详解

1. 选择作图平面

打开 CAXA CAM 制造工程师软件，按<F5>键，将支架底板定位在 *XOY* 平面上，底面中心设在原点。

2. 绘制底板轮廓

单击“矩形”按钮，在立即菜单中选择“长度和宽度”，输入“角度：0”“长度：170”“宽度：100”，有中心线，在绘图区原点处单击绘出底面矩形；接着画出底板的轮廓图形，如图 2-20 所示。（提示：可以利用等距线功能双向等距中心线，找到各线段的端点，然后连接线段，再进行裁剪完成。）

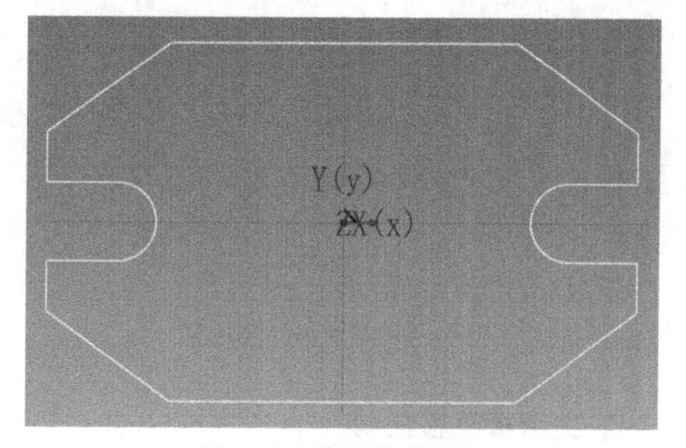

图 2-20　底板轮廓图形

3. 平移复制底板轮廓

按<F8>（+<Fn>）键进入轴测图显示，单击“平移复制”按钮，在立即菜单中选择“给定偏移”，输入“DX = 0，DY = 0，DZ = 18，份数 = 1”，按左下角提示，框选底板轮廓图形，再单击鼠标右键，完成平移复制，如图 2-21 所示。

4. 作出棱线

单击“直线”按钮，在立即菜单中选择“两点线”→“连续”（非正交，在右下角状态栏中设置），连接相应顶点，底板线架如图 2-22 所示。（提示：为了使圆弧轮廓更有立体感，一般在特殊点位置，如端点、终点、切点处，绘制出轮廓素线。）

5. 支承板轮廓绘制

按<F7>(+<Fn>) 键，切换作图平面为 *XOZ* 平面，按住<Shift>键+鼠标中键，拖动底板轮廓图形至屏幕右下角。然后，在左上方空白处，画出支承板轮廓图形，如图 2-23 所示。

6. 支承板线架构建

按<F8>(+<Fn>) 键进入轴测图显示，如图 2-24 所示。单击下方状态栏中的“”命令，显示全部；单击“平移复制”按钮，在立即菜单中选择“给定偏移”，输入“DX = 0，DY = 17，DZ = 0，份数 = 1”，框选支承板轮廓图形，再单击鼠标右键；作出各棱线，完成支

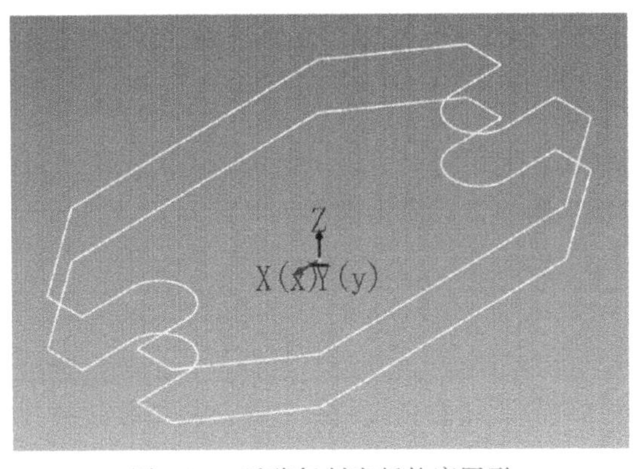

图 2-21　平移复制底板轮廓图形

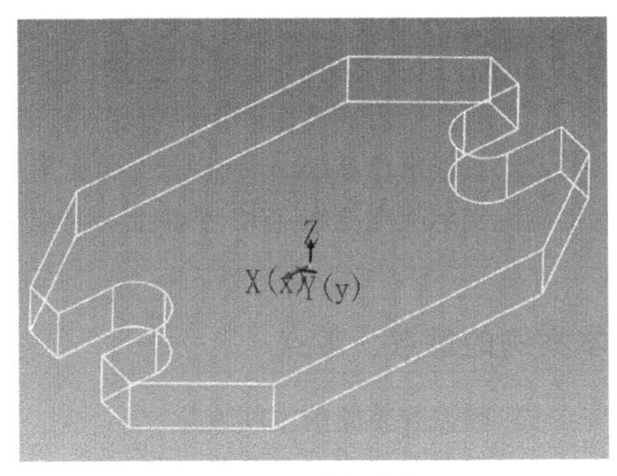

图 2-22　底板线架

承板线架构建。

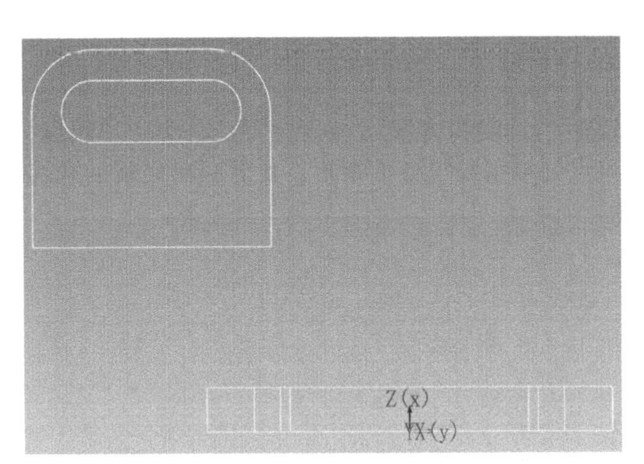

图 2-23　支承板轮廓图形

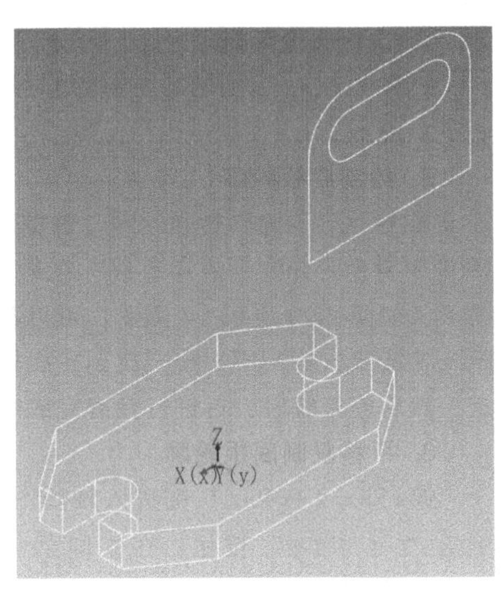

图 2-24　支承板线架构建

7. 支承板平移复制

单击“平移复制”按钮，在立即菜单中选择“给定两点”→“旋转角 0，比例 1，份数 1”，框选支承板线架，单击鼠标右键，按图 2-25 所示选择支撑板上“1”为基点，选择底板上“3”为目标点，单击鼠标右键，完成第一个支承板平移；再单击“平移”→“给定两点”，框选支承板线架，单击鼠标右键，选择支承板上“2”为基点，选择底板上“3”为目标点，单击鼠标右键，完成第二个支承板平移，得到支架线架造型结果如图 2-26 所示。

知识点拓展

CAXA CAM 制造工程师 2020 软件为曲线绘制提供了十多项功能：直线、圆弧、整圆、矩形、椭圆、样条、点、公式曲线、多边形、二次曲线、等距线、投影曲线、相关线、样条转圆弧和文字等。构造曲面的关键是搭建线架，在线架的基础上选用各种曲面的生成方法，构造所需定义的曲面来描述零件的外表面。搭建线架的基础是 3D 曲线，而生成 3D 曲线的基础是建构 3D 空间点，所以在介绍曲线、曲面之前，先介绍一下 3D 空间点。

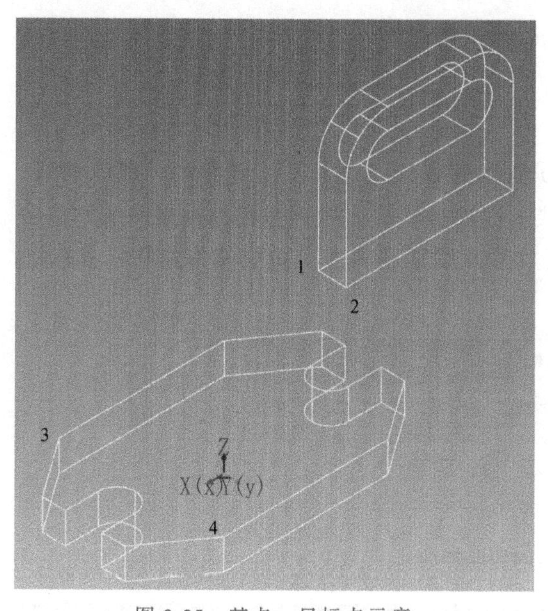

图 2-25 基点、目标点示意

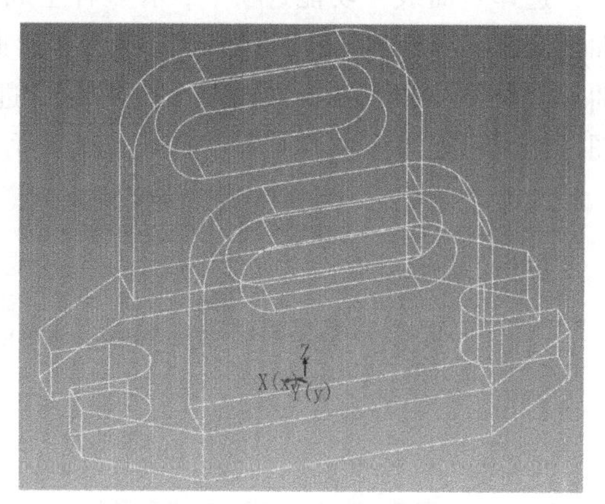

图 2-26 支架线架造型结果

一、3D 空间点

在 CAXA 3D 实体设计中，3D 空间点是造型中最小的单元，通常在造型时可将 3D 空间点作为参考来搭建线架，在造型设计中起到重要的作用。

在 CAXA 3D 实体设计中，3D 空间点是 3D 曲线下的一种几何单元，下面提供了几种生成点的方式。

1. 孤立点

在功能区选择“曲线”→“三维曲线”，再单击“◦ 点”按钮，界面左侧弹出立即菜单，从下拉菜单中选择“孤立点”。在左下角输入点的坐标后，按<Enter>键完成点创建。点坐标输入格式为“x，y，z”。

2. 等分点

指将任意曲线做 n 等分的 n 个点。

操作方式：先绘出曲线，在“点”命令的下拉菜单中选择“等分点”，输入等分数，按左下角提示拾取曲线，等分点生成。

3. 等距点

指在非封闭曲线上距离相等的若干点。

操作方式：先绘出非封闭曲线，在“点”命令的下拉菜单中选择“等距点”，输入点数，按左下角提示拾取曲线，再拾取起始点，“选取等弧长点（弧长）”是指第二点与第一点的直线距离，在曲线上单击第二点或输入两点距离，等距点生成。

注意：

从起点开始，鼠标所选取的是第二点的方向，曲线要够长。

二、三维曲线

选择“曲线”功能选项卡，有多种生成3D曲线的方法供选择：三维曲线、提取曲线、曲面交线、等参数线、公式曲线、组合投影曲线、曲面投影线、线面包裹、桥接曲线和拟合曲线，如图2-27所示。单击“ ”按钮，进入三维曲线绘制界面，包含基本绘图、高级绘图、修改和查询等多类工具，如图2-28所示。

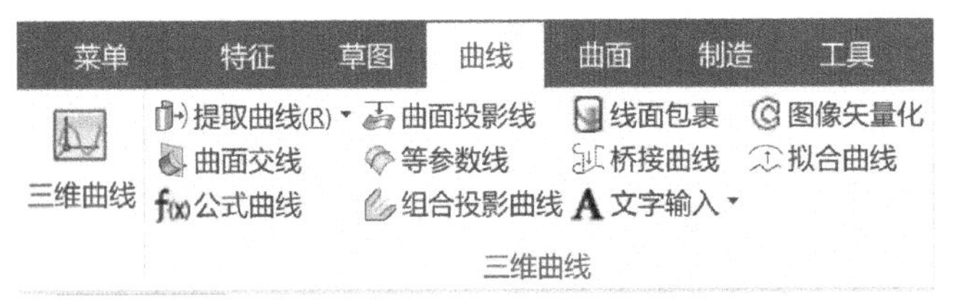

图2-27　三维曲线功能选项

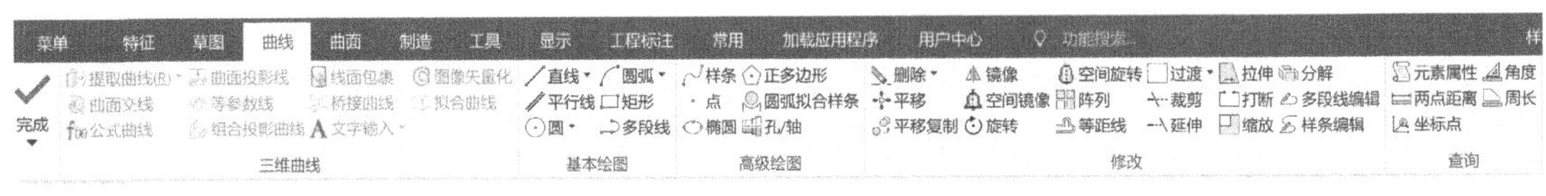

图2-28　三维曲线的绘制

1. 直线

直线功能提供了两点线、角度线、角等分线、切线/法线、等分线和水平/铅垂线共六种方式。

操作方法如下：

1）单击“╱直线”按钮，弹出立即菜单，可以从下拉菜单中选择直线绘制命令，并填写相应参数选项，按照左下角提示操作。例如：绘制两点线，依次输入点坐标A（0，0，0）、B（0，50，0）、C（50，50，0）、D（50，50，50），每输入一个点，按<Enter>键，接着输入下一个点，如图2-29a、b所示。

a)

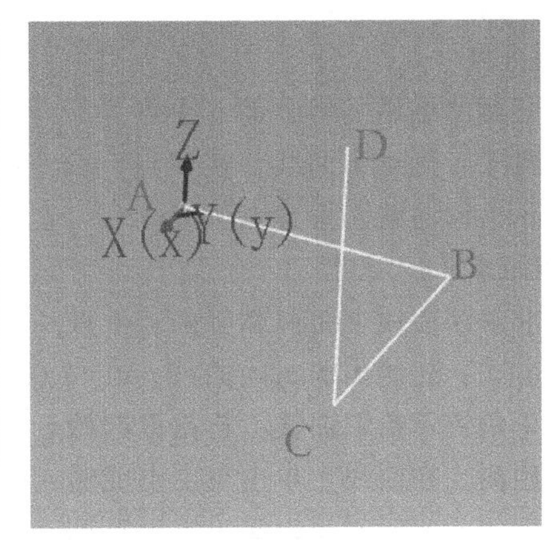

b)

图2-29　绘制两点线

2）选择“连续”命令可连续绘制多段直线，可按<Enter>键或右击结束，再右击可激活命令；选择“单根”命令可绘制单个直线段。

3）直线端点可以输入坐标，也可以拾取存在点或任意点选。当直线绘制命令有效，且提示需要给出点时，按空格键弹出“点方式”快捷菜单，改变点的拾取方式，如图 2-30 所示。

4）在界面右下角可以选择“正交”或“非正交”，以及点的捕捉方式：“智能”“自由”及“导航”。任意绘制直线段时，可按<F9>（+<Fn>）键切换作图平面，或按<F5>、<F6>、<F7>键切换作图平面，同时使作图平面正向。

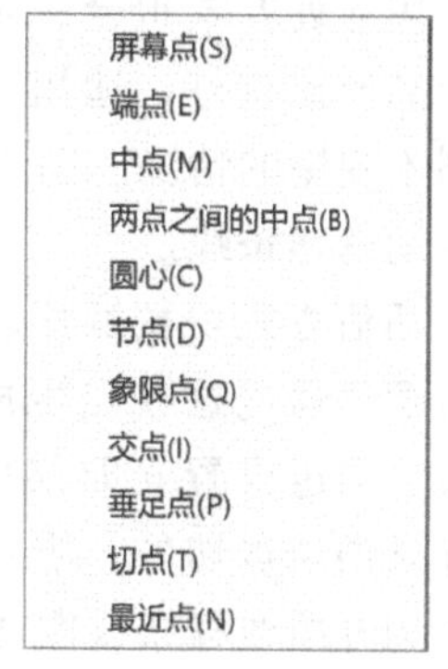

图 2-30　点的拾取方式

2. 圆弧

为了适应多种情况下圆弧的绘制，圆弧功能提供了六种方式：三点圆弧、圆心_起点_圆心角、两点_半径、圆心_半径_起终角、起点_终点_圆心角和起点_半径_起终角，如图 2-31 所示。具体操作略。

3. 整圆

为了适应多种情况下圆的绘制，圆的功能提供了四种方式：圆心_半径、两点、三点和两点_半径，如图 2-32 所示。

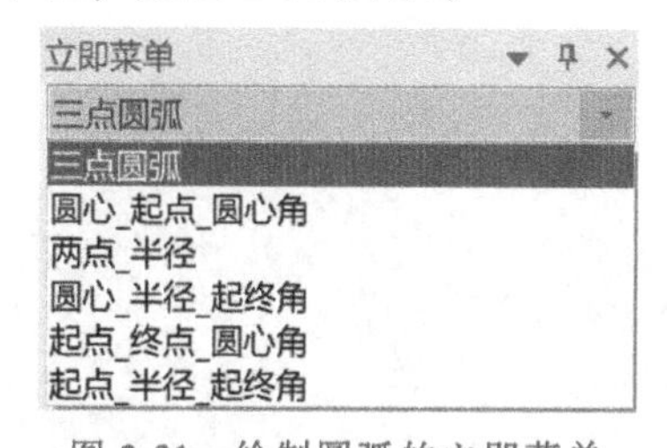

图 2-31　绘制圆弧的立即菜单

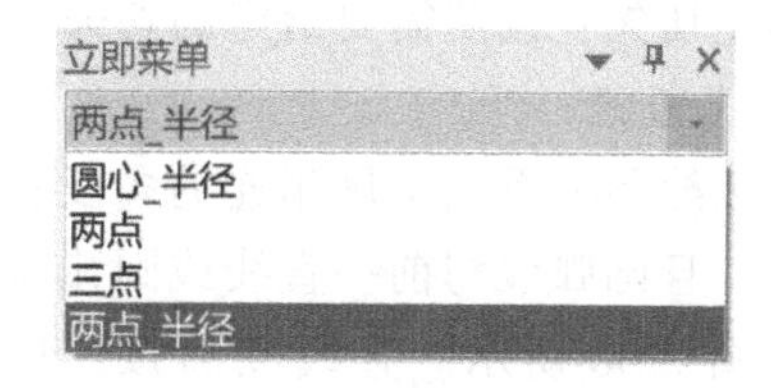

图 2-32　绘制整圆的立即菜单

4. 矩形

矩形功能提供了两点矩形和中心_长_宽两种方式，可在立即菜单中切换。

5. 椭圆

椭圆的绘制有三种方式，即给定长短轴、轴上两点和中心点-起点，从立即菜单中选择绘图方式，然后按给定参数画一个任意方向的椭圆。

注意：

1）旋转角是指椭圆的长轴与默认起始基准（X 轴正方向，下同）所夹的角度。

2）起始角是指画椭圆弧时起始位置与默认起始基准所夹的角度。

3）终止角是指画椭圆弧时终止位置与默认起始基准所夹的角度。

6. 样条线

生成过给定点（样条插值点）的样条曲线。点的输入可由光标拾取或由键盘输入。

【说明】

逼近方式：按顺序输入一系列点，系统根据给定的精度生成拟合这些点的光滑样条曲线。用逼近方式拟合一批点，生成的样条曲线品质比较好，适用于数据点比较多且排列不规则的情况。图 2-33 所示为逼近方式绘制的样条线。

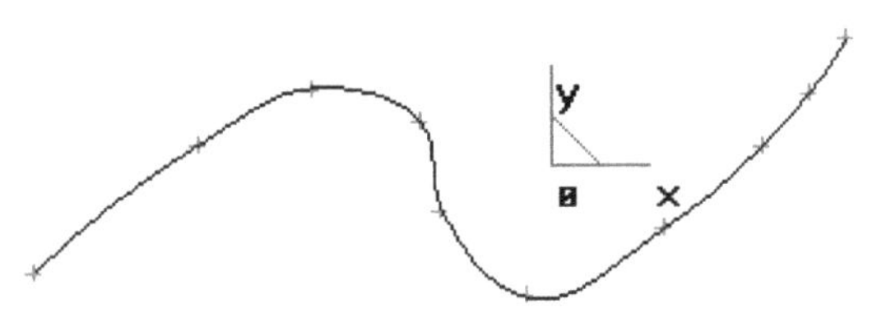

图 2-33　逼近方式绘制的样条线

插值方式：按顺序输入一系列点，系统将顺序通过这些点生成一条光滑的样条曲线。通过设置立即菜单，可以控制生成的样条的端点切矢，使其满足一定的相切条件，也可以生成一条封闭的样条曲线。图 2-34 所示为开曲线样条，图 2-35 所示为闭曲线样条。

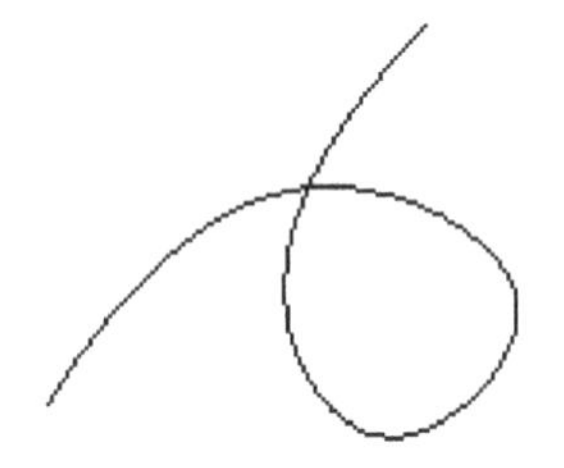
图 2-34　开曲线样条

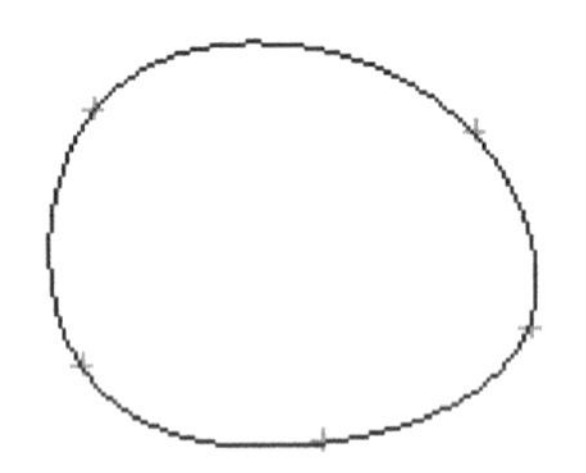
图 2-35　闭曲线样条

缺省切矢：按照系统默认的切矢绘制样条线。

给定切矢：按照需要给定的切矢方向绘制样条线。

7. 多段线

可以绘制一系列首尾相连的多段直线或圆弧线，且圆弧线与前一直线或圆弧端点相切，如图 2-36 所示。直线或圆弧、封闭或不封闭可以在立即菜单中选择。

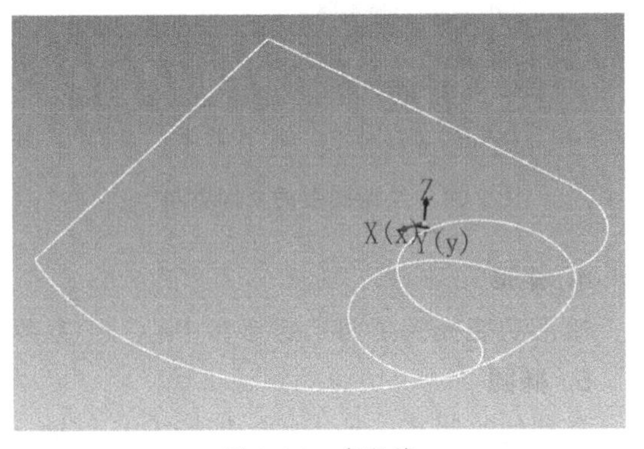

图 2-36　多段线

8. 正多边形

可以绘制等边闭合的多边形。单击“正多边形”命令后，在立即菜单中可选择“中心定位”或“底边定位”两种方式，输入边数、旋转角及有无中心线，按照左下角的提示操作。在“中心定位”方式时，可以选择内切圆或外切圆直径大小方式，或给定多边形边长确定多边形。

三、曲线修改与查询

修改命令包括删除、平移、平移复制、镜像、空间镜像、旋转、空间旋转、阵列、等距线、过渡、裁剪、延伸、拉伸、打断、缩放、分解、多段线编辑和样条编辑。

查询命令包括元素属性、两点距离、坐标点、角度和周长。

【注释】

1）镜像与空间镜像、旋转与空间旋转：非空间时，是指在当前绘图平面中操作，即平

面旋转；空间时，是指以某空间轴线进行镜像或旋转操作。

2）三维曲线绘制完成后，单击“”按钮，结束并退出三维曲线绘制。用三维球也可以对三维曲线进行平移、镜像、旋转、阵列及相应复制等操作。

3）多段线、矩形、多边形绘制完成后，整体关联，“分解”命令可将其分解成单独的直线段，便于单段拾取及操作。

四、其他 3D 曲线

1. 提取曲线

提取曲线主要用来通过曲面及实体的边界来创建 3D 曲线，也可以先选中曲面或实体的边界，然后单击鼠标右键来调出这个命令。

提取曲面和实体的边界线能够提取一条、多条及整个面边界。具体操作方式略，拾取完成后，单击“”按钮确定，如图 2-37 所示。

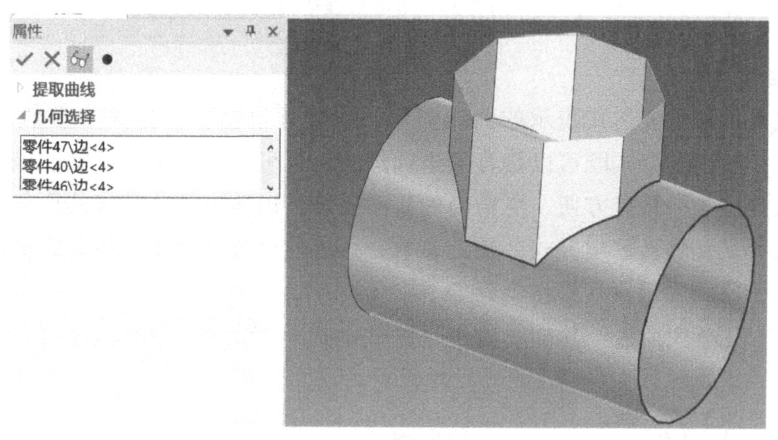

图 2-37　由实体边界生成 3D 曲线

2. 曲面交线

曲面相交，求出相交部分的交线。单击“曲面交线”按钮，出现“曲面交线”命令管理栏。根据左下角提示，分别选取两组曲面或实体的表面，单击“”按钮确定，即可求得两组曲面的交线，如图 2-38 所示。

3. 等参数线

曲面都是以 U、V 两个方向参数的形式建立的，对于 U、V 每一个确定的参数，都有一条曲面上的确定的曲线与之对应。生成曲面等参数线的方式有过点和指定参数两种。在生成指定参数值的等参数线时，给定参数值后只需选取曲面即可。在生成曲面上给定点的等参数线时，先选取曲面再输入点即可。

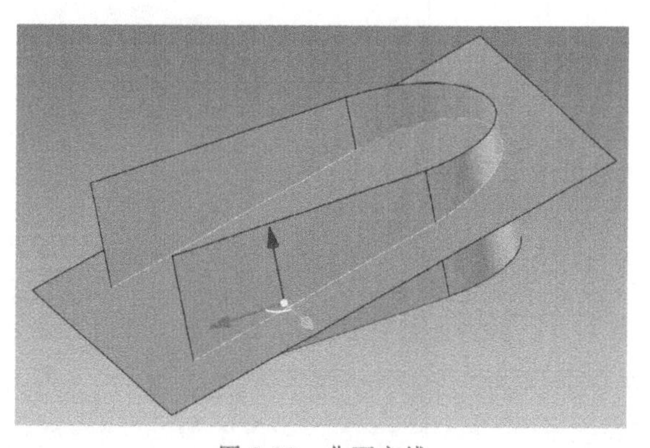

图 2-38　曲面交线

单击“等参数线”按钮，弹出

“等参数线”命令管理栏，按左下角提示，拾取一个点或给定沿曲线百分比，便可生成等参数线，修改百分比可移动等参数线位置，如图 2-39 所示。

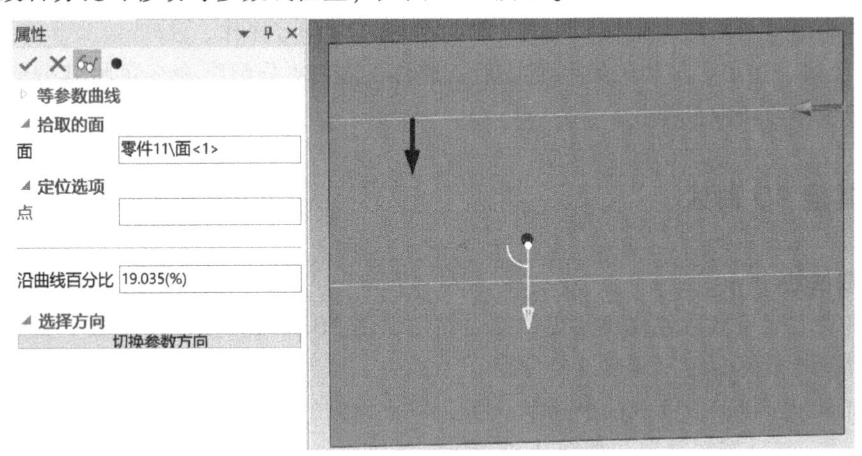

图 2-39　等参数线生成

4. 公式曲线

公式曲线是用数学表达式表示的曲线图形，也就是根据数学公式（参数表达式）绘制出相应的曲线，给出的公式既可以是直角坐标形式，也可以是极坐标、圆柱坐标或球坐标形式。公式曲线提供了一种更方便、更精确的作图手段，以适应某些精确的形状、轨迹线形的作图设计。只要交互输入数学公式，给定参数，系统便会自动绘制出该公式描述的曲线。

以绘制正弦曲线为例，其操作步骤如下：

1）单击“f(x)公式曲线”按钮，弹出“公式曲线”对话框，如图 2-40 所示。

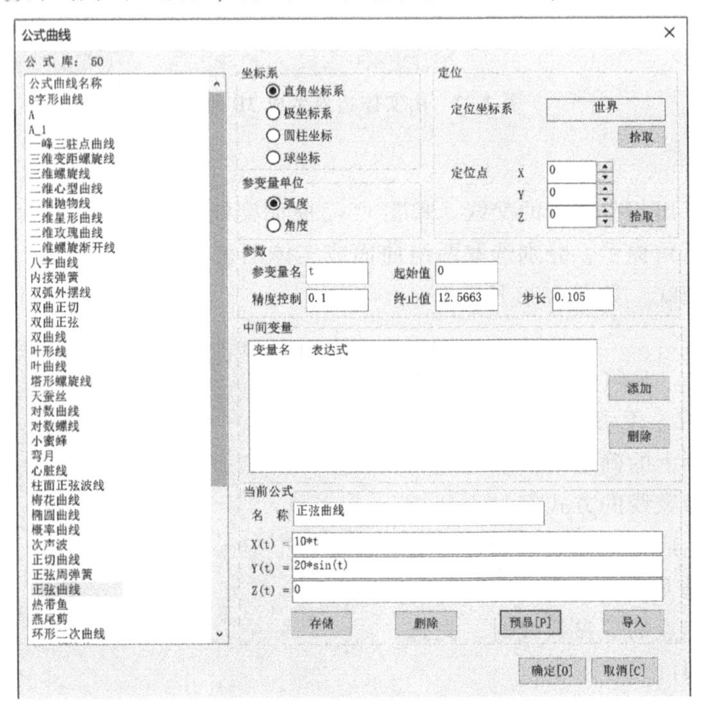

图 2-40　“公式曲线”对话框

2）选择公式曲线的坐标形式。有直角坐标系、极坐标系、圆柱坐标系和球坐标系，此处选择直角坐标系。

3）设置定位点。既可以输入坐标值，也可以在设计环境中选择实体上的点、边作为公式曲线的参考点。此处定位点为坐标原点。

4）选择参变量单位形式。根据公式的需要选择弧度或角度，此处选择弧度。

5）填写参变量名、精度控制、起始值、终止值（指变量的起终值，即给定变量的取值范围）。

6）从左边的公式库中选择公式曲线名称，对参数方程进行系数修改，单击“预显”按钮便出现公式曲线，若没有问题即可单击“确定”按钮完成公式曲线的绘制，结果如图 2-41 所示。

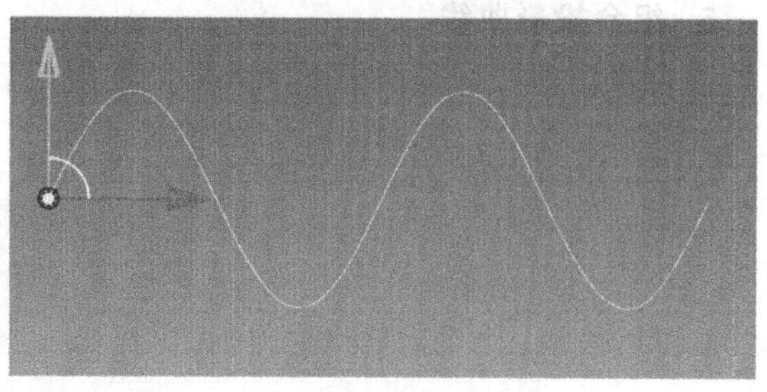

图 2-41　正弦曲线生成

注意：

① 输入公式时，CAXA 软件支持 Windows 系统提供的复制、粘贴功能，使输入已有文本文件中的公式更加简便。

②“公式曲线”对话框中还有“存储”“删除”和“导入”三个按钮。存储是针对当前公式而言的，如果公式输入完成并且预显正确，那么可以单击“存储”按钮，根据提示输入公式名称，再单击“确定”按钮，供以后再次使用。删除和导入都是对已存在的公式曲线进行操作。若想删除公式，则在选中公式后单击“删除”按钮即可。导入公式时可以在设置窗中进行选择，选定公式后单击“导入”按钮，公式就会出现在表达式的输入框中。

元素定义时函数的使用格式与 C 语言中的用法相同，所有函数的参数必须用括号括起来，且参数本身也可以是表达式。公式曲线可使用的数学函数有 sin、cos、tan、asin、acos、atan、sinh、cosh、tanh、sqrt、fabs、ceil、floor、exp、log、log10、sign 共 17 个函数。

三角函数 sin、cos、tan 的参数单位采用角度，如 sin（30）= 0.5，cos（45）= 0.707。

反三角函数 asin、acos、atan 的返回值单位为角度，如 acos（0.5）= 60，atan（1）= 45。

sinh、cosh、tanh 为双曲函数。

sqrt（x）表示 x 的平方根，如 sqrt（36）= 6。

fabs（x）表示 x 的绝对值，如 fabs（−18）= 18。

ceil（x）表示大于或等于 x 的最小整数，如 ceil（5.4）= 6。

floor（x）表示小于或等于 x 的最大整数，如 floor（3.7）= 3。

exp（x）表示 e 的 x 次方。

log（x）表示 lnx（自然对数），log10（x）表示以 10 为底的对数。

sign（x）表示在 x 大于 0 时返回 x，在 x 小于或等于 0 时返回 0，如 sign（2.6）= 2.6，sign（−3.5）= 0。

幂用“^”表示，如 x^5 表示 x 的 5 次方。

求余运算用“%”表示，如 18%4=2，2 为 18 除以 4 后的余数。

在表达式中，乘号用“*”表示，除号用“/”表示；表达式中没有中括号和大括号，只能用小括号。

例如表达式5 *h *sin(30)-2 *d^2/sqrt(fabs(3 *t^2-x *u *cos(2 *alpha)))，为合法的表达式。

5. 组合投影曲线

组合投影曲线就是两根不同方向的曲线沿各自指定的方向做拉伸曲面，这两个曲面所形成的交线即是组合投影曲线，如图 2-42 所示。

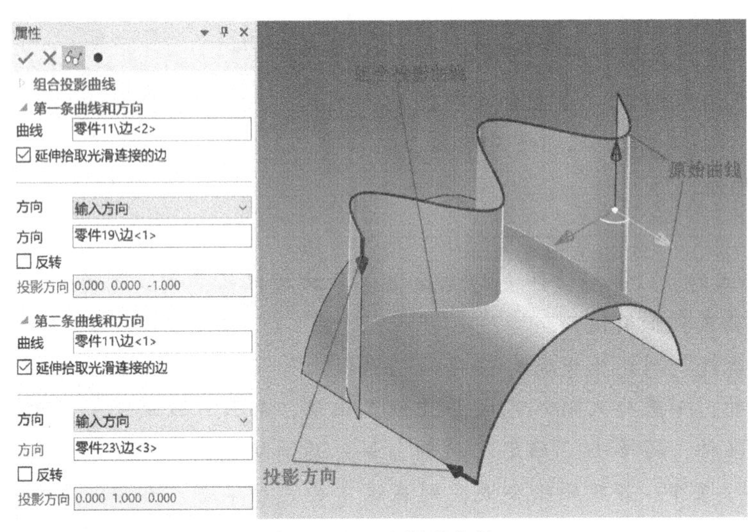

图 2-42　组合投影曲线

在实体设计中可以选择沿两种投影方向⊖生成组合投影曲线。默认状态下是“法向”。

6. 曲面投影线

曲面投影线功能支持将一段或多段线投影到一个或多个面上。

操作步骤如下：

1）单击“曲面投影线”按钮，弹出“曲面投影线”命令管理栏，如图 2-43 所示。

2）拾取要投影的曲线，可以拾取多条线，也可以拾取光滑连接的边。

3）拾取投影到的面，可以选择多个面。

4）选择投影方向或输入坐标确定方向，并支持反向。

注意：

再次拾取所选择的面或线就可以撤销拾取。

7. 线面包裹

线面包裹是将草图曲线或位于同一平面内的三维曲线包裹到圆柱面上。

操作步骤如下：

1）从图素库中拖出一个圆柱体，编辑尺寸包围盒，直径为 100，高度为 150，将底面中

⊖ 国家标准 GB/T 14692—2008 中为“投射方向”，本书为与软件统一，仍用“投影方向”。

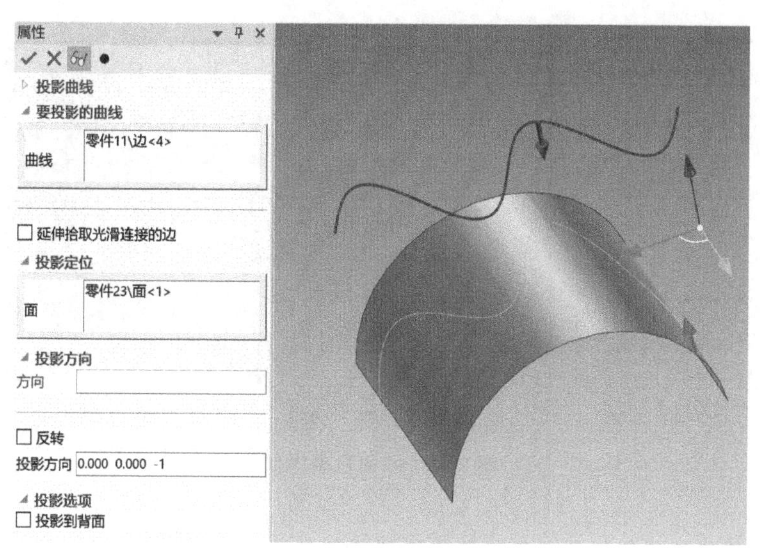

图 2-43　曲面投影线操作

心定位至坐标原点。在加工树中，选择“毛坯”单击鼠标右键，弹出“创建毛坯”对话框，创建相应圆柱体毛坯，如图 2-44 所示。

2）以 *XOY* 平面绘制草图曲线，本例草图曲线为“文字”，字高为 36，注意字体方向为 *Y* 向，如图 2-45 所示。为便于观察，可将圆柱体暂时隐藏。

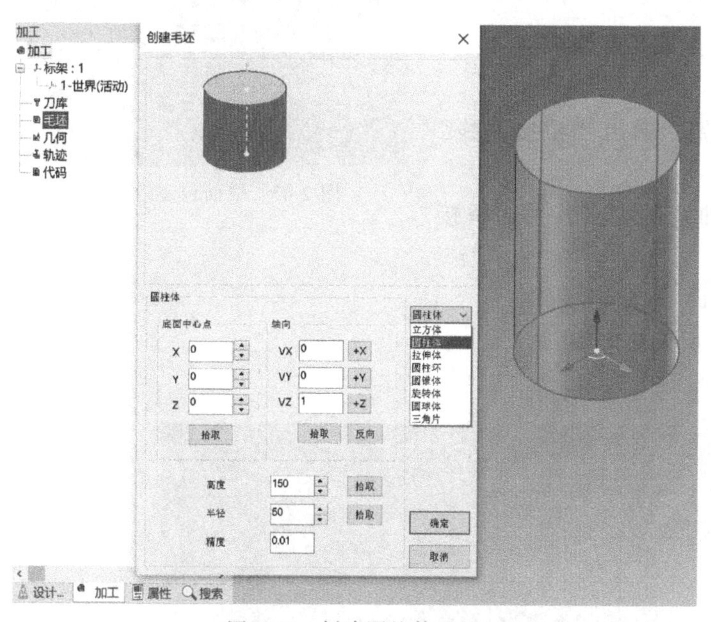

图 2-44　创建圆柱体毛坯

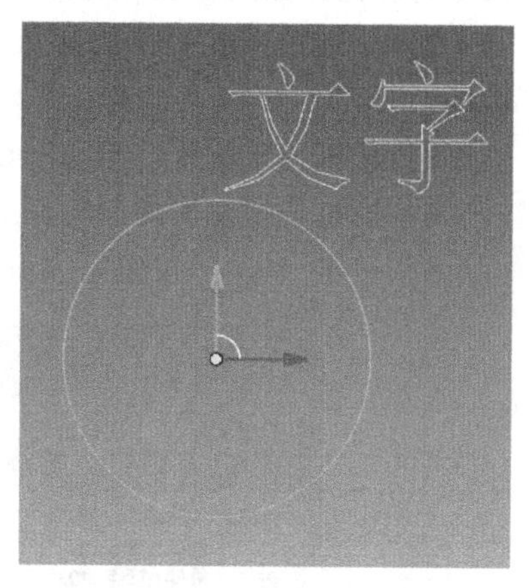

图 2-45　草图曲线“文字”

3）单击“线面包裹”按钮，弹出“线面包裹”对话框，依次拾取毛坯和草图曲线，预显示出线面包裹状态，可调整“轴向偏移”改变曲线高度位置，如图 2-46 所示，单击“确定”后完成操作。

4）显示圆柱实体，智能渲染为深紫色，隐藏毛坯，效果如图 2-47 所示。

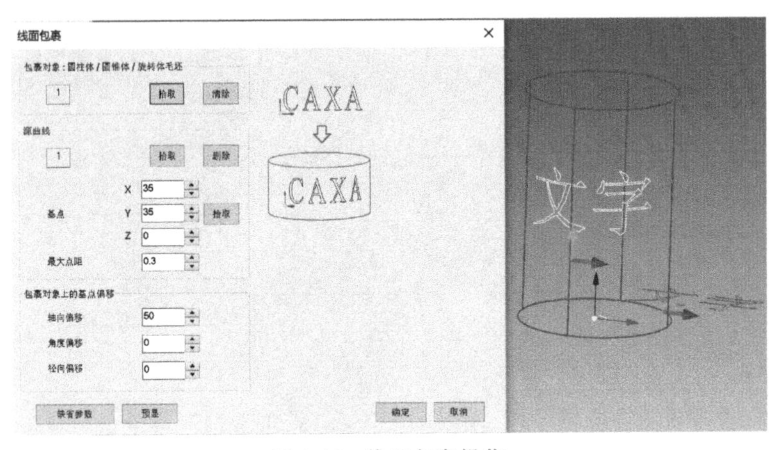

图 2-46　线面包裹操作

【说明】

(1) 可包裹曲线类型　要包裹的曲线可以是封闭曲线，也可以是不封闭的曲线；可以是二维草图上的曲线，也可以是在一个平面上的三维曲线。

(2) 线面包裹规则　规定曲线应绘制在 *XOY* 平面中，曲线正方向为 *Y* 方向。

图 2-47　线面包裹效果

8. 桥接曲线

拾取任意两个 3D 曲线的端点生成桥接曲线。

操作步骤如下：

1）单击“桥接曲线”按钮，弹出“桥接曲线”命令管理栏，如图 2-48 所示。

2）分别选择要桥接的两根曲线的端点，生成桥接曲线。

3）选择连接方式：相切（G1）或曲率（G2）。

4）通过拖拽切矢控制柄调节切矢的大小。

5）单击“✓”按钮完成命令。

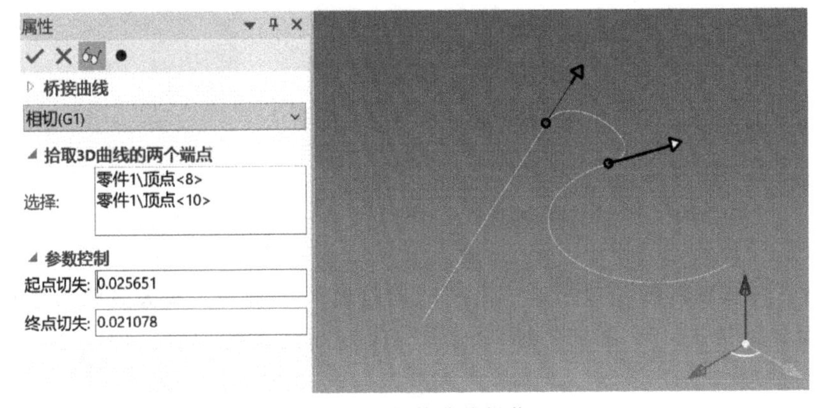

图 2-48　桥接曲线操作

思考与练习题

2-1　填空题

1）在进行三维曲线命令操作，需要输入特征点时，只要按________键，屏幕上即弹出“点工具”菜单。

2）曲线工具中矩形功能提供了________和________两种绘图方式。

3）曲线裁剪的方法有________、________、________和________四种。

4）曲线过渡的方式有________、________和________三种。

5）按________键可以将当前作图平面设置为 *XOY* 面。

6）按________键可以将当前作图平面设置为 *YOZ* 面。

7）按________键可以将当前作图平面设置为 *XOZ* 面。

8）按________键可以在 *XOY*、*YOZ*、*XOZ* 之间切换当前作图平面。

9）按________键显示轴测图。

10）CAXA CAM 制造工程师 2020 软件提供了六种直线绘制方式：________、________、________、________、________和________。

11）对拾取到的曲线或曲面生成多个规律排列的元素的工具是________和________。

2-2　根据图 2-49～图 2-53 所示尺寸，绘制平面曲线图形。

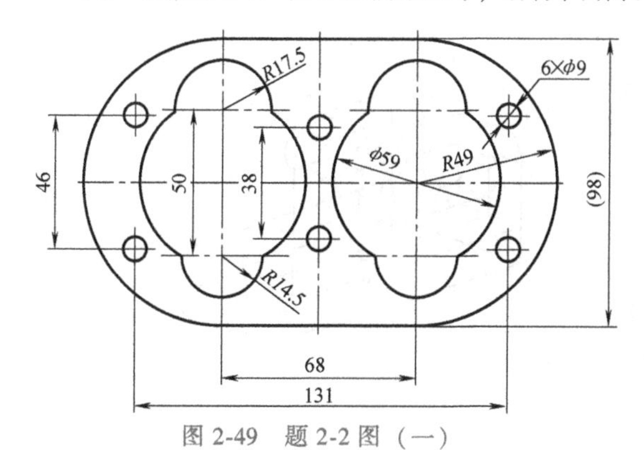

图 2-49　题 2-2 图（一）

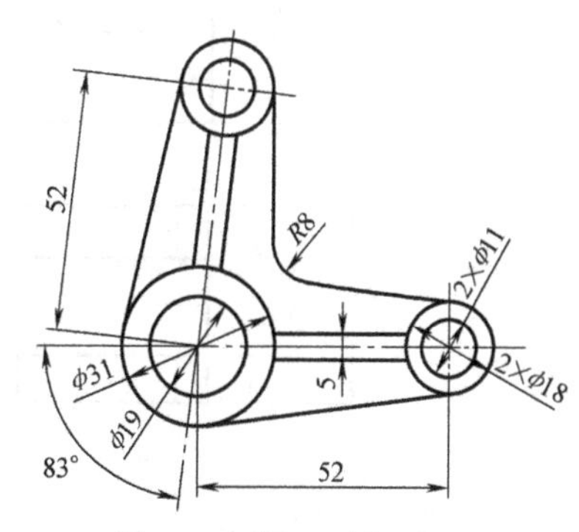

图 2-50　题 2-2 图（二）

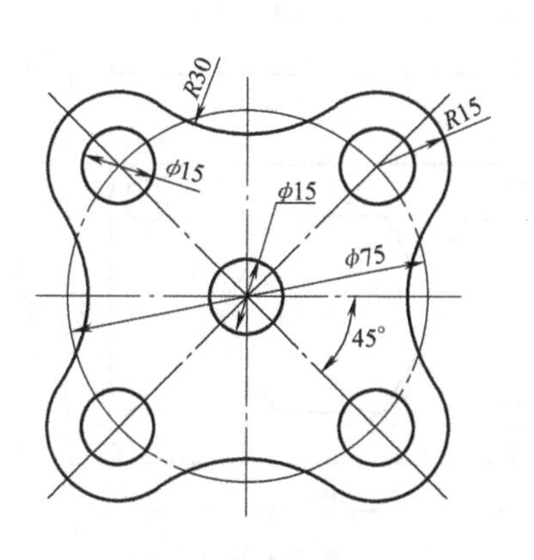

图 2-51　题 2-2 图（三）

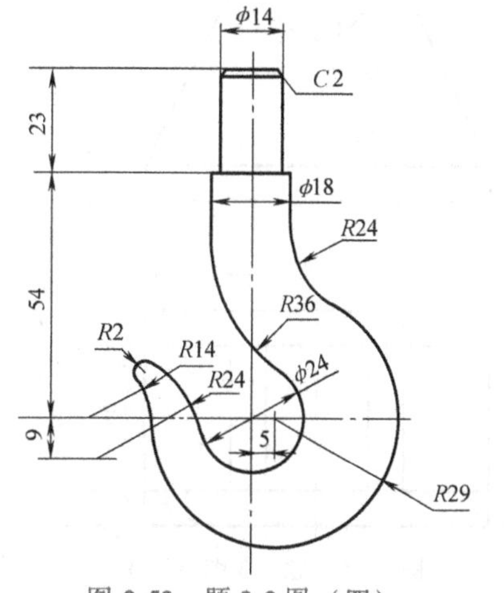

图 2-52　题 2-2 图（四）

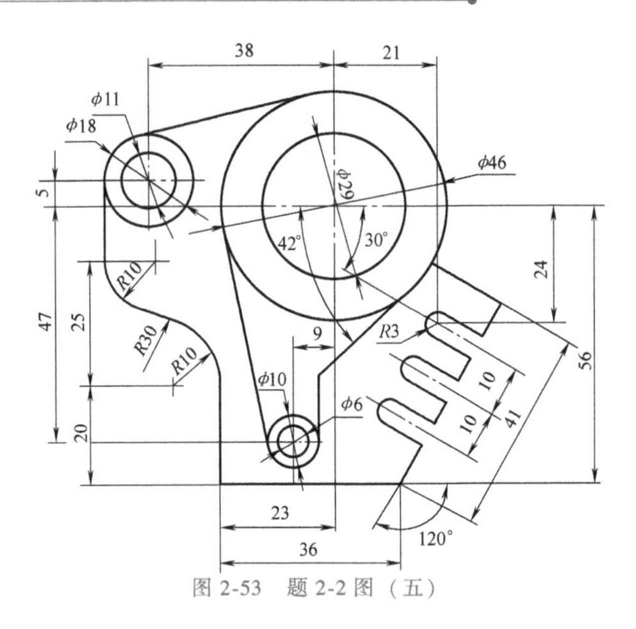

图 2-53　题 2-2 图（五）

2-3　根据图 2-54～图 2-56 所示尺寸，完成线架造型。

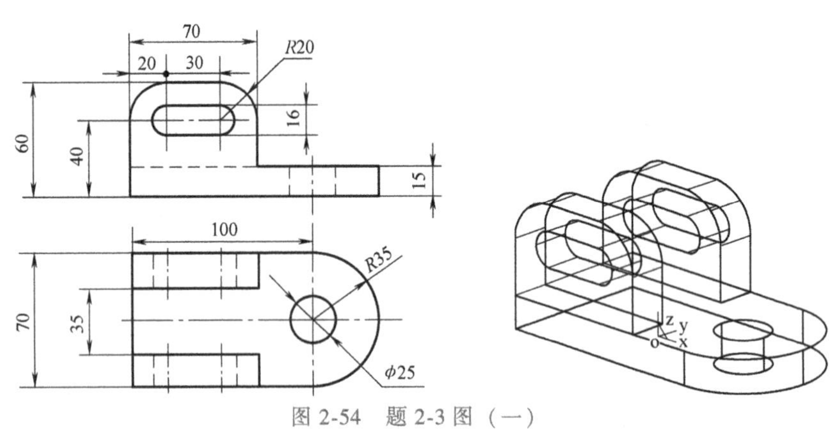

图 2-54　题 2-3 图（一）

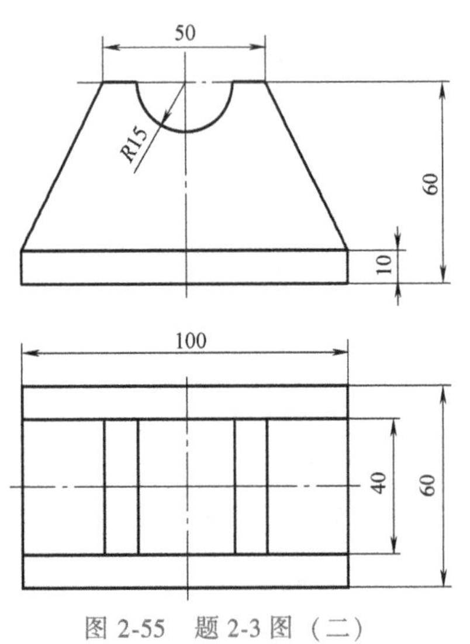

图 2-55　题 2-3 图（二）

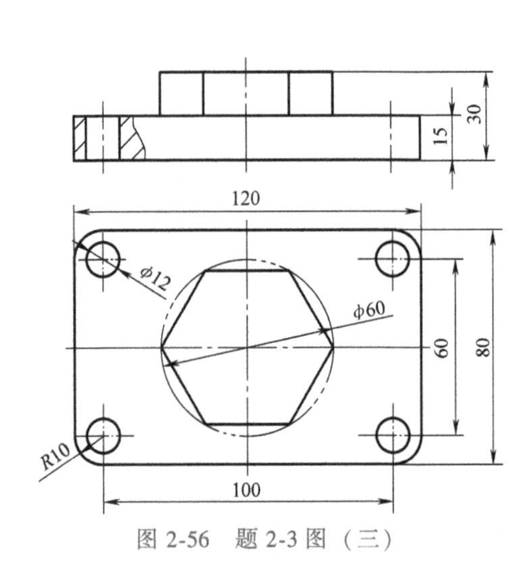

图 2-56　题 2-3 图（三）

Chapter 3

模块三

曲面造型

知识能力目标

1. 掌握曲面生成的基本功能及应用，能根据已知条件选择正确的作图方式。
2. 掌握曲面编辑工具的应用，能根据作图需要恰当地选择工具。
3. 学会分析实际曲面的形成特点，选择正确而简练的曲面构建方法。
4. 熟悉各种立即菜单、快捷菜单、快捷键和鼠标左右键的应用。
5. 提高曲面造型设计的技巧和能力。

任务一　五角星的曲面造型

任务背景

CAXA CAM 制造工程师 2020 软件提供了丰富的曲线绘制工具，并且提供了各种曲面编辑工具，掌握这些工具的应用，是学习三维实体造型的重要基础。本例通过五角星曲面造型，学习平面和圆柱面的作图方法和步骤。

任务要求

根据图 3-1 所示的尺寸，完成五角星的曲面造型。

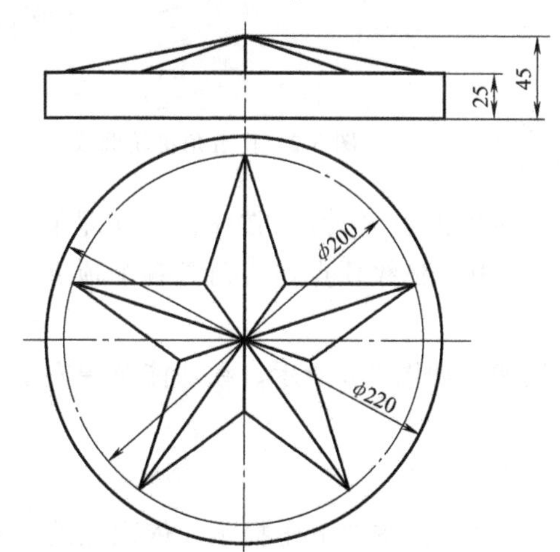

图 3-1　五角星

任务解析

1）选择作图平面为 *XOY* 平面，坐标原点为平台上表面 ϕ220 圆心处。

2）用等分点得到 ϕ200 圆周曲线上五角星的五个定点，并绘制出五角星轮廓线。

3）使用正交、定长直线段绘出五角星中心柱线，用非正交两点线构建五角星线架。

4）使用边界面（三边面）作出五角星曲面。

5）使用扫描面和直纹面作出平台圆柱面和圆形平面。

本案例的重点、难点

1）如何做圆周曲线等分点。

2）如何绘制边界面、直纹面和圆柱面。

操作步骤详解

1. 选择作图平面

按<F5>键，选择 *XOY* 平面为当前作图平面，坐标原点为平台上表面 ϕ220 圆心处。

2. 作五角星轮廓线

单击"曲线"→"三维曲线"，单击"圆"按钮，在立即菜单中选择"圆心_半径"→"直径"→"无中心线"，按左下角提示，点选坐标原点为圆心，输入"直径：200"，单击鼠标右键，绘出 ϕ200 整圆。单击"点"按钮，在立即菜单中选择"等分点，等分数：5"，点选 ϕ200 整圆曲线，得到 5 个等分点，单击鼠标右键确认。连直线成五角星，并裁剪多余线段，结果如图 3-2 所示。

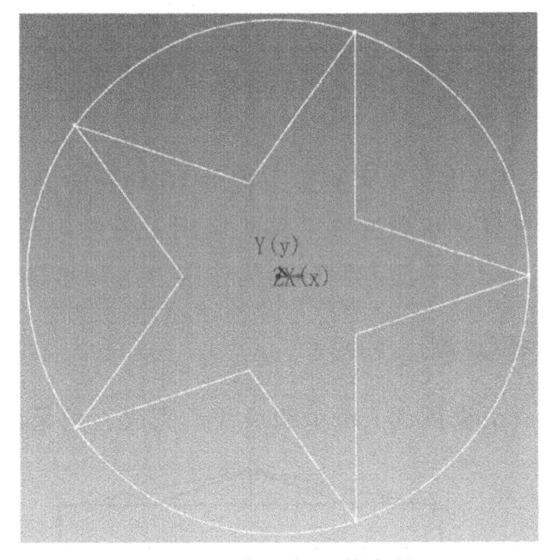

图 3-2　作五角星轮廓线

3. 作五角星线架

1）按<F8>键，进入轴测图显示，按<F9>键切换作图平面，选择 *XOZ* 或 *YOZ*。单击"直线"按钮，在立即菜单中选择"两点线"→"连续"，在状态栏选择"正交"，点选坐标原点为第一点，向 Z 轴正向拖拽，输入"长度：20"，按<Enter>键结束，作出铅垂中心线。再单击"直线"按钮，在立即菜单中选择"两点线"→"连续"，在状态栏中取消正交，连接中心柱线顶点与五角星各个顶点，结果如图 3-3 所示。

2）删除 ϕ200 整圆，绘制 ϕ220 圆形平台线架，如图 3-4 所示。在功能菜单左上角，选择"完成"。

4. 作五角星曲面

1）选择"曲面"选项卡，单击"填充面"命令，按左下角提示，依次点选三角形各边，得到三角形平面，为了简化作图，得到五角形的一个角后，单击"✓"按钮确定，如

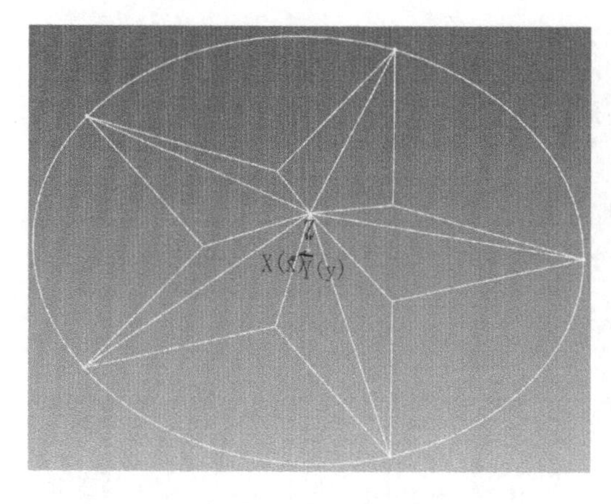

图 3-3　五角星线架

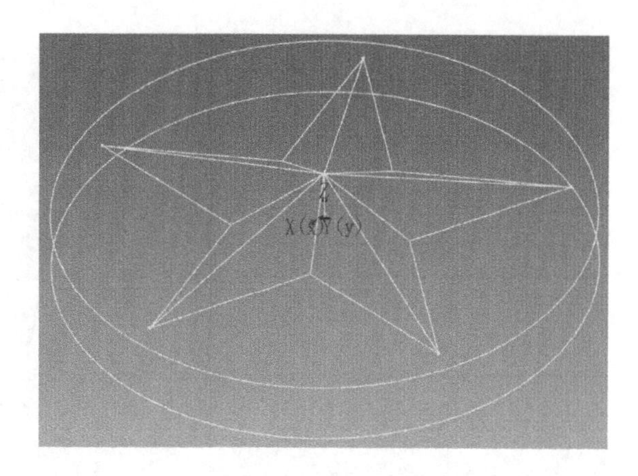

图 3-4　圆形平台线架

图 3-5 所示。单击“缝合(E)”命令，按左下角提示，在两个三角形平面公用棱边的两侧，依次选择两三角形平面上对应点，单击“✓”按钮确定，则曲面缝合。

2）单击五角星曲面，会出现一个蓝色的小球，如图 3-6 所示，单击此小球（或按<F10>键，或在快捷菜单中单击“”），则打开三维球，单击外控制柄，则其变为黄色，如图 3-7 所示。当光标移动到外控制柄轴线附近时，会出现旋转箭头，按住鼠标右键沿逆时针方向转动一个角度，松开鼠标右键，则弹出快捷菜单，选择“生成圆周阵列”，弹出“阵列”对话框，输入“数量：5”“角度：72”，如图 3-8 所示，单击“确定”按钮后，得到五角星曲面，如图 3-9 所示。

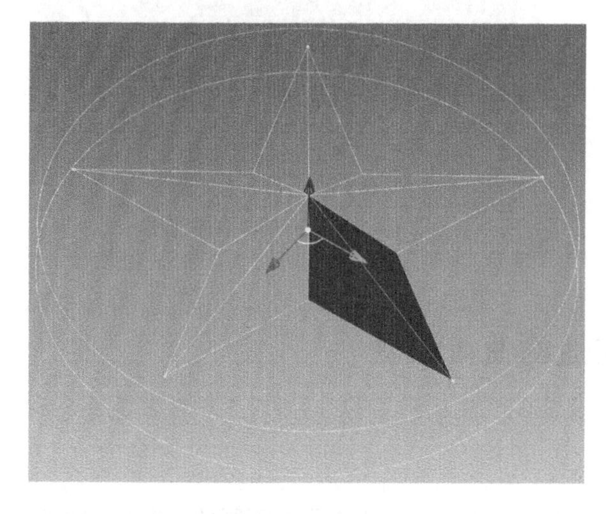

图 3-5　作三角形平面

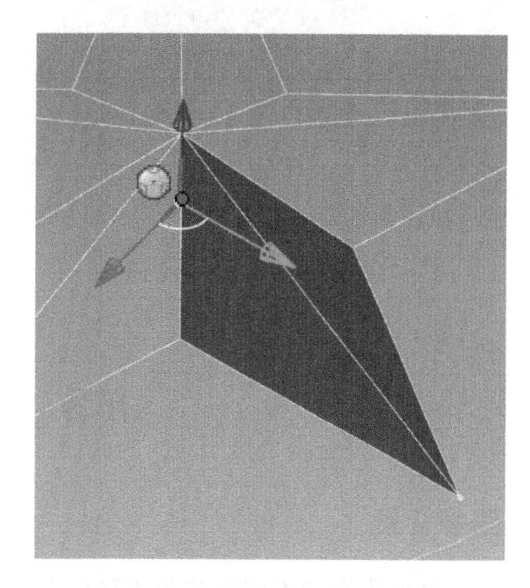

图 3-6　五角星曲面（一个角）

5. 作圆柱平台曲面

选择“曲面”选项卡，单击“填充面”命令，拾取圆台上表面 $\phi220$ 圆曲线，确定后生成圆台上表面。单击“直纹面”命令，依次拾取上下圆形曲线，确定后完成五角星曲面造型，如图 3-10 所示。

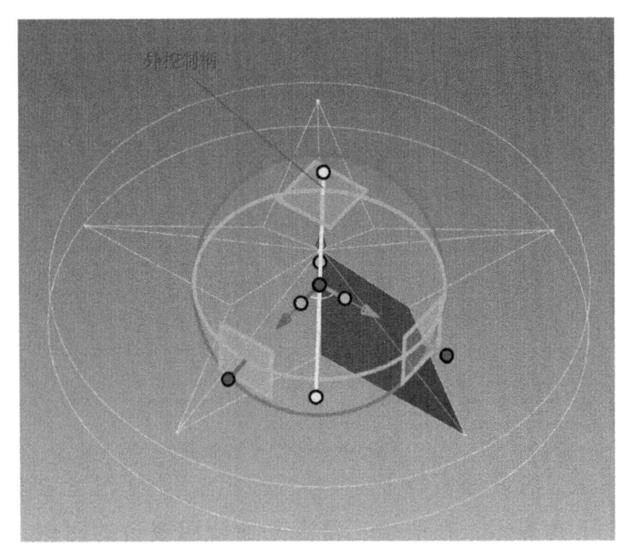

图 3-7　三维球外控制柄

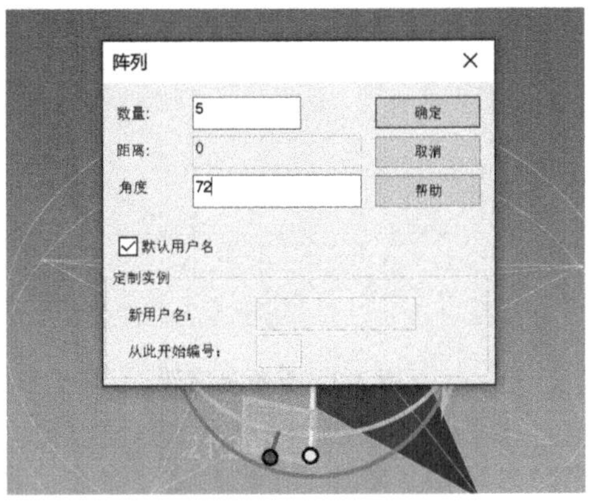

图 3-8　三维球圆周阵列

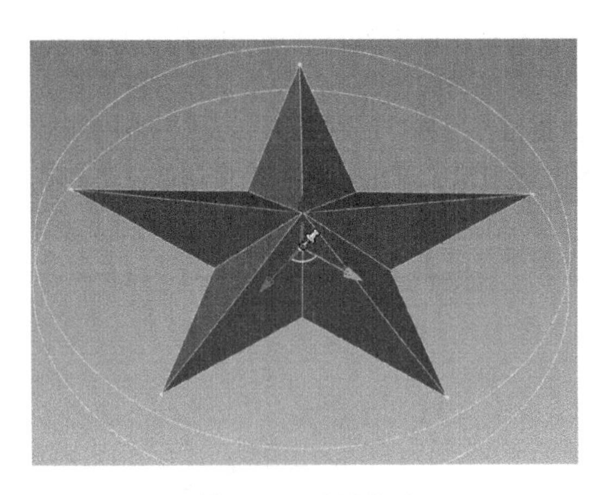

图 3-9　五角星曲面

图 3-10　五角星曲面造型

任务二　花瓶的曲面造型

任务背景

由于曲面的不同形状和不同位置，各种基本曲面工具的应用操作是不同的。前例初步尝试了平面与圆柱面的应用，特征功能工具可以通过选项设置来生成曲面。本例通过花瓶的曲面造型进一步拓展基本曲面造型功能的应用与操作。

任务要求

根据图 3-11 所示的尺寸，完成花瓶的曲面造型。

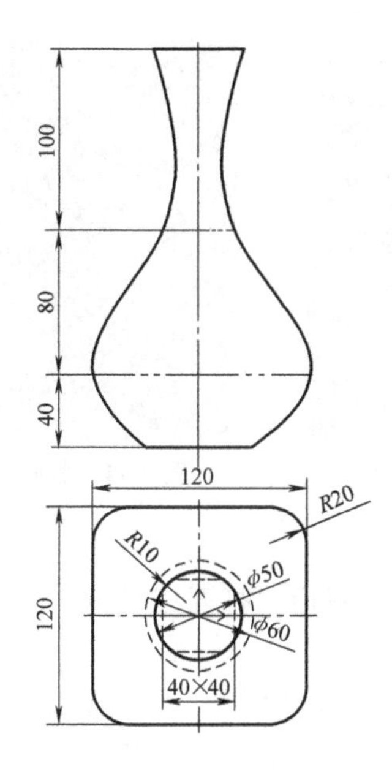

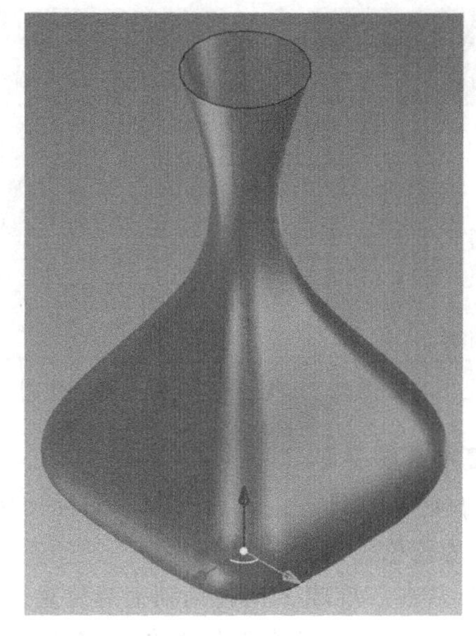

图 3-11　花瓶

任务解析

1）通过花瓶曲面的几个截面线框，使用放样命令，生成花瓶曲面。

2）选择作图平面为 *XOY* 平面，坐标原点为底面 ϕ60 圆形中心点处。

3）使用三维球拖动复制的方式，建立多个水平草图平面。

本案例的重点、难点

1）三维球对草图平面元素的拖动复制的功能应用。

2）实体功能放样命令与曲面功能放样命令的应用。

3）草图曲线倒圆角操作技巧。

操作步骤详解

1. 绘制草图

1）打开 CAXA CAM 制造工程师软件，选择“草图”功能选项卡，以 X-Y 基准面建立草图，如图 3-12 所示。

2）单击“圆心+半径”命令，按左下角提示，以坐标原点为圆心，拖拽至适当大小单击鼠标右键，弹出“编辑半径”对话框，输入“半径：30”，单击“确定”按钮后，完成 ϕ60 圆的绘制，如图 3-13 所示。（注：此 ϕ60 圆图线为蓝色，则表明未加约束。另一种做法是，先单击绘制任意大小的圆，再单击“”智能标注，选择圆形图线，单击后弹出“参数编辑”对话框，输入“值：30”，单击“确定”按钮后，得到一个绿色 ϕ60 圆形，说明这个图形是全约束草图。）

3）单击“✓”按钮确定并退出草图，瓶底 ϕ60 草图绘制完成，如图 3-14 所示。同时，可以在绘图区左侧设计树中看到首个 2D 草图名称序号标识。

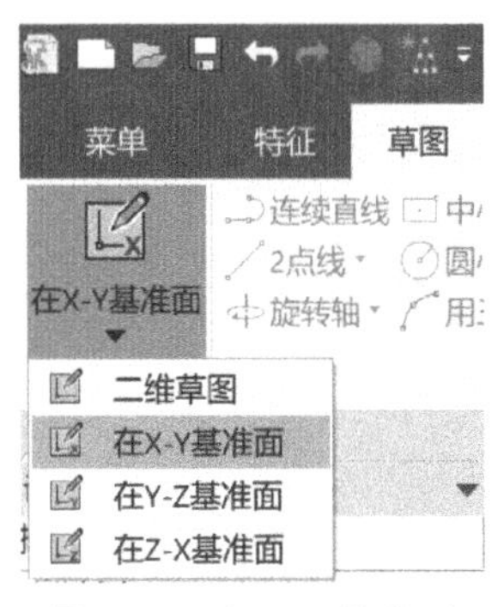

图 3-12　在 X-Y 基准面

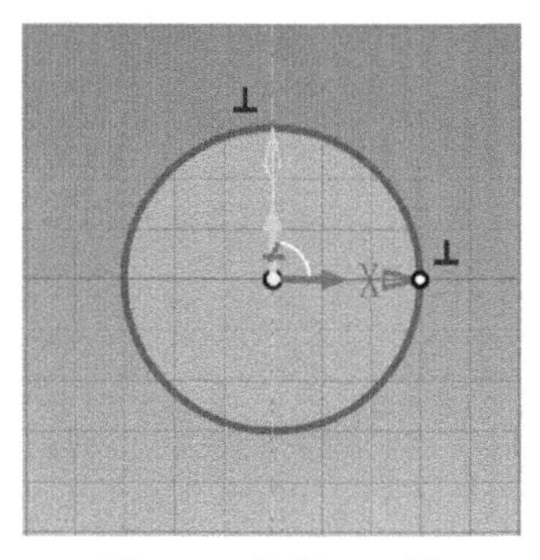

图 3-13　绘制 ϕ60 圆

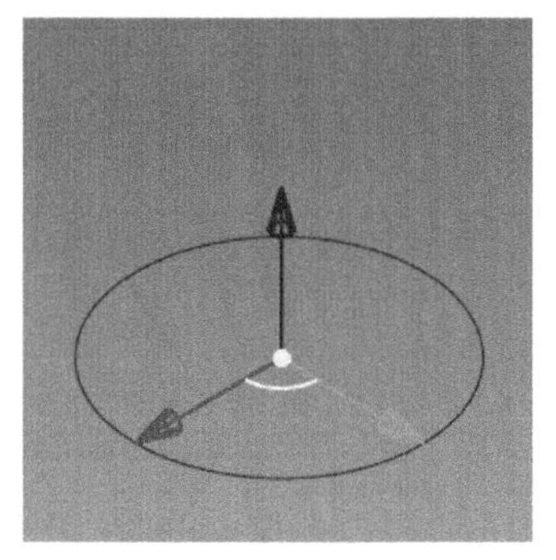

图 3-14　瓶底 ϕ60 草图

2. 平移复制草图平面

1）单击 ϕ60 草图圆，会出现三维球图标，单击此图标，打开三维球。单击 Z 向控制柄，控制轴变为黄色，如图 3-15 所示。

2）将光标放在三维球 Z 向控制轴上端位置，出现手样图标时，按住鼠标右键向上拖动一小段，松开鼠标右键，弹出快捷菜单，选择“拷贝”，弹出“重复拷贝/链接”对话框，如图 3-16 所示，输入“距离：40”，单击“确定”按钮，关闭三维球（按<F10>+<Fn>键），得到第二个草图。

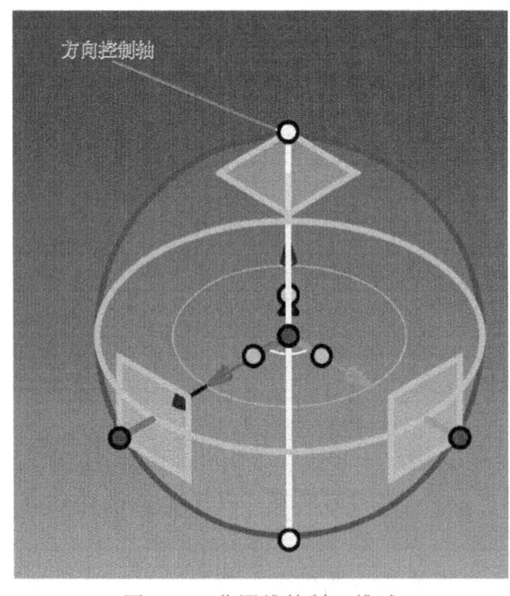

图 3-15　草图线控制三维球

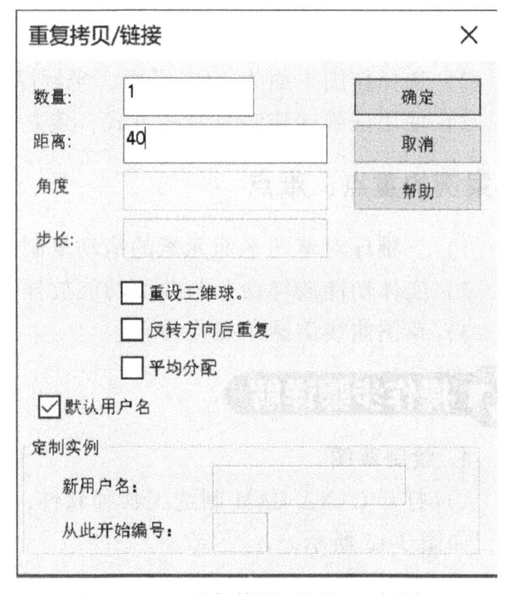

图 3-16　“重复拷贝/链接”对话框

3）以同样方法，按照零件图中给定距离，可以作出四个草图，如图 3-17 所示。

3. 草图的编辑修改

1）除了底面 ϕ60 草图圆，其余草图是需要编辑修改的。首先选择第二个草图，单击鼠标右键，在快捷菜单中选择“编辑”，进入草图，点选 ϕ60 草图圆，单击鼠标右键删除。单击“中心矩形”命令，中心点选择坐标原点，向外拖拽至图形适当大小时，单击鼠标右键，弹出“编辑长方形”对话框，输入“长度：120”“宽度：120”，确定后得到边长为

120 的正方形。

2）单击“过渡”命令，在左侧立即菜单中输入“半径：20”，勾选锁定半径，然后依次点选正方形四个顶点，则 *R*20 圆角过渡完成，如图 3-18 所示。

3）同理，编辑修改，完成边长为 40 的正方形及 ϕ50 圆形截面草图的绘制，如图 3-19 所示。

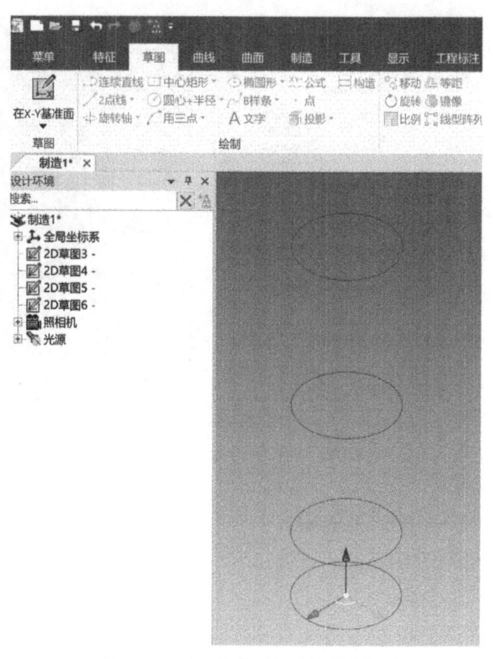

图 3-17　平移复制四个草图面

4. 放样法完成花瓶曲面造型

1）选择“特征”功能选项卡，单击“放样”命令，在立即菜单中选择“新生成一个独立零件”，则出现“放样特征”对话框。在轮廓选项中，依次选择四个截面线框的对应点，并在“放样基本选项”中勾选“生成为曲面”，如图 3-20 所示。最后单击“✓”按钮确定，则花瓶侧面生成，如图 3-21 所示。

2）按住鼠标中键，转动花瓶曲面，将底面转至可见位置，选择“曲面”功能选项卡，单击“填充面”命令，然后点选底面 ϕ60 圆周曲线，确定后完成花瓶曲面造型。

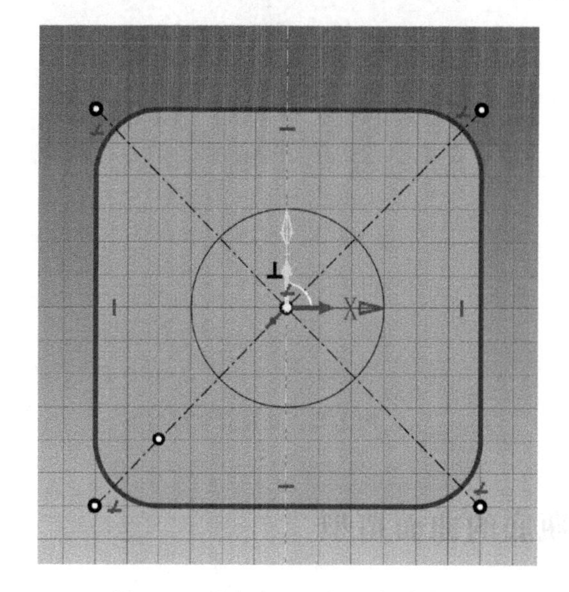

图 3-18　边长为 120 的正方形草图

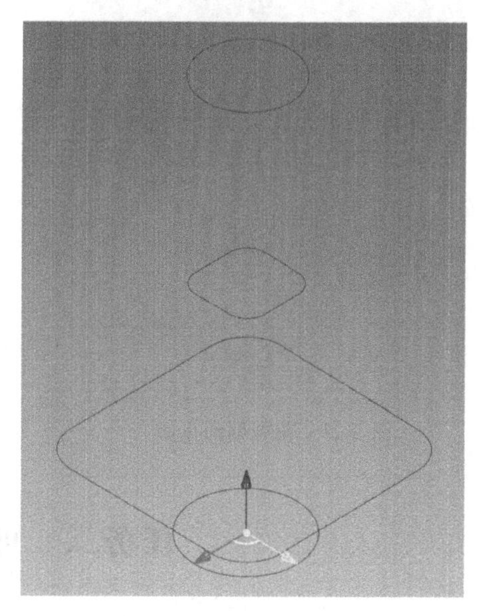

图 3-19　四个截面草图

5. 真实感渲染

选择“显示”功能选项卡，单击“渲染...”命令，弹出“设计环境属性”对话框，选择“真实感”，勾选“效果和性能设置”各选项，单击“确定”按钮完成渲染，其效果如图 3-22 所示。

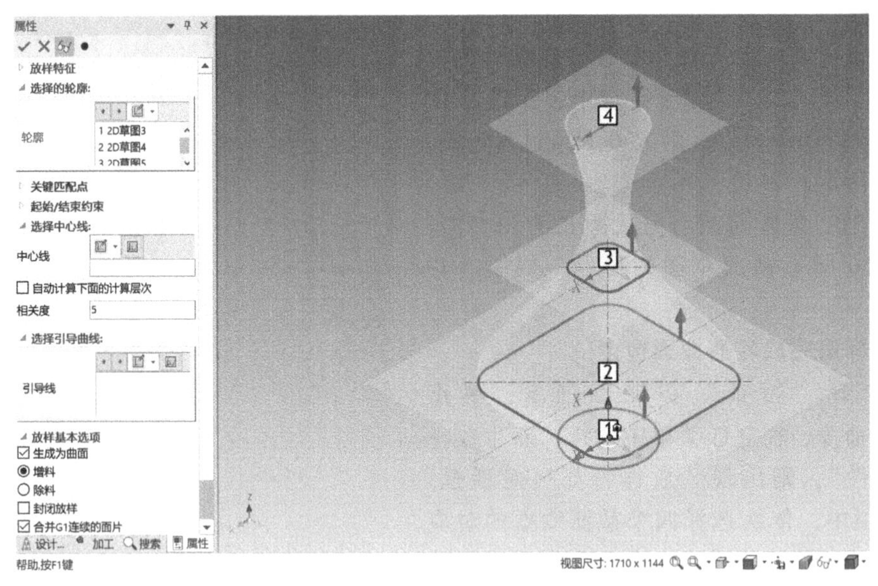

图 3-20 “放样特征”对话框

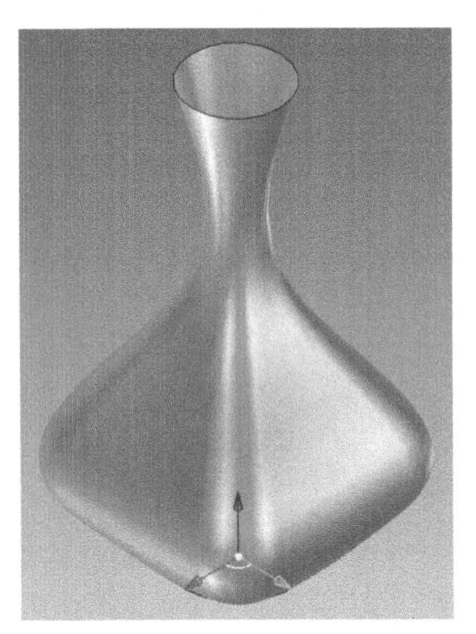

图 3-21 花瓶侧面生成

图 3-22 花瓶真实感渲染

任务三 可乐瓶底的曲面造型

任务背景

比较复杂的曲面生成往往可以采用网格面工具，网格面工具可以生成各种自由曲面、不规则曲面，但是，如何正确地绘制出网格面的 U 向线、V 向线是解决问题的关键。本例通过可乐瓶底的曲面造型，介绍了如何根据曲面特征构建 U 向线、V 向线，并生成网格面的应用操作。

任务要求

根据图 3-23 所示的尺寸，完成可乐瓶底的曲面造型。

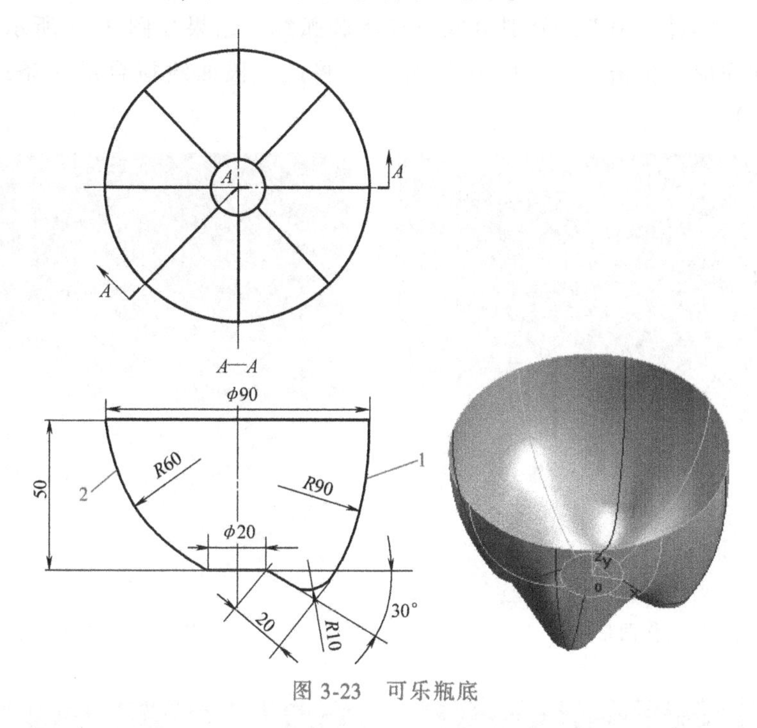

图 3-23　可乐瓶底

任务解析

可乐瓶底的曲面可以采用网格面造型方式实现。*U* 向线有两条，分别是可乐瓶底底面 ϕ20 圆和顶面 ϕ90 圆曲线；*V* 向线有 8 根截面线，它们是可乐瓶底侧面轮廓曲线 1 和 2，1 和 2 相对 *Z* 轴的夹角为 45°，并以 *Z* 轴为轴线，圆形阵列均布 4 份。

本案例的重点、难点

1）作图平面选择和适时变换，*U* 向线和 *V* 向线的生成。

2）曲线的生成，曲线的打断、组合以及旋转阵列。

3）网格面生成工具的应用操作。

操作步骤详解

1. 绘制 *U* 向线

选择“曲线”功能选项卡，单击“三维曲线”命令，根据圆心和直径作出 ϕ20、ϕ90 两个整圆，并将 ϕ90 向 *Z* 轴正向平移 50，如图 3-24 所示。

2. 绘制 *V* 向线

1）绘制截面线 1：按<F9>（+<Fn>）键切换作图平面为 *YOZ* 平面（注意：此时两坐标轴 Y、Z 右边分别有带括号的 x、y，表示在此作图平面中的 x 和 y 坐标）。①单击“直线”→选择“角度线”“X 轴夹角”“角度 = −30”，按左下角提示，以 ϕ20 整圆与 X 轴交点为第一点，输入“长度：20”，按<Enter>键完成，如图 3-25 所示。②单击“圆弧”→选择“两点_半径”，按左下角提示，以－30°斜线端点为第一点，输入（45，0，50）为第二点，输入“半径 R＝90”，按<Enter>键完成，如图 3-26 所示。③单击“过渡”→选择“圆角”“裁剪”“半径＝10”，分别拾取斜线和圆弧线，结果如图 3-27 所示。（注意：单击“✓”按钮完成，单击“拟合曲线”命令，将此三段曲线拟合成一条线，再次进入三维曲线界面。）

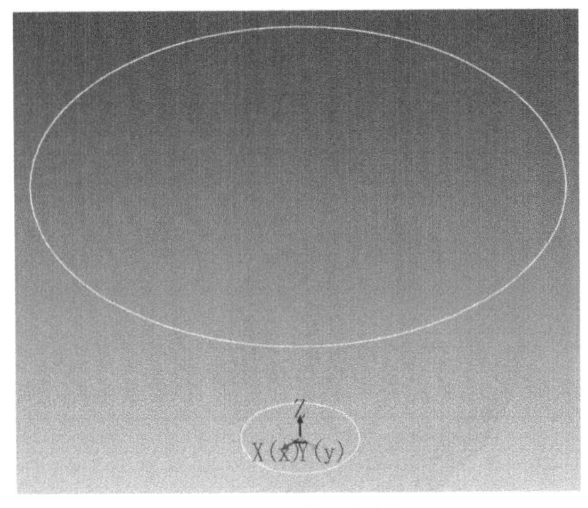

图 3-24　作两整圆

图 3-25　作 30°斜线

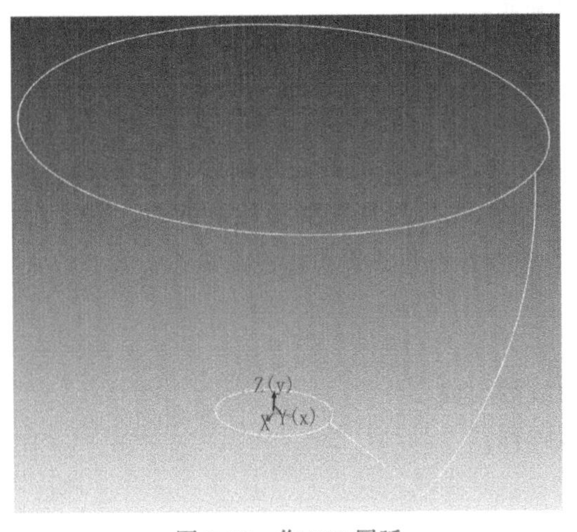

图 3-26　作 *R*90 圆弧

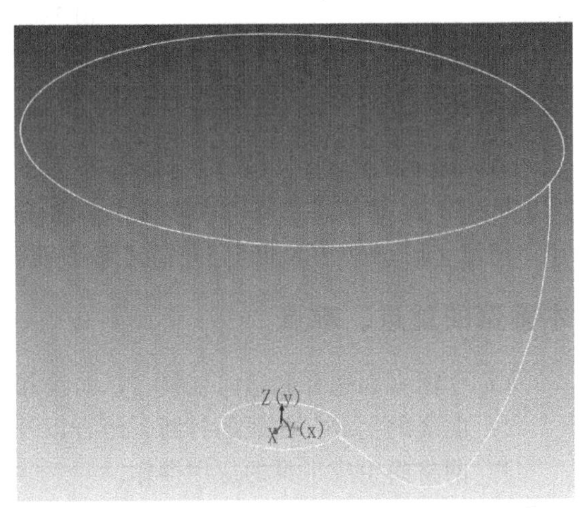

图 3-27　得到截面线 1

2）将截面线 1 绕 *Z* 轴旋转 45°：单击“空间旋转”→选择“旋转”“角度＝45”，按左下角提示，拾取截面线 1，单击鼠标右键完成，左下角提示：“拾取旋转轴起点：”，此时，按空格键，弹出点的立即菜单，选择“圆心（C）”，然后，依次拾取 ϕ20、ϕ90 圆曲线，则得到以两圆心连线为轴线的旋转结果，如图 3-28 所示。

3）绘制截面线 2：单击“圆弧”→选择“两点_半径”，按左下角提示（注意：将点拾取方式切换为“屏幕点（S）”），按<S>键，然后，拾取 ϕ20 圆与 Y（x）轴交点为第一点，拾取 ϕ90 圆与 Z（y）轴交点为第二点，将圆弧拖拽至正确方位，输入“半径：60”，按

<Enter>键完成，如图 3-29 所示。

图 3-28　将截面线 1 绕 Z 轴旋转 45°

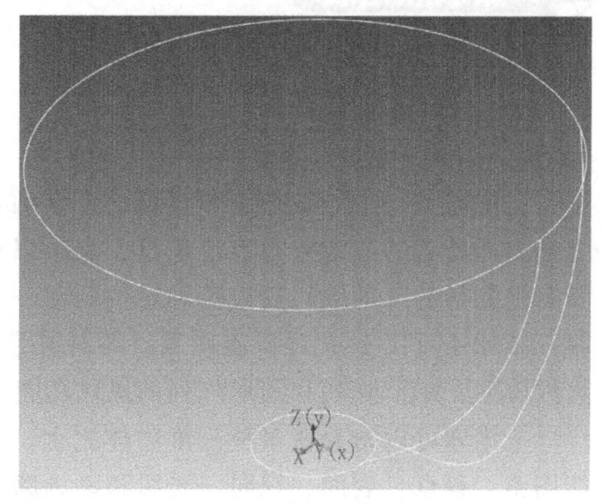

图 3-29　作截面线 2

4）圆形阵列截面线：单击“阵列”→选择“圆形阵列”“旋转”“均布”“份数 = 4”，（注意：切换作图平面为水平面 XOY），按左下角提示，拾取截面线 1、2，单击鼠标右键完成；再按左下角提示，拾取坐标原点为中心点，得到 8 根截面线，如图 3-30 所示。单击“✓”按钮完成，退出三维曲线界面。

3. 曲面生成

1）选择“曲面”功能选项卡，单击“网格面”命令，在“网格面”对话框中，分别拾取 2 个整圆为 U 向截面线，单击“V 曲线”（变红色），依次拾取 8 根截面线为 V 向截面线，单击“✓”按钮确定，则可乐瓶底曲面造型完成，如图 3-31 所示。

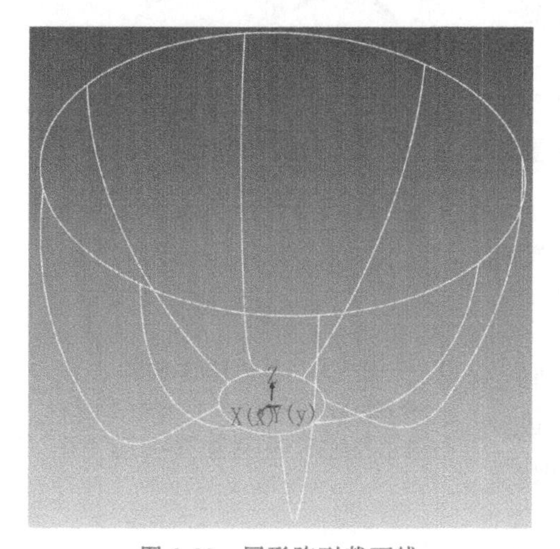

图 3-30　圆形阵列截面线

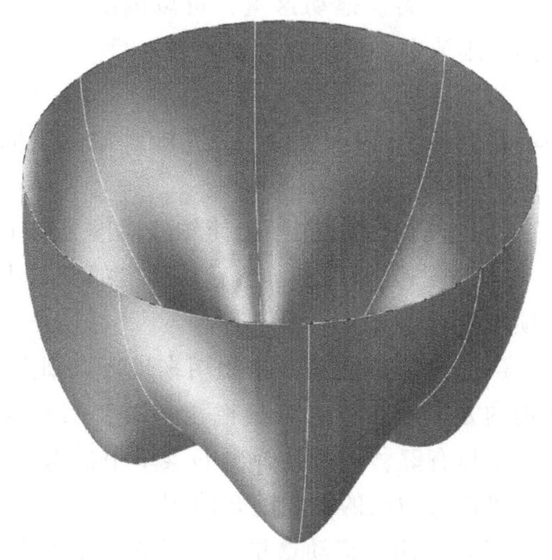

图 3-31　可乐瓶底曲面造型

2）隐藏坐标轴：将状态数选为加工树，选择“1-世界（活动）”，右击在快捷菜单中选择“隐藏”，便可隐藏坐标轴，如图 3-32 所示。读者可以点选可乐瓶底曲面，右击在快捷菜单中选择“智能渲染”，便可改变曲面颜色。再通过“显示”功能选项卡，单击“背景”命令，可将背景变为白色。

知识点拓展

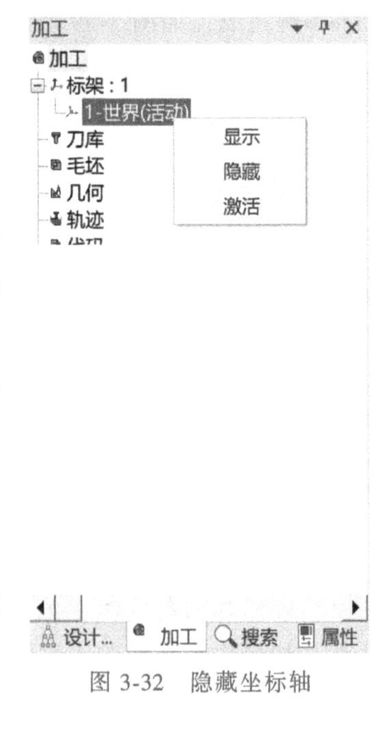

图 3-32　隐藏坐标轴

一、三维球工具

三维球是一个非常杰出和直观的三维图素操作工具。作为强大而灵活的三维空间定位工具，它可以通过平移、旋转和其他复杂的三维空间变换精确定位任何一个三维物体；同时三维球还可以完成对智能图素、零件或组合件生成拷贝、直线阵列、矩形阵列和圆形阵列的操作功能。

三维球可以附着在多种三维物体之上。在选中零件、智能图素、锚点、表面、视向、光源和动画路径关键帧等三维元素后，可通过单击快速启动栏上的三维球工具按钮打开三维球，使三维球附着在这些三维物体之上，从而方便地对它们进行移动、相对定位和距离测量。

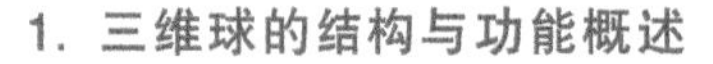

1. 三维球的结构与功能概述

默认状态下三维球的结构如图 3-33 所示。

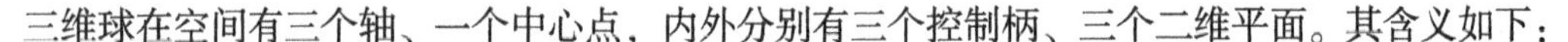

三维球在空间有三个轴、一个中心点，内外分别有三个控制柄、三个二维平面。其含义如下：

（1）外控制柄（约束控制柄）　单击它可用来对轴线进行暂时的约束，使三维物体只能进行沿此轴的线性平移或绕此轴的旋转。

（2）圆周　拖动这里，可以围绕一条从视点延伸到三维球中心的虚拟轴线旋转。

（3）定向控制柄（短控制柄）　用来将三维球中心作为一个固定的支点，进行对象的定向。主要有以下两种使用方法：

1）拖动定向控制柄，使轴线对准另一个位置。

2）单击鼠标右键，然后从弹出的菜单中选择一个项目进行定向。

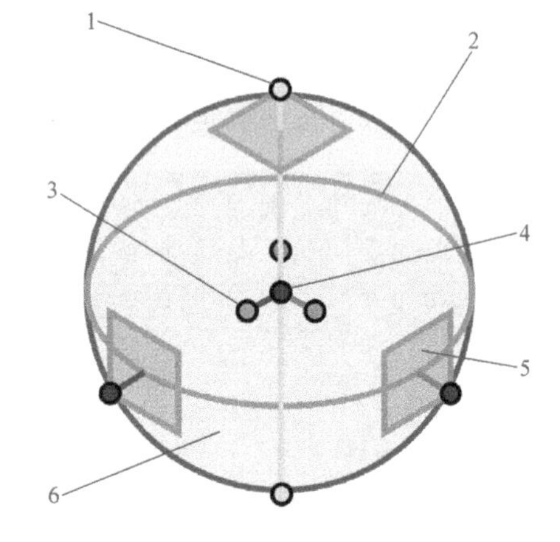

图 3-33　三维球的结构

1—外控制柄　2—圆周　3—定向控制柄
4—中心控制柄　5—内侧　6—二维平面

（4）中心控制柄　主要用来进行点到点的移动。使用的方法是，将它直接拖至另一个目标位置，或单击鼠标右键，然后从弹出的菜单中挑选一个选项。它还可以与约束的轴线配合使用。

（5）内侧　拖动这里，可以在选定的虚拟平面中移动。

（6）二维平面　可以在这个空白区域内侧拖动进行旋转，也可以在这里单击鼠标右键，快捷菜单中出现各种选项，对三维球进行设置。

三维球拥有三个外部约束控制柄（长轴）、三个定向控制柄（短轴）、一个中心点。在软件的应用中，其主要功能是解决元素、零件、装配体的空间点定位和空间角度定位的问题。其中长轴是解决空间约束定位，短轴是解决实体的方向，中心点解决定位。

一般的条件下，三维球的移动、旋转等操作中，鼠标的左键不能实现复制的功能；鼠标的右键可以实现元素、零件、装配体的复制功能和平移功能。

在软件的初始化状态下，三维球最初是附着在元素、零件、装配体的定位锚上的。特别对于智能图素，三维球与智能图素是完全相符的，三维球的轴向与图素的边、轴向是完全平行或重合的。三维球的中心点与智能图素的中心点是完全重合的。三维球与附着图素的脱离通过按空格键来实现。三维球脱离后，将其移动到规定的位置，一定要再按一次空格键，附着三维球。

以上是在默认状态下三维球的设置，还可以通过右击三维球内侧时出现的快捷菜单对三维球进行其他设置，如图 3-34 所示。选择“显示所有操作柄”后，三维球如图 3-35 所示。

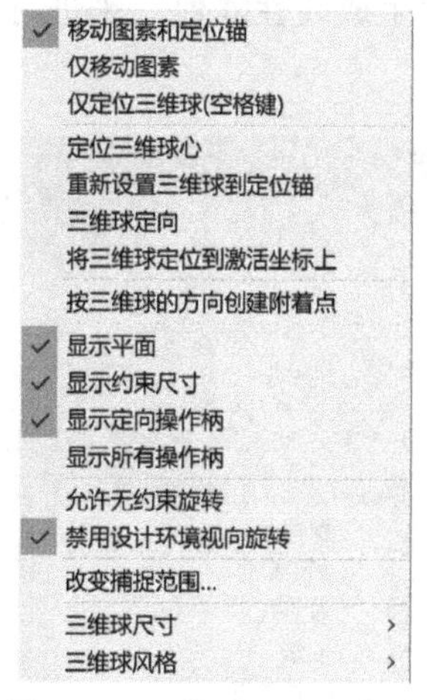

图 3-34　三维球的设置菜单

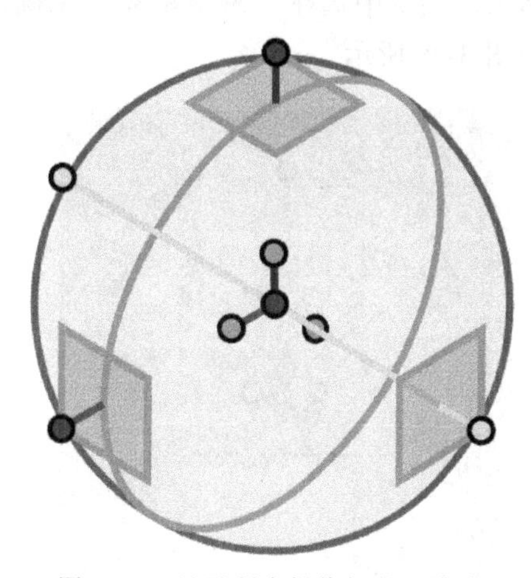

图 3-35　显示所有操作柄的三维球

选择“允许无约束旋转”后，再将光标放到三维球内部时，光标形状变成“✥”，此时三维球附着的三维物体可以围绕三维球中心更自由地旋转，而不必局限于围绕从视点延伸到三维球中心的虚拟轴线旋转。

三维球的位置和方向变化后，当前的位置和方向默认被记住。

2. 移动和线性阵列

当要在三维空间内移动装配体、零件或图素时，可以应用三维球进行定位。在状态栏选择“▾”创新模式，可以在智能图库图素项目中拖拽出一个长方体，再拖拽出一圆柱体放置于长方体上表面中心处，作为三维球操作目标图素。

用鼠标的左键或右键拖动三维球的外控制柄，这时注意光标状态的变化。

1）当使用鼠标左键来操作时，只能在被选择控制柄的轴线方向（将变为黄色）移动该圆柱体。在图中可以看到圆柱体被移动的具体数值，松开鼠标时，移动距离亮显，可编辑数值，如图 3-36 所示。

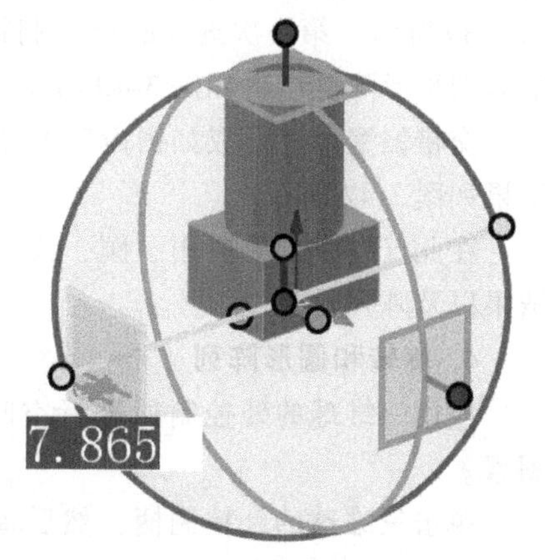

图 3-36　可编辑数值

2）如果换作鼠标右键来操作，与前一种方式不同的是，在拖动操作结束后，系统将弹出一个菜单，可以从菜单中选择需要的操作，如图 3-37 所示。

① 平移：将零件、图素在指定的轴线方向上移动

一定的距离。类似于上面讲述的用鼠标左键拖动。

② 拷贝：将实体变成多个，实体都相同但没有链接关系。

③ 链接：将实体变成多个，其中有一个变化，复制出的其他实体也同时变化。

④ 沿着曲线拷贝：沿着选定曲线将实体变成多个。

⑤ 沿着曲线链接：沿着选定曲线将实体变成多个，并且复制实体相互之间保持关联。

⑥ 生成线性阵列：将实体变成多个，复制的实体具有链接的功能，同时还可以有尺寸驱动更改阵列距离与个数，可生成系统定义参数进行参数化。

3）如果调出三维球后，选择某外控制柄后，不对圆柱体进行拖动，单击鼠标右键，从弹出的菜单中选择“编辑距离”来确定移动的距离，或选择“生成线性阵列”来进行阵列，如图 3-38 所示。

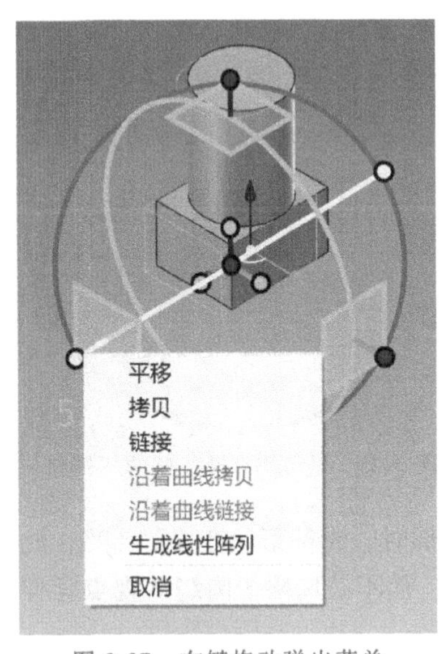

图 3-37　右键拖动弹出菜单

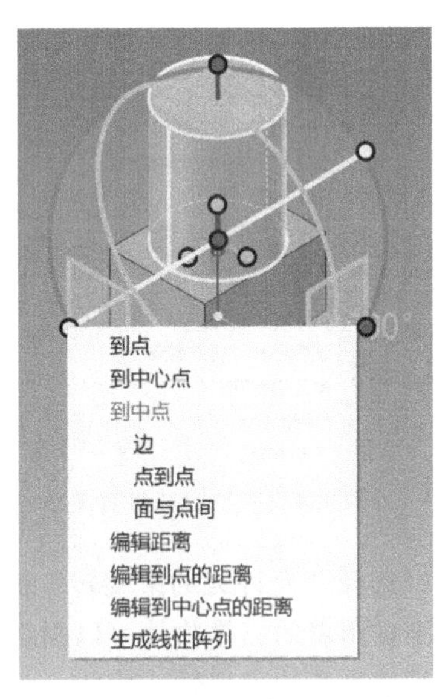

图 3-38　直接右击弹出菜单

3. 矩形阵列

用鼠标左键选取一外控制柄，待控制柄变为黄色后，再将光标移到另一外控制柄端，单击鼠标右键，选择“矩形阵列”。被选中的元素将在三个亮黄色点所形成的平面内阵列，如图 3-39 所示。第一次选择的外控制柄方向为第一方向。各方向数量均为 3，距离为 60，确定后的矩形阵列结果如图 3-40 所示。

交错偏置可以形成如锯齿般交错分布的结果。交错偏置设置如图 3-41 所示，交错偏置结果如图 3-42 所示。

在此仅列举以上应用示例，读者可以在对话框中试着输入一些不同的数值，比较阵列的结果以及阵列的规律。

4. 旋转和圆形阵列

应用三维球的外控制柄进行空间的角度定位，可在三维空间内旋转装配体、零件或者图素。

单击三维球的外控制柄，然后将光标移到三维球内部，同样用鼠标的左键或右键拖动三维球进行旋转。注意光标状态的变化。

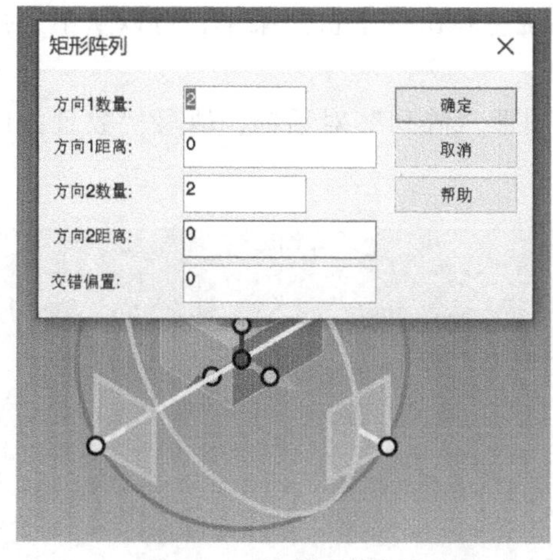

图 3-39　生成矩形阵列

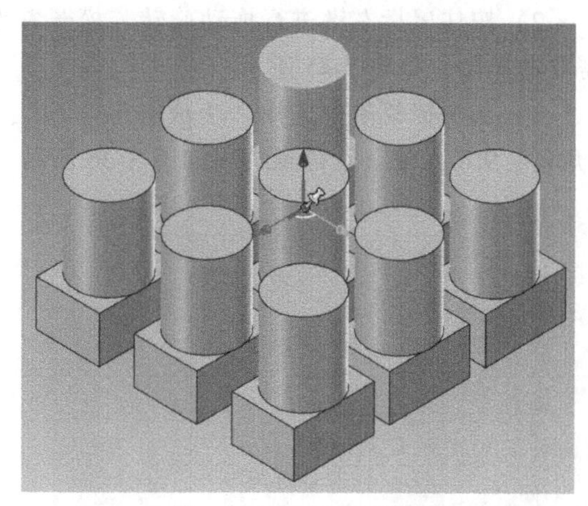

图 3-40　矩形阵列结果

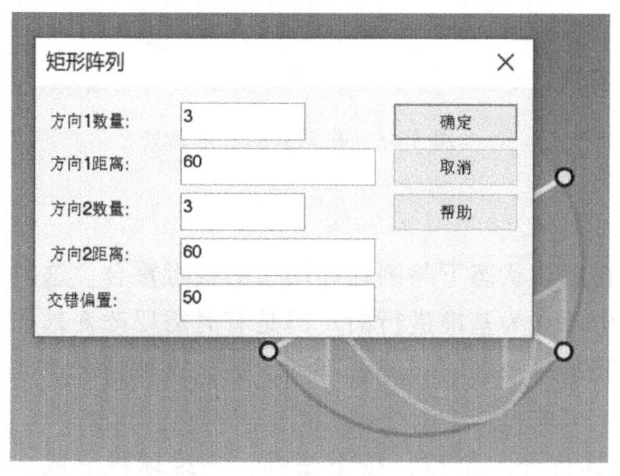

图 3-41　交错偏置设置

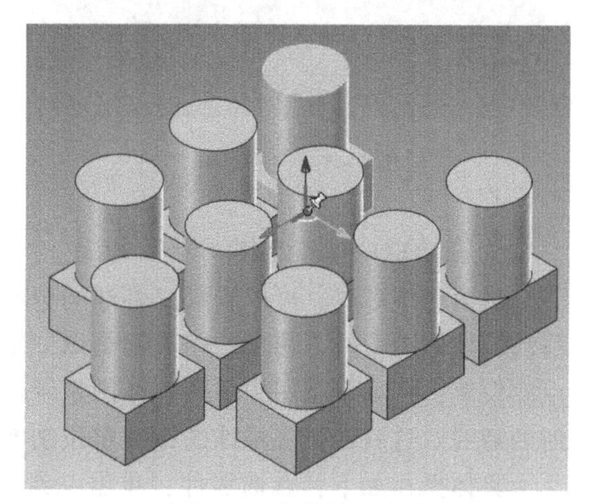

图 3-42　交错偏置结果

1）按住鼠标左键进行拖动旋转，松开左键，旋转角度值亮显，如图 3-43 所示，此时可直接输入旋转角度值编辑旋转角度。旋转 30°的结果如图 3-44 所示。

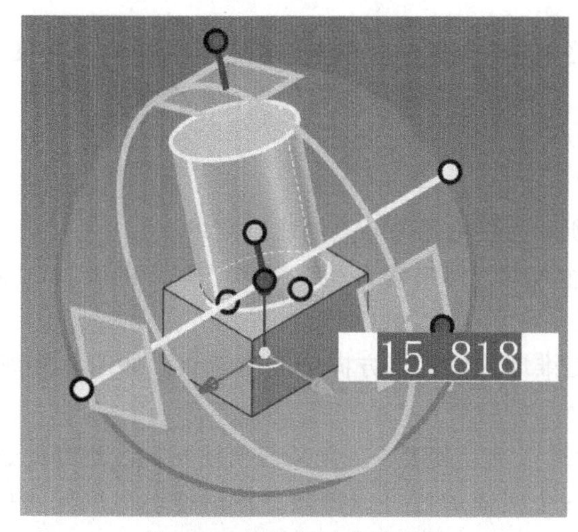

图 3-43　拖动鼠标左键旋转

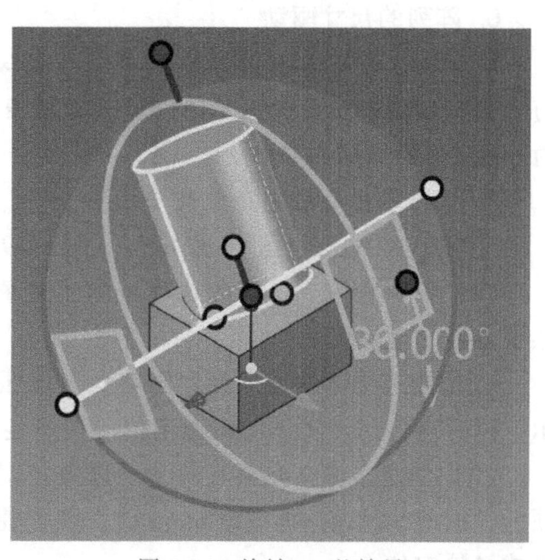

图 3-44　旋转 30°的结果

2）按住鼠标右键进行拖动旋转，松开右键，系统将弹出一个快捷菜单，可以从中选择需要的操作，如图 3-45 所示。

3）从快捷菜单中选择“生成圆形阵列”，弹出圆形“阵列”对话框，填写“数量：4”“角度：90”，确定后得到结果如图 3-46 所示。

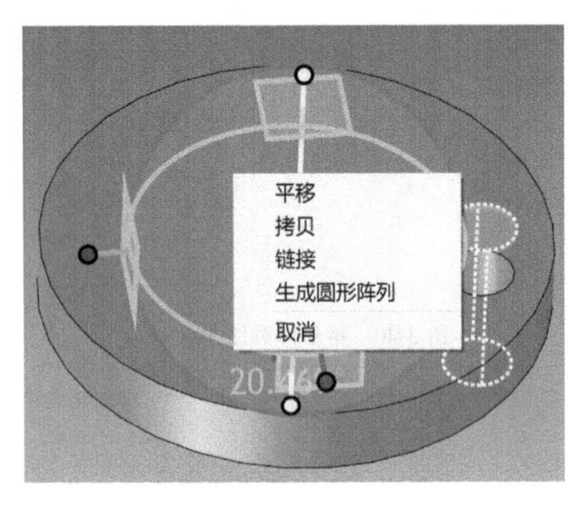

图 3-45　快捷菜单

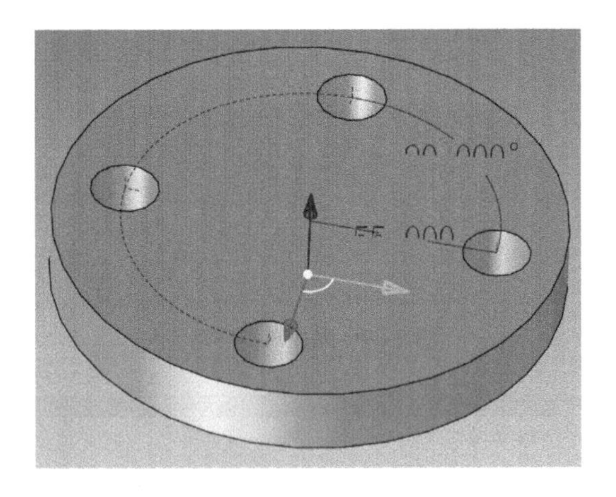

图 3-46　孔元素的圆形阵列

5. 三维球的重新定位

激活三维球时，可以看到三维球的中心点在默认状态下与圆柱体图素的锚点重合。这时移动圆柱体图素时，移动的距离都是以三维球中心点为基准进行的。但是有时需要改变基准点的位置，例如希望图中的圆柱体图素绕着空间某一个轴旋转或者阵列。那么这种情况该如何处理呢？这就涉及三维球的重新定位功能。

具体操作如下：点选零件，单击三维球工具打开三维球，按空格键，三维球将变成白色。这时移动三维球的位置，单独移动三维球的方法与上述方法类似。此时移动三维球，实体不随之运动，当将三维球调整到所需的位置时，再次按空格键，三维球变回原来的颜色，此时即可对相应的实体继续进行操作。

6. 阵列的尺寸驱动

单击尺寸成如图 3-47 所示的状态（黄绿色），单击鼠标右键来编辑。阵列距离（角度）与个数将自动生成系统定义参数进入参数表，可利用它们进行参数化设计。个数为 6、角度为 60°的结果如图 3-48 所示。

7. 三维球中心点的定位方法

三维球的中心点可进行点定位。图 3-49 所示为三维球中心点的右键菜单。

（1）编辑位置　选择此选项可弹出位置输入框，用来输入相对父节点锚点的 *X*、*Y*、*Z* 三个方向的坐标值。

（2）按三维球的方向创建附着点　按照三维球的位置与方向创建附着点，如图 3-50 所示。附着点可用于实体的快速定位、快速装配。

（3）创建多份　此项有两个子选项：“拷贝”与“链接”，含义与前述相同。选择此选项后，按<P>键后，再按<Enter>键，则创建一个实体的拷贝或链接，然后拖动三维球将拷贝或链接定位。

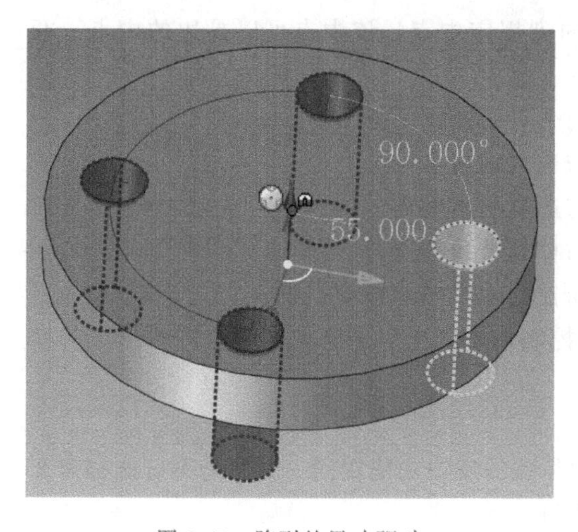

图 3-47　阵列的尺寸驱动

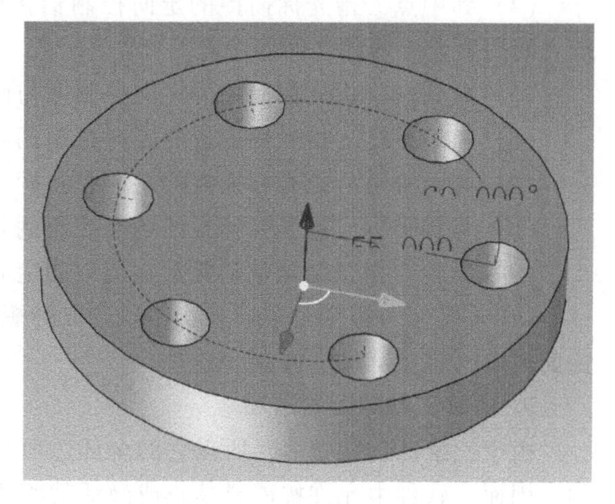

图 3-48　参数化驱动结果

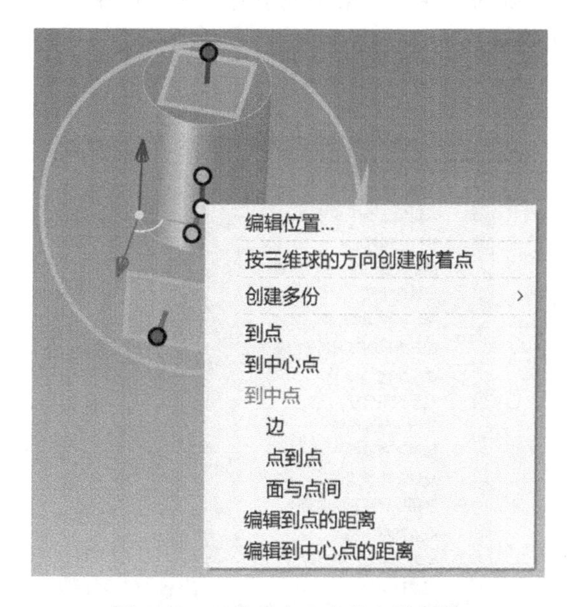

图 3-49　三维球中心点的右键菜单

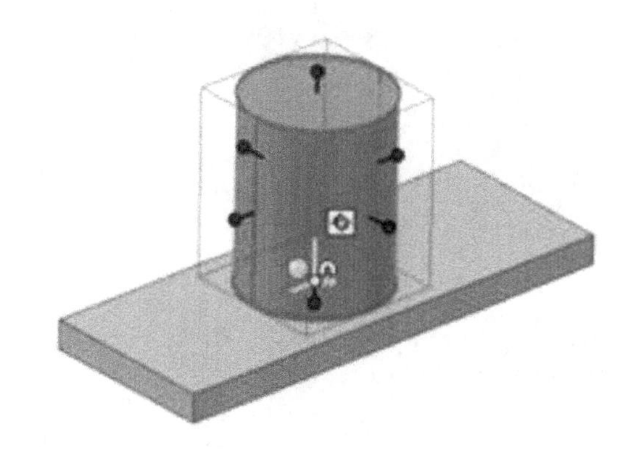

图 3-50　附着点

（4）到点　选择此选项可使三维球附着的元素移动到第二个操作对象上的选定点。

（5）到中心点　选择此选项可使三维球附着的元素移动到回转体的中心位置。

（6）到中点　选择此选项可使三维球附着的元素移动到第二个操作对象上的中点，这个元素可以是边、两点或两个面。

8. 三维球定向控制柄

选择三维球的定向控制柄，单击鼠标右键，定向控制柄右键菜单如图 3-51 所示。

（1）编辑方向　指当前轴向（黄色轴）在空间内的角度，用三维空间数值表示。

（2）到点　指光标捕捉的定向控制柄（短轴）指向到规定点。

（3）到中心点　指光标捕捉的定向控制柄指向到规定中心点。

（4）到中点　指光标捕捉的定向控制柄指向到规定中点。该中点可以是边的中点、两点之间的中点、两面之间的中点。

（5）点到点　指光标捕捉的定向控制柄与两个点的连线平行。

（6）与边平行　指光标捕捉的定向控制柄与选取的边平行。

（7）与面垂直　指光标捕捉的定向控制柄与选取的面垂直。

（8）与轴平行　指光标捕捉的定向控制柄与柱面轴线平行。

（9）反转　指三维球带动元素在选中的定向控制柄方向上转动 180°。

（10）镜像　指用三维球将实体以选取的短控制柄方向上、未选取的两个轴所形成的面做面镜像（包括移动、复制、链接）。

9. 修改三维球配置选项

由于三维球功能繁多，所以它的全部选项和相关的反馈功能在同一时间是不可能都需要的。因而，软件中允许按需要禁止或激活某些选项。

如果当三维球显示在某个操作对象上时修改三维球的配置选项，则可在设计环境中的任意位置单击鼠标右键，弹出菜单中有几个选项是默认的。在选定某个选项时，该选项在弹出菜单上的位置旁将出现一个复选标记，如图 3-52 所示。

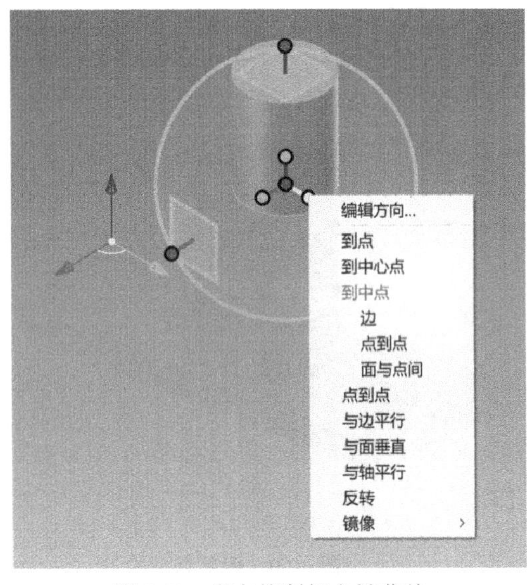

图 3-51　定向控制柄右键菜单

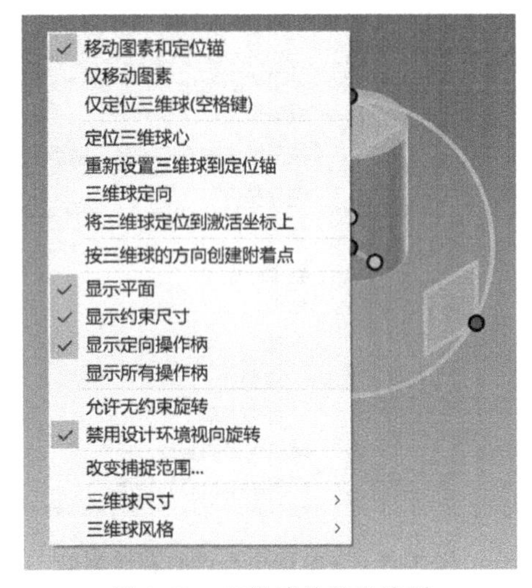

图 3-52　三维球的配置选项

三维球上可用的配置选项如下：

（1）移动图素和定位锚　如果选择了此选项，三维球的动作将会影响选定操作对象及其定位锚。此选项为默认选项。

（2）仅移动图素　如果选择了此选项，三维球的动作将仅影响选定操作对象，而定位锚的位置不会受到影响。

（3）仅定位三维球（空格键）　选择此选项可使三维球本身重定位，而不移动操作对象。此选项可使用空格键快捷激活。

（4）定位三维球心　选择此选项可把三维球的中心重定位到指定点。

（5）重新设置三维球到定位锚　选择此选项可使三维球恢复到默认位置，即操作对象

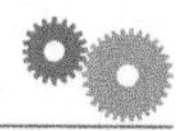

的定位锚上。

(6) 三维球定向　选择此选项可使三维球的方向轴与绝对坐标轴（X、Y、Z）对齐。

(7) 显示平面　选择此选项可在三维球上显示二维平面。

(8) 显示约束尺寸　选定此选项时，软件将显示实体件移动的角度和距离。

(9) 显示定向操作柄　此选项为默认选项。选择此选项时，将显示三维球的定向控制柄。

(10) 显示所有操作柄　选择此选项时，三维球轴的两端都将显示出定向控制柄和外控制柄。

(11) 允许无约束旋转　若想用三维球自由旋转操作对象，则可选择此选项。

(12) 改变捕捉范围　利用此选项，可设置操作对象重定位操作中需要的距离和角度变化增量。增量设定后，可在移动三维球时按住<Ctrl>键激活此功能选项。

二、曲面的生成

前面介绍了搭建线架的基础，下面将涉及曲面的功能。根据曲面特征的不同组合方式，可以组织不同的曲面生成方式。因此，在 CAXA 软件的实体设计中提供了多种曲面生成、编辑及变换的功能。

1. 直纹面

直纹面是由一根直线两端点分别在两曲线上匀速运动而形成的轨迹曲面。直纹面的生成有四种方式：曲线-曲线、曲线-点、曲线-面和垂直于面。

选择“曲面”功能选项卡，在工具栏中单击“直纹面”按钮，出现直纹面命令管理栏。在“直纹面类型”下拉菜单中，出现四种直纹面选项，如图 3-53 所示。部分选项含义如下：

拾取光滑连接的边：如果放样面的截面是由两条以上光滑连接的曲线组成的，则勾选此项，将成为链拾取状态，多个光滑连接的曲线将被同时拾取到。

增加智能图素：创新模式下把两个曲面合为一个零件时选用此项。

图 3-54 所示为曲线-曲线生成的直纹面，图 3-55 所示为曲线-点生成的直纹面，图 3-56 所示为曲线-面生成的直纹面。

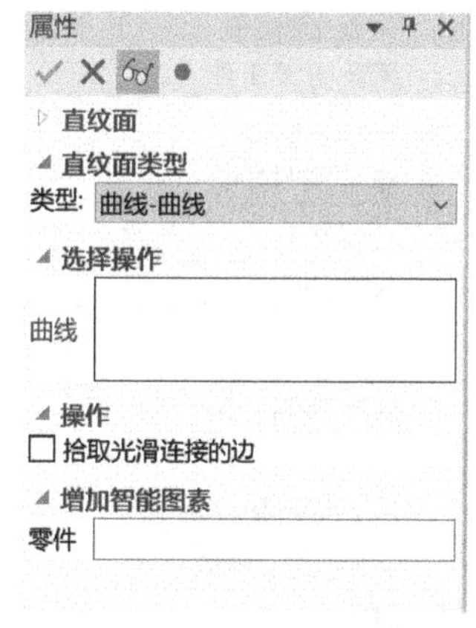

图 3-53　直纹面命令管理栏

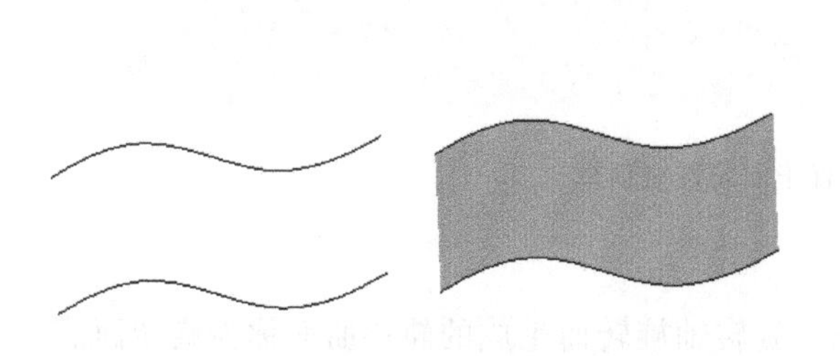

图 3-54　曲线-曲线生成的直纹面

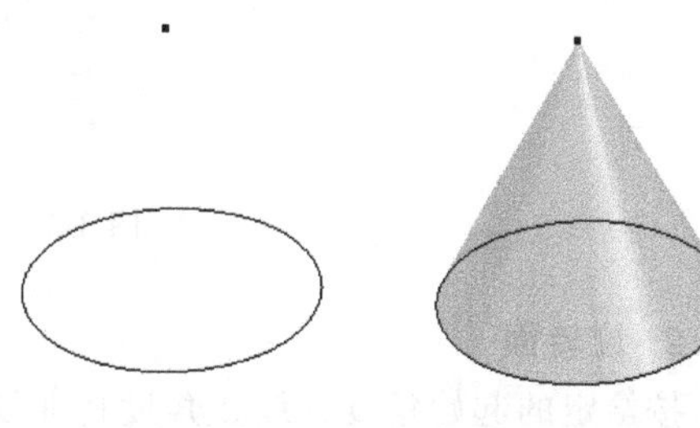

图 3-55　曲线-点生成的直纹面

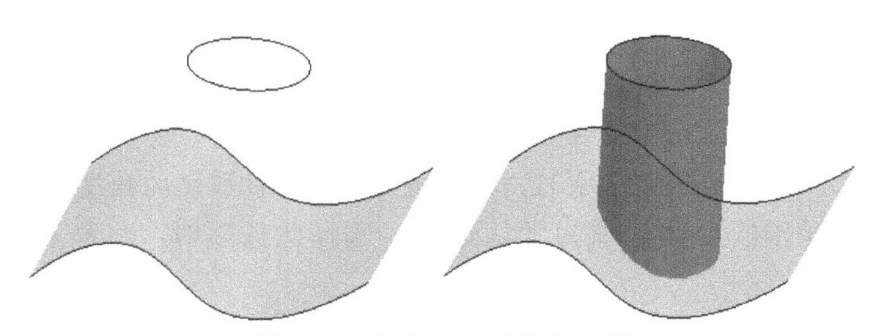

图 3-56　曲线-面生成的直纹面

注意：

1）生成方式为“曲线-曲线”时，应拾取曲线的同侧对应位置，并注意曲线拾取箭头方向一致，不一致时可单击圆点切换。

2）生成方式为“曲线-面”时，拾取完曲线后，要确定曲面的方向，既可以通过拾取空间直线来确定方向，也可以通过修改向量值来确定方向。

3）生成方式为“垂直于面”时，拾取面和曲线后，填写曲面长度，选择方向后，确定生成曲面，如图 3-57 所示。

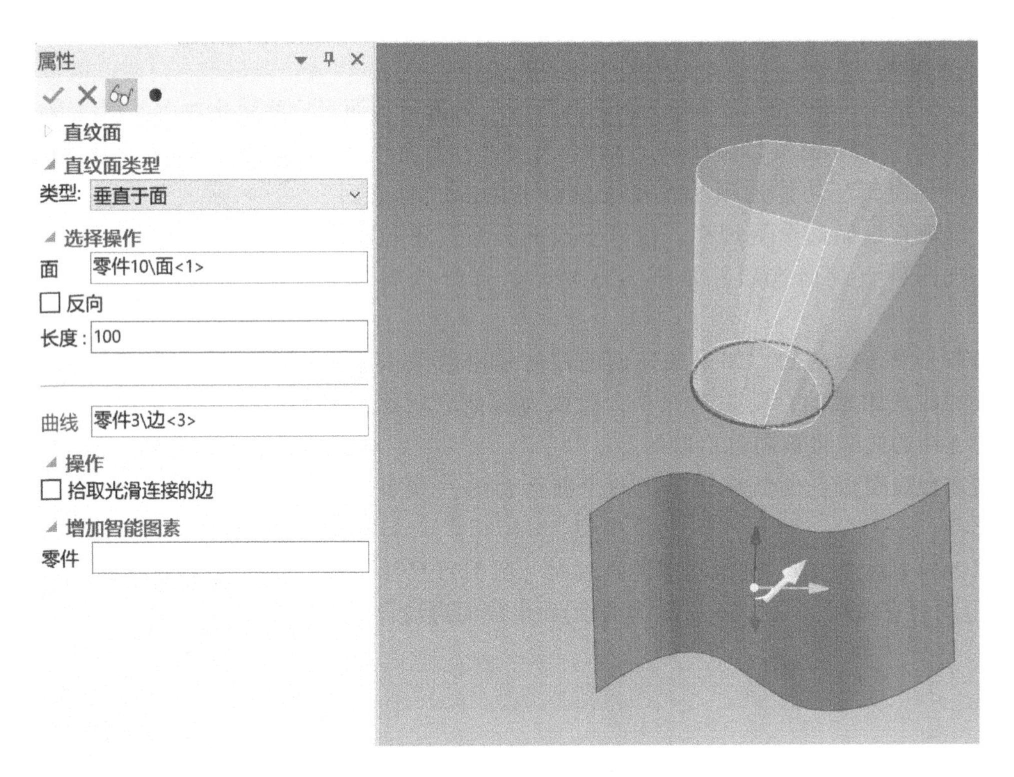

图 3-57　垂直于面属性对话框

2. 旋转面

按给定的起始角度、终止角度将曲线绕一旋转轴旋转而生成的轨迹曲面称为旋转面。

操作步骤如下：

1）使用草图或 3D 曲线功能绘制出直线作为旋转轴，并作出形成旋转面的曲线。

2）单击“曲面”功能面板上的“旋转面”按钮，屏幕上出现旋转面命令管理栏，如图 3-58 所示。各选项含义如下：

轴：选择一条草图线或一条空间直线作为旋转轴。

曲线：拾取一条草图曲线或空间曲线为母线。

旋转起始角度：指生成曲面的起始位置。

旋转终止角度：指生成曲面的终止位置。

反向：当给定旋转的起始角和终止角后，确定旋转的方向是顺时针还是逆时针。如不符合要求，勾选此项。

拾取光滑连接的边：如果旋转面的截面是由两条以上光滑连接的曲线组成的，则勾选此项，将成为链拾取状态，多个光滑连接的曲线将被同时拾取到。

增加智能图素：创新模式下把两个曲面合为一个零件时选用此项。

3）填写命令管理栏中各项参数，然后单击“✓”按钮确定并退出“旋转面”命令，所生成的旋转曲面如图 3-59 所示。

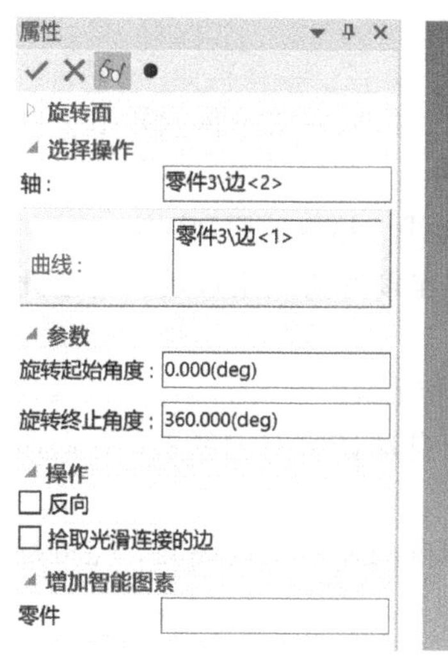

图 3-58　旋转面命令管理栏

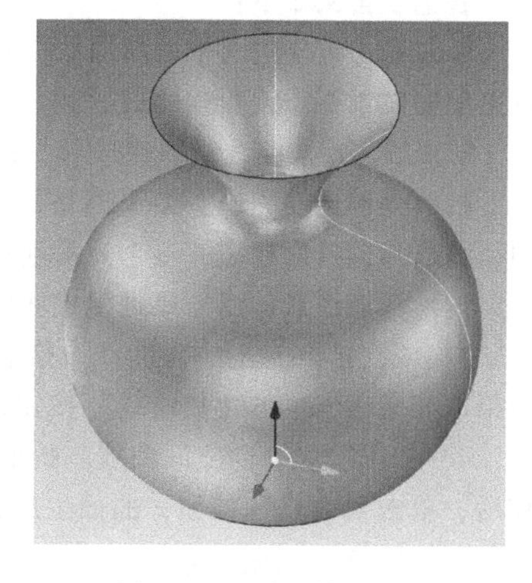

图 3-59　生成的旋转曲面

注意：

选择方向时，箭头方向与曲面旋转方向两者遵循右手螺旋法则。

3. 网格面

以网格曲线为骨架，蒙上自由曲面生成的曲面称为网格曲面。网格曲线是由特征线组成横竖相交线。

网格面的生成思路：首先构造曲面的特征网格线确定曲面的初始骨架形状，然后用自由曲面插值特征网格线生成曲面。

由于一组截面线只能反映一个方向的变化趋势，所以要引入另一组截面线来限定另一个方向的变化，形成一个网格骨架，控制住两方向（U 和 V 两个方向）的变化趋势，使特征网格线基本上反映出设计者想要的曲面形状，在此基础上插值网格骨架生成的曲面必然满足设计者的要求。

操作步骤如下：

1）使用草图或3D曲线功能绘制好 *U* 向和 *V* 向网格曲线，注意 *U* 向和 *V* 向曲线必须有交点，如图3-60所示。

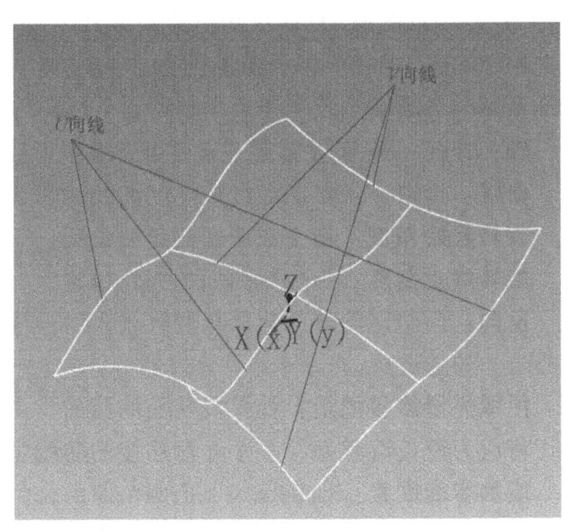

图3-60　网格曲线

2）单击“曲面”功能面板上的“网格面”按钮，屏幕上出现如图3-61所示的网格面命令管理栏。如果屏幕上已经存在一个曲面并且需要把将要做的网格面与这个曲面作为一个零件来使用，那么选择这个曲面的同时单击“增加智能图素”按钮，系统会把这两个曲面作为一个零件来处理。

各选项含义如下：

U曲线：可以把两个方向曲线中的任何一方作为 *U* 向曲线。拾取时要求依次拾取，并且拾取的位置要靠近曲线的同一侧。

V曲线：*U* 向曲线拾取完成后，按下此按钮开始拾取 *V* 向曲线。拾取的原则同上。

拾取光滑连接的边：如果网格面的截面是由两条以上光滑连接的曲线组成的，勾选此项，将成为链拾取状态，多个光滑连接的曲线将被同时拾取到。

增加智能图素：当需要把生成曲面合到另一曲面上时选用此项。

3）依次拾取 *U* 向空间曲线。拾取时，*U* 向曲线显示框中会自动显示 *U* 向线数。*U* 向曲线拾取完成后，单击“V曲线”按钮继续下一步。

4）依次拾取 *V* 向空间曲线。拾取时，*V* 向曲线显示框中会自动显示 *V* 向线数。完成操作后，单击“完成”按钮，曲面生成，如图3-62所示。

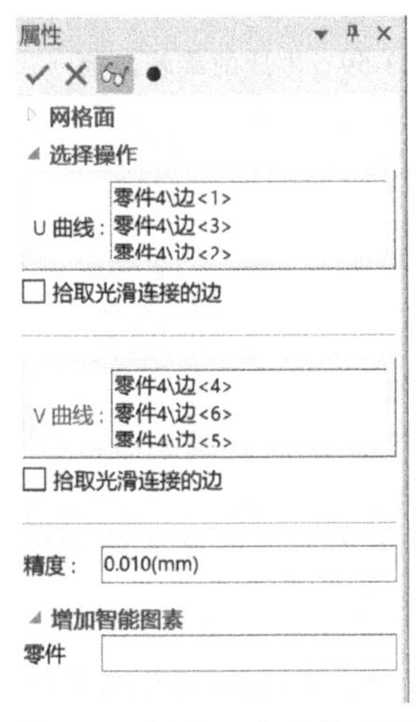

图3-61　网格面命令管理栏

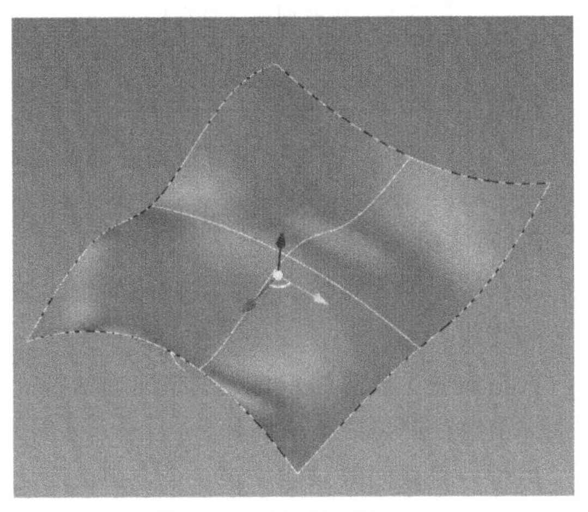

图3-62　网格曲面的生成

注意：

拾取的每条 U 向曲线与所有 V 向曲线都必须有交点。拾取的曲线应当是光滑曲线。曲面的边界线可以是实体的棱边。特征网格线有以下要求：网格曲线组成网状四边形网格，规则四边形网格与不规则四边形网格均可。插值区域由四条边界曲线围成，不许有三边域、五边域和多边域。

4. 导动面

让特征截面线沿着特征轨迹线的某一方向扫动生成曲面。导动面的生成方式有：平行导动、固接导动、导动线+边界、双导动线。

生成导动曲面的基本思想：选取截面曲线或轮廓线沿着另外一条轨迹线扫动生成曲面。为了满足不同形状的要求，可以在扫动过程中，对截面线和轨迹线施加不同的几何约束，让截面线和轨迹线之间保持不同的位置关系，就可以生成形状变化多样的导动曲面。如截面线沿轨迹线运动过程中，可以让截面线绕自身旋转，也可以绕轨迹线扭转，还可以进行变形处理，这样就产生形状变化多样的导动曲面。

单击“曲面”功能面板上的“导动面”按钮，屏幕上出现导动面命令管理栏，如图 3-63 所示。

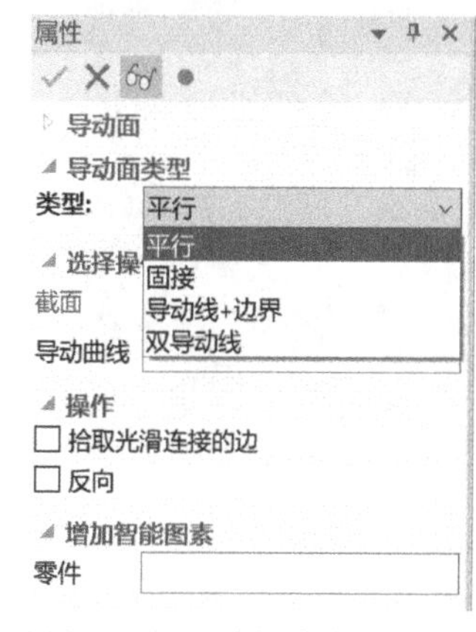

图 3-63　导动面命令管理栏

（1）平行导动　平行导动是指截面线沿导动线趋势始终平行它自身移动而扫动生成曲面，截面线在运动过程中没有任何旋转，如图 3-64 所示。

操作步骤如下：

1）选择“平行导动”方式。

2）选择截面线。

3）拾取导动线，并选择方向。

4）拾取完成后单击“完成”按钮，即可生成平行导动面。

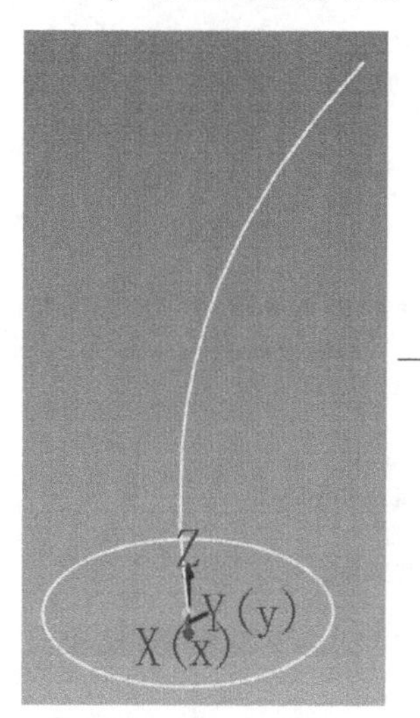

→

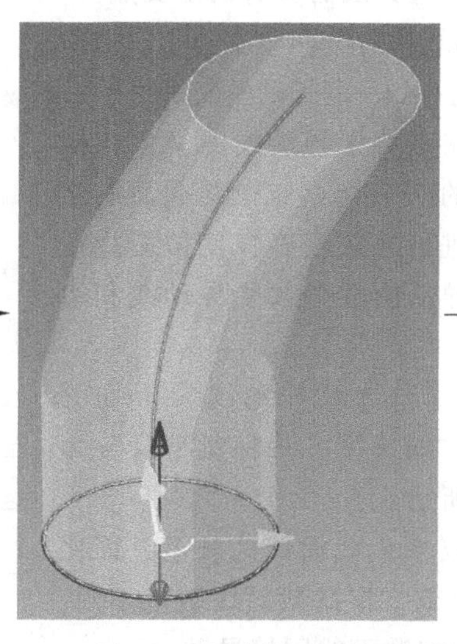

→

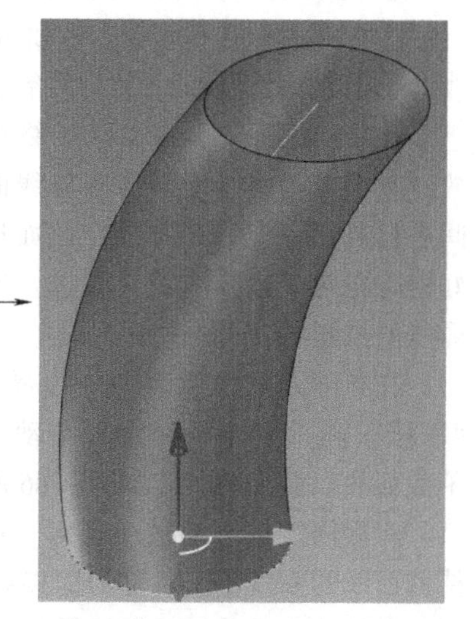

图 3-64　平行导动面生成过程

（2）固接导动　固接导动是指在导动过程中，截面线和导动线保持固接关系，即让截面线平面与导动线的切矢方向保持相对角度不变，而且截面线在自身相对坐标系中的位置关系保持不变，截面线沿导动线变化的趋势导动生成曲面。

【说明】 固接导动有单截面线和双截面线两种，也就是说截面线可以是一条或两条，图 3-65 所示为单截面线固接导动面。

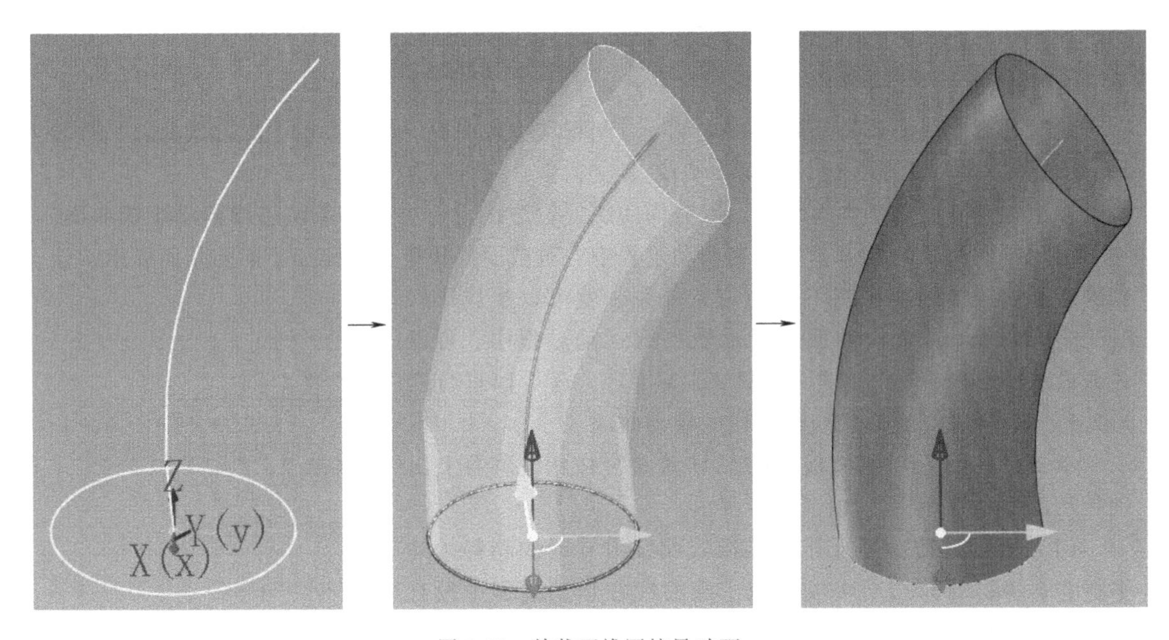

图 3-65　单截面线固接导动面

（3）导动线+边界　截面线按以下规则沿一条导动线扫动生成曲面（这条导动线可以与截面线不相交，可作为一条参考导动线）：

① 运动过程中截面线平面始终与导动线垂直。

② 运动过程中截面线平面与两边界线需要有两个交点。

③ 对截面线进行缩放，将截面线横跨于两个交点上。截面线沿导动线如此运动时，就与两条边界线一起扫动生成曲面。

在导动过程中，截面线始终在垂直于导动线的平面内摆放，并求得截面线平面与边界线的两个交点。在两截面线之间进行混合变形，并对混合截面进行缩放变换，使截面线正好横跨在两个边界线的交点上。导动面的形状受导动线和边界线的控制。

在导动方式“导动线+边界”和“双导动线”下均分“固接”和“变半径”两种导动方向类型，每种类型又分为单截面和双截面两种，如图 3-66 所示。

对截面线进行缩放变换时，仅变化截面线的长度，而保持截面线的高度不变，称为固接导动。根据截面线数量不同，固接导动分为单截面线固接导动和双截面线固接导动。

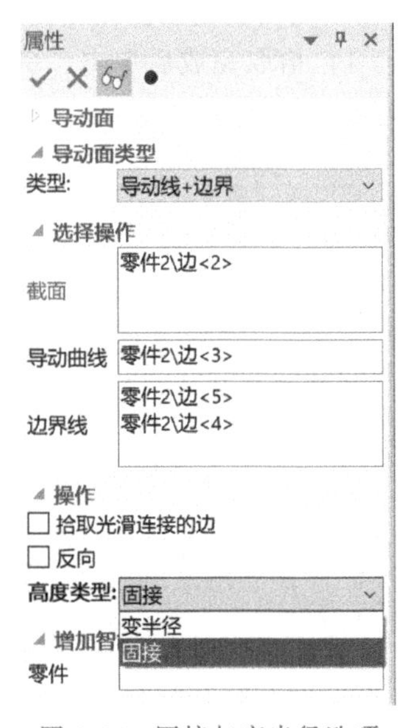

图 3-66　固接与变半径选项

1）单截面线固接导动。单击“导动面”按钮，按图 3-66 所示工具类型选择。只选择一条截面线，如图 3-67 所示。

2）双截面线固接导动。单击“导动面”按钮，按图 3-68 所示工具类型选择，其操作过程如图 3-68 所示。

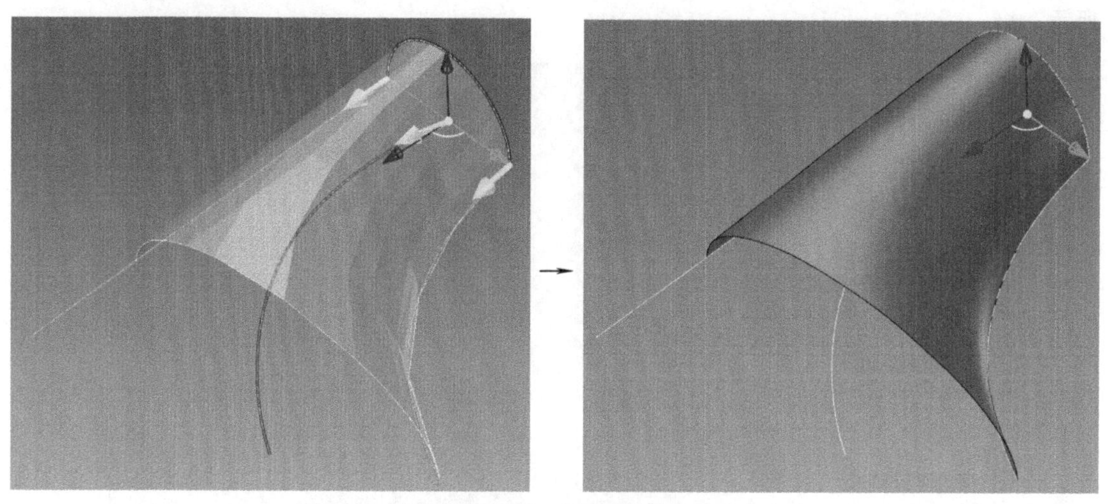

图 3-67　单截面线固接“导动线+边界”曲面生成

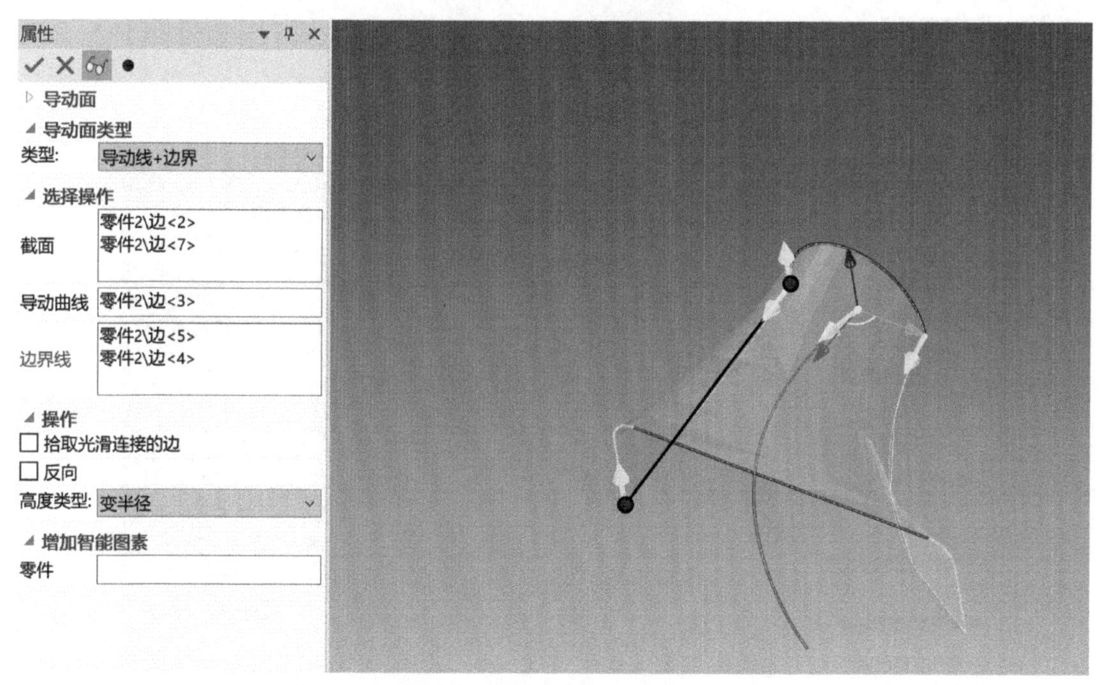

图 3-68　双截面线变半径“导动线+边界”操作过程

操作步骤如下：

1）选择“导动线+边界”方式。

2）拾取截面线。若拾取两条截面线，则成为双截面线导动。

3）拾取导动线、边界线。

4）选择固接或者变半径。

5）设置完成后生成导动面。

（4）双导动线　将一条或两条截面线沿着两条导动线匀速地扫动生成曲面。导动面的形状受两条导动线控制。双导动线导动支持固接导动和变半径导动，如图 3-69～图 3-72 所示。

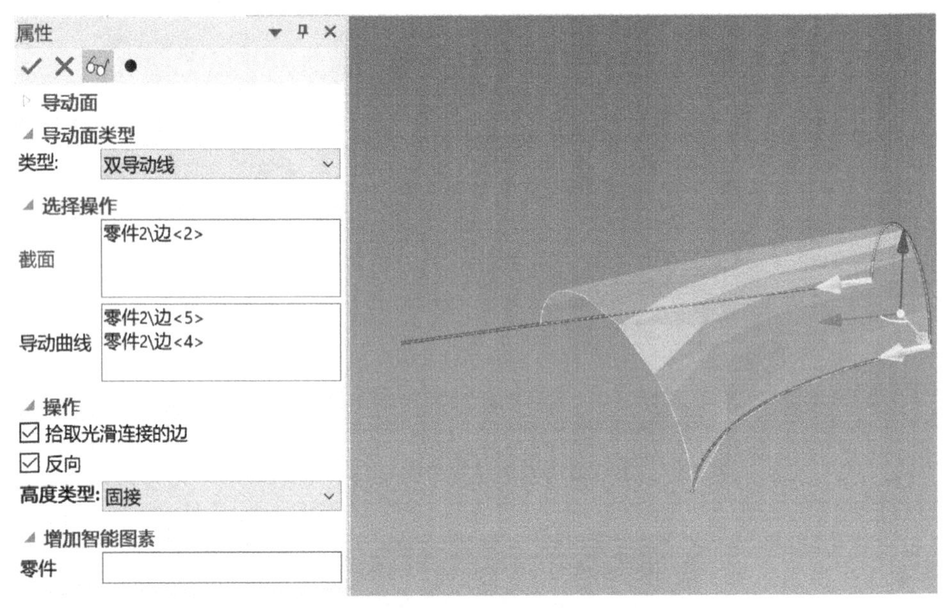

图 3-69　单截面线固接“双导动线”操作

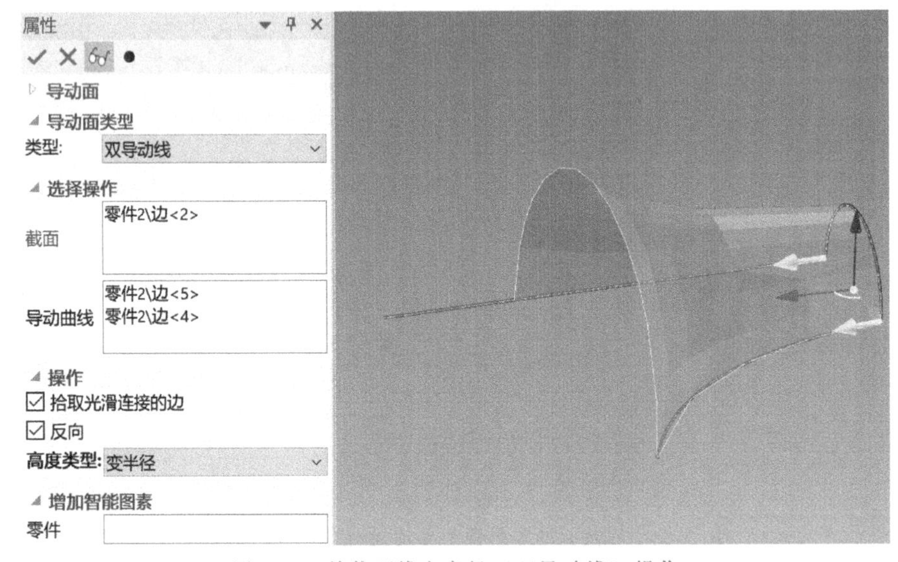

图 3-70　单截面线变半径“双导动线”操作

操作步骤如下：

1）选择“双导动线”方式。

2）选择截面线。

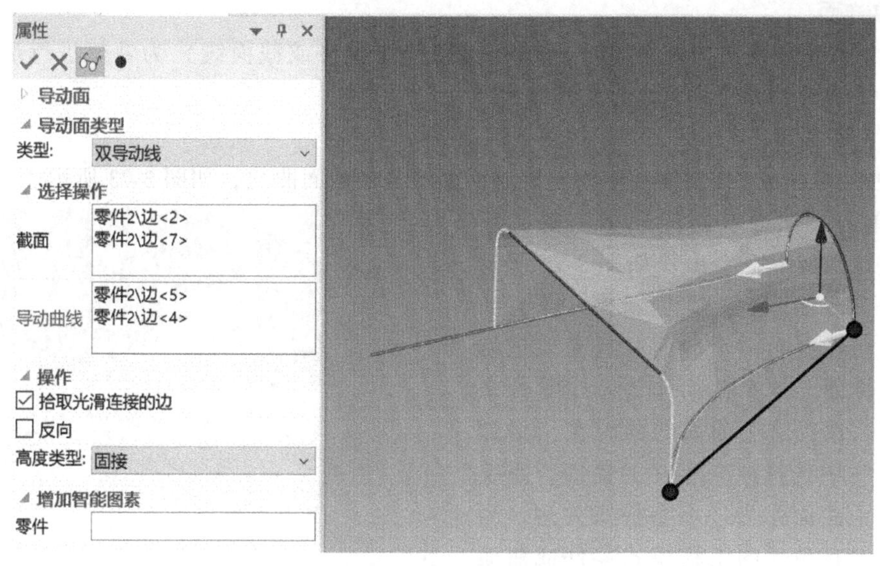

图 3-71　双截面线固接“双导动线”操作

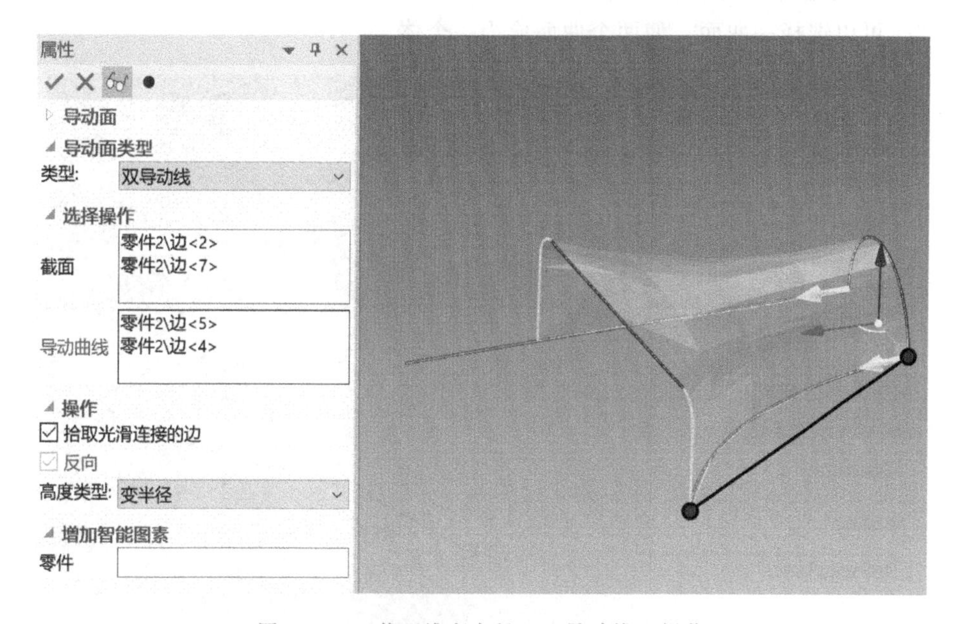

图 3-72　双截面线变半径“双导动线”操作

3）选择固接或者变半径。

4）拾取两条导动线，并选择方向。

5）设置完成后生成导动面。

注意：

导动线、截面线应当是光滑曲线。在两根截面线之间进行导动时，拾取两根截面线时应使得它们方向一致，否则曲面将发生扭曲，形状不可预料。

5. 放样面

以一组互不相交、方向相同、形状相似的特征线（或截面线）为骨架进行形状控制，过这些曲线蒙面生成的曲面称为放样曲面。

操作步骤如下：

1）使用草图或3D曲线功能绘制好放样面的各个截面曲线，如图3-73所示。

2）单击“曲面”功能面板上的“放样面”按钮，屏幕上会出现如图3-74所示的放样面命令管理栏。在创新模式下，如果屏幕上已经存在一个曲面并且需要把将要做的放样面与这个曲面作为一个零件来使用，那么选择这个曲面的同时在“增加智能图素”中选择原来存在的曲面，系统会把这两个曲面作为一个零件来处理。当设计环境中有激活的工程模式零件或曲面时，最后一项和创新模式下不同，其为“缝合到”，可以选择一曲面，使两个曲面成为一个体。

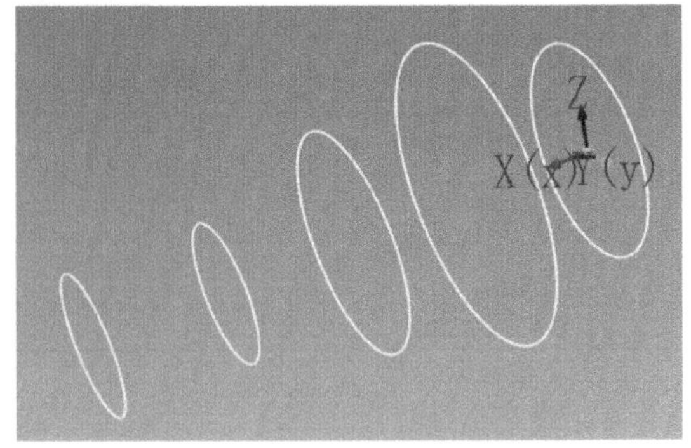

图3-73　放样面的各个截面曲线

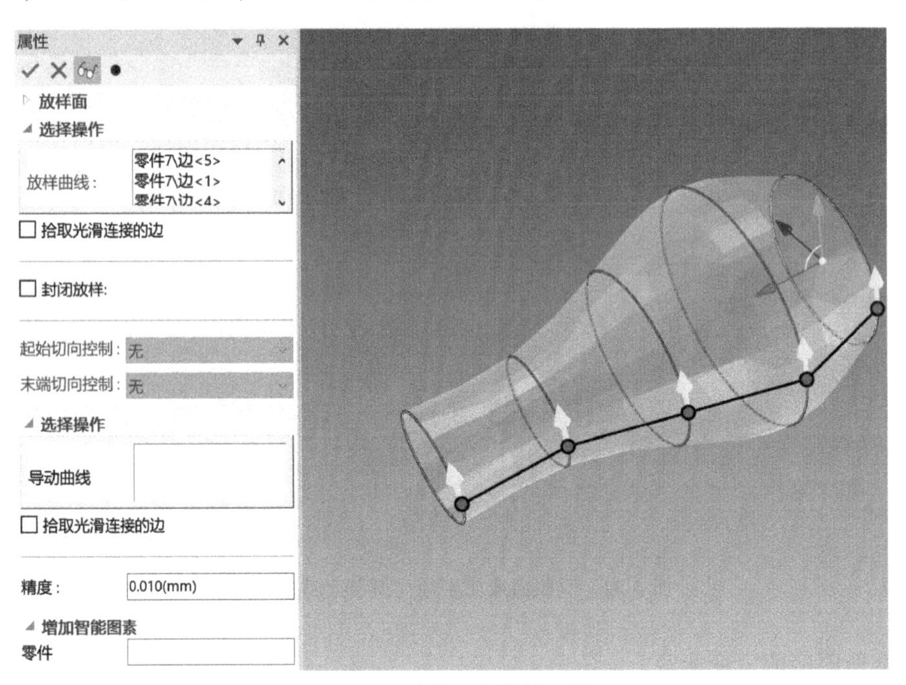

图3-74　放样面命令管理栏

各选项含义如下：

拾取光滑连接的边：如果放样面的截面是由两条以上光滑连接的曲线组成的，勾选此项，将成为链拾取状态，多个光滑连接的曲线将被同时拾取到。

封闭放样：若勾选此选项，则把形成环状的若干截面生成一个封闭的放样面。若不勾选此选项，则生成的放样面是不封闭的。

起始切向控制：使相邻面在开始轮廓处与放样面相切，可以通过调整起始切向长度控制相切的形状。

末端切向控制：使相邻面在末端轮廓处与放样面相切，可以通过调整末端切向长度控制相切的形状。

注意：

只有拾取的放样截面为实体边时，起始和末端切向控制才有效。如果拾取的是草图和3D曲线，则这两个切向控制是无效的。

增加智能图素：创新模式有效，当把两个曲面合为一个零件时选用此项。

缝合到：工程模式有效，将两个曲面缝合为一个体。

3）依次拾取各截面曲线。注意每条曲线拾取的位置要靠近曲线的同一侧，否则不能生成正确的曲面。

此时生成的放样面边界是渐进的曲线，若要沿着自定义的导动线放样，则需要事先定义好导动线。在步骤3）中，拾取完各截面曲线后，单击放样面命令管理栏上的“导动曲线”按钮，拾取导动线。

注意：

导动线必须和放样面截面有交点才可以操作成功。

6. 提取曲面

从零件上提取其表面所生成的曲面称为提取曲面。

操作方法：

1）单击“曲面”功能面板上的“提取曲面”按钮，屏幕上会出现如图3-75所示的提取曲面命令管理栏。从零件上选择要生成曲面的表面，这些表面名称会列在“几何选择”下方的框中。

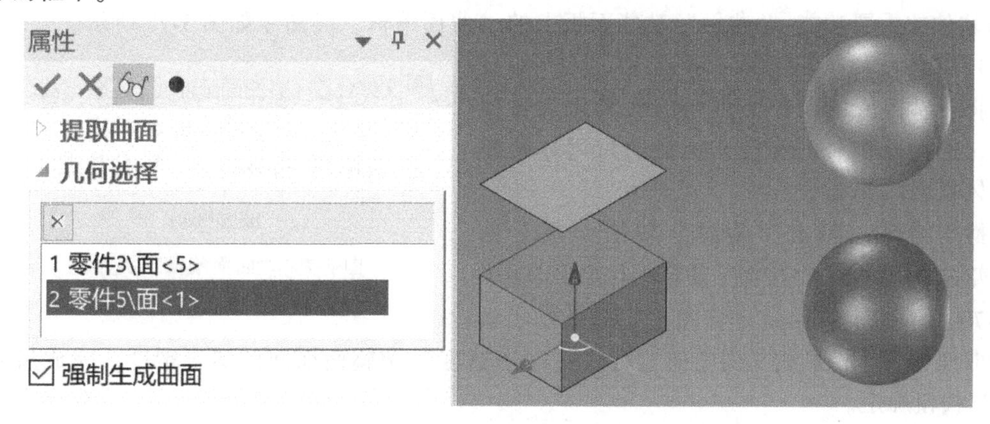

图3-75 提取曲面命令管理栏

2）完成拾取后单击“✓”按钮确定。

强制生成曲面：如果不勾选这个选项，当提取的曲面能够构成一个封闭曲面时，系统会自动将其转换为实体。

7. 平面

可以通过三点平面、向量平面、曲线平面和坐标平面等多种方式创建指定大小的平面，如图 3-76 和图 3-77 所示。

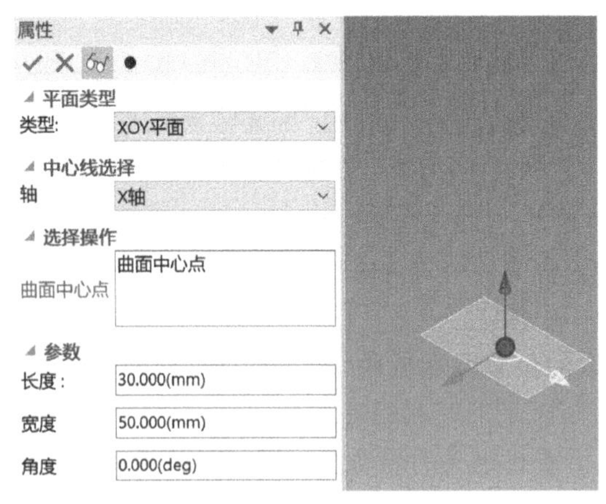

图 3-76　*XOY* 坐标平面操作

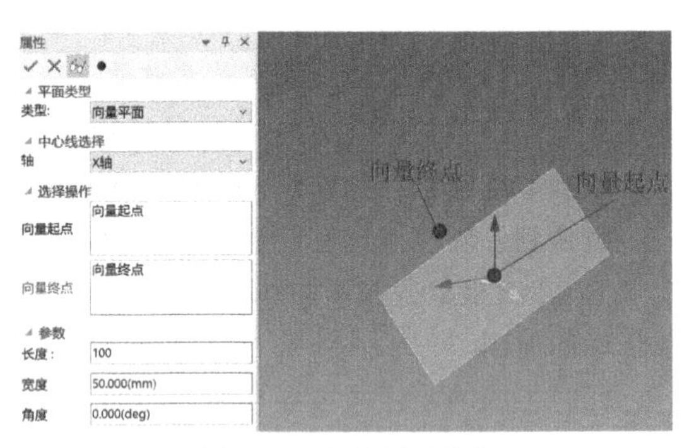

图 3-77　向量平面操作

各选项含义如下：

平面类型：指定创建平面的方式。

中心线选择：确定曲面中心法线的坐标。

选择操作：选择合适的几何图素来确定平面的位置。

参数：指定平面的长度和宽度以及相对 *X* 轴的旋转角度。

三、曲面的编辑

曲面编辑主要讲述有关曲面的常用编辑命令及操作方法，它是 CAXA CAM 制造工程师 2020 软件的重要功能。“曲面”功能面板上的“曲面编辑”类命令如图 3-78 所示。

图 3-78　“曲面编辑”类命令

1. 实体化

将可以构成封闭体的多张曲面转化为实体模型，也支持将曲面和实体构成的封闭体转化为实体模型。

操作方法：单击“曲面”功能面板上的“实体化（S）”按钮，屏幕上会出现如图 3-79 所示的实体化命令管理栏。选择要实体化的曲面、实体，形成封闭空间，可以通过“精度”调整曲面间的缝合精度。完成后单击“✓”按钮确定。

精度：控制实体化过程中曲面的缝合精度，小于设置精度的缝隙，系统会忽略。精度值越大，限制越小，越容易生成结果。

2. 曲面延伸

对曲面进行延伸。

操作方法：单击“曲面”功能面板上的“曲面延伸”按钮，屏幕上会出现如图 3-80

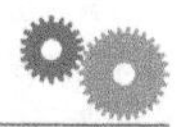

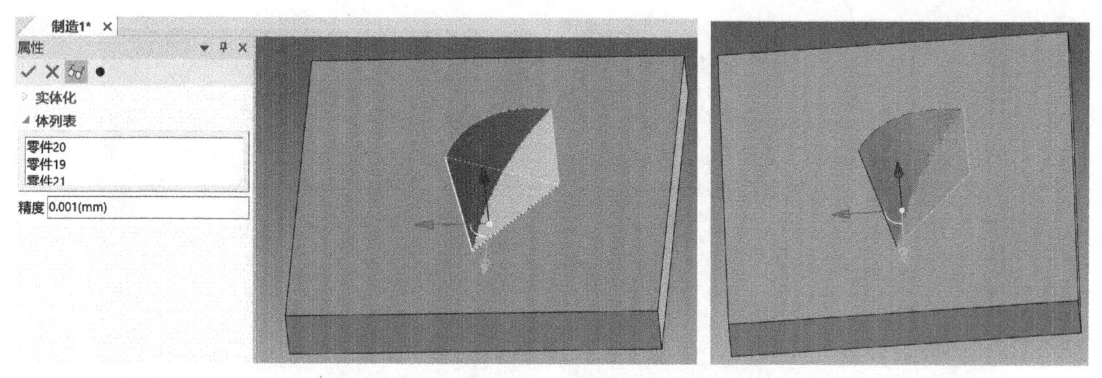

图 3-79　三张曲面和一个实体构成的封闭体

所示的曲面延伸命令管理栏。根据屏幕左下角的提示："拾取一条边"，拾取曲面要延伸的边。可以选择曲面的多条边同时进行延伸。

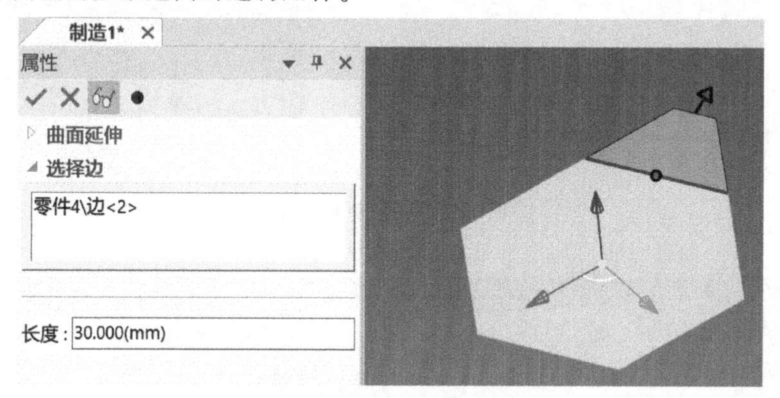

图 3-80　曲面延伸命令管理栏

如图 3-80 所示，选择六边形平面的一条边，设置延伸长度，长度值为 30，完成后单击"✓"按钮确定，结果曲面的一条边或多条边按给定的值被延伸。

3. 还原剪裁表面

将拾取到的剪裁表面去除剪裁，恢复到原始曲面状态。如果拾取的曲面剪裁边界是内边界，系统将取消对该边界施加的剪裁。如果拾取的曲面剪裁边界是外边界，系统将把外边界恢复到原始边界状态，如图 3-81 所示。

操作方法：单击"曲面"功能面板上的"还原剪裁表面"按钮，再直接单击要恢复的剪裁曲面即可。

注意：

该功能不仅能恢复剪裁曲面，实体的表面同样能够恢复，这是实体的特色功能，如图 3-82 所示。

4. 缝合

可以将多张曲面通过曲面缝合命令组合到一起，如果这些曲面可以构成封闭的体，则系统会自动将它转换为实体。

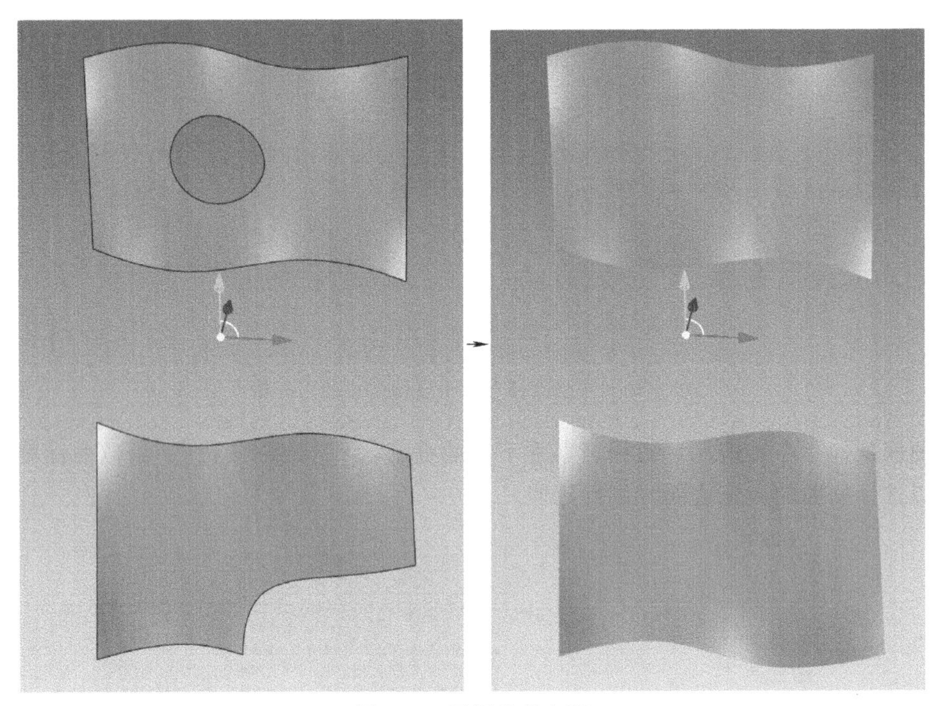

图 3-81　还原剪裁表面

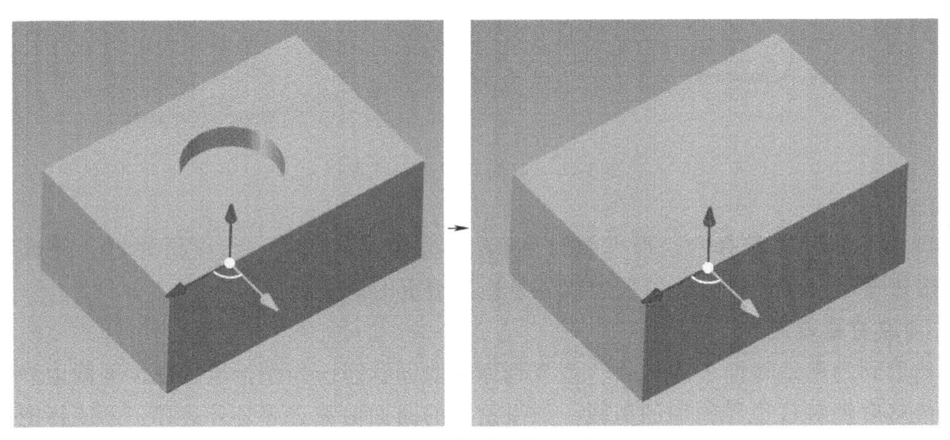

图 3-82　恢复实体表面

操作方法： 单击“曲面”功能面板上的“缝合（E）”按钮，屏幕上会出现如图 3-83 所示的缝合命令管理栏。选择需要缝合的曲面，设置缝合精度，完成后单击“✓”按钮，曲面被缝合到一起。

强制曲面结果： 如果不勾选这个选项，当缝合的曲面能够构成一个封闭曲面时，系统会自动将其转换为实体。

精度： 控制缝合过程中曲面的缝合精度，小于设置精度的缝隙，系统会忽略。

5. 偏移曲面

偏移曲面功能可以将已有曲面或实体表面按照偏移一定距离的方式生成新的曲面。在其他软件中也有“偏置曲面”的叫法。

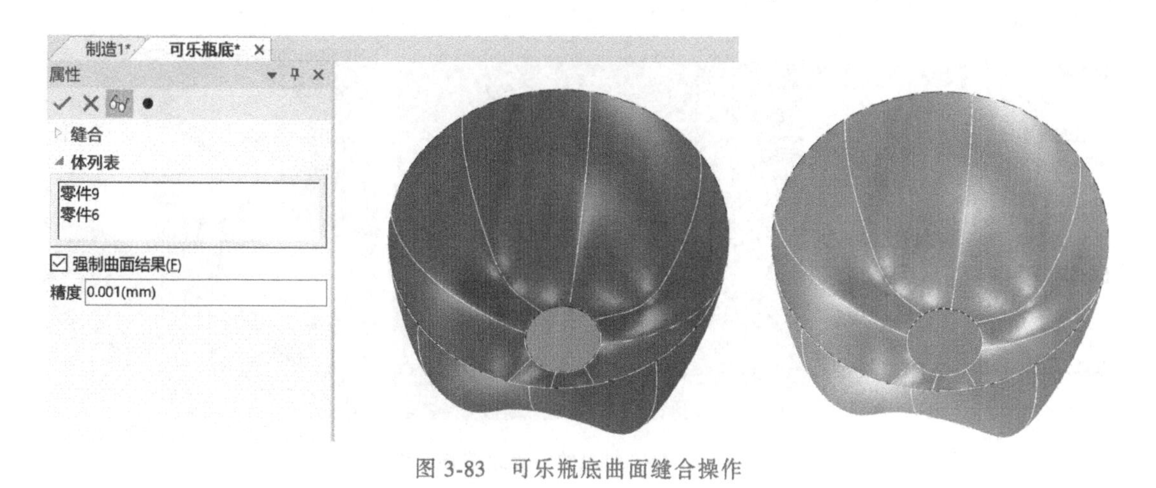

图 3-83　可乐瓶底曲面缝合操作

实体设计的偏移曲面功能支持两种方式：等距偏移和不等距偏移，需要在命令管理栏进行控制。

操作方法： 单击“曲面”功能面板上的“偏移曲面”按钮，屏幕上会出现如图 3-84 所示的偏移曲面命令管理栏。

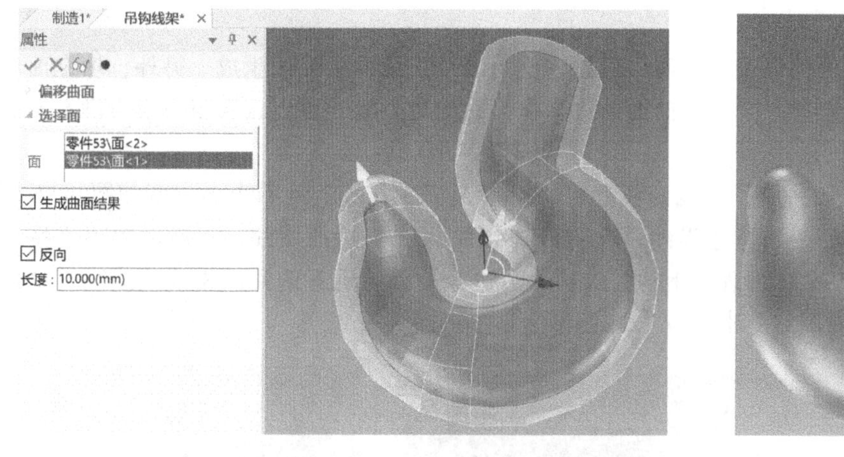

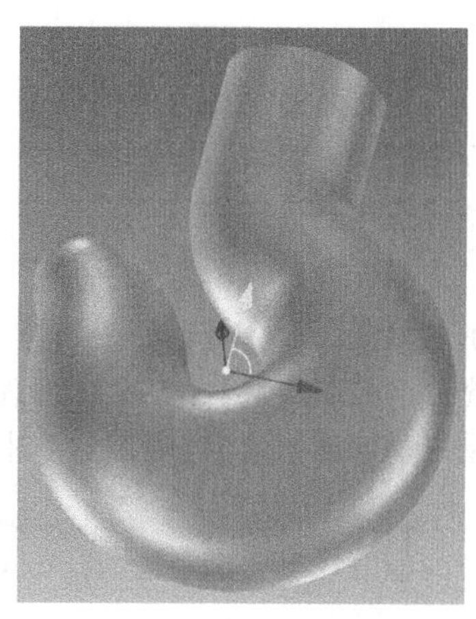

图 3-84　吊钩曲面的等距偏移操作

（1）等距偏移　可将已有曲面或实体表面进行等距偏移。图 3-84 所示为吊钩曲面的等距偏移操作。

（2）不等距偏移　可将已有曲面或实体表面进行不等距偏移。一般这样的偏移方式应用在台阶曲面上，可将台阶曲面进行不等距偏移，如图 3-85 所示。

每个面都有反向和长度两个属性，当用户选取一个面以后，该面就被放入列表框。

如果要修改某个面的偏移距离，需要首先在列表框里选中该面，然后在“方向”和“长度”控件中来修改该面的偏移方向和距离，可以轻松实现等距或不等距偏移。如图 3-85 所示，三个面分别偏移了 10、30、20。

生成曲面结果： 勾选此项，当偏移面闭合时，系统仍默认生成曲面。若取消“生成曲面结果”的勾选，当偏移面闭合时，系统自动生成实体。

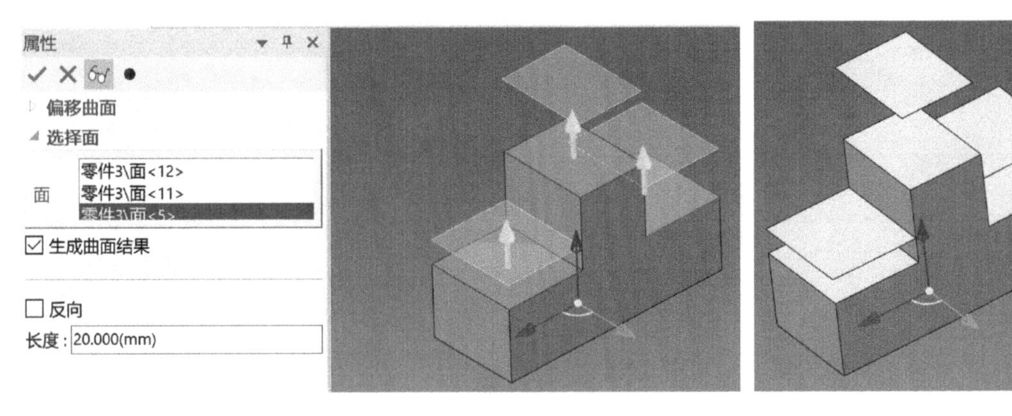

图 3-85　台阶曲面的不等距偏移操作

注意：

当选择的偏移元素为曲面时，这时偏移生成的曲面与原曲面是可编辑的，即生成偏移曲面后还可以进入编辑状态对其偏移距离进行修改，并且两曲面之间能够保持关联。

6. 填充面

填充面的生成方法类似于边界面，但是它能由多个连续的边界线生成。另外，填充面作为曲面智能图素，当选择一个现有曲面的边缘作为它的边界时，可以设置填充面与已有曲面相接或接触。

操作方法：单击“曲面”功能面板上的“填充面”按钮，屏幕上会出现如图 3-86 所示的填充面命令管理栏。选择边界线（边界线必须是封闭连接的曲线，本版本中不支持填充面的控制曲线），在命令管理栏上通过选项确定边缘是否与现有的曲面相接或接触（如果是增加智能图素）。完成后单击“✓”按钮。

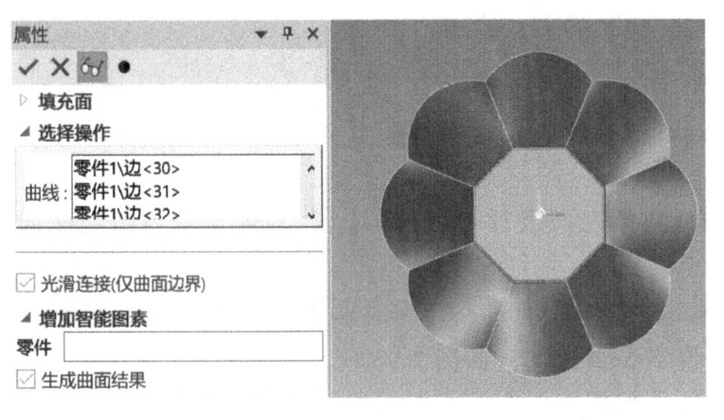

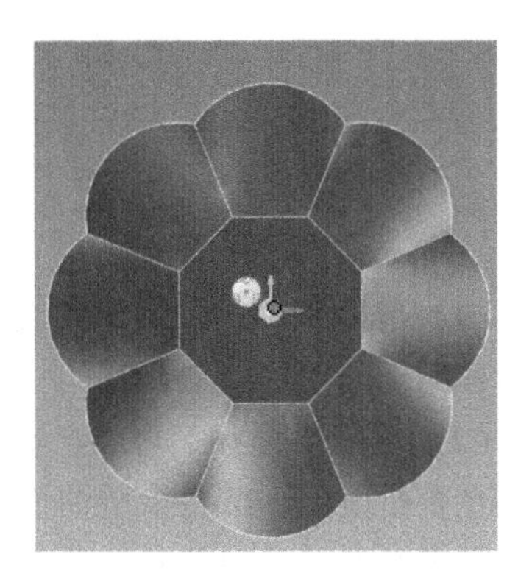

图 3-86　填充面

光滑连接（仅曲面边界）：勾选这个选项，选择补洞的边界时可以自动搜索光滑连接的边界。

生成曲面结果：如果完成填充面后构成封闭的曲面，则自动生成实体，勾选这个选项则强制将结果生成曲面体。

7. 曲面过渡

生成两张或多张曲面之间的圆角过渡，支持等半径、变半径、曲线曲面、曲面上线四种圆角过渡方式。

（1）等半径过渡和变半径过渡　操作方法：

1）单击“曲面”功能面板上的“曲面过渡”按钮，屏幕上会出现如图 3-87 所示的曲面过渡命令管理栏。

2）根据屏幕左下角的提示：“拾取第一张面”和“拾取第二张面”，并在半径输入框中输入半径值。完成后单击“✓”按钮。两曲面等半径过渡操作如图 3-87 所示。

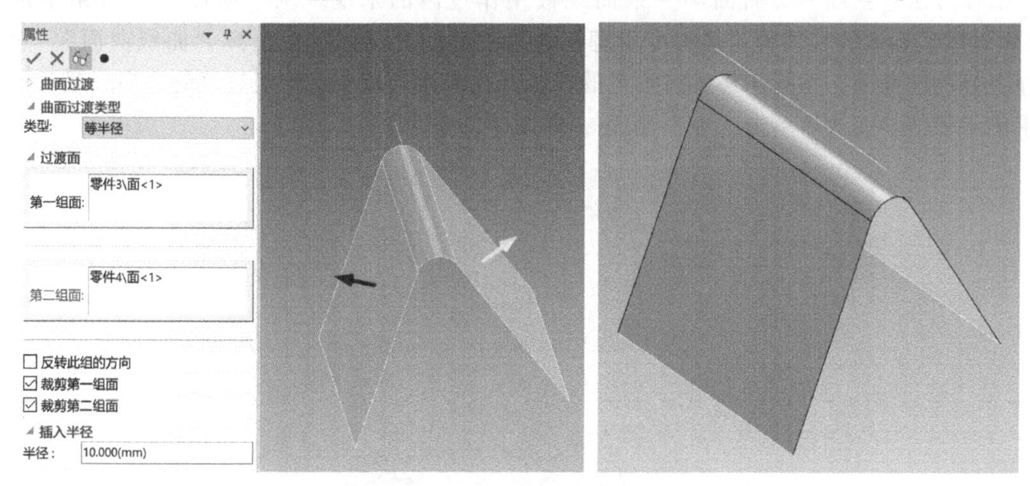

图 3-87　两曲面等半径过渡操作

3）两曲面生成变半径过渡。过渡类型选变半径，拾取第一张曲面和第二张曲面，再选取一条曲线作为参考线确定过渡半径，拾取这条参考线上不同的点，双击可以在命令管理栏中给出不同的半径值，完成后单击“✓”按钮。两曲面变半径过渡操作如图 3-88 所示。

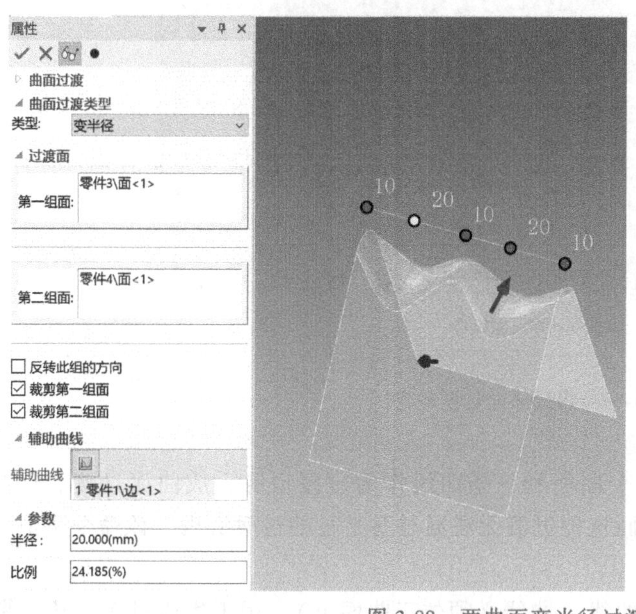

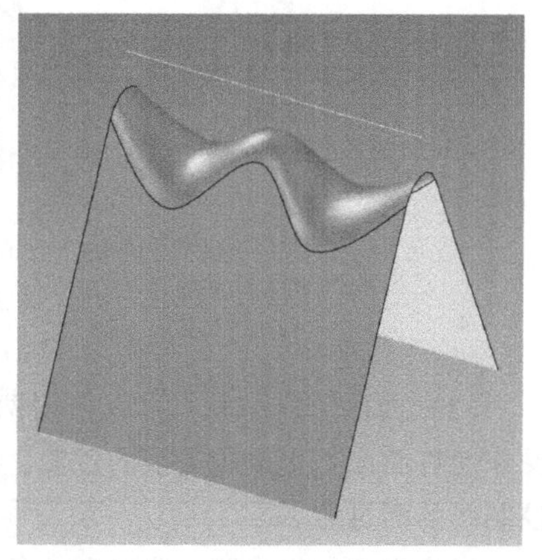

图 3-88　两曲面变半径过渡操作

注意：

作两面圆角过渡时，两面要在一个零件里。两面可以有公共的边界，但两面不能相交。两面可以相离，这时半径值要给的合理，否则作不出结果。

（2）曲线曲面过渡　在单个曲面和一条曲线之间生成曲面过渡。控制过渡的半径值。当不能通过传统的相交或者过渡命令生成过渡时，这个过渡生成工具允许生成过渡，如图 3-89 所示。

操作方法：生成一个曲面和一条曲线被用作过渡的末端。从“曲面”工具条中选择“曲面过渡”命令，在曲面过渡命令管理栏的过渡类型下拉菜单中选择“曲线曲面”。然后选择要修改的曲面，选择作为过渡参考的曲线，在曲面选择一点确定过渡的方向。最后输入要求的半径值，完成后单击“✓”按钮，如图 3-89 所示。

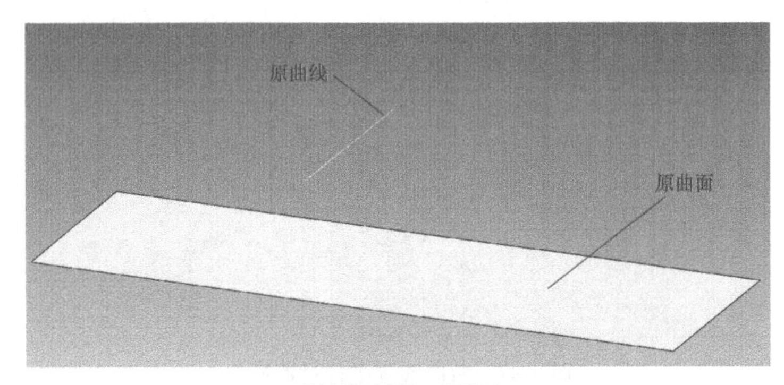

a) 过渡原曲线、原曲面

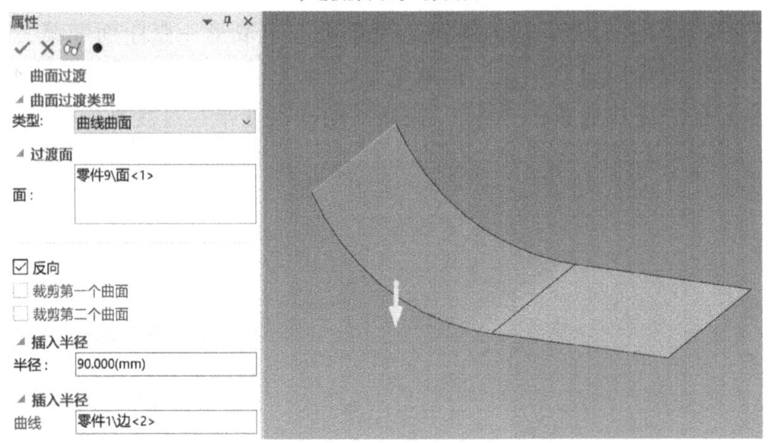

b) 曲线曲面过渡结果

图 3-89　曲线曲面过渡操作

（3）曲面上线过渡　可以使用两个曲面和一条曲线作为过渡边缘生成曲面过渡。这个操作允许曲面上生成较复杂的过渡，而这种过渡无法通过变半径的过渡实现。该命令类似于控制线的面过渡。

操作方法：生成两个曲面和一条曲线（曲线必须位于曲面上），用于生成过渡。从“曲

面”工具条中选择“曲面过渡”命令，在曲面过渡命令管理栏的过渡类型下拉菜单中选择“曲面上线”。然后选择过渡的两个曲面并用箭头确定过渡的方向，选择用作过渡形状的曲线，完成后单击“✓”按钮，如图 3-90 所示。

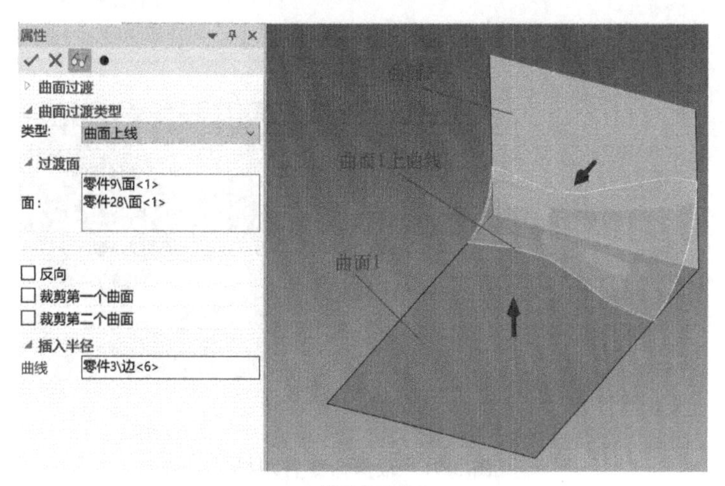

a) 曲面上曲线

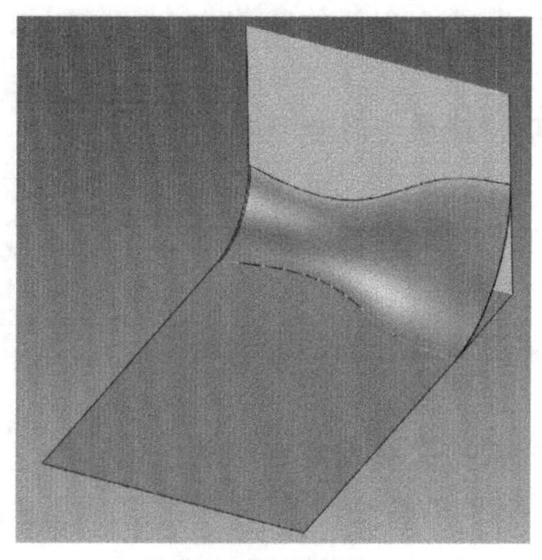

b) 曲面上线过渡结果

图 3-90　曲面上线过渡操作

8. 裁剪

曲面裁剪是指对生成的曲面进行修剪，去掉不需要的部分。在曲面裁剪功能中，可以在曲面间进行修剪，获得所需要的曲面形态。

操作方法：单击“曲面”功能面板上的“裁剪”按钮，屏幕上会出现如图 3-91 所示的裁剪命令管理栏。选择被裁剪的曲面作为“目标零件”，选择裁剪工具（可以是实体、曲面、曲线和基准面），选择裁剪后要保留的部分，完成后单击“✓”按钮，如图 3-92 所示。

目标零件：被裁剪的曲面。

工具零件：用来剪裁其他曲面的工具体，包括实体和曲面。

元素：用来剪裁其他曲面的元素，包括曲面、曲线、草图和基准面。

生成新结果：如果勾选此选项，则将参与运算的“零件”隐藏掉（如果参与运算的是

图 3-91　裁剪命令管理栏

面或者线则不会被隐藏)，然后生成一个新的裁剪之后的结果。

图 3-92　曲面裁剪结果

裁剪裁剪工具：勾选此选项，裁剪工具也将被裁剪，如图 3-93 和图 3-94 所示。

分割所有：勾选此选项，被裁剪的曲面相交的部分全部被分割。

合并曲面：勾选此选项，裁剪后被分割的曲面将自动合并。

偏移：将被裁剪的体或面向裁剪工具偏离一定的距离。图 3-95 所示为偏移距离为 20 的结果。

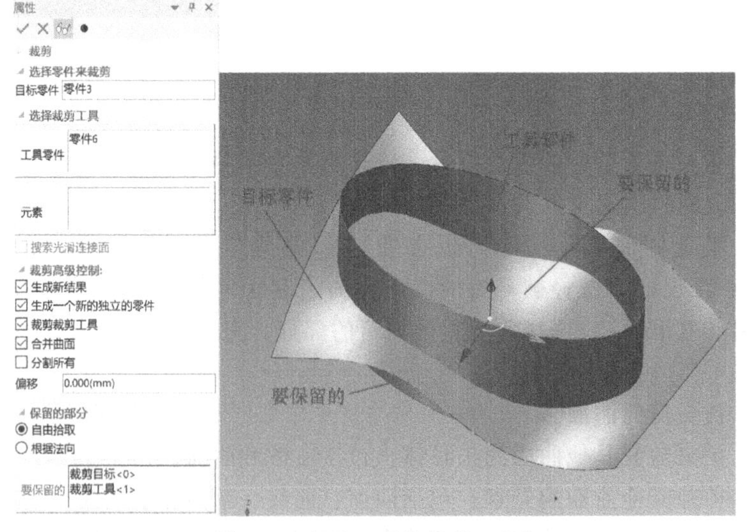

图 3-93　勾选“裁剪裁剪工具”

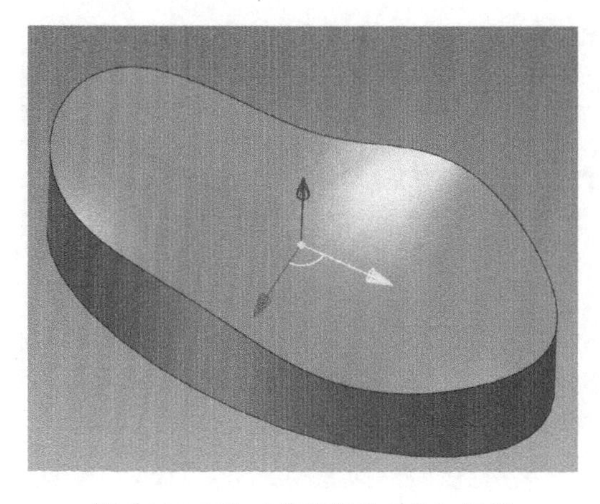

图 3-94 勾选“裁剪裁剪工具”结果

图 3-95 偏移距离为 20 的结果

自由拾取：可以手动选择需要保留的部分。

根据法向：根据曲面的法向方向，自动选择需要保留的部分。

要保留的：可以选择裁剪后保留的那一部分。

9. 合并曲面

可将多张连接曲面光滑地合并为一张曲面，使用该功能可实现两种方式的曲面合并。

操作方法：单击“曲面”功能面板上的“合并曲面”按钮，屏幕上会出现如图 3-96 所示的合并曲面命令管理栏。

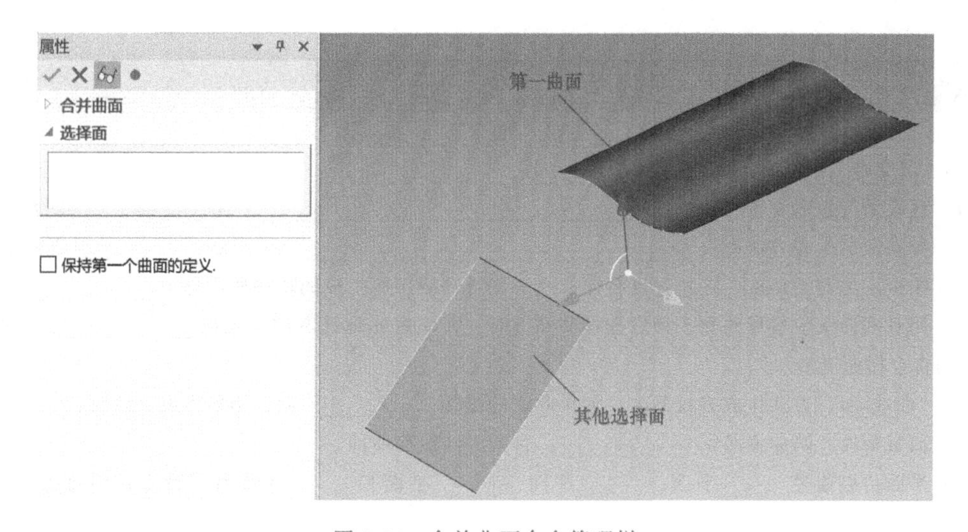

图 3-96 合并曲面命令管理栏

选择面：选择要进行合并的曲面。

保持第一个曲面的定义：当勾选此选项后进行合并曲面操作时，首先选择的曲面合并后会保持原有的曲面形状。选择要合并的多张相接曲面，单击“✓”按钮完成曲面合并。曲面合并操作如图 3-97 所示。

1）在多张相接曲面是光滑连续的情况下，利用该功能只将多张曲面合并为一张曲面，

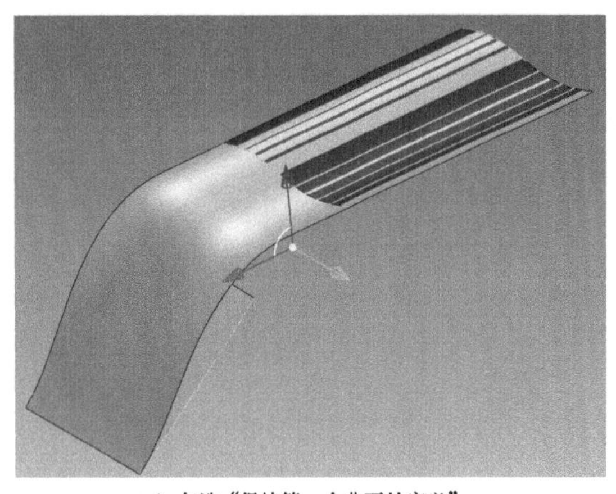
a）勾选“保持第一个曲面的定义”

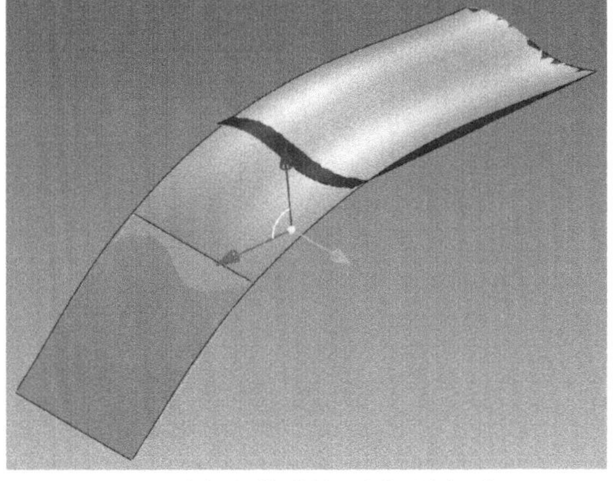
b）未勾选“保持第一个曲面的定义”

图 3-97　合并曲面操作

不改变曲面的形状。

2）在多张相接曲面不是光滑连续的情况下，利用该功能将自动调整曲面间的切失方向，并合并为一张光滑曲面。

注意：

目前这个版本不支持裁剪曲面的合并。

思考与练习题

3-1　填空题

（1）直纹面的生成方法有：____________、____________、____________和____________四种。

（2）导动面的生成方法有：____________、____________、____________和____________四种。

（3）按指定的起始角度、终止角度将曲线绕一旋转轴旋转而生成的轨迹曲面称为____________。

（4）用双截面线生成导动面，最后选择截面线时，需注意光标选取的位置应____________，否则，生成的曲面将会扭曲变形。

（5）“曲线-面”方式生成直纹面时，如果曲线的投影____________时，不能生成直纹面。

（6）面裁剪时，两曲面必须____________，否则无法裁剪曲面。

（7）平面可以通过______平面、______平面、______平面和______平面等多种方式创建指定大小的平面。

（8）线裁剪曲面时，若裁剪曲线不在曲面上，则系统将曲线按____________的方式投影到曲面上获得投影曲线，然后利用投影曲线对曲面进行裁剪。

3-2　简答题

（1）曲面裁剪命令中，目标零件、工具零件、元素及裁剪裁剪工具的含义分别是什么？

（2）概述三维球的结构及功能。

（3）如何实现利用三维球对三维图素进行平移、旋转、矩形阵列、圆形阵列及镜像等操作？

3-3　根据图 3-98 所示尺寸，完成吊钩模型的曲面造型。

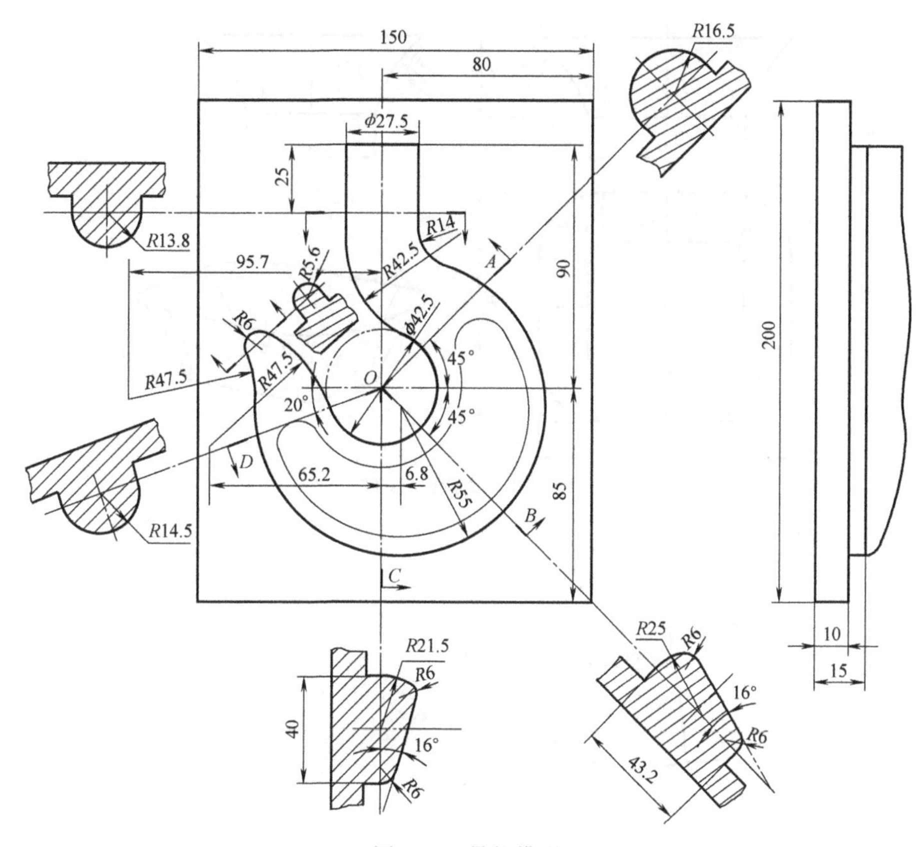

图 3-98 吊钩模型

（提示：*R*6 段除外，将吊钩内、外轮廓线做成两条 *U* 向截面线，各剖面轮廓线作为 *V* 向截面线，使用网格面功能作出吊钩曲面，如图 3-99 所示）。

3-4 根据图 3-100 所示尺寸，完成鼠标的曲面造型。

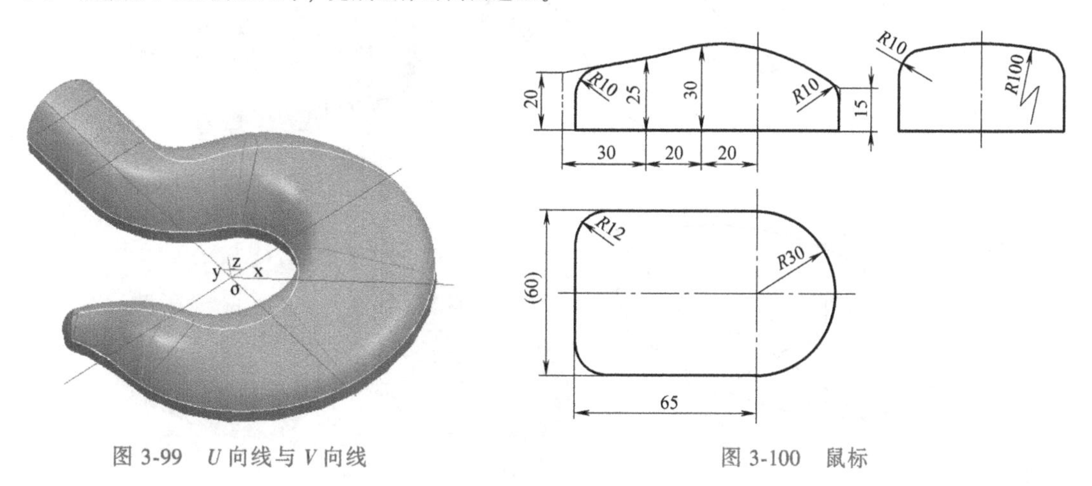

图 3-99 *U* 向线与 *V* 向线

图 3-100 鼠标

3-5 根据图 3-101 所示尺寸，完成喇叭口零件的曲面造型。

3-6 根据图 3-102 所示尺寸，完成各零件的曲面造型。

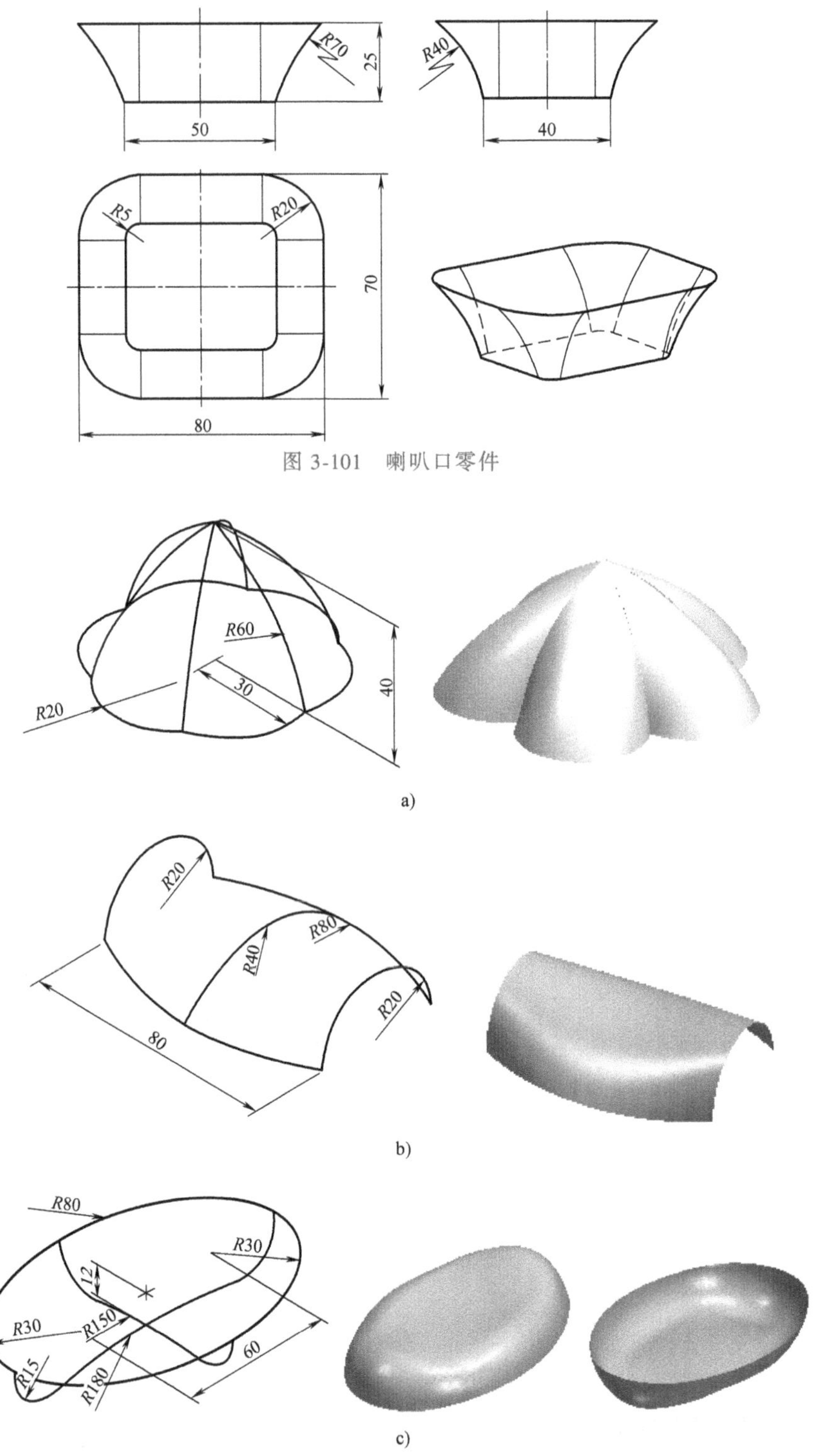

图 3-101　喇叭口零件

a)

b)

c)

图 3-102　各零件的曲面造型

Chapter 4

模块四

实体造型

知识能力目标

1. 理解草图的概念，掌握草图平面的选择与设置，草图的绘制、编辑和约束方法。
2. 学习特征实体的生成、编辑和几何变换，掌握实体造型的工具及应用。
3. 熟练掌握智能图素库、三维球和编辑尺寸包围盒在实体造型中的应用。
4. 学会分析实际实体的形成特点，选择正确而简练的实体造型方法。
5. 熟悉各种立即菜单、快捷菜单、快捷键和鼠标左右键的应用。
6. 熟悉空间曲线与草图曲线的关系及其转换。
7. 掌握曲面实体混合造型的工具及其操作。
8. 掌握实体布尔运算的工具及造型方式。
9. 学会坐标系的设置及变换方法。

任务一　鼠标模型的实体造型

任务背景

本例通过鼠标模型的实体造型，来学习 CAXA CAM 制造工程师 2020 软件的草图绘制、拉伸实体造型、曲面裁剪实体以及实体圆角过渡等功能的相关知识及应用。

任务要求

根据图 4-1 所示的尺寸，完成鼠标模型的实体造型并提取零件外表面。

任务解析

1）在界面右下角选择“ ”创新模式。

2）坐标原点定在 *R*30 圆柱轴线中心点处。

3）鼠标是拱形柱体被鼠标上表面曲面裁剪实体后，经过圆角过渡后得到的。

4）鼠标上表面的生成是造型的难点。按照主视图提供的尺寸画出导动线（样条曲线），过样条线的端点画出 *R*100 的截面曲线，通过导动生成鼠标上表面。

本案例的重点、难点

1）分析零件的结构特点，确定正确而简捷的造型方法和步骤。

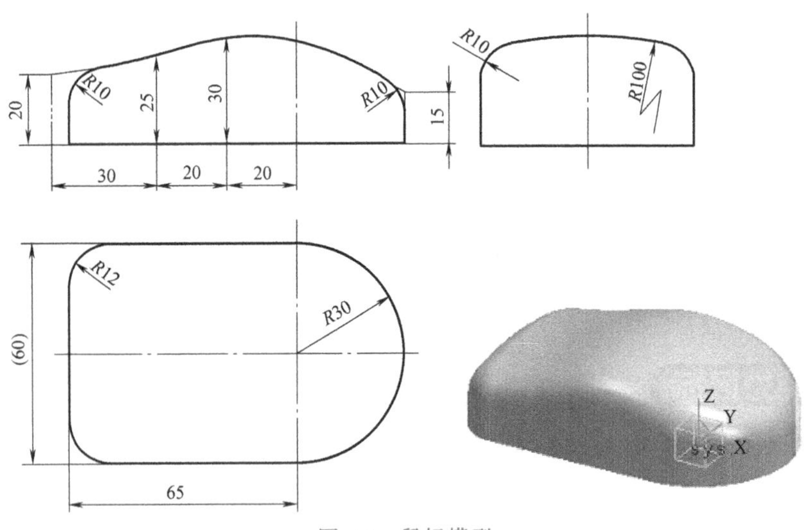

图 4-1　鼠标模型

2）样条线的生成、导动曲面的生成和曲面裁剪实体功能的应用。

操作步骤详解

1. 创建草图

选择“草图”功能选项卡，在“二维草图”工具的下拉菜单中，选择“在 X-Y 基准面”创建草图，如图 4-2 所示。

2. 绘制草图

1）绘制 $R30$ 圆弧。单击“圆心+半径▾”按钮，按左下角提示，单击坐标原点为中心点，向外拖拽圆形至适当大小，单击鼠标右键，弹出“编辑半径”对话框，设置半径为 30，确定后完成 $R30$ 圆形的绘制，如图 4-3 所示。

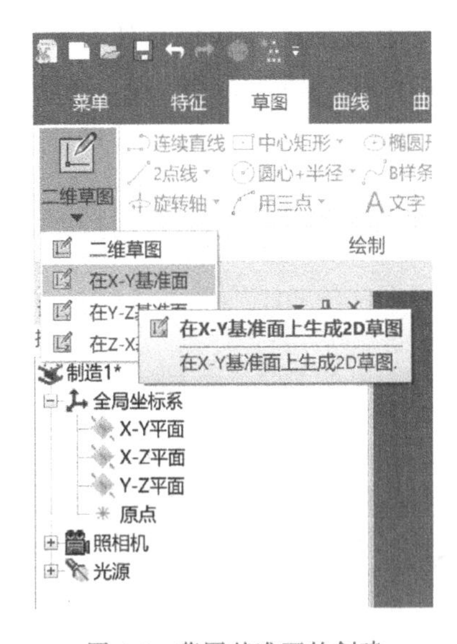

图 4-2　草图基准面的创建

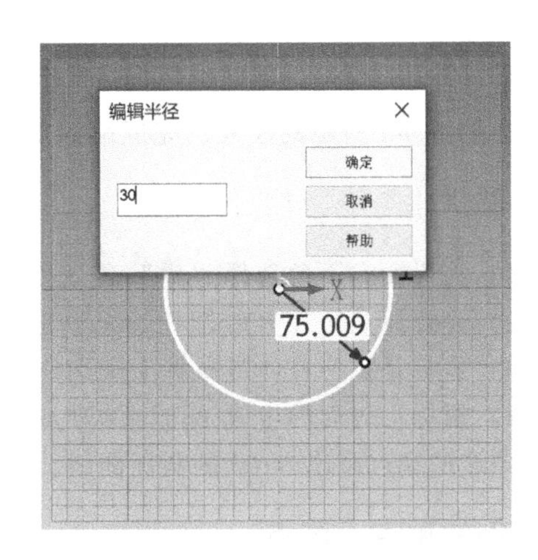

图 4-3　编辑半径尺寸

2）绘制矩形线框。使用“2点线”或“连续直线”命令绘制长为65、宽为60的矩形线框，如图4-4所示。

3）图形修改。单击“裁剪”命令，选择裁剪内侧半圆弧曲线。单击“过渡”命令，在属性对话框中输入半径为12，勾选“锁定半径”选项，然后分别点选过渡圆角的顶点，完成圆角过渡，如图4-5所示。单击左上角的“✓”按钮确定后，拱形草图绘制结束，并退出草图。

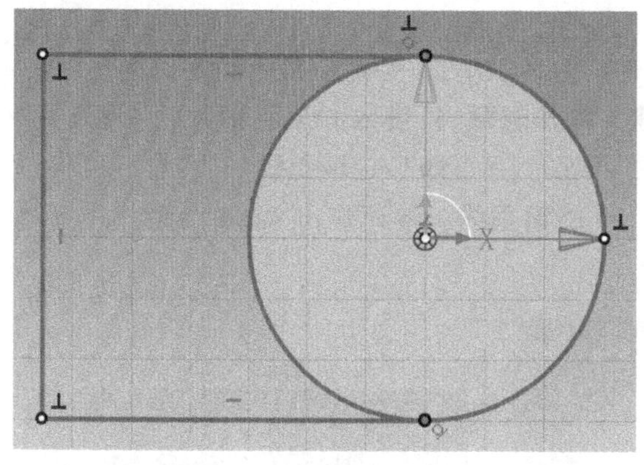

图4-4　绘制矩形线框

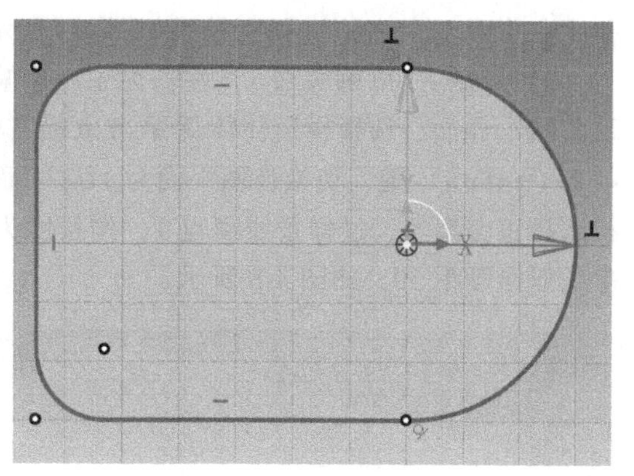

图4-5　拱形草图绘制

3. 拱形柱体拉伸造型

选择“特征”功能选项卡，单击“拉伸”命令，在左侧的立即菜单中选择“新生成一个独立的零件”，在拉伸特征属性对话框中，选择草图轮廓，输入“高度值：50”，单击“✓”按钮确定后完成拱形柱体的造型，如图4-6所示。

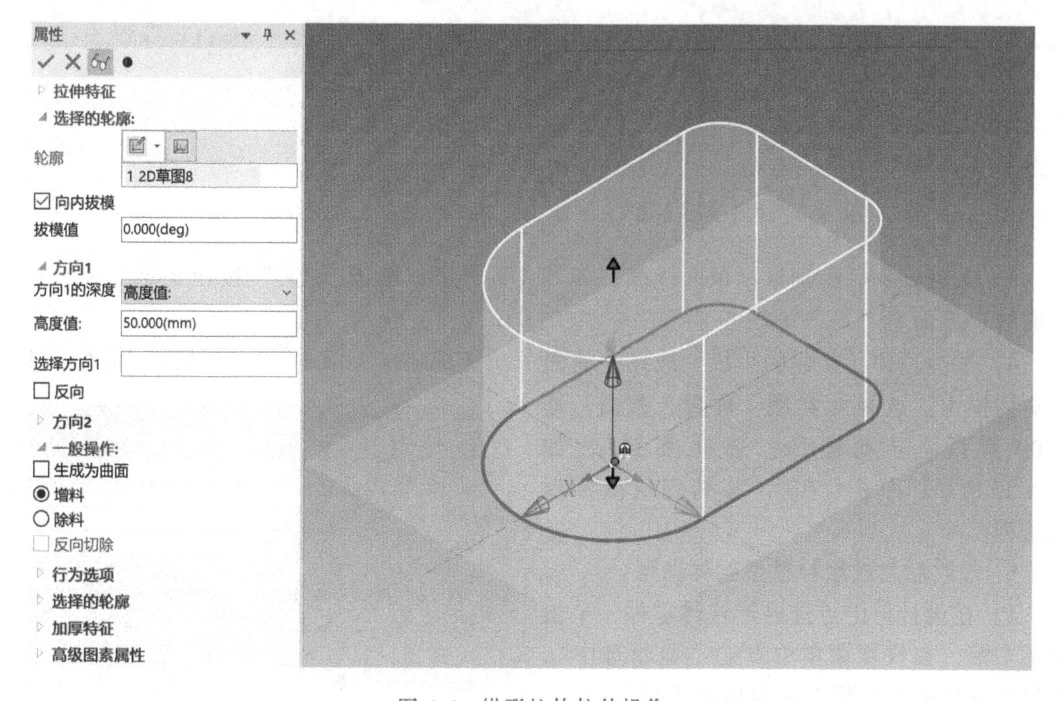

图4-6　拱形柱体拉伸操作

4. 鼠标模型顶面造型

1）样条线架的搭建。选择“曲线”功能选项卡，在菜单栏左侧单击“三维曲线”选项，再单击“◦点”命令，并在立即菜单中选择“孤立点”，在左下角状态栏输入样条线点坐标，按<Enter>键完成。各点坐标值：1（30，0，15）、2（-20，0，30）、3（-40，0，25）、4（-70，0，20）。

单击“样条”命令，在立即菜单中选择“直接作图”“缺省切矢”“开曲线”“拟合公差0”，依次选择各点，得到结果如图4-7所示。

2）绘制$R100$圆弧线。（注：为了不影响观察，可以单击“✓”按钮确定并退出“三维曲线”界面，选择拱形柱体后单击鼠标右键，将其隐藏。）进入“三维曲线”界面，按<F9>（+<Fn>）键，切换作图平面为YOZ平面，单击“直线”→“两点线”，在右下角状态栏选择正交模式，过样条线顶点1，作长度为100的铅垂线，继而作出$R100$整圆，并将铅垂线双向等距50，如图4-8所示。

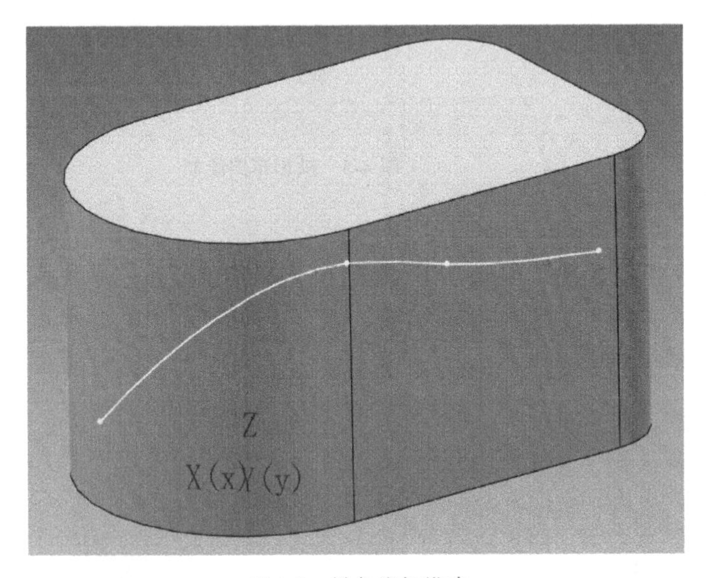

图4-7　样条线架搭建

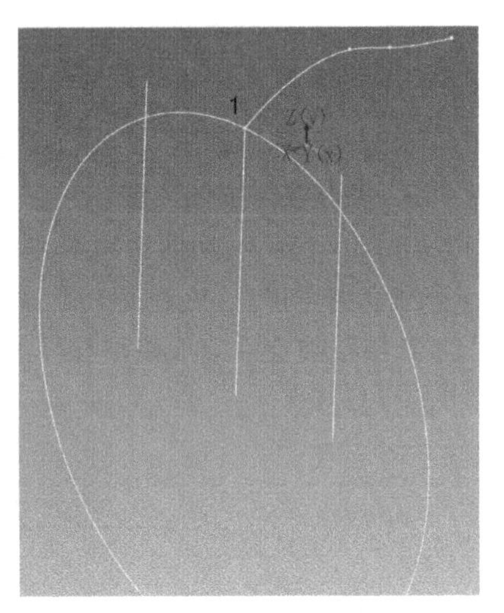

图4-8　YOZ平面曲线绘制

3）裁剪修改后得到鼠标顶面线架，如图4-9所示，单击“✓”按钮确定并退出“三维曲线”界面。

4）鼠标顶面导动面的生成。选择“曲面”功能选项卡，单击“导动面”命令，在属性对话框中，选择“类型：固接，截面：选$R100$圆弧，导动曲线：选样条线”，如图4-10所示，单击“✓”按钮完成鼠标顶面造型。

5. 修改后完成鼠标模型实体造型

1）在设计树中点选拱形柱体零件，单击鼠标右键，在快捷菜单中点选“显示选中”，则拱形柱体从隐藏状态变为显示状态。

2）选择“特征”功能选项卡，单击

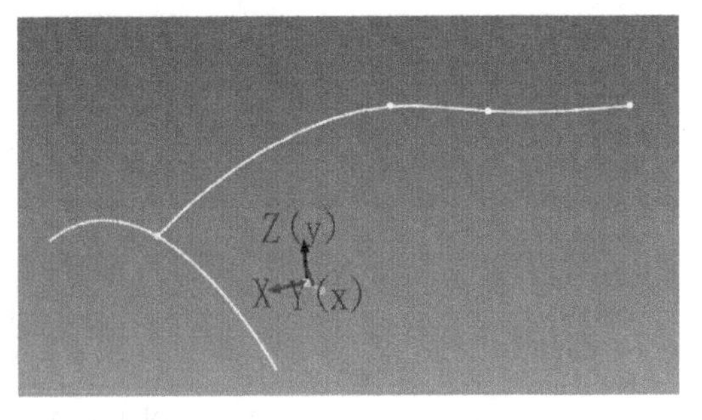

图4-9　鼠标顶面线架

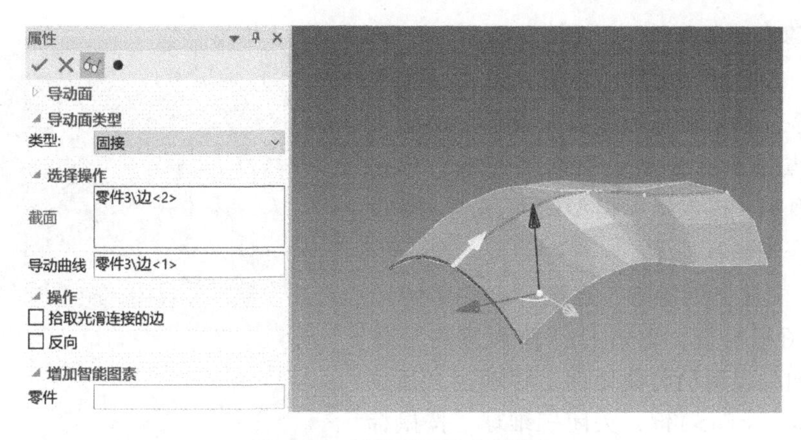

图 4-10 鼠标顶面导动面操作

“裁剪”命令，以拱形柱体为目标零件，以曲面为裁剪工具元素，保留部分为拱形柱体下半部分，得到结果如图 4-11 所示。

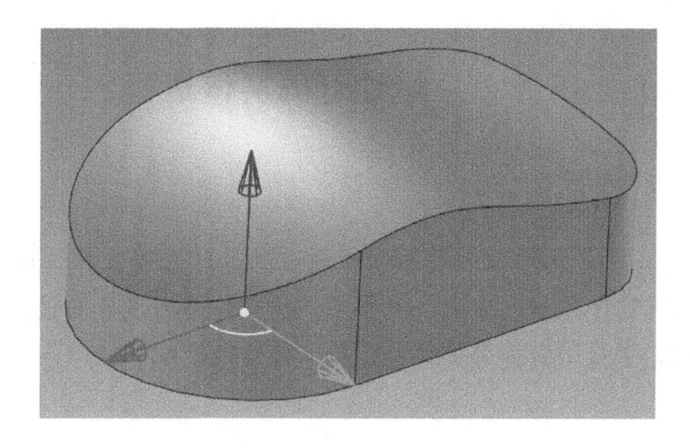

图 4-11 曲面裁剪实体结果

3）圆角过渡。单击“圆角过渡”命令，过渡类型为“等半径”，选鼠标体顶面或交线为几何，半径为 10，单击“✓”按钮确定，鼠标模型实体造型完成，如图 4-12 所示。

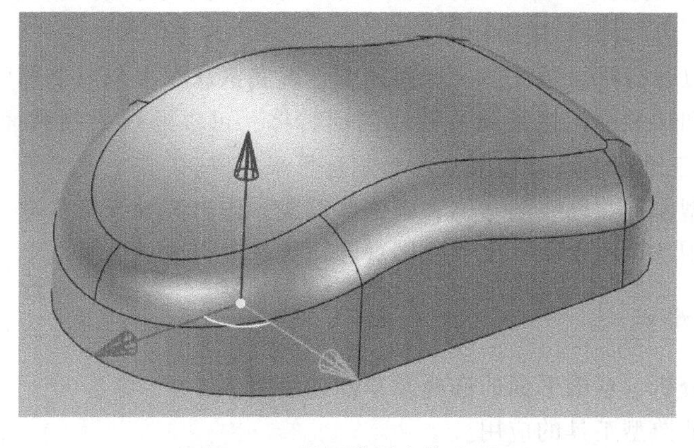

图 4-12 鼠标模型实体造型

6. 提取零件外表面

1）选择“曲面”功能选项卡，单击“提取曲面”命令，框选鼠标模型各个表面，旋转至适当位置，点选鼠标模型底面取消此面，单击“✓”按钮确定，提取鼠标模型曲面完成。见设计树中“零件16”所示。

2）为了视觉上更清晰，点选“零件16”，曲面三维球图标出现，单击打开曲面零件三维球，拖动 Z 向外控制柄将曲面向上移动至合适位置，按<F10>（+<Fn>）键，关闭三维球，按鼠标中键旋转一角度，结果如图 4-13 所示。

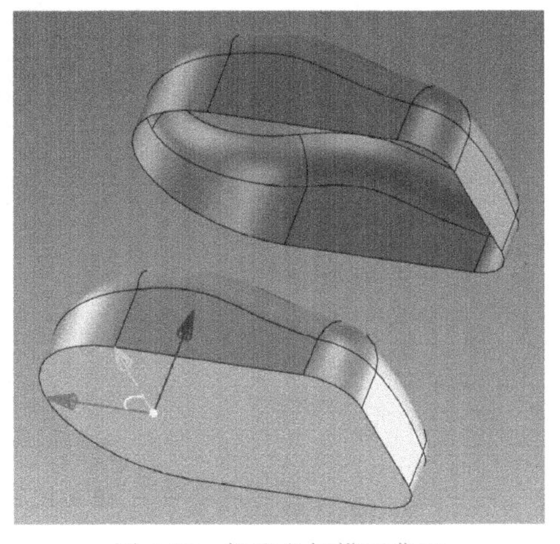

图 4-13　提取鼠标模型曲面

【说明】　当要提取的零件曲面为封闭曲面时，要勾选“强制生成曲面”选项，否则，封闭曲面自动成为三维实体。

任务二　蜡烛灯的实体造型

任务背景

CAXA CAM 制造工程师 2020 软件提供了丰富的智能图素库，并且提供了各种实体特征变换、处理工具，掌握这些工具的应用，是学习三维实体造型设计的重要基础。本例通过蜡烛灯的实体造型设计，学习回转体类形体的三维实体作图方法和步骤。

任务要求

根据图 4-14 所示的尺寸，完成蜡烛灯的三维实体造型设计。

任务解析

1）在界面右下角选择“”创新模式（以后创新模式为默认模式）。

2）选择坐标原点为球面 $SR100$ 中心处。

3）该实体可以分为蜡烛圆柱体、球面托碗、碗底钢球和火苗四个部分。

4）球面托碗和蜡烛圆柱体是同一轴线的回转体，可以通过绘制截面草图后旋转作出。本例利用图素库、三维球、尺寸包围盒和布尔运算来完成。

5）火苗的造型由同一轴线的球体和圆锥体组成，作出其轴线是关键。

6）碗底三个钢球用图素库、尺寸包围盒和三维球来完成。

本案例的重点、难点

1）形体特征分析、草图平面的选择及草图的绘制。

2）回转体特征造型工具的应用。

3）拖放式操作编辑包围盒、三维球元素定位。

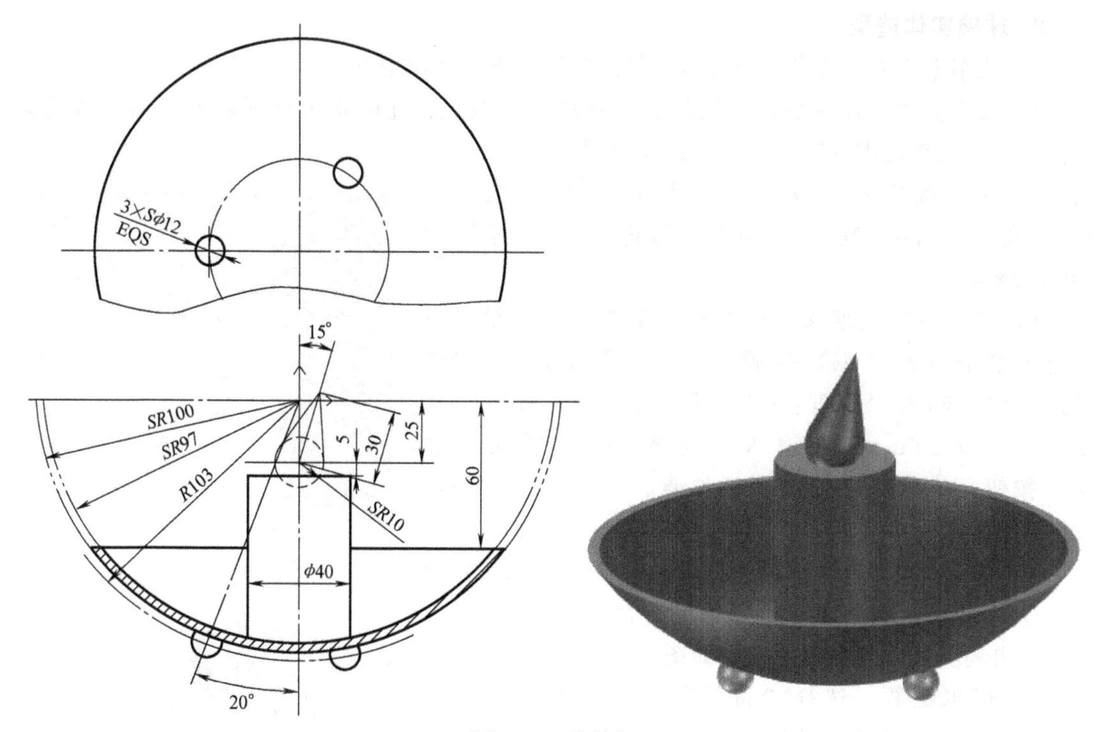

图 4-14　蜡烛灯

操作步骤详解

1. 绘制灯碗上表面中心点

选择“曲线”功能选项卡，单击“三维曲线”命令，作孤立点 A（0，0，-60），单击“完成”按钮，退出“三维曲线”界面。

2. 绘制灯碗上表面截切平面

选择“曲面”功能选项卡，过点 A 作 XOY 平面，长度为 200，宽度为 200，角度为 0，如图 4-15 所示。

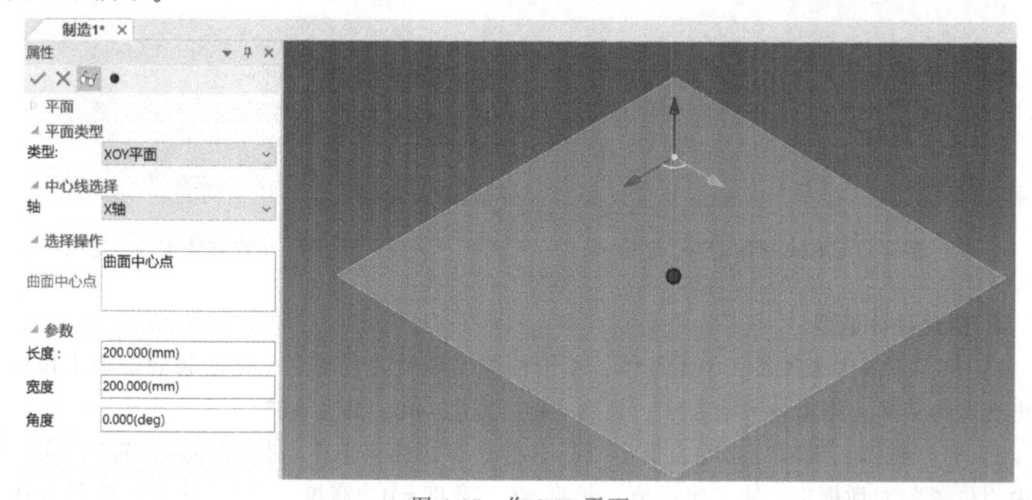

图 4-15　作 XOY 平面

3. 球碗实体造型

1）从图素库中拖拽出一个球体，单击球体出现尺寸包围盒。

2）将光标移至控制柄处，控制柄端点球变成黄色，此时单击鼠标右键，出现右键菜单，选择“编辑包围盒”选项，如图4-16所示。

3）在“编辑包围盒”对话框中，填写“长度：200，宽度：200，高度：200”，确定后得到直径为200的球体。

4）打开球体三维球，选中心点单击鼠标右键，在快捷菜单中选择“编辑位置”，在“编辑中心位置”对话框中，输入“长度：0”，按<Tab>键，输入“宽度：0”，按<Tab>键，输入“高度：0”，单击“确定”按钮，将球体定位至坐标原点，如图4-17所示，关闭三维球。

5）平面裁剪球体，保留下面部分，隐藏平面。再拖出一球体，定形 $R97$（编辑尺寸包围盒：长=宽=高=194），并将其定位至坐标原点，如图4-18所示。

6）布尔运算。选择“特征”功能选项卡，单击“布尔”命令，在布尔特征属性对话框中，选择“减”，选择 $R100$ 球体为“被布尔减的体”，选择 $R97$ 球体为“要布尔减的体”，单击“✓”按钮完成，结果如图4-19所示。

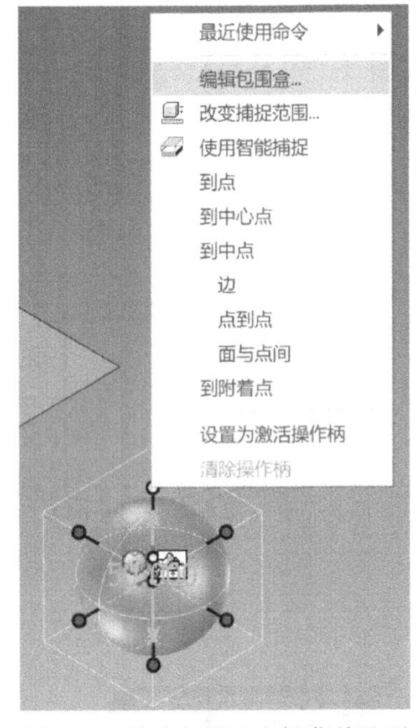

图4-16　尺寸包围盒右键菜单选项

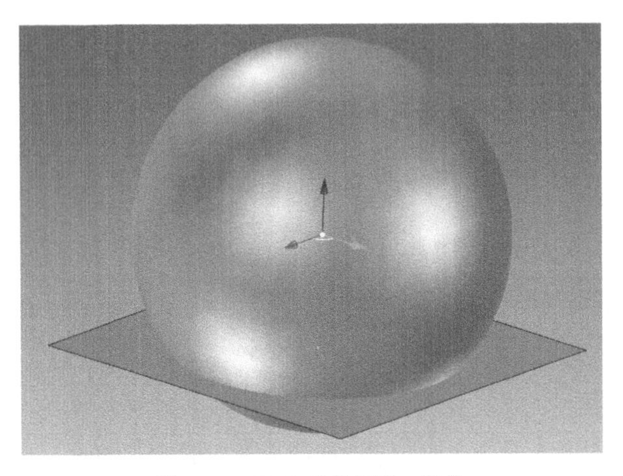

图4-17　$R100$ 球体定形、定位

图4-18　$R97$ 球体定形、定位

4. 蜡烛柱体造型

1）从图素库中拖拽出一个圆柱体，单击柱体出现尺寸包围盒，在控制柄处单击鼠标右键出现右键菜单，编辑包围盒尺寸：长度=40，宽度=40，高度=67。

2）打开柱体三维球，选球心单击鼠标右键，在快捷菜单中选择“编辑位置”，在“编辑中心位置”对话框中，输入坐标值：长度=0，宽度=0，高度=−97，确定后蜡烛柱体造型完成，如图 4-20 所示。

图 4-19 灯碗体

5. 灯芯火苗体造型

1）选择“草图”功能选项卡，在 *XOY* 基面上绘制草图，以 *Y* 轴为轴线，绘出火苗草图封闭线框，如图 4-21 所示，单击“✓”按钮确定并退出草图。

2）选择“特征”功能选项卡，单击“旋转”命令，在旋转属性对话框中，选择“新生成一个独立的零件”，接着在立即菜单中，选择轮廓为草图线，旋转轴线默认为草图 *Y* 轴（不用选），旋转角度为 360°，增料，单击“✓”按钮确定并退出。

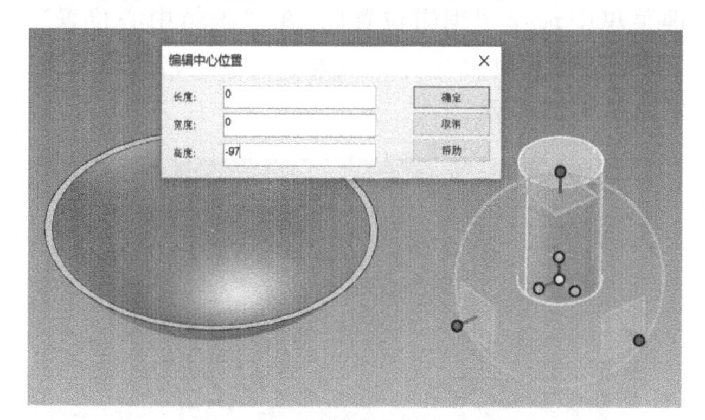

图 4-20 蜡烛柱体造型操作

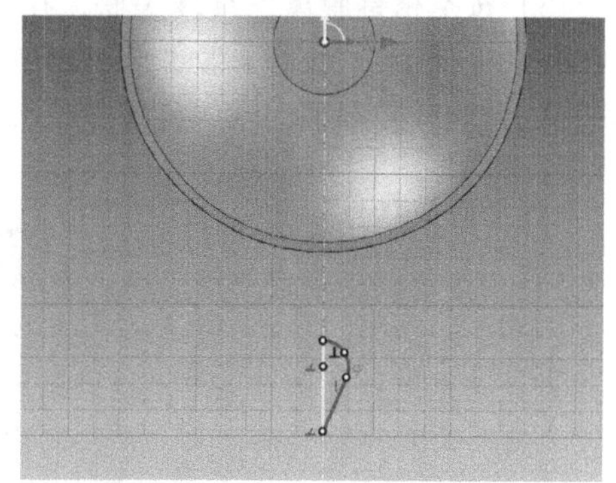

图 4-21 火苗草图的绘制

3）火苗体定位。

① 单击火苗体打开三维球，如果发现三维球中心点与火苗球体中心不重合，则按空格键，三维球变为白色脱开关联，此时选三维球中心点单击鼠标右键，在右键菜单中选择“到中心点”，然后点选火苗体球面，三维球中心与火苗体球面中心重合，按空格键，三维球变为蓝色恢复关联。

② 选三维球中心点单击鼠标右键，在右键菜单中选择“编辑位置”，在“编辑中心位置”对话框中，输入“长度=0，宽度=0，高度=−25”，确定后火苗体定位完成，如图 4-22 所示。

③ 点选 *X*（红色）外控制柄做旋转轴，单击鼠标左键沿顺时针方向旋转拖动，松开左键，输入“105”，按<Enter>键确认完成，关闭三维球，如图 4-23 所示。

6. 灯碗底钢球造型

1）从图素库中拖拽出一个球体，单击球体出现尺寸包围盒，在控制柄处右击出现右键菜单，选择“编辑包围盒”选项，在“编辑包围盒”对话框中，输入“长度=宽度=高度=12”，确定并退出。

2）打开小球体三维球，选三维球中心单击鼠标右键，在右键菜单中选择“编辑位置”，在“编辑中心位置”对话框中，输入“长度=宽度=0，高度=−103”，单击“✓”按钮确定并退出，如图 4-24 所示。

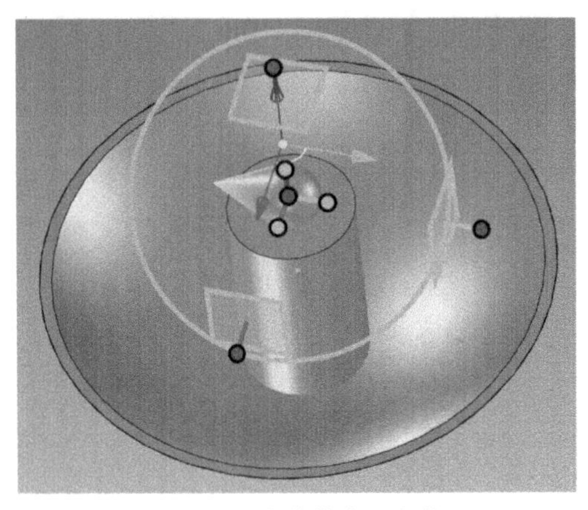
图 4-22　火苗体中心定位

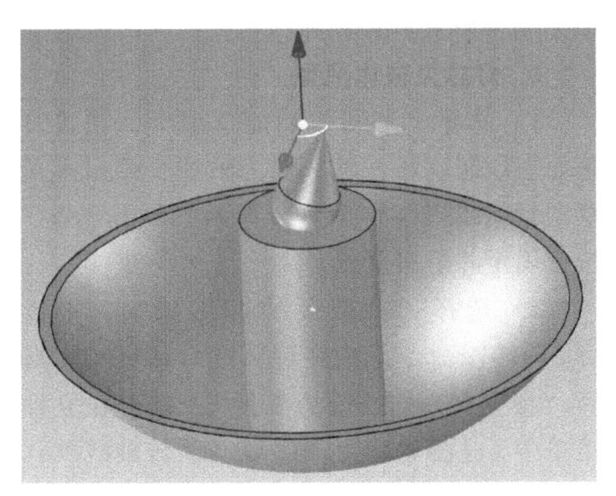
图 4-23　火苗体旋转定位

3）按空格键脱离三维球关联，在右键菜单中选择“编辑位置”，在“编辑中心位置”对话框中，输入“长度＝宽度＝高度＝0”，将三维球移动至坐标原点处，再按空格键恢复关联。以 X 向外控制柄为轴，旋转 20°，结果如图 4-25 所示。

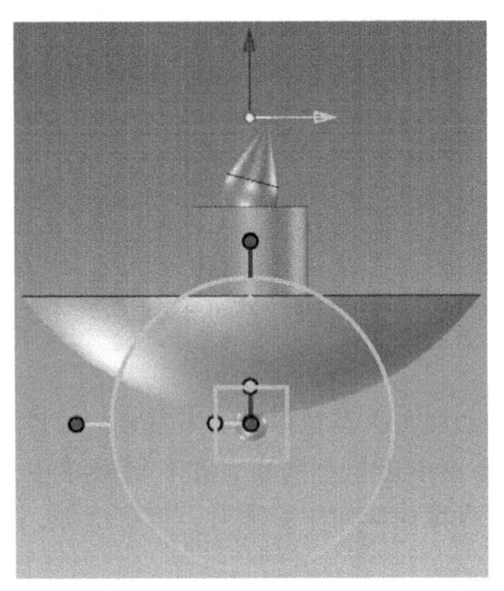
图 4-24　小球体定位至灯碗正下方

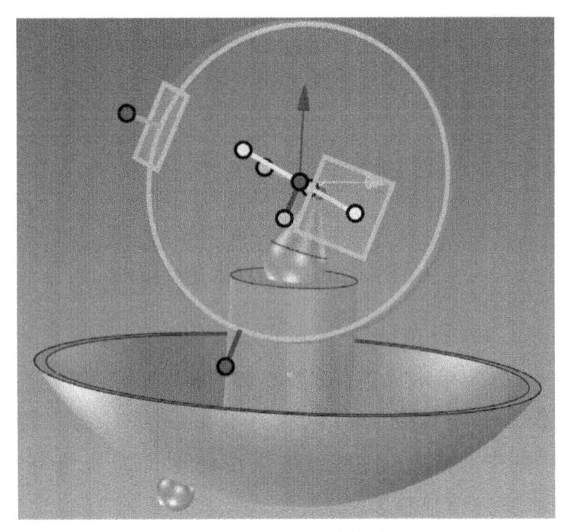
图 4-25　小球的旋转定位

4）按空格键脱离三维球关联，三维球变为白色，选择 Z 向内控制柄单击鼠标右键，在右键菜单中选择“与轴平行”，如图 4-26 所示。然后选择蜡烛体外圆柱面，则三维球 Z 向内控制柄与 Z 轴平行，再按空格键恢复关联，如图 4-27 所示。

5）选择 Z 向外控制柄，按住鼠标右键旋转拖动适当角度，松开右键，在右键菜单中选择“生成圆形阵列”，如图 4-28 所示，在弹出的“阵列”对话框中，输入“数量＝3，角度＝120”，单击“✓”按钮确定并退出，完成灯碗底钢球造型，如图 4-29 所示。

注意：

图中阵列角度痕迹线的消除，可在空白位置处单击鼠标右键，在快捷菜单中选择“显示”，去掉“阵列”选项前的勾选即可。

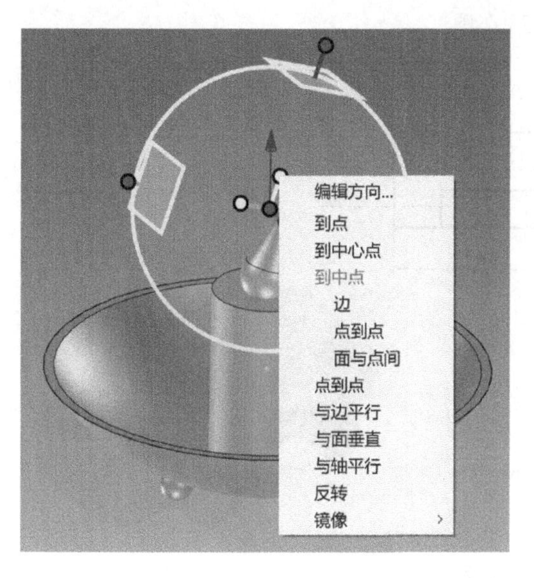

图 4-26　三维球 Z 向内控制柄右键菜单

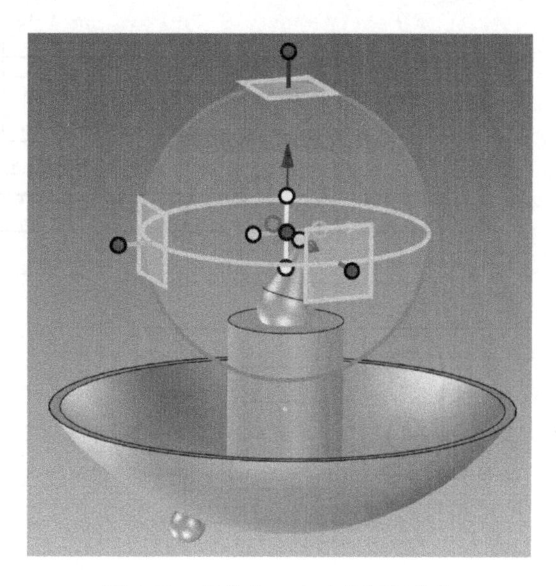

图 4-27　三维球 Z 向内控制柄定位

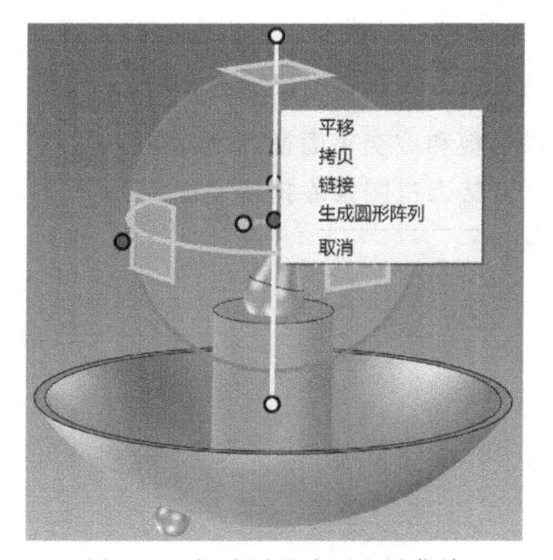

图 4-28　钢球圆形阵列右键菜单

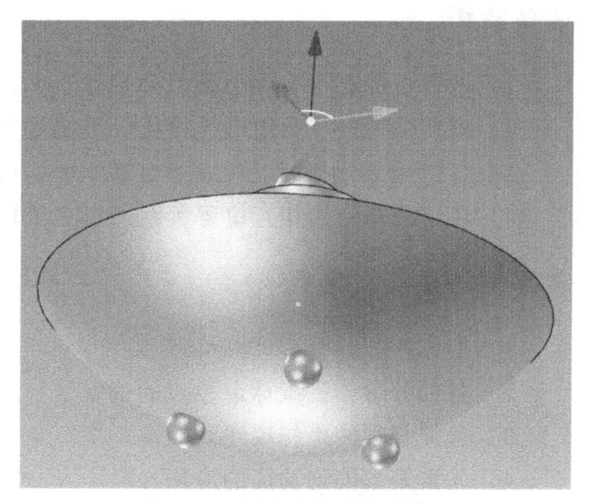

图 4-29　灯碗底钢球造型结果

任务三　轴承盖的实体造型

任务背景

本例通过轴承盖的实体造型，学习利用图素库拖拽造型，布尔运算、三维球定位技巧，以及矩形阵列特征的应用。

任务要求

根据图 4-30 所示的尺寸，完成轴承盖的三维实体造型设计。

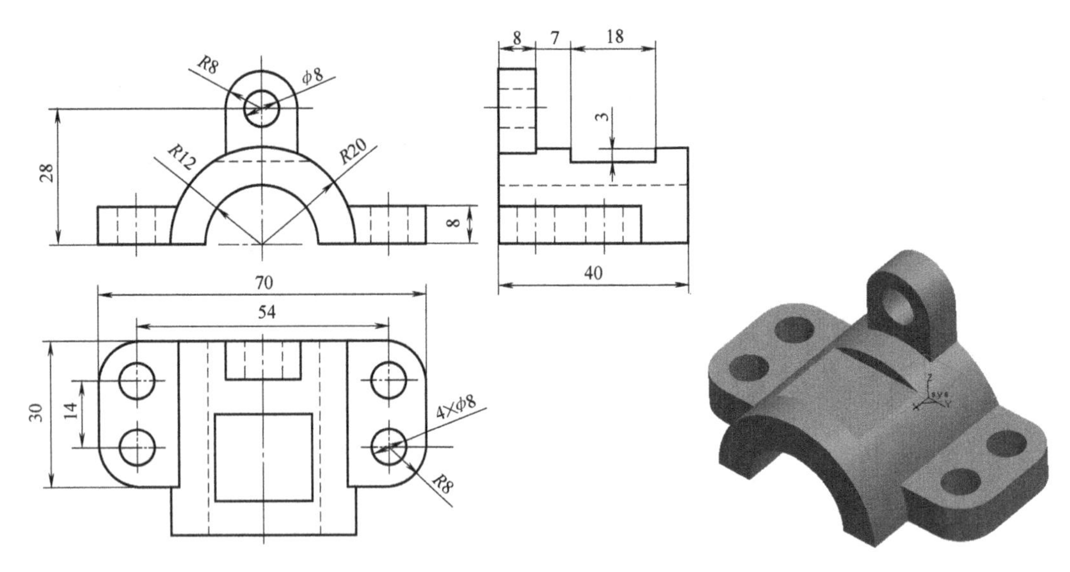

图 4-30　轴承盖

任务解析

1）选择坐标原点为 $R20$ 圆柱体后端面与轴线交点处。

2）该实体可以分为矩形连接板、半圆柱套、拱形板和截交平面槽四个部分。

3）各组成部分都可以看成是由基本体构成的，直接通过图素库拖拽完成。

4）各组成部分的相互位置关系通过三维球控制。

本案例的重点、难点

1）形体特征分析。

2）各部分形体三维球定位点的确定。

3）选择合理的操作顺序。

4）元素矩形阵列功能的应用。

操作步骤详解

1. 矩形连接板造型

1）选择创新模式，从图素库中拖拽出一个长方体，单击出现尺寸包围盒，编辑尺寸为"长度=70，宽度=30，高度=8"，并倒圆角 $R8$。再拖拽一个孔至长方体上表面圆角圆心处，以孔尺寸包围盒下控制柄的右键菜单编辑尺寸"长度=宽度=高度=8"，如图 4-31 所示。

2）打开 ϕ8 孔的三维球，先左键单击 X 轴外控制柄，再右键单击 Y 轴外控制柄，点选"生成矩形阵列"，如图 4-32 所示，在"矩形阵列"对话框中，输入"方向 1 数量=2，方向 1 距离=−54，方向 2 数量=2，方向 2 距离=−14"，确定后孔矩形阵列完成，关闭孔三维球。

3）打开矩形板三维球，并将其中心定位在矩形板后端面下棱边中点处，并用三维球将矩形板位置定位在坐标原点处，如图 4-33 所示。

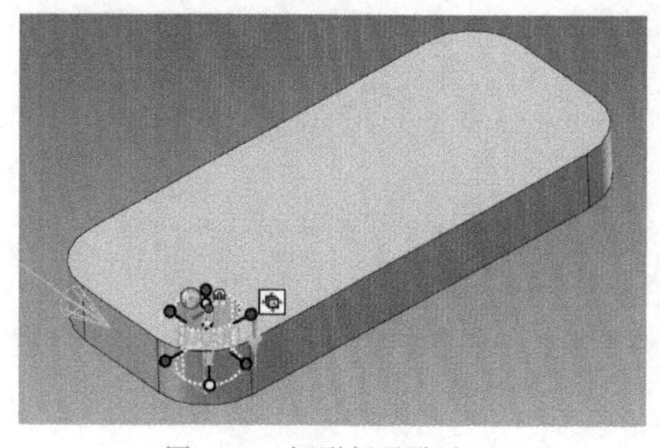

图 4-31 矩形板及孔造型

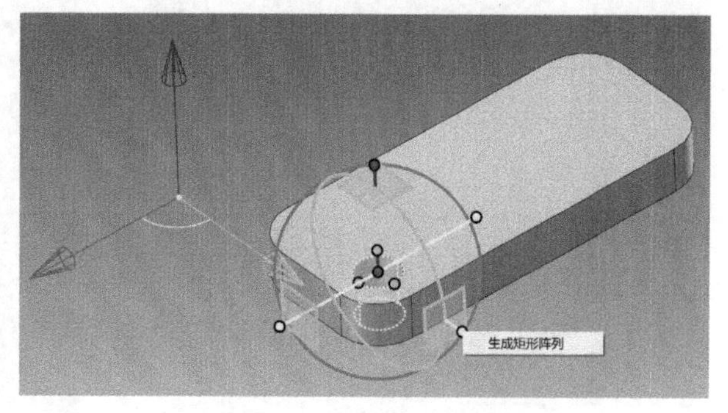

图 4-32 孔矩形阵列操作

2. 半圆柱套的造型

1）从图素库中拖拽出一个圆柱体，编辑尺寸包围盒为“长度 = 宽度 = 高度 = 40”，打开三维球，绕 X 轴旋转 90°，再编辑中心位置至坐标原点处，如图 4-34 所示，关闭三维球。

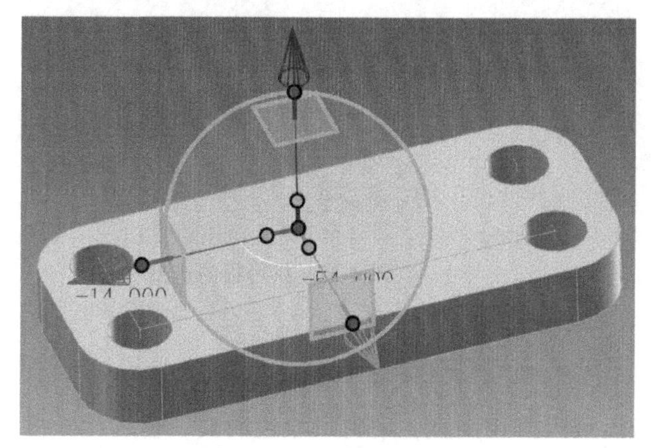

图 4-33 矩形连接板造型及定位

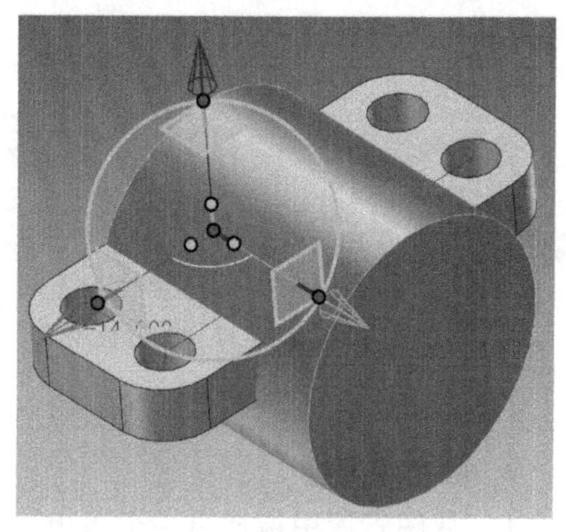

图 4-34 *R*20 圆柱体生成

2）选择“特征”功能选项卡，单击“裁剪”命令，在裁剪属性对话框中，目标零件为圆柱体，元素为矩形连接板的下表面，保留部分为圆柱体上部，单击“✓”按钮确定并退出。将半圆柱体与矩形连接板做布尔加，结果如图 4-35 所示。

3）从图素库中拖拽一圆柱孔至半圆柱前端面中心处，以后控制点编辑尺寸包围盒，输入“长度 = 宽度 = 24，高度 40”，单击“✓”按钮确定并退出，如图 4-36 所示。

3. 拱形板造型

1）从图素库中拖拽出一个长方体，编辑尺寸包围盒，输入“长度 = 16，宽度 = 8，高度 = 12”。再拖拽出一个圆柱体定位至长方体前端面与上表面棱线中点，编辑尺寸包围盒，输入“长度 = 宽度 = 16，高度 = 8”，此时，圆柱体三维球中心点在圆柱体轴线后端面处，打开三维球，在右键菜单中选择“到点”，将圆柱体定位到长方体后端面上棱线中心处。再拖拽出一个孔，定位至拱形板圆柱面轴线前端面，编辑尺寸为 $\phi 8$，如图 4-37 所示。

2）单击拱形板，将拱形板的三维球中心重新定位至圆柱体轴线后端面处（注：不是圆柱体部分的三维球，而是拱形板整体的三维球），然后，定位三维球中心点至坐标“长度 = 0，宽度 = 0，高度 = 28”，拱形板定位完成。将拱形板与其他实体做布尔加，结果如图 4-38 所示。

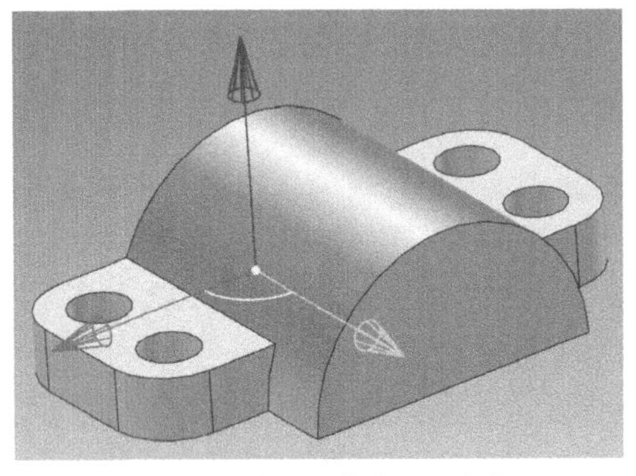

图 4-35　半圆柱体外形及定位

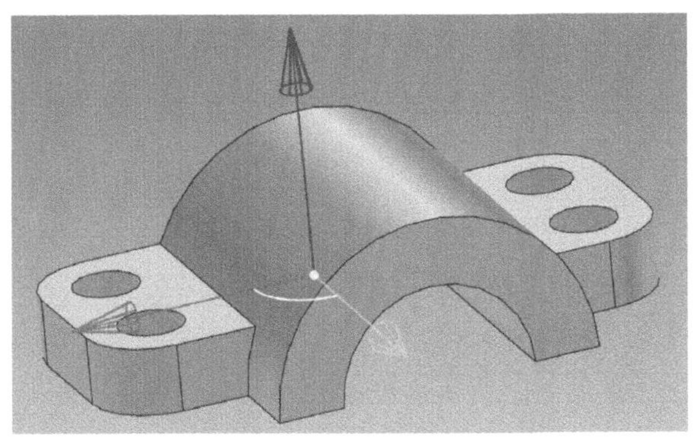

图 4-36　半圆柱套造型及定位

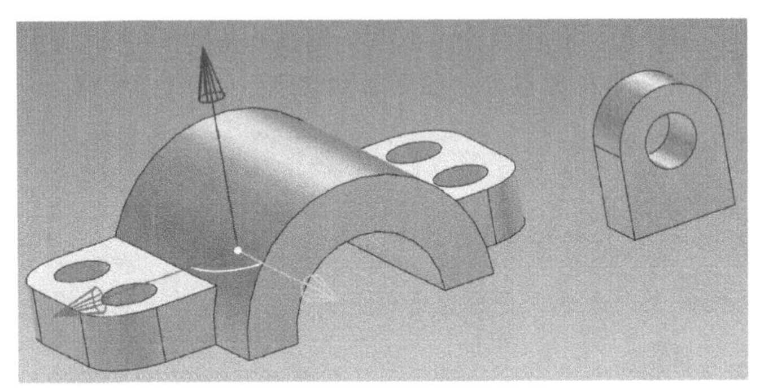

图 4-37　拱形板生成

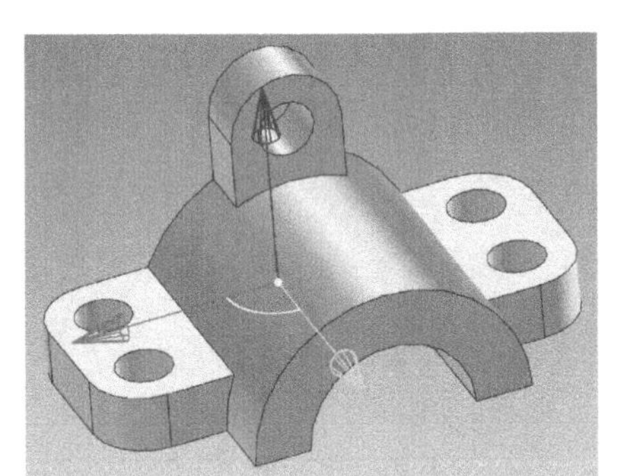

图 4-38　拱形板的造型与定位

4. 截交平面槽

1）从图素库中拖拽出一个厚板，单击出现尺寸包围盒，编辑尺寸包围盒，输入“长度=40，宽度=18，高度=3”，单击“✓”按钮确定。将厚板的三维球中心定位至厚板上表面与后端面棱线的中点处。在厚板三维球中心的右键菜单中选择“编辑位置”，在“编辑中心位置”对话框中，输入坐标值：长度=0，宽度=15，高度=20，单击“✓”按钮确定并退出，如图 4-39 所示，关闭三维球。

2）单击“布尔”命令，从零件上减去厚板，完成轴承盖造型，如图 4-40 所示。

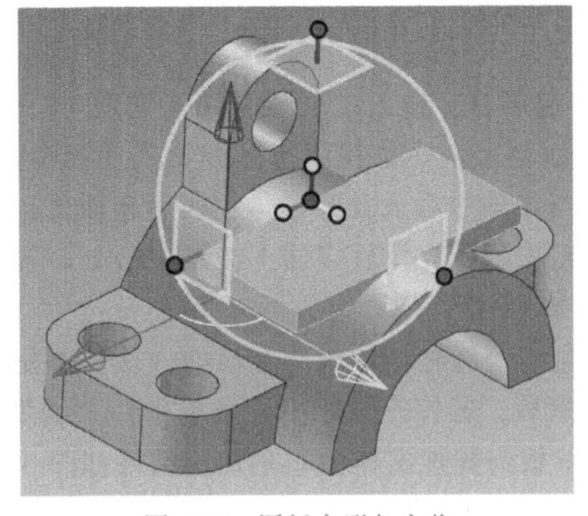

图 4-39　厚板定形与定位

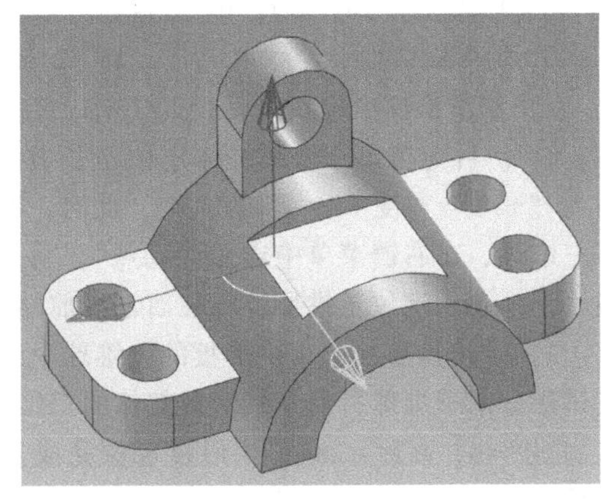

图 4-40　轴承盖造型

任务四 弯管的实体造型

任务背景

本例通过弯管的实体造型，学习曲面导动、曲面加厚和添加图素库等功能工具的应用，以及加深理解空间曲线、曲面和实体的概念与关系。

任务要求

根据图 4-41 所示的尺寸，完成弯管的实体造型设计。

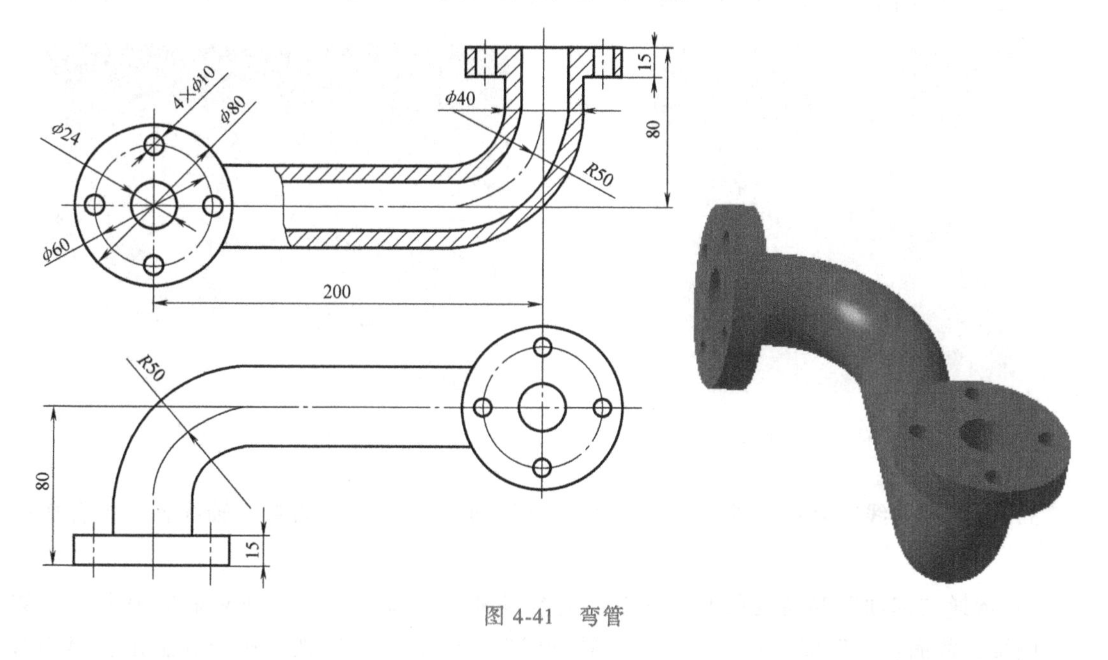

图 4-41 弯管

任务解析

1）坐标原点定在弯管轴线中点处。

2）首先作出弯管轴线（空间曲线），在弯管轴线端点建立法平面（作为草图平面），作出弯管截面草图线。

3）使用导动增料、导动除料得到弯管体部分。

4）以弯管体端面作为草图平面，绘制法兰截面轮廓草图，得到法兰盘。

5）打孔、做环形阵列得到法兰盘均布连接孔。

本案例的重点、难点

1）绘制弯管轴线（空间曲线）。

2）导动增料、导动除料。

3）打孔和孔的环形阵列。

操作步骤详解

1）选择“曲线”功能选项卡，进入三维曲线绘图界面，单击“直线”命令，在立即菜单中选择“水平/铅垂线”“水平”“长度=200”，按左下角提示，选坐标原点为直线中点，再分别在水平面和铅垂面中作水平线端点垂线，长度=65，再使用“过渡”工具，以 $R50$ 过渡，得到弯管轴线，如图 4-42 所示。

2）选择“草图”功能选项卡，选择“二维草图”，在属性对话框中选择“过曲线上一点的曲线法平面”，按左下角提示，选择弯管轴线端点和垂线段，建立草图平面，单击“✓”按钮确定，进入草图绘制界面，以草图坐标原点为圆心，绘制圆 $R=20$，单击“✓”按钮确定并退出草图，如图 4-43 所示。

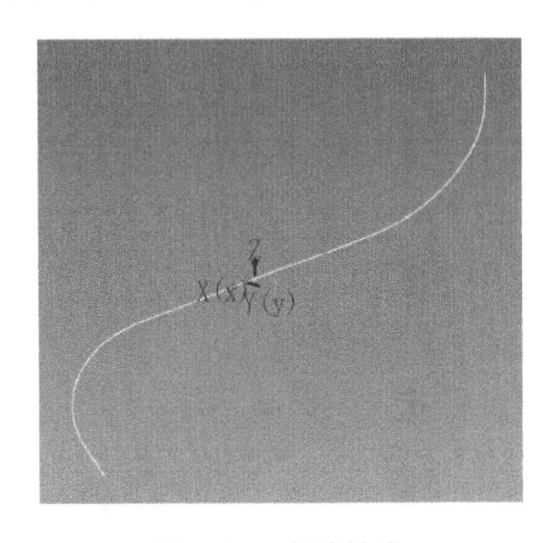

图 4-42　弯管轴线

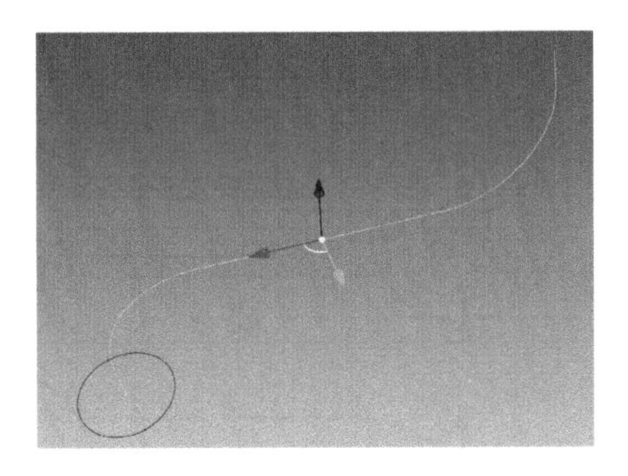

图 4-43　绘制草图圆

3）选择“曲线”功能选项卡，单击“拟合曲线”命令，将弯管轴线各段拟合成一条线。

4）选择“曲面”功能选项卡，单击“导动曲面”命令，在属性对话框中选择“类型：固接，截面：草图圆，导动曲线：弯管轴线”，单击“✓”按钮确定并退出，得到弯管曲面，如图 4-44 所示。

5）选择“特征”功能选项卡，单击“加厚”命令，在属性对话框中选择“面：管道曲面，厚度：8，方向：向下”，拾取管道曲面后，单击“✓”按钮确定并退出，得到管道实体，如图 4-45 所示。

6）从图素库中拖拽出圆柱体和圆柱孔，通过编辑尺寸包围盒、三维球定位和圆形阵列等操作，得到法兰盘，如图 4-46 所示。

7）将法兰盘拖拽至图素库中，图素库增加新图素（见零件 10），如图 4-47 所示。当某一图素多次使用时，这样可以简化操作。

8）通过三维球将法兰盘定位到弯管一端，再从图素库中拖拽出一个法兰盘（零件 10），定位至弯管另一端，做布尔加将零件变为一个整体，弯管造型完成。在界面空白处单击鼠标右键，在右键菜单中选择“背景”，在设计环境属性对话框中，选择“背景”→“颜色”，顶部颜色：白色，底部颜色：白色，结果如图 4-48 所示。

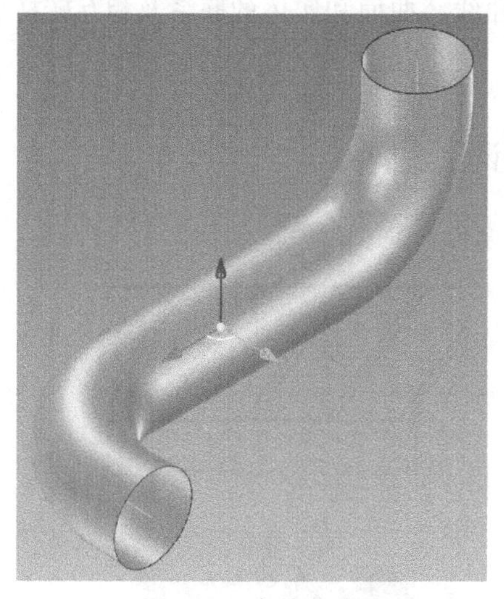

图 4-44 弯管曲面

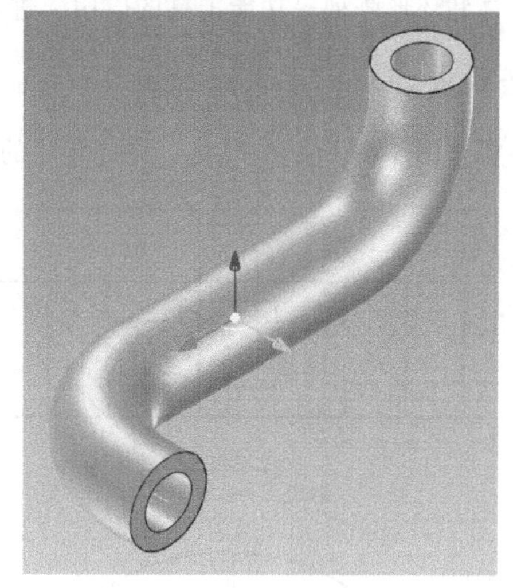

图 4-45 管道实体

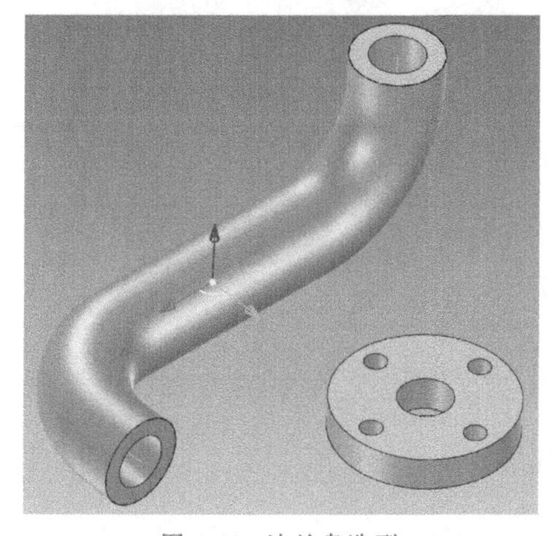

图 4-46 法兰盘造型

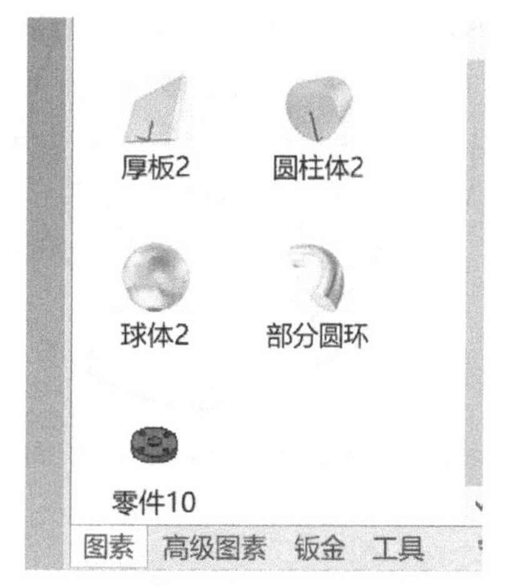

图 4-47 图素库添加新图素

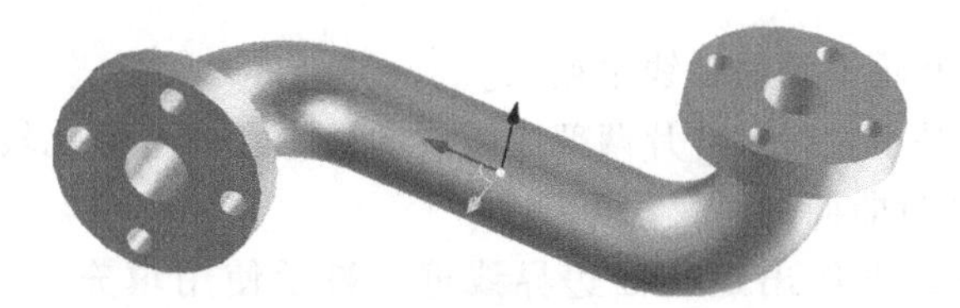

图 4-48 弯管造型结果

任务五 叶轮的实体造型

任务背景

本例通过叶轮的实体造型，学习三维螺旋线（公式曲线）、螺旋面、曲面加厚、曲面裁剪实体和环形阵列等功能工具的应用，进一步理解曲线、曲面和实体的联系及相互转换。

任务要求

根据图 4-49 所示的尺寸，完成叶轮的实体造型设计。

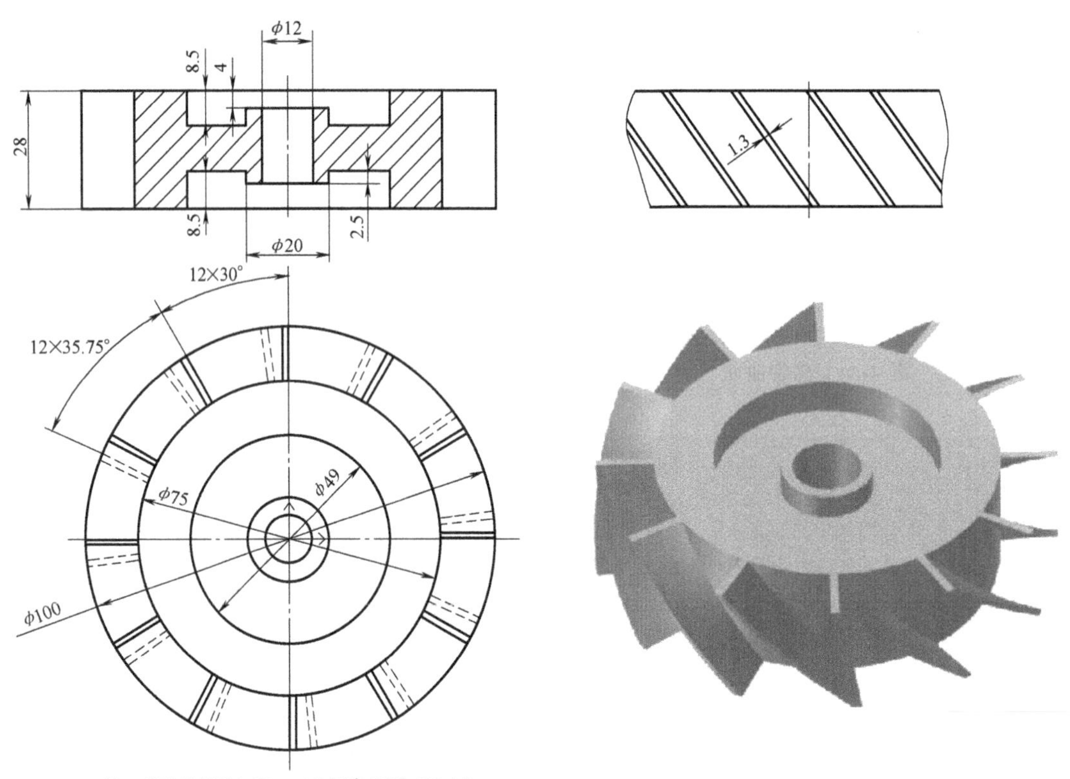

注：螺旋线导程L=28mm×360°/35.75°=281.96mm。

图 4-49　叶轮

任务解析

1）坐标原点定在叶轮下端面轴线中点处。

2）叶轮可以看成是由轮毂和叶片两部分组成的，轮毂的造型比较简单；而叶片关键要先作出螺旋面，然后通过曲面加厚及裁剪得到。

3）先画出螺旋线，再作出螺旋面边界线框，最后使用填充面（或网格面）作出螺旋面。

4）使用曲面加厚增料工具，得到叶片实体。

5）叶片做环形阵列，并使用曲面裁剪实体工具完成叶片造型。

本案例的重点、难点

1）螺旋线、螺旋面及曲面加厚增料。

2）曲面裁剪实体工具的应用。

操作步骤详解

1）从图素库中拖拽一个圆柱体至绘图界面，编辑尺寸包围盒至 $\phi 75$、高 28，通过三维球将球心定位至坐标原点，如图 4-50 所示。

2）选择“曲线”功能选项卡，单击公式曲线“f(x)”按钮，弹出“公式曲线”对话框，从公式库中选择“三维螺旋线”，其他参数设置如图 4-51 所示，确定后生成螺旋线。

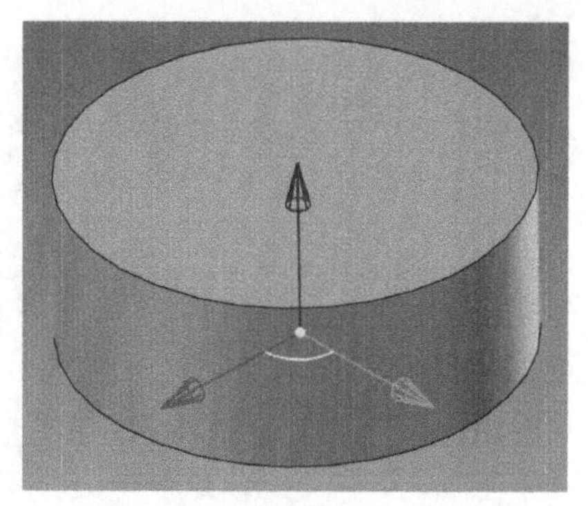

图 4-50　圆柱体定形、定位

图 4-51　“公式曲线”对话框

3）单击“三维曲线”，作两点线：1（0，0，−5），2（0，0，33），然后，分别以 1、2 为起点，螺旋线上对应等高点为终点，作两条水平线，如图 4-52a 所示。将出头的螺旋线剪去，得到螺旋面边界线框，如图 4-52b 所示。

4）选择“曲面”功能选项卡，用“网格面”或“填充面”命令作出螺旋面，如图 4-53 所示。选择“特征”功能选项卡，将螺旋面加厚，其参数设置如图 4-54 所示，单击

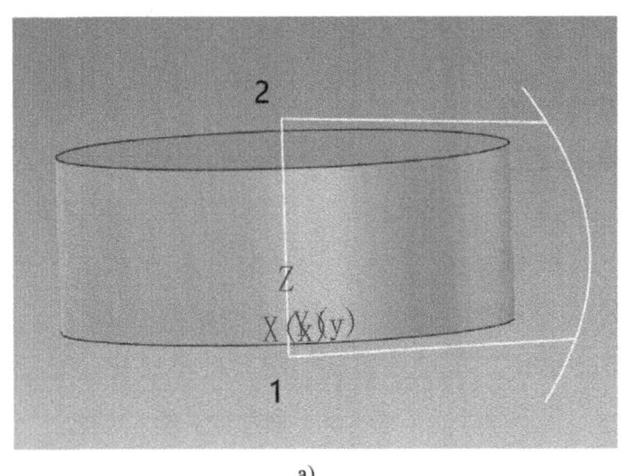

a)

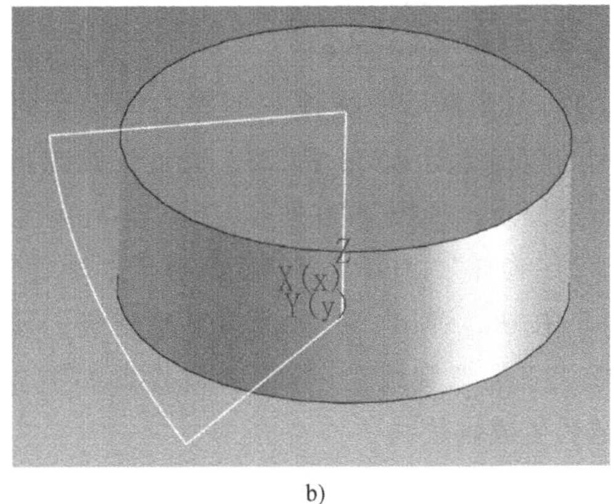

b)

图 4-52　螺旋面边界线框

“✓”按钮确定并退出。

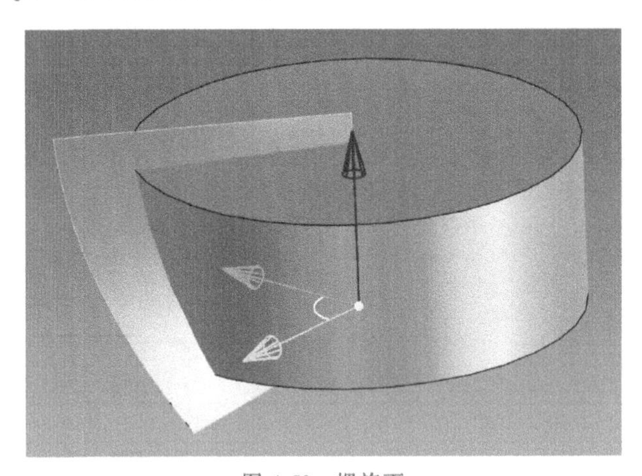

图 4-53　螺旋面

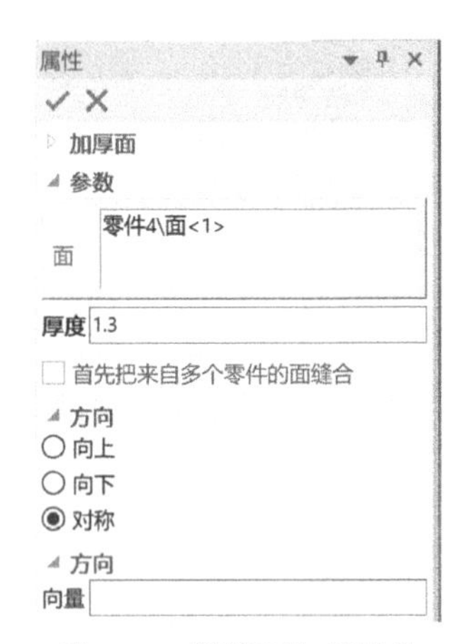

图 4-54　螺旋面加厚属性

5）在设计树中，选择螺旋曲面，通过鼠标右键菜单将其隐藏。单击“裁剪”命令，选择螺旋面实体为裁剪目标零件，轮毂外圆柱面为裁剪工具元素，选择保留部分，单击“✓”按钮完成，结果如图 4-55 所示。同理，再分别以轮毂上下端面为裁剪工具元素，裁剪螺旋面实体，所得结果如图 4-56 所示。最后，将螺旋面实体与轮毂做布尔加成为一个零件。

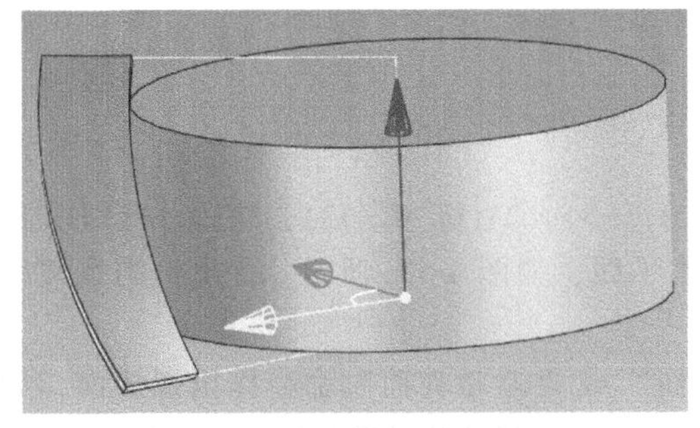

图 4-55　圆柱面裁剪后螺旋面实体

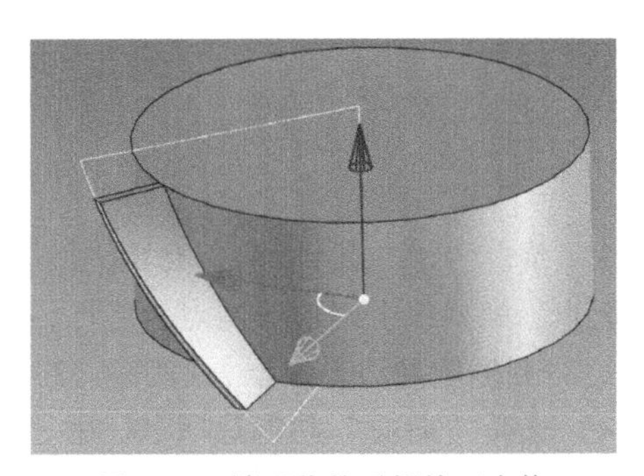

图 4-56　端面裁剪后螺旋面实体

6）双击零件叶片部分，会出现叶片图素的三维球，打开三维球，按空格键使三维球变为白色，将其中心移至坐标原点，再按空格键三维球恢复蓝色，选择三维球 Z 轴外控制柄为轴，按住鼠标右键拖动旋转一下，松开右键，在右键菜单中选择“圆周阵列”，在“阵列”快捷菜单中输入参数，如图 4-57 所示，确定后叶片阵列完成。

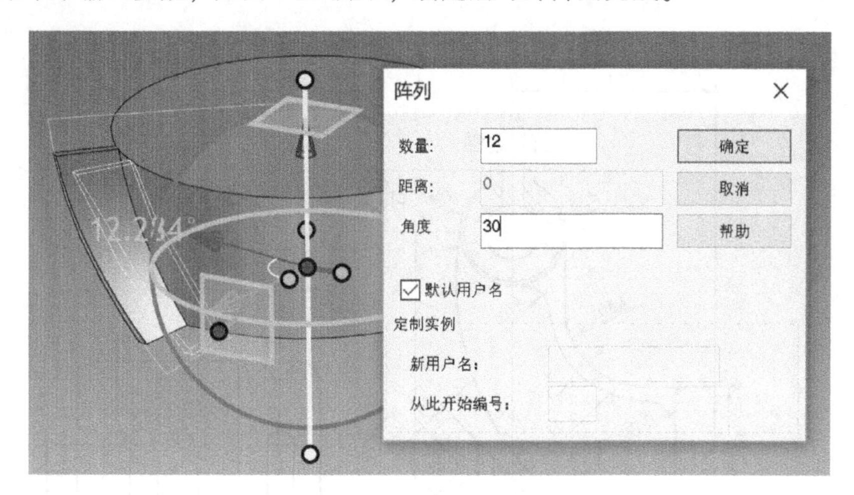

图 4-57　叶片圆周阵列操作

7）在轮毂两端面挖圆柱槽、加凸台、打孔后，得到叶轮的三维实体造型，如图 4-58 所示。

图 4-58　叶轮三维实体造型

任务六　支架的实体造型

任务背景

本例通过支架的实体造型，学习叉架类零件的实体造型方法和步骤，以及如何根据零件的结构特点，采取巧妙的手段，精准、快捷地完成造型设计。

任务要求

根据图 4-59 所示的尺寸，完成支架的实体造型设计。

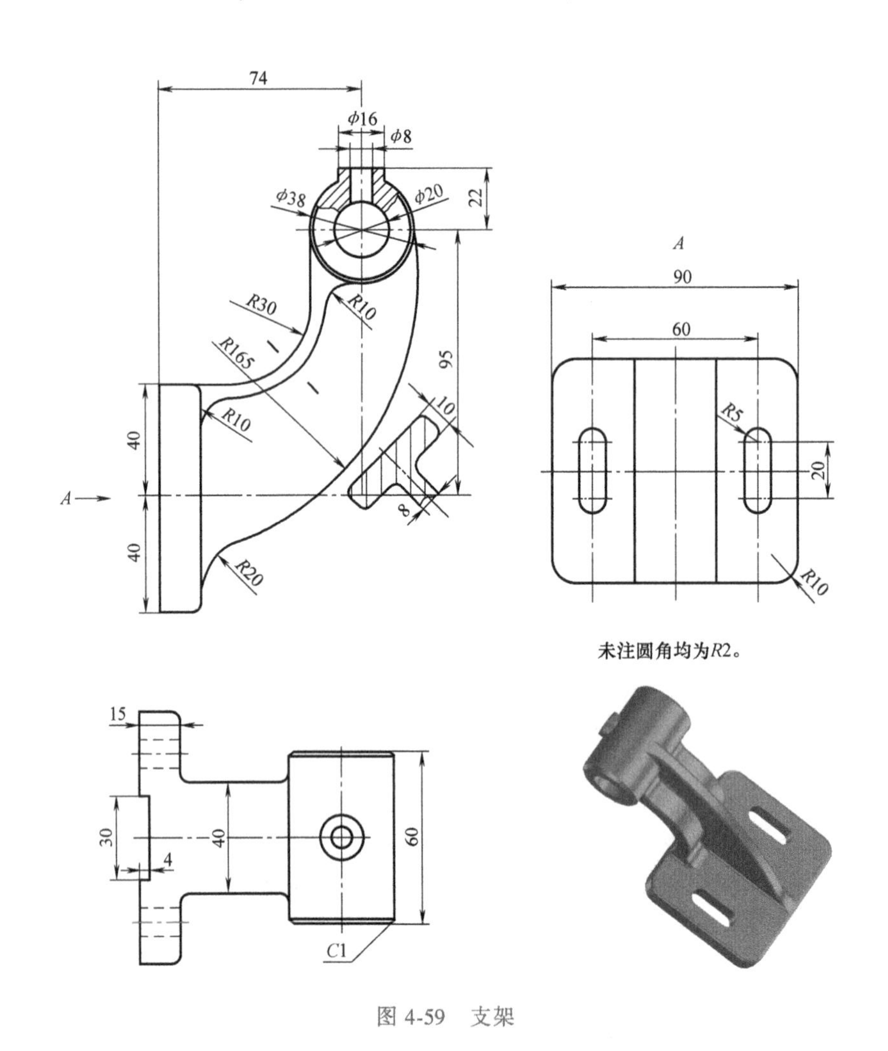

图 4-59　支架

任务解析

1）坐标原点定在 ϕ38 圆柱轴线中点处。

2）支架由底板、连接板、圆柱体、加强肋和油孔凸台五部分组成。

3）如果按照一般思路会依次把这五部分逐一造型，但这样会增加步骤。比较高效的方法是：抓住零件对称性的特点，将初始草图基准面选定在零件的中心对称面处，画出主视图轮廓空间曲线，采用多次拉伸的方式完成造型设计。

4）使用肋板工具，得到加强肋实体。

5）油孔凸台可用拉伸到面的命令生成，最后再进行除料及打孔处理。

本案例的重点、难点

1）分析零件结构特点，确定正确而简捷的造型方法和步骤。

2）学习肋板功能的应用。

操作步骤详解

1）选择“曲线”功能选项卡，单击“三维曲线”，按<F7>(+<Fn>)键，选择 XOZ 为当前工作平面，绘制主视图轮廓空间曲线，如图 4-60 所示，单击“ ”按钮确定并退出。

2）选择“草图”功能选项卡，选择“在 Z-X 基准面”绘制草图，单击“投影”按钮，拾取底板矩形轮廓线，得到封闭草图线框。退出草图，按<F8>(+Fn) 键进入轴测图显示状态，单击拉伸“ ”按钮，在左侧的立即菜单中选择“新生成一个独立的零件”，进入拉伸特征属性对话框，选择底板矩形轮廓草图为“轮廓”，“方向 1 的深度”选择“中性面”，“高度值=45”，选择“增料”，其他选项设置如图 4-61 所示。单击“ ”按钮确定并退出，所得结果如图 4-62 所示。

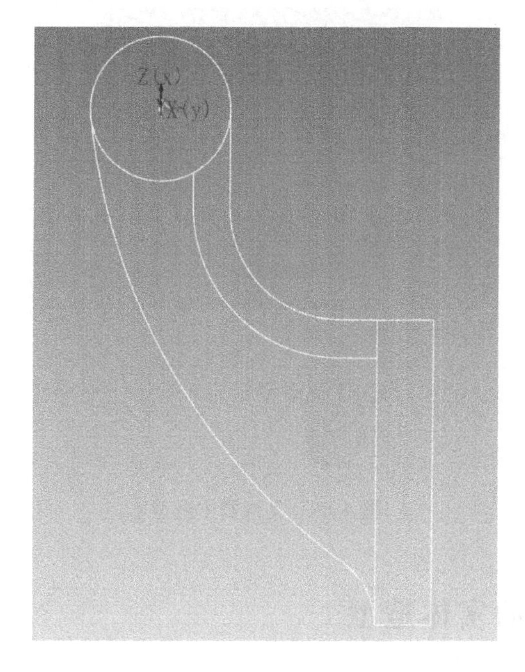

图 4-60　轮廓空间曲线

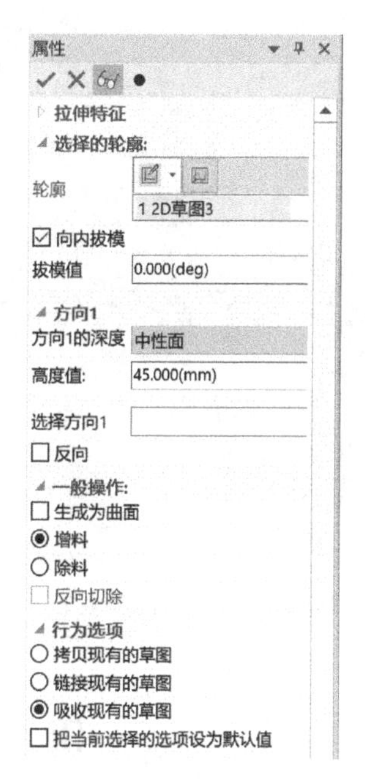

图 4-61　拉伸特征属性对话框

3）采用同样方法，双向拉伸出连接板、圆柱体和肋板，如图 4-63 所示。

4）从图素库中拖拽出一个圆柱体，编辑尺寸包围盒，输入“长度=宽度=16，高度=22”，打开三维球，编辑三维球球心位置为“长度=宽度=高度=0”，所得结果如图 4-64 所示。将各部分做布尔加成为一个零件。

5）通过打孔、倒圆角、倒角等操作，得到支架的实体造型，如图 4-65 所示。

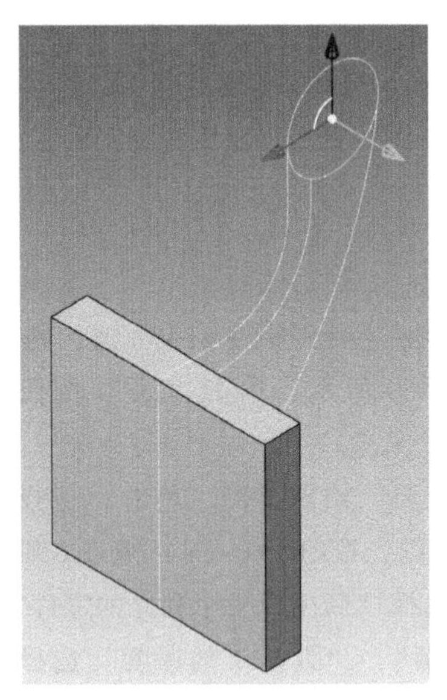

图 4-62　底板双向拉伸

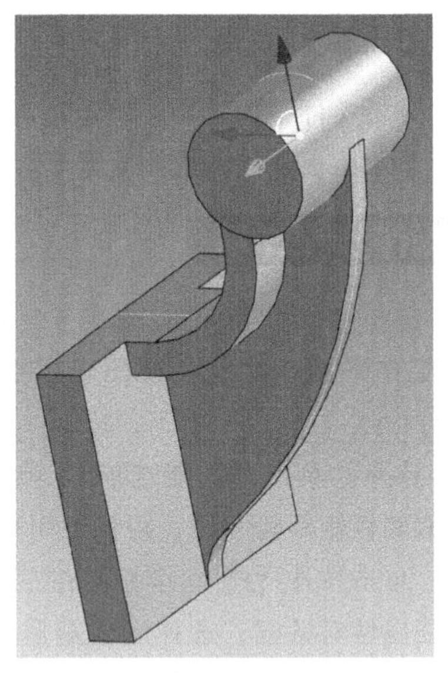

图 4-63　各部分拉伸结果

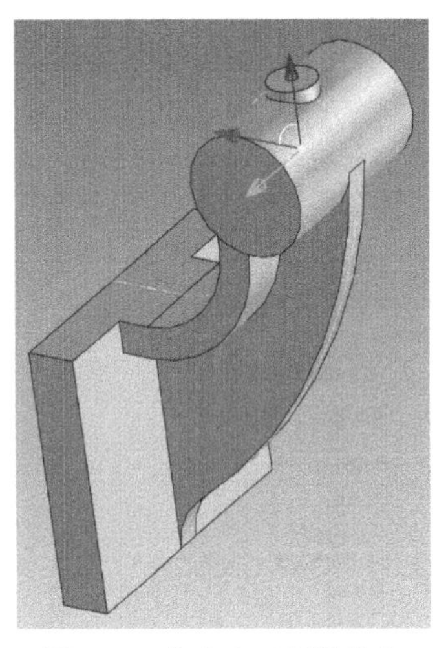

图 4-64　作出 ϕ16 圆柱凸台

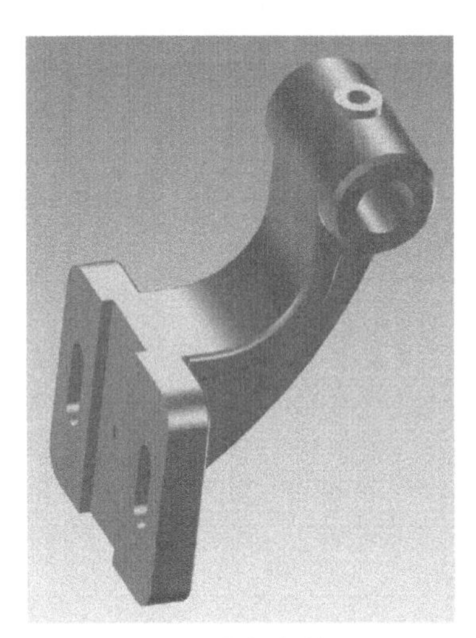

图 4-65　支架实体造型

任务七　铰链的实体造型

任务背景

本例通过铰链的实体造型，学习布尔运算功能概念及实体造型的方法和步骤，以及如何根据零件的结构特点，分解出正确的布尔运算元素因子，运用加、减和相交的方式生成实体。

任务要求

根据图 4-66 所示的尺寸，完成铰链的实体造型设计。

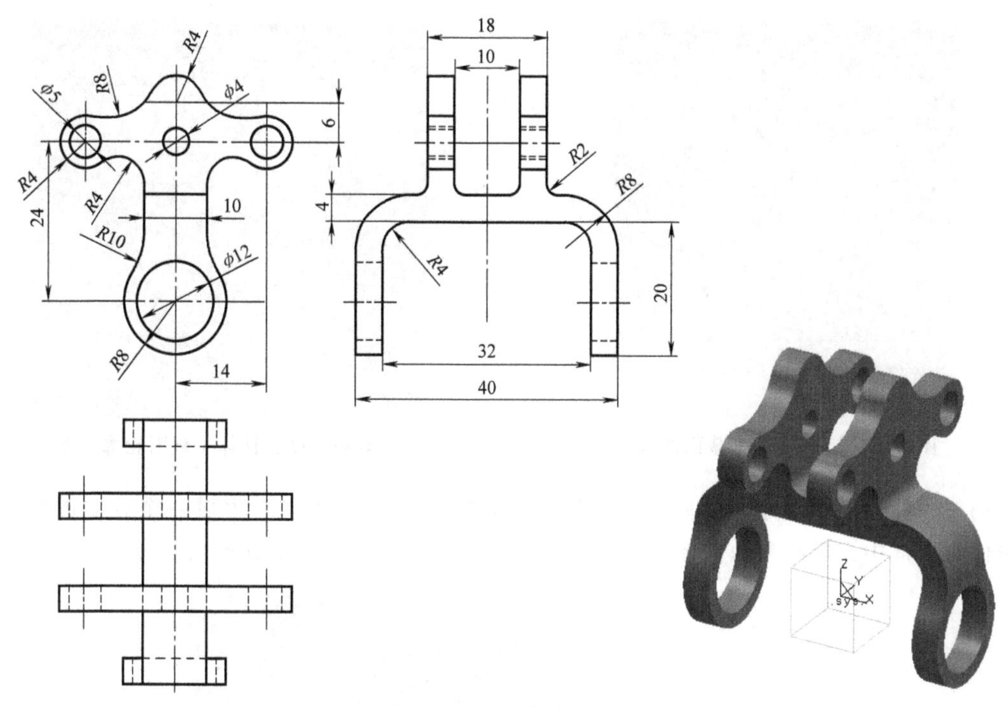

图 4-66　铰链

任务解析

1）坐标原点定在 ϕ12 圆孔轴线中点处。

2）铰链可以看成是由两个互相垂直的柱体（布尔运算元素因子）求交集后得到的实体，如图 4-67 所示。

3）先在 *XOZ* 平面作出一个柱体，拖拽到图素库中暂存；再在 *YOZ* 平面作出另一个柱体。

4）将暂存在图素库中的柱体拖拽出来，并打开三维球，使其球心位置定位到坐标原点，使用布尔运算工具将当前柱体与前一个柱体求相交，得到铰链的实体造型。

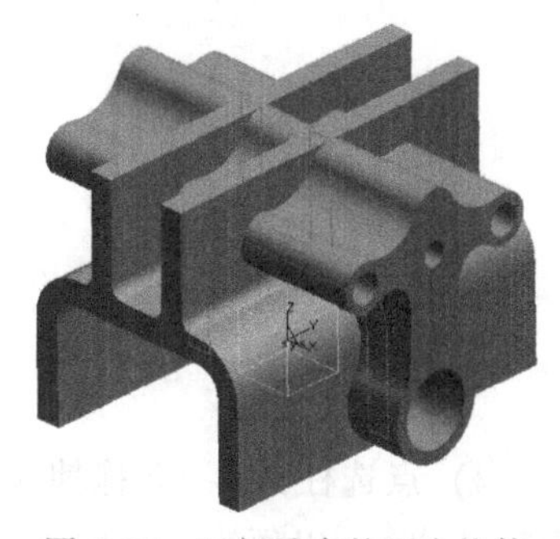

图 4-67　互相垂直的两个柱体

本案例的重点、难点

1）分析零件结构特点，正确分解布尔运算元素因子。

2）掌握布尔运算工具的应用与操作。

操作步骤详解

1）选择“曲线”功能选项卡，单击“三维曲线”，进入空间曲线绘图界面，按<F7>(+<Fn>)键，选择 *XOZ* 为当前工作平面，绘制主视图轮廓空间曲线，如图 4-68 所示，单击“完成”并退出。

2）选择“草图”功能选项卡，选择“在 Z-X 基准面”绘制草图，单击“投影”按钮，依次拾取所有轮廓曲线段后，得到封闭轮廓草图，如图 4-69 所示，单击“完成”并退出。

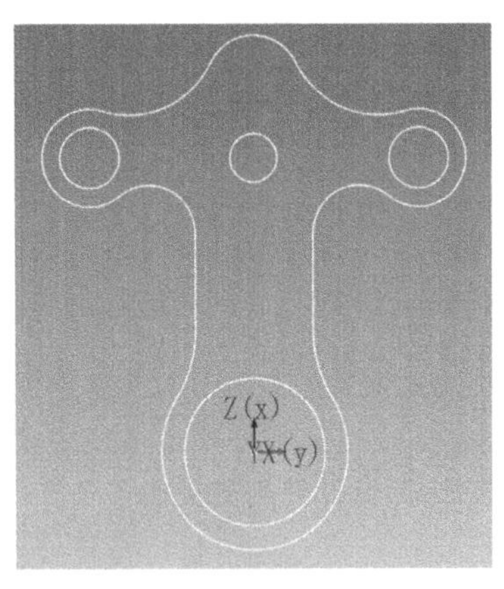

图 4-68　绘制柱体 1 截面曲线

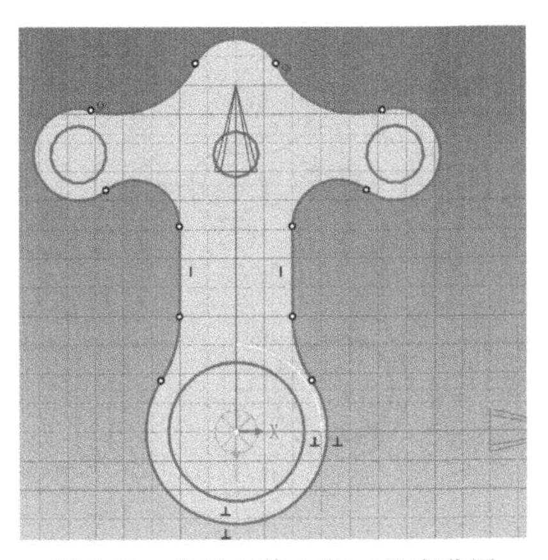

图 4-69　投影柱体 1 截面轮廓草图

3）选择“特征”功能选项卡，单击“拉伸”命令，选择“新生成一个独立的零件”，在属性对话框中，选择参数如图 4-70 所示，单击“✓”按钮确定并退出。

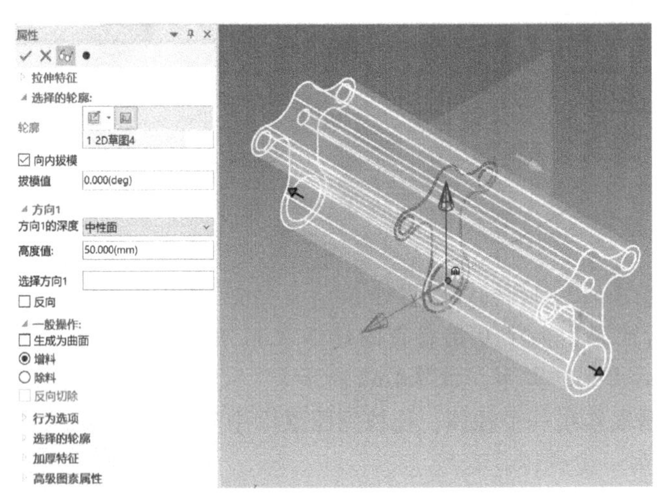

图 4-70　柱体 1 的拉伸属性对话框

4）点选柱体 1，并拖拽至图素库，在图素库中暂存，如图 4-71 所示。新建一文件，或删除柱体 1，以便绘制柱体 2。

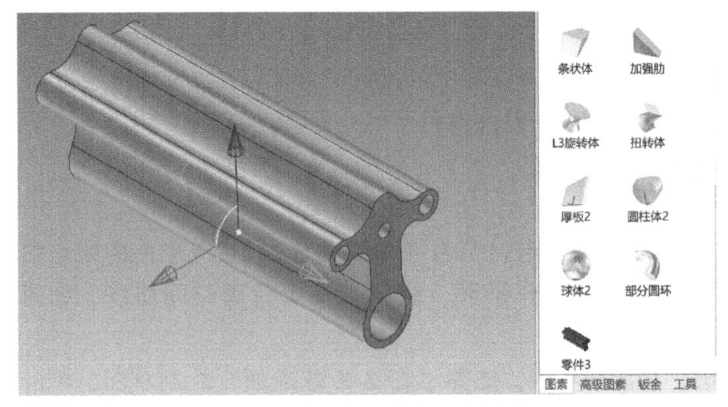

图 4-71　将柱体 1 拖拽至图素库

5）选择“曲线”功能选项卡，绘制三维曲线，按<F7>(+<Fn>)键，在 *YOZ* 平面中绘制轮廓线，仿照柱体 1 的造型过程，作出柱体 2，如图 4-72 所示。

6）从图素库中拖拽出柱体 1，并打开三维球，编辑三维球中心位置至坐标原点处，如图 4-73 所示。

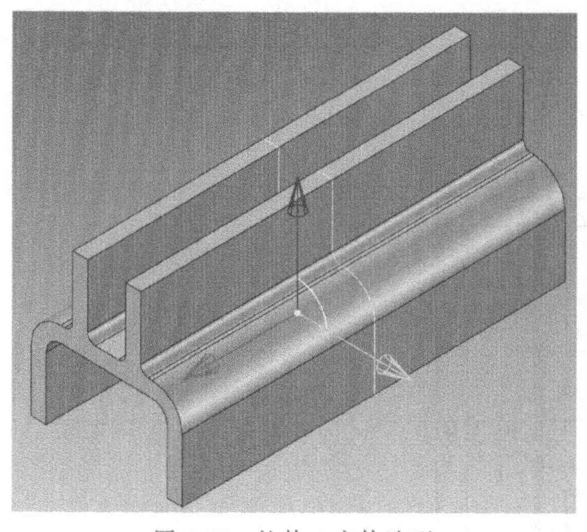

图 4-72　柱体 2 实体造型

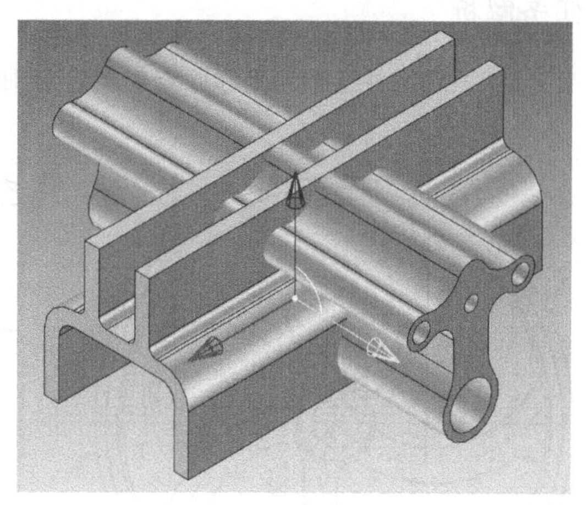

图 4-73　拖入柱体 1 并定位操作

7）单击“布尔”命令，在属性对话框中选择操作类型为“相交”，分别选择柱体 1 和柱体 2，单击“✓”按钮确定，得到铰链的实体造型，如图 4-74 所示。

图 4-74　铰链实体造型

任务八　手轮装配体的实体造型

任务背景

手轮由轮毂、轮辋（轮圈）和轮辐三部分构成，轴由阶梯轴、键槽和外螺纹等结构要素构成。完成零件造型后，利用智能图库中的工具库，选择合适的标准紧固件（垫圈、螺母和键），完成零件的装配。

任务要求

根据图 4-75 所示的尺寸，作出手轮、轴、键、垫圈和螺母的实体造型，并完成零件的定位装配。

任务解析

1）手轮零件造型，坐标原点定在轮毂轴线中点处。

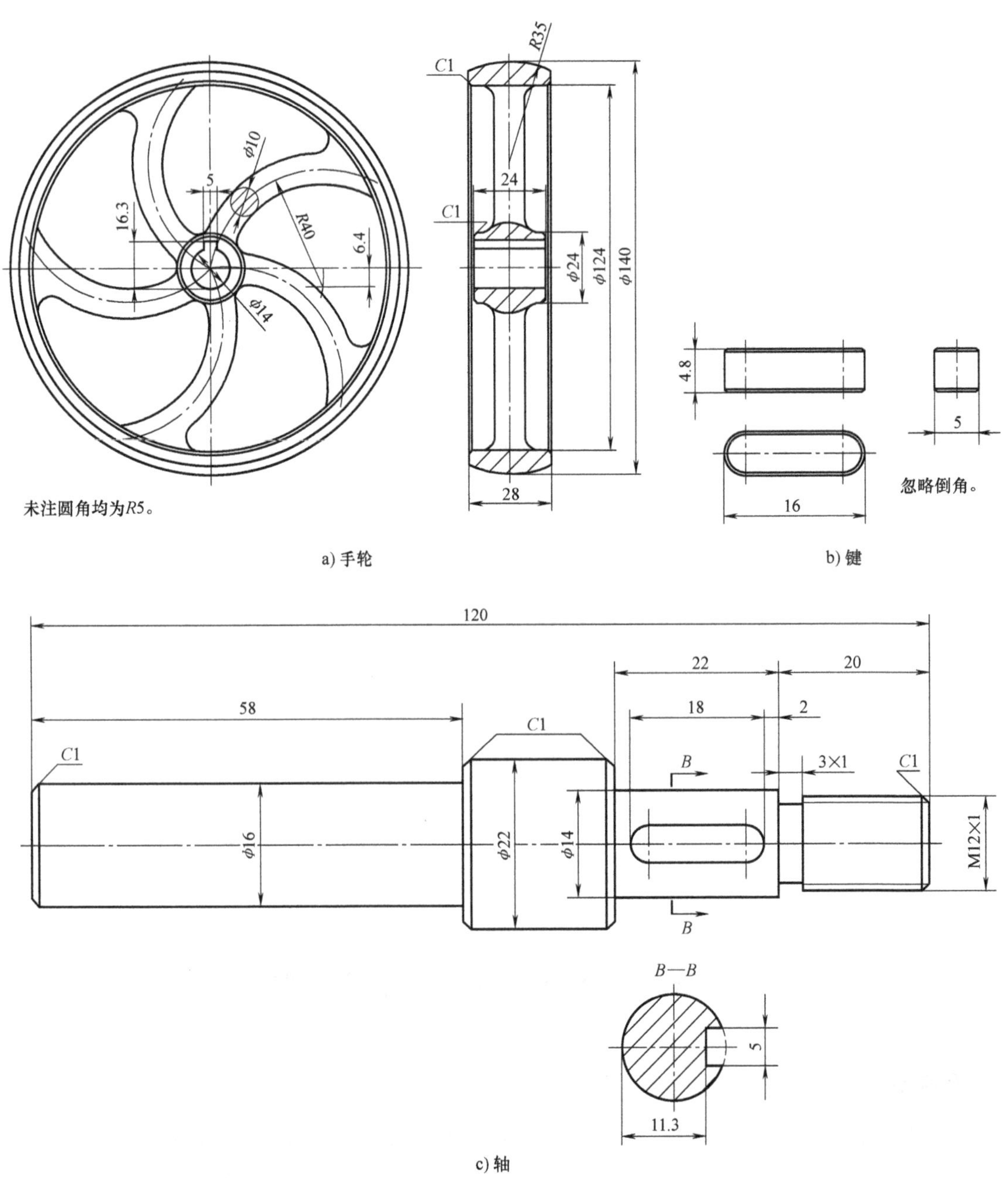

图 4-75　手轮装配体

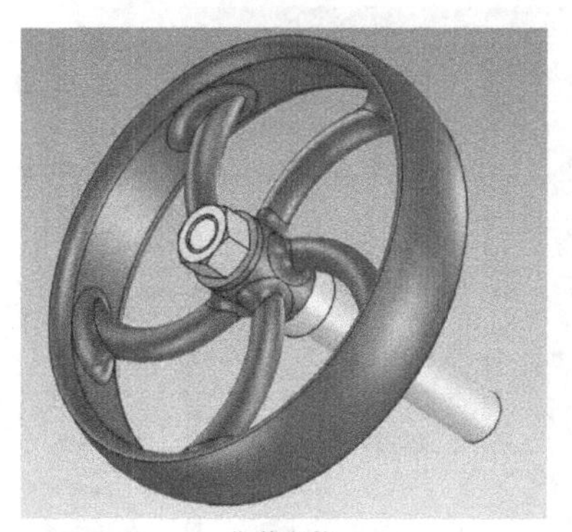

d) 装配体

图 4-75 手轮装配体（续）

2）轮辋可以通过圆环与管状体求交集得到。

3）轮辐为圆环体的一部分，用轮辋外表面和轮毂轴外圆柱表面裁剪得到，并进行圆周阵列。

4）阶梯轴零件可从图素库中拖拽出各段轴（编辑包围盒得到），通过螺纹工具得到外螺纹，再通过轴与键的布尔减得到键槽。

5）通过图素库拖出键，并编辑包围盒至要求尺寸。

6）垫圈和螺母可从工具库中选择。

本案例的重点、难点

1）轮辋布尔运算元素因子（圆环与管状体）的生成。

2）轮辐圆环的定位与裁剪。

3）外螺纹的生成。

4）键槽的生成。

5）各零件的定位装配。

操作步骤详解

1. 手轮零件的造型

1）选择“特征”功能选项卡，从高级图素库中拖出一管状体，单击出现尺寸包围盒，编辑外轮廓尺寸为“长=宽=150，高=28”。单击管状体内圆柱表面直至变为绿色，单击鼠标右键弹出右键菜单，在右键菜单中选择“编辑半径”，在立即菜单中，将半径值修改为 62，单击“✔”按钮确定并退出，如图 4-76 所示。打开三维球，按空格键，三维球变白色而脱开关联，按住鼠标右键拖拽 Z 向外控制柄，松开右键，填入数值“14”，再按空格键，将三维球球心定位至轴线中点，再单击鼠标右键弹出球心右键菜单，编辑中心位置至坐标原点。

2）在空白处，从图素库中拖出一圆环体，编辑尺寸包围盒“长=宽=140，高=70”，确定并退出。打开三维球，定位球心至坐标原点，如图 4-77 所示。单击“布尔”命令，选择“相交”，拾取管状体和圆环两个零件，确定并退出，得到轮辋，如图 4-78 所示。

3）从图素库中拖出一圆柱体，编辑尺寸包围盒“长=宽=高=24”。打开三维球，按空格键，将球心移至轴线中点，再按空格键，单击鼠标右键弹出三维球球心右键菜单，并把球心定位至坐标原点处。选择“曲线”功能选项卡，进入三维曲线绘制界面，按照 $R40$ 及 6.4

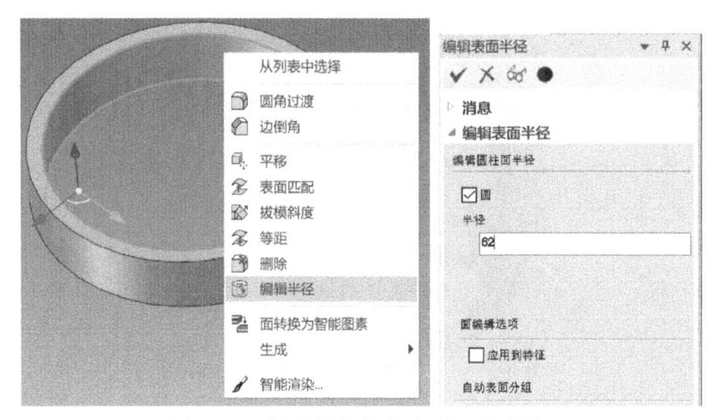

图 4-76　管状体内外轮廓尺寸的编辑

尺寸，得到轮辐曲线圆心位置点，如图 4-79 所示。

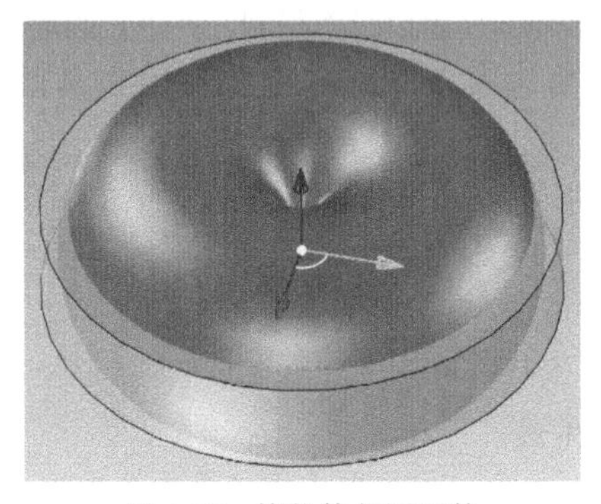

图 4-77　管状体与圆环体

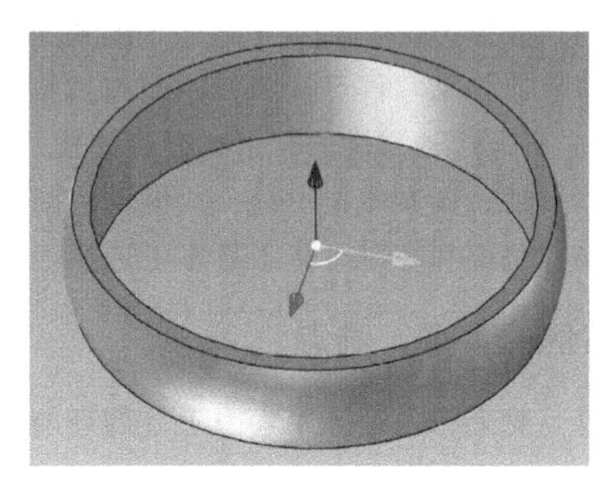

图 4-78　布尔减生成轮辋

4）从图素库中拖出一圆环体，编辑尺寸包围盒“长 = 宽 = 90，高 = 10”。然后打开三维球，将球心位置定位在轮辐圆心点处，如图 4-80 所示。

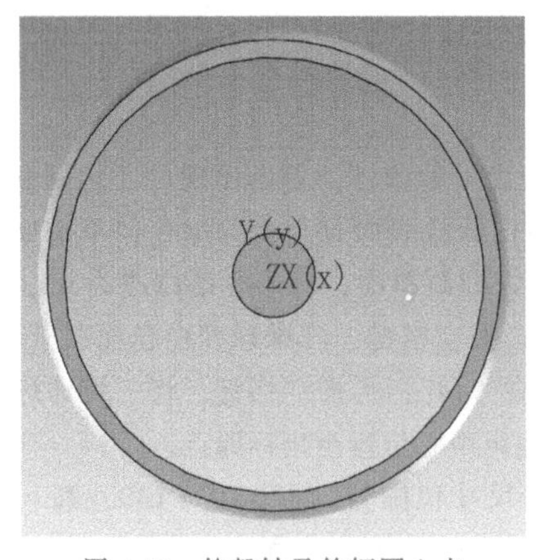

图 4-79　轮毂轴及轮辐圆心点

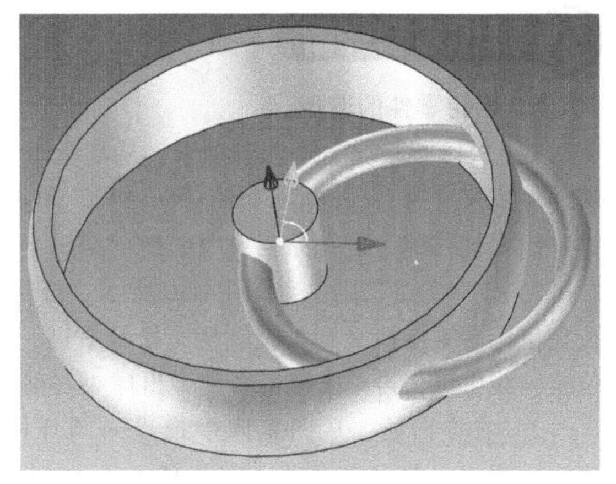

图 4-80　轮辐圆环及定位

5）选择“特征”功能选项卡，单击“裁剪”命令，在裁剪属性对话框中，选择轮辐圆环为目标零件，选择裁剪工具元素为轮辋外表面，选择轮辐内部为要保留部分，如图 4-81 所示，单击“✓”按钮确定并退出。同理，轮毂轴外圆柱表面裁剪剩余轮辐圆环，所

得结果如图 4-82 所示。通过布尔运算加为一个零件。

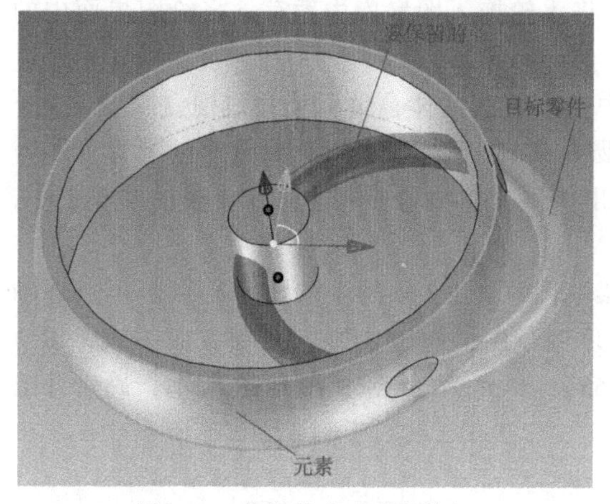

图 4-81　轮辋外表面裁剪轮辐

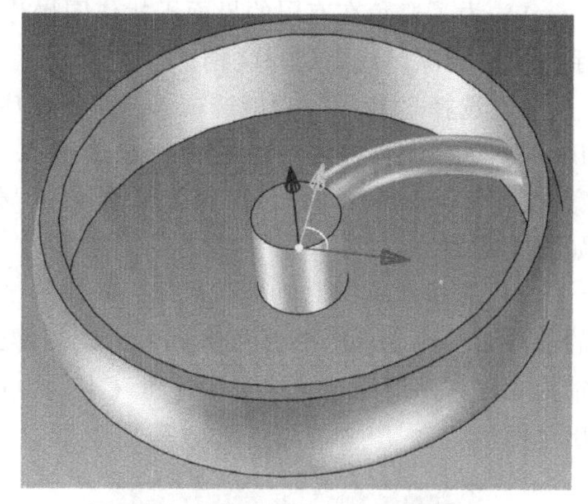

图 4-82　轮毂轴外圆柱表面裁剪轮辐

6）单击轮辐至三维球出现（这里指轮辐三维球，而非整体三维球，一般单击两次出现），按住鼠标右键拖动 *Z* 向外控制柄旋转，松开右键弹出右键菜单，选择“圆形阵列”，在“圆形阵列”对话框中，选择“数量：5”“距离：0”“角度：72”，确定并退出。将轮辐与轮毂、轮辋相交表面作 *R*5 圆角过渡，得到结果如图 4-83 所示。

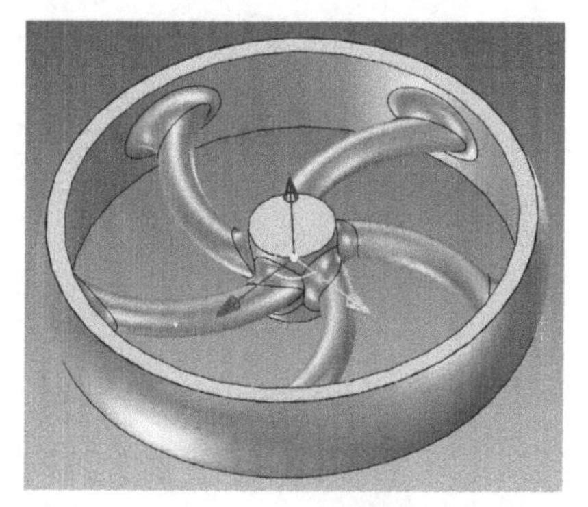

图 4-83　轮辐阵列及圆角过渡

7）在轮毂轴中心作一通孔 $\phi14$，再从图素库中拖出一个长方体，编辑尺寸包围盒为“长 = 16.3 − 14/2 = 9.3，宽 = 5，高 = 24”，将三维球定位至侧面中心点处，如图 4-84 所示。将三维球球心位置定位至坐标原点，如图 4-85 所示。单击“布尔”命令，用轮毂作为主体零件减去长方体操作，得到轮毂键槽，如图 4-86 所示。手轮实体造型完成。

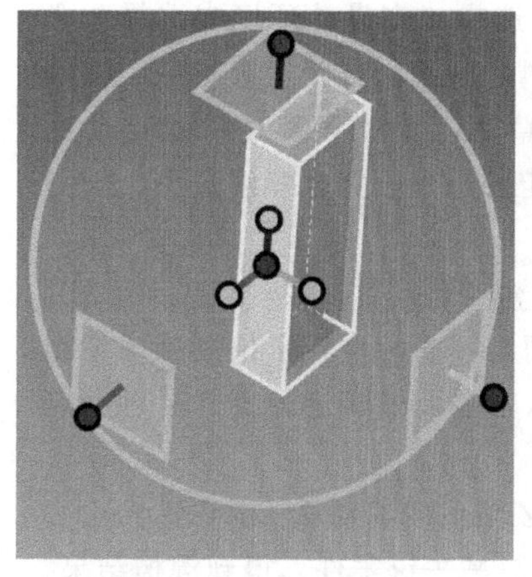

图 4-84　三维球定位

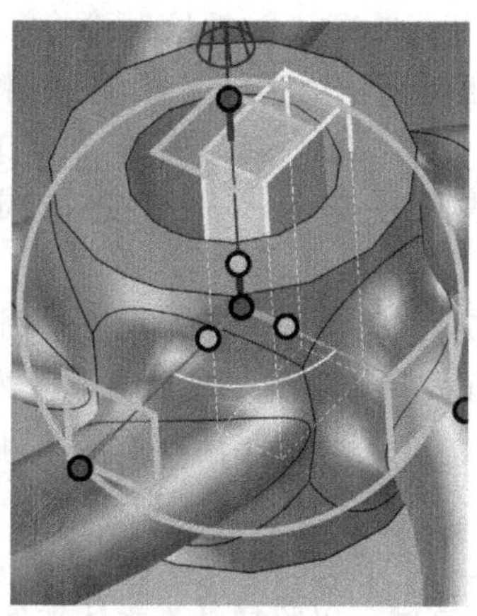

图 4-85　三维球球心定位至坐标原点

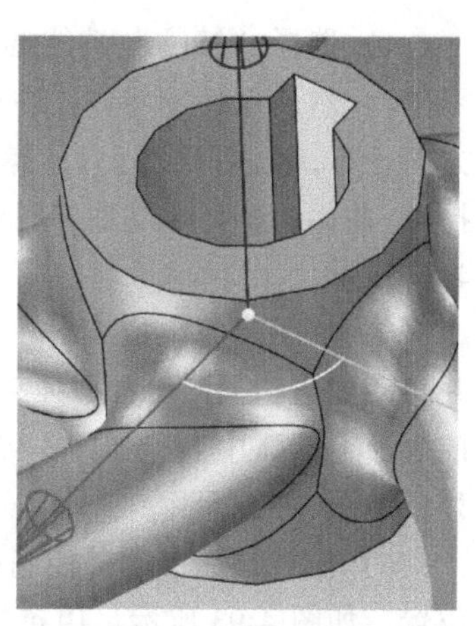

图 4-86　轮毂键槽

2. 轴零件和键零件的造型与装配

1）为了避免在有限的界面干扰作图操作，将手轮拖入图素库中暂存，将绘图界面中的手轮零件删除，或新建一文档。

2）选择“特征”功能选项卡，从图素库中拖出一圆柱体，编辑尺寸包围盒“长=宽=16，高=58”，再拖出一圆柱体，定位至前一圆柱体端面中心处，编辑尺寸包围盒“长=宽=22，高=20”，同理，得到阶梯轴各段，作出倒角，并移动三维球至ϕ14圆柱端面中心，如图4-87所示。

3）选择“草图”功能选项卡，单击“二维草图”，点选轴的上端面中心点，再点选轴的前端面，建立草图平面及坐标系，绘制螺纹牙型草图，规定牙顶与X轴方向一致，以X轴为对称，高度等于螺纹实际牙高（本例为0.65），锥角为60°，如图4-88所示，确定并退出草图。

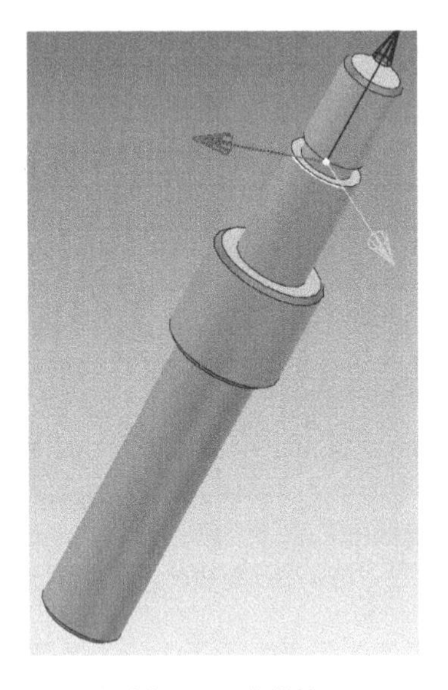

图4-87　阶梯轴

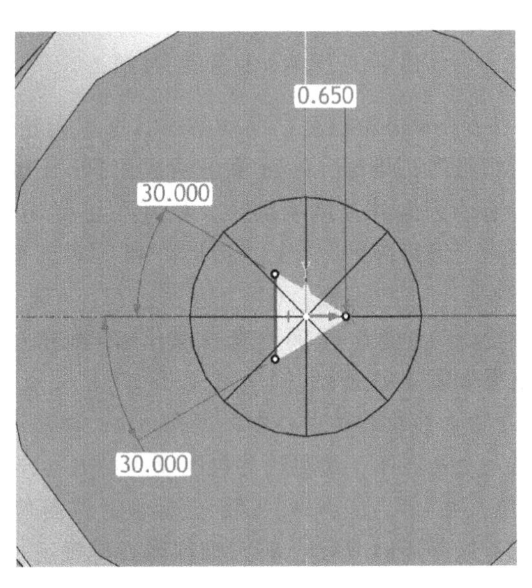

图4-88　螺纹截面草图

4）选择“特征”功能选项卡，单击“螺纹”命令，选择“在设计环境中选择一个零件”，然后选择轴零件，在属性对话框中选择参数，“材料：删除，节距：等半径，螺纹方向：右，起始螺距：1，螺纹长度：20，起始距离：0，草图：牙型草图（一般自动选择），曲面：ϕ12螺纹轴外圆柱表面”，单击“”按钮确定并退出，完成螺纹造型，如图4-89所示。

5）从图素库中拖拽出一个键（图4-90），编辑尺寸包围盒“长=18，宽=5，高=4.8”，并转动到与轴同向，如图4-91所示。将键零件拖至图素库暂存一份。重新定位三维球至键前表面上圆弧中点，如图4-92所示。移动三维球球心至ϕ14轴端面外圆轮廓线与X轴交点处，如图4-93所示。

6）拖拽键三维球外控制柄，沿X轴正向移动2.1，沿Z轴负向移动2，得到键的正确位置，如图4-93所示。用布尔运算减，以阶梯轴为主体零件，减去键零件，得到键槽结果，如图4-94所示。

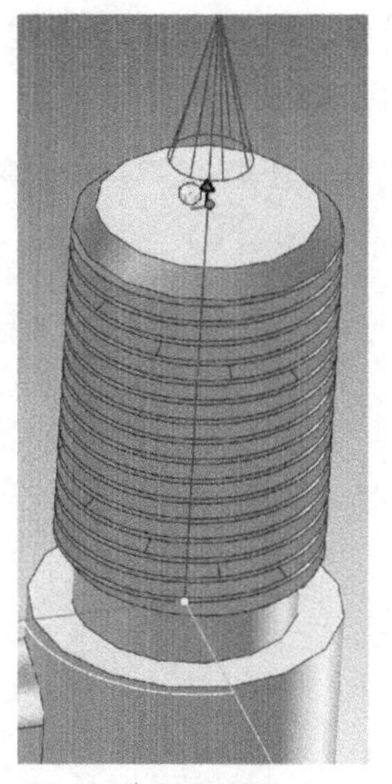

图 4-89 螺纹造型结果

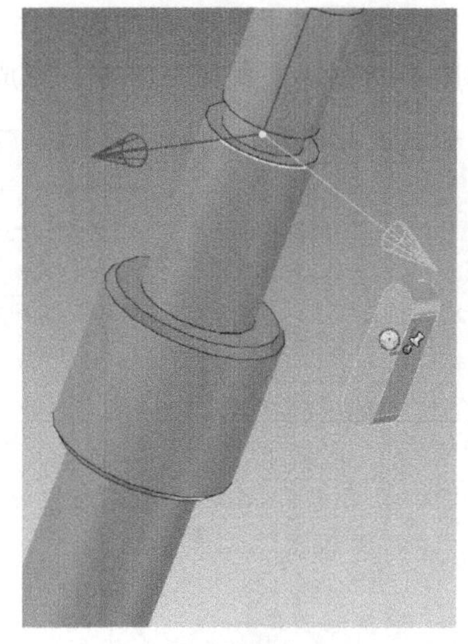

图 4-90 键

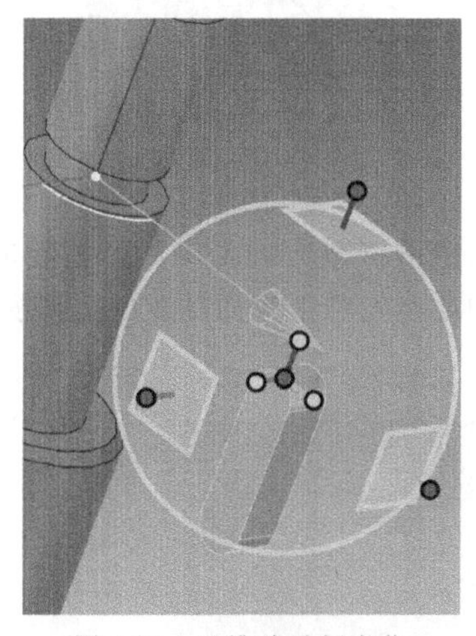

图 4-91 三维球重新定位

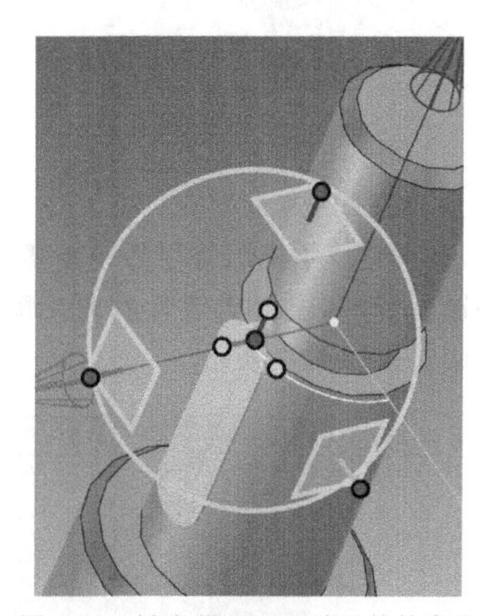

图 4-92 键定位至 ϕ14 端面外轮廓线

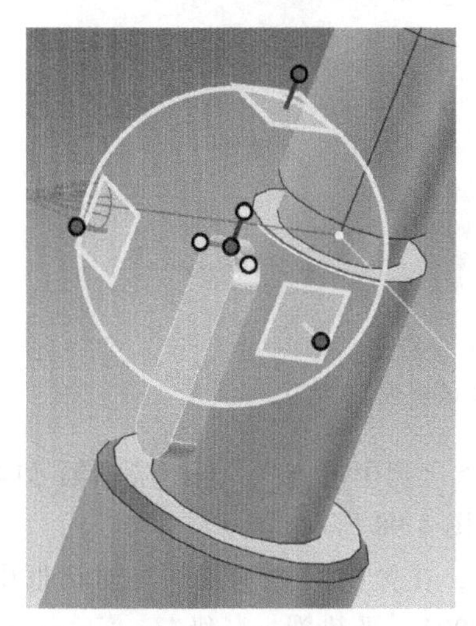

图 4-93 键定位

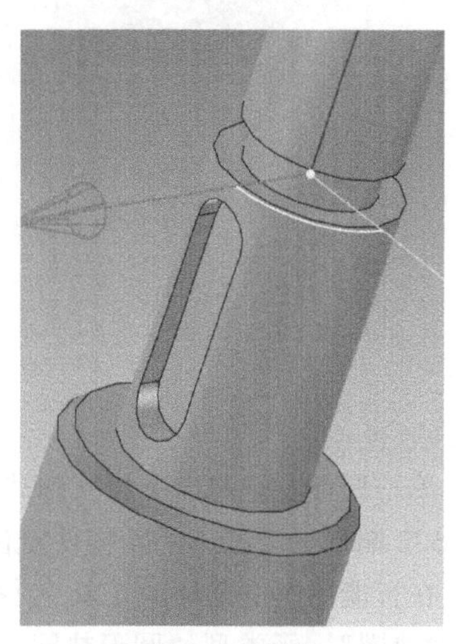

图 4-94 键槽

7）从图素库中拖出暂存的键零件，打开三维球摆顺位置，将球心定位至键槽底面中心点，如图 4-95 所示，关闭三维球，完成键与轴的装配，如图 4-96 所示。

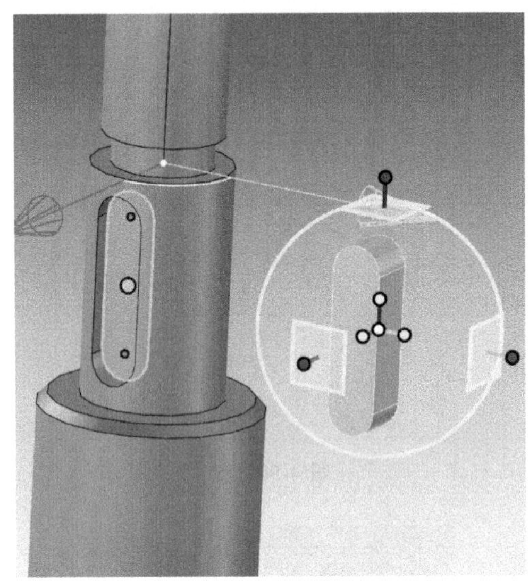

图 4-95　键三维球球心定位

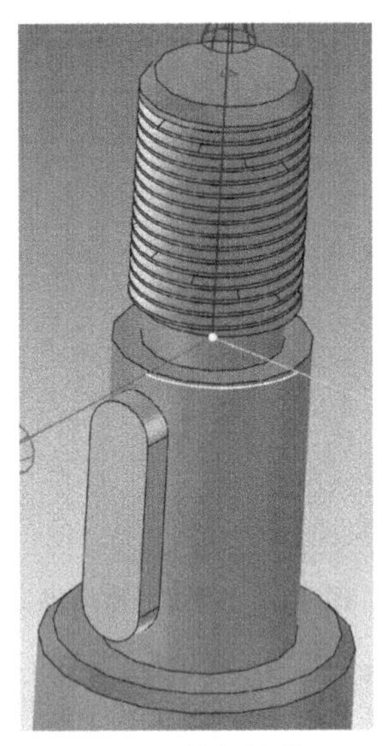

图 4-96　键与轴装配

3. 零件装配

1）从图素库中拖出暂存的手轮零件，并将轮毂孔中的键槽方向与轴的键槽转成一致。按空格键，手轮三维球与零件脱离关联，定位三维球中心至轮毂下端面轴线处，再按空格键恢复关联，如图 4-97 所示。

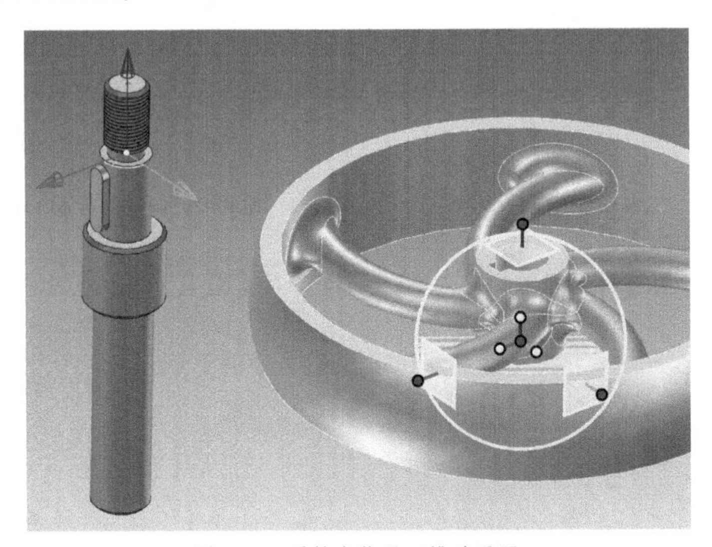

图 4-97　手轮定位及三维球重置

2）单击鼠标右键弹出手轮三维球右键菜单，选择“到中心点”，选择阶梯轴 $\phi14$ 外圆柱面与 $\phi22$ 端面交线圆，手轮零件定位装配完成，如图 4-98 所示。

3）在智能图库中选择“工具”，拖出“紧固件”，在弹出的“紧固件”对话框中选择主类型“垫圈”，子类型“圆形垫圈”，“GB/T 95—2002　平垫圈　C 级”，“下一步”，选

“M14”（压缩），确定后得到垫圈，打开垫圈三维球球心右键菜单，选择“到中心点”，如图 4-99 所示。点选轮毂端面外圆轮廓线，定位完成。

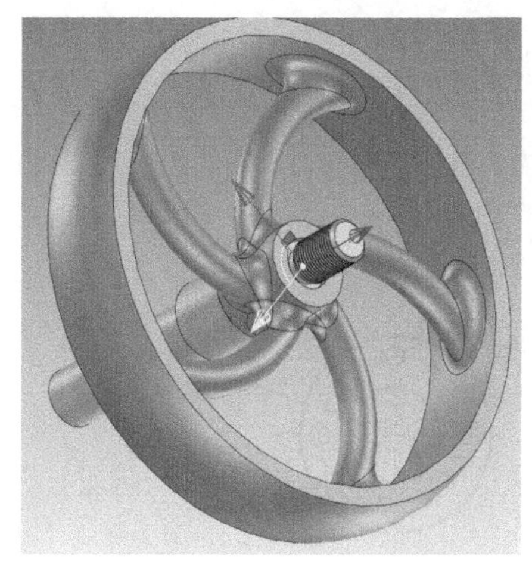

图 4-98 手轮与轴定位装配

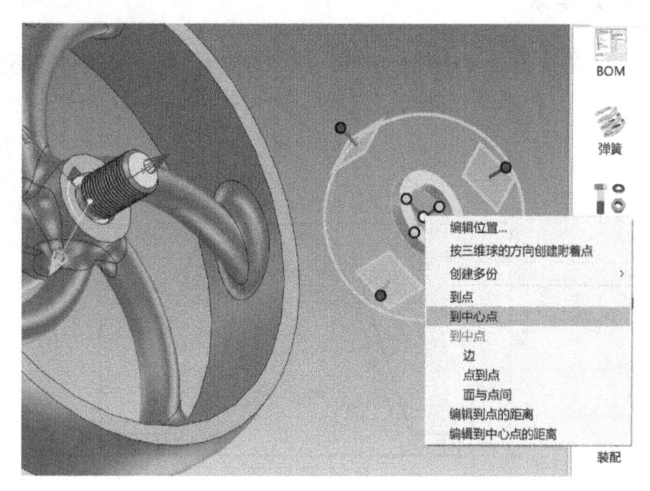

图 4-99 垫圈及三维球中心定位

4）再拖出“紧固件”，在弹出的“紧固件”对话框中选择主类型“螺母”，子类型“六角螺母”，“GB/T 41—2016 1 型六角螺母 C 级”，“下一步”，选“M12”，确定后得到六角螺母，打开三维球球心右键菜单，选择“到中心点”，点选垫圈端面外圆轮廓线，定位装配完成，如图 4-100 所示。

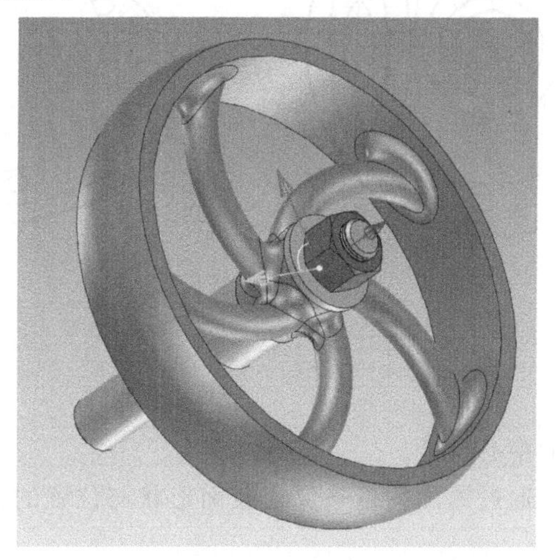

图 4-100 手轮及轴类零件定位装配

任务九 管接头的实体造型

任务背景

本例的管接头零件由两组回转体构成，这两组阶梯轴套本身结构并不复杂，只是给出的尺寸比较特殊，如 ϕ90、ϕ40、50 等，不能直接通过拖拽图素库元素及编辑包围盒得到。先作出回转体的截面草图，再通过旋转特征来完成实体造型，是比较容易的方法。

任务要求

根据图 4-101 所示的尺寸，完成管接头的实体造型设计。

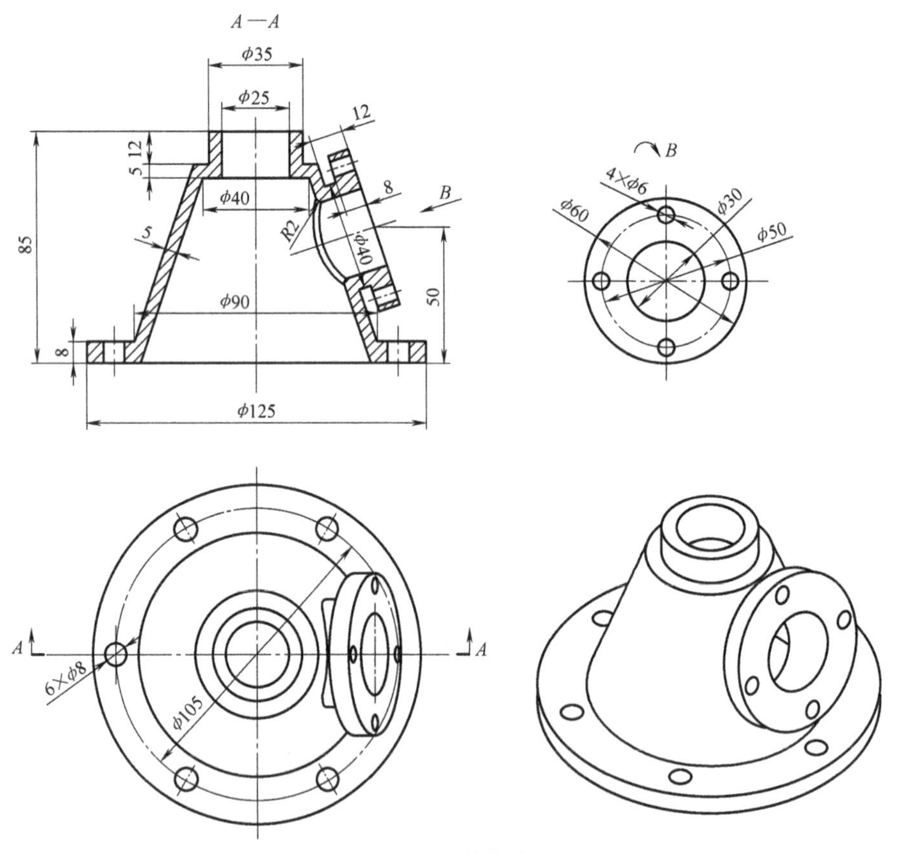

图 4-101 管接头

任务解析

1）坐标原点定在底面中心点处。

2）作主管截面草图，通过添加约束来保证截面形状与位置的正确性，通过旋转特征完成主管造型。

3）作斜管外轮廓草图，通过添加约束来保证截面形状与位置的正确性，通过旋转特征完成斜管外轮廓造型，再通过打孔完成斜管造型。

4）作出法兰盘孔及圆形阵列。

本案例的重点、难点

1）截面草图的连续直线绘制。

2）尺寸约束与方位约束的应用。

3）草图构造辅助线与旋转轴线的设置。

操作步骤详解

1）选择“草图”功能选项卡，选择“在 Z-X 基准面”绘制草图，单击“连续直线”命令，按照大致形状比例绘制出主管截面形状，如图 4-102 所示。绘制时注意按照自动导引尽量将水平线、垂直线画成水平与垂直。未加约束时，草图线呈蓝色。

2）先单击“平行”约束命令，再依次选择两条斜线进行平行约束，然后，从上到下、从里到外地进行尺寸约束，结果如图 4-103 所示。全约束截面草图线呈绿色。单击“✓”按钮确定并退出。

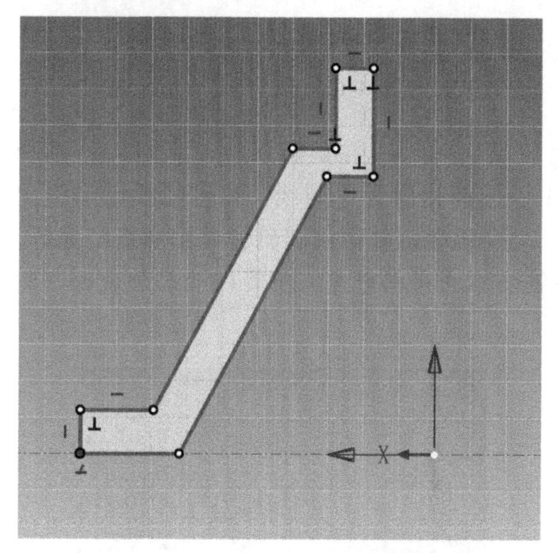

图 4-102 未加约束的主管截面草图

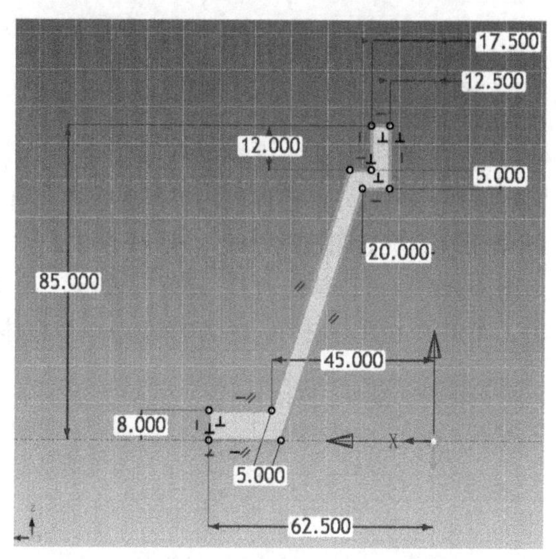

图 4-103 全约束的主管截面草图

3）选择“特征”功能选项卡，单击“旋转”命令，在旋转属性对话框中，选择“新生成一个独立的零件”，接着在立即菜单中，选择轮廓为草图线，旋转轴线默认为草图 *Y* 轴（空间 *Z* 轴），旋转角度为 360°，增料，单击“✓”按钮确定并退出，主管造型完成，如图 4-104 所示。

4）选择“草图”功能选项卡，选择“在 Y-Z 基准面”绘制草图，单击“投影”命令，选择主管圆锥面，按<Esc>键退出投影命令，得到梯形轮廓线，再绘制一条斜线与梯形腰线垂直，如图 4-105 所示。把梯形右边腰线“固定”约束，框选这五条草图线，单击鼠标右键，在右键菜单中选择“作为构造辅助元素”，如图 4-106 所示。

5）以辅助线为基准，用“连续直线”命令初步绘制斜管外轮廓线，然后添加位置及尺寸约束。单击“旋转轴”命令，通过拾取斜管轴线构造辅助线两端点，得到旋转轴线，如图 4-107 所示，单击完成并退出。

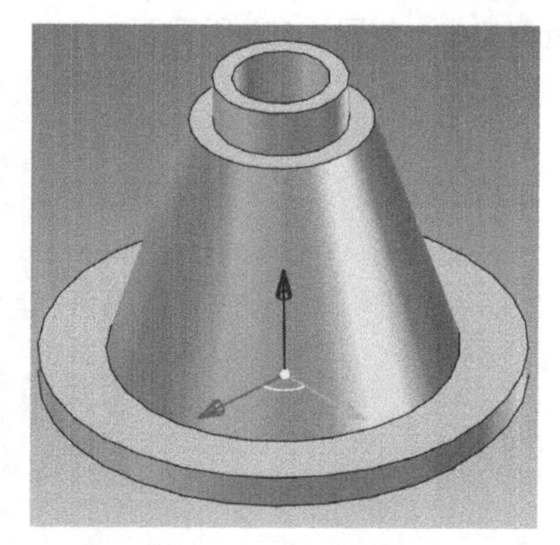

图 4-104 主管造型

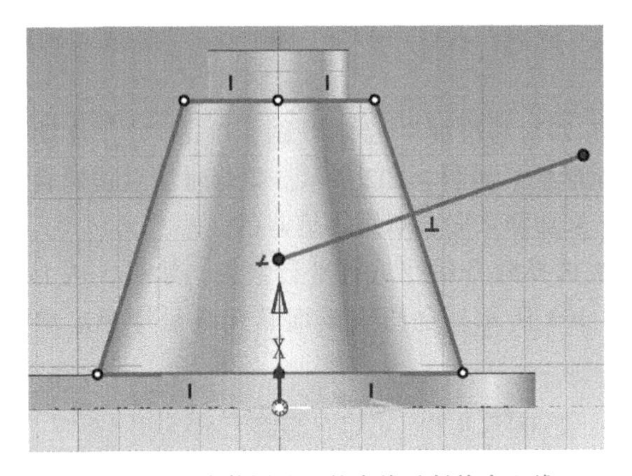

图 4-105　主管圆锥面轮廓线及斜管中心线

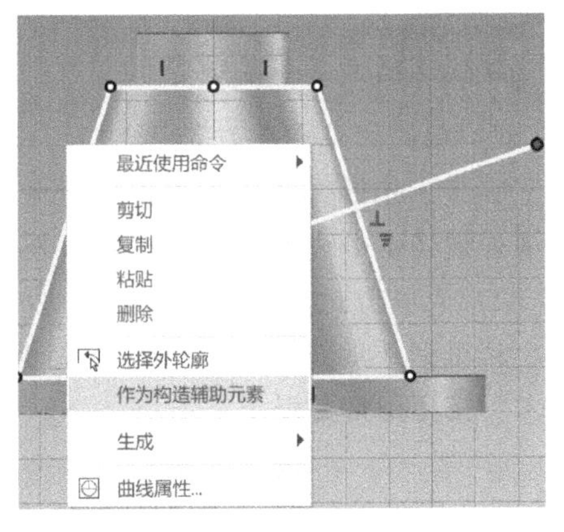

图 4-106　变为构造辅助元素

6）选择“特征”功能选项卡，单击“旋转”命令，在旋转属性对话框中，选择“新生成一个独立的零件”，接着在立即菜单中，选择轮廓为草图线，旋转轴线已经作出（不显示），旋转角度为 360°，增料，单击“✓”按钮确定并退出，斜管外轮廓造型完成，如图 4-108 所示。单击“裁剪”命令，用主管内锥面将斜管进入主管内腔部分裁掉，然后，布尔加主管与斜管，将零件变为一个整体。

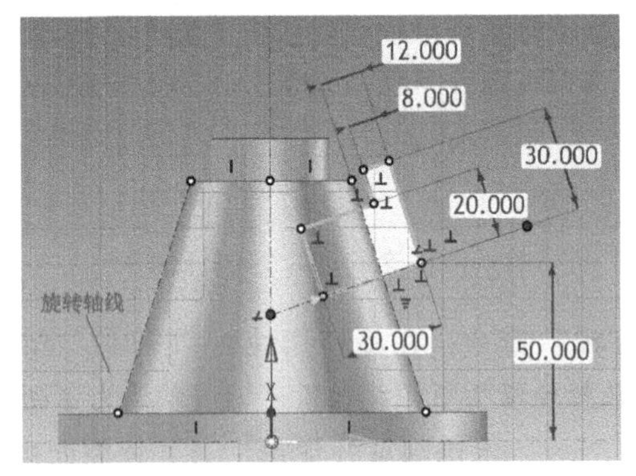

图 4-107　斜管外轮廓草图线及旋转轴线

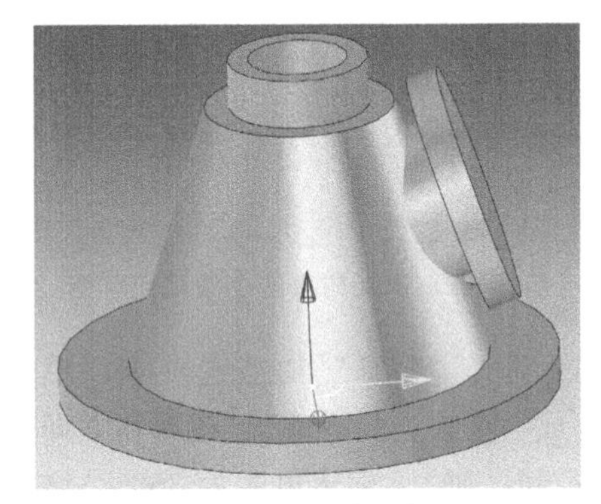

图 4-108　斜管外轮廓造型

7）在斜管端面打通孔 $\phi30$，再作 4×$\phi6$ 连接孔及主管法兰盘 6×$\phi8$ 连接孔，管接头实体造型完成，如图 4-109 所示。

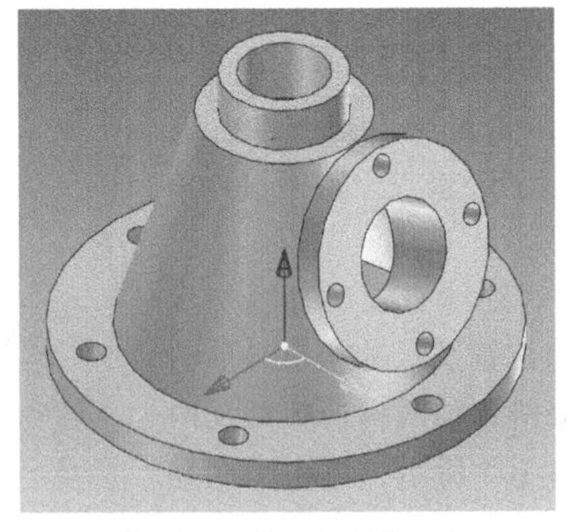

图 4-109　管接头实体造型

任务十　茶几的实体造型与渲染

任务背景

茶几建模用到带拔模角度拉伸，放样面及曲面实体转换功能，元素的矩形阵列，材料添加及渲染。本例的目的是对 CAXA CAM 制造工程师 2020 软件特征实体造型的设计应用场景进行拓展引导，开拓学生的视野。

任务要求

根据图 4-110 所示的尺寸，完成茶几的实体造型及渲染，图中尺寸单位为 cm。

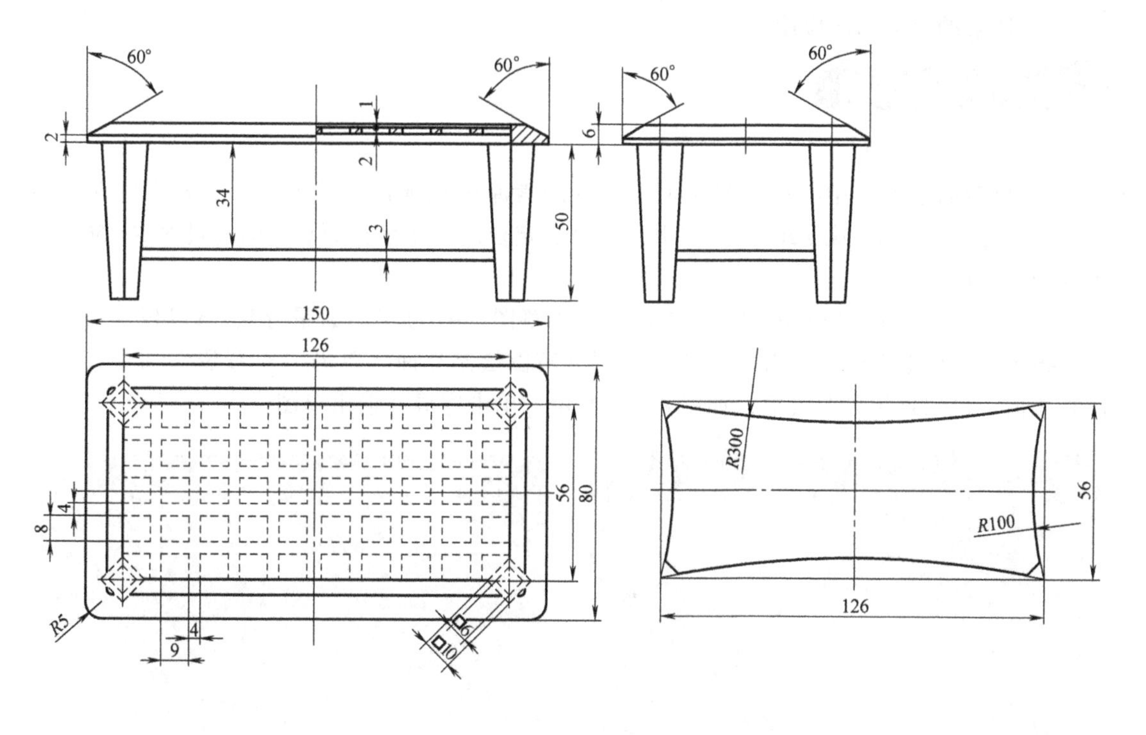

图 4-110　茶几

任务解析

1）坐标原点定在台面下表面中心点处。

2）作台面实体造型，综合运用图素库、草图拉伸等功能。

3）作茶几腿，通过绘制上下截面草图，采用放样功能完成一条腿，再通过三维球阵列功能完成茶几四条腿的建模。

4）作出隔板的草图拉伸造型。

本案例的重点、难点

1）各种造型方法的综合运用。

2）三维球对图素的定位、阵列等功能应用。

3）图素的渲染功能应用。

操作步骤详解

1. 茶几台面建模

1）以台面下表面中心点为坐标原点，从图素库中拖拽出一块厚板，编辑尺寸包围盒“长=1500，宽=800，高=20”，并打开三维球，定位球心至坐标原点，圆角过渡 $R=50$，如图 4-111 所示。

2）选择“草图”功能选项卡，单击“二维草图”→“过点与面平行”，选厚板上表面中点，再单击厚板上表面，单击“✓”按钮进入草图绘制界面。单击“投影”命令，点选厚板表面，得到封闭草图线框，如图 4-112 所示，单击完成并退出草图。

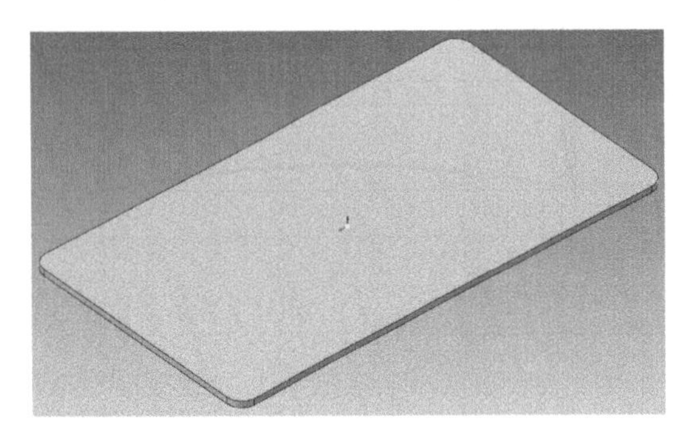

图 4-111　厚板

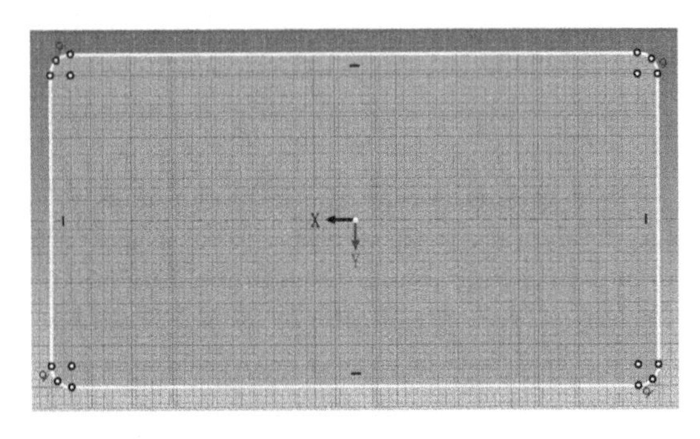

图 4-112　厚板上表面投影草图

3）选择“特征”功能选项卡，单击“拉伸”命令，选择“在设计环境中选择一个零件”，然后选择厚板，进入拉伸特征属性对话框，输入各参数如图 4-113 所示，单击“✓”按钮确定并退出。

4）从图素库中拖拽一“孔类长方体”至上台面中心点处，编辑尺寸包围盒“长=1260，宽=560，高=10”，确定后得到上台面凹槽，如图 4-114a 所示。同理，在下表面作凹槽，编辑尺寸包围盒“长=1260，宽=560，高=30”，确定后得到下台面凹槽，如图 4-114b 所示。

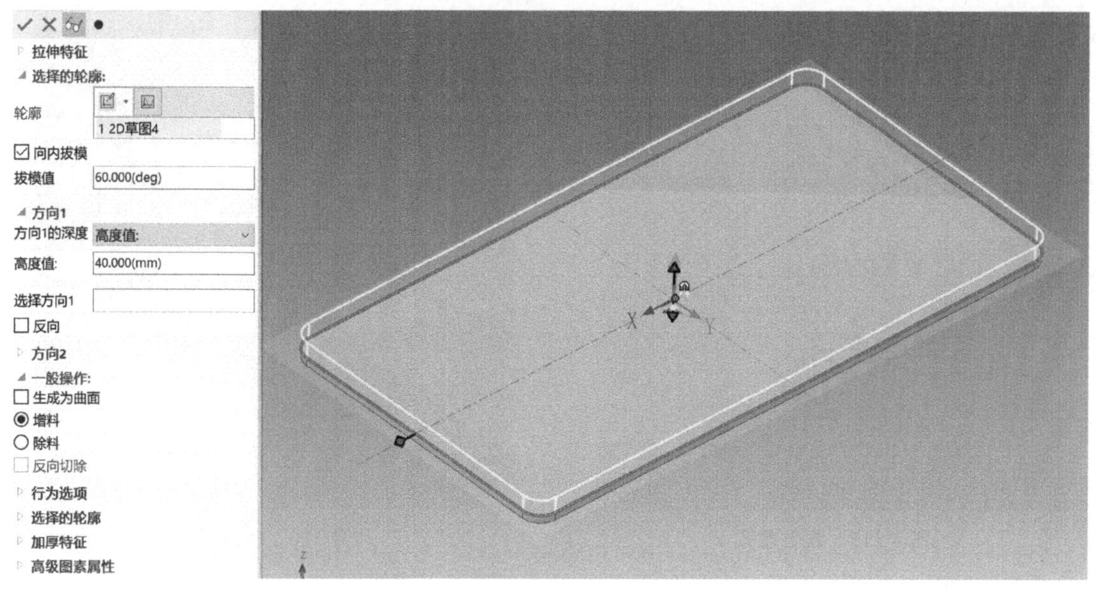

图 4-113　拉伸特征属性对话框

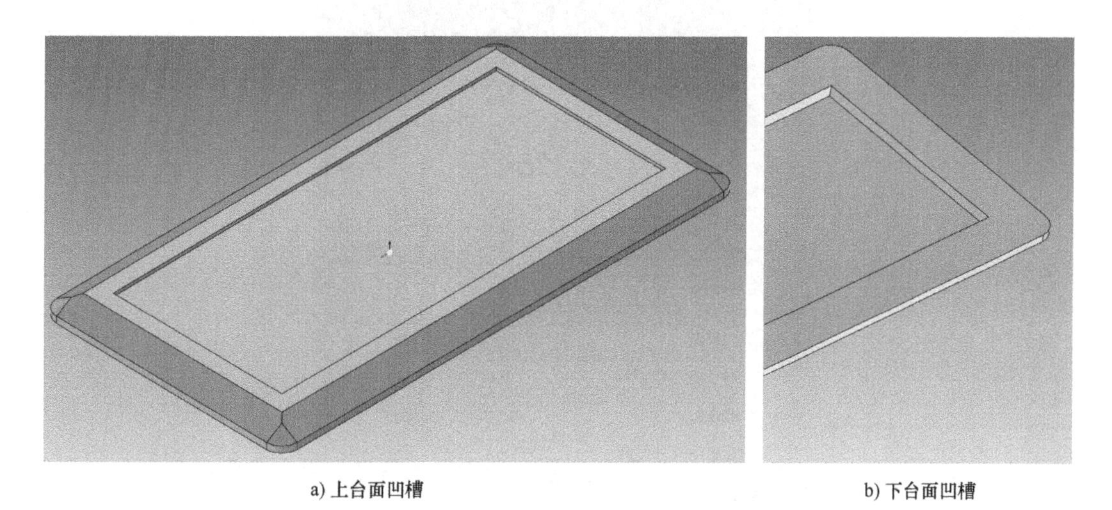

a) 上台面凹槽　　b) 下台面凹槽

图 4-114　上下台面凹槽

5）从图素库中拖拽一“孔类长方体”至上槽底面，编辑尺寸包围盒“长=90，宽=80，高=20”，镂出一通孔，如图 4-115 所示。打开通孔三维球，按空格键脱开关联，将三维球球心移至 1 点，再按空格键恢复关联，打开三维球球心右键菜单，选择“到点”，点选 2 点，完成镂孔的定位，如图 4-116 所示。

6）左键单击镂孔三维球 *X* 向外控制柄，右键单击 *Y* 向外控制柄，单击“生成矩形阵列”，弹出“矩形阵列”对话框，参数设置如图 4-117 所示，单击“确定”按钮后，镂孔矩形阵列完成。

2. 玻璃板建模

从图素库中拖出一长方体，编辑尺寸包围盒“长=1260，宽 560，高=10”，作为玻璃板，打开三维球，移动球心至台面凹槽底面中心点，如图 4-118 所示。

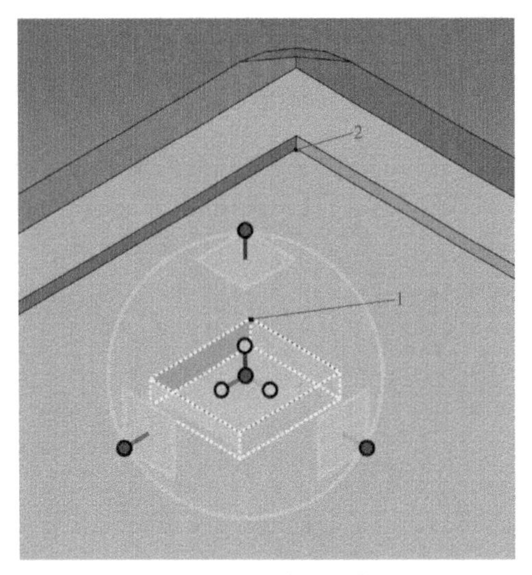

图 4-115　镂出通孔

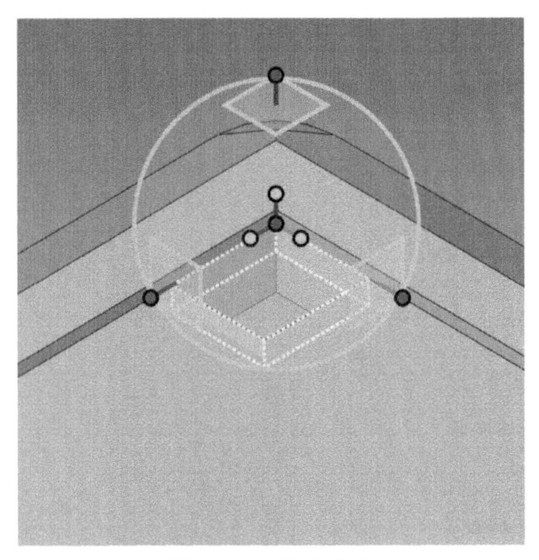

图 4-116　镂孔定位

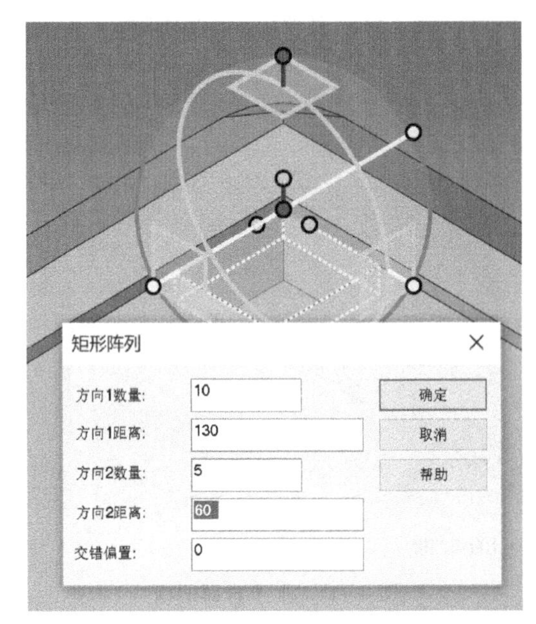

图 4-117　“矩形阵列”对话框

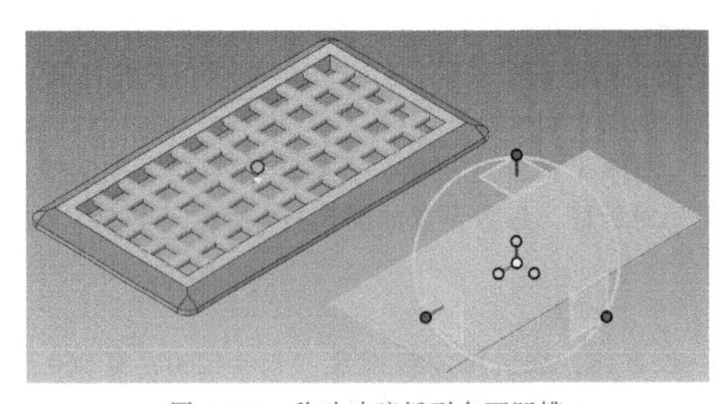

图 4-118　移动玻璃板到台面凹槽

3. 茶几腿建模

1）为了不影响作图视线，将茶几台面隐藏。选择“草图”功能选项卡，选择“在 X-Y 基准面”，进入草图绘制界面，单击“中心矩形”命令，以坐标原点为中心，绘制矩形草图线框，用“智能标注”添加尺寸约束，如图 4-119 所示，单击完成并退出。

2）点选茶几腿上截面草图，打开三维球，按住鼠标右键向下拖拽三维球 *Z* 向外控制柄一小段，松开后弹出右键菜单，选择“拷贝”，弹出“重复拷贝/链接”对话框，填入参数“数量 1，距离 500”，如图 4-120 所示，单击“确定”按钮，得到茶几腿下截面草图。

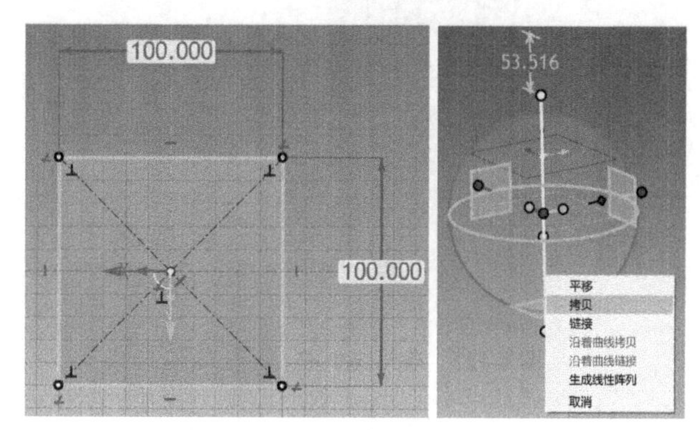

图 4-119　绘制茶几腿截面草图 100×100

3）点选茶几腿下截面草图，单击鼠标右键，在右键菜单中选择“编辑”，进入草图绘制界面，右键修改草图尺寸为“长＝60，宽＝60”，结果如图 4-121 所示，单击完成并退出。

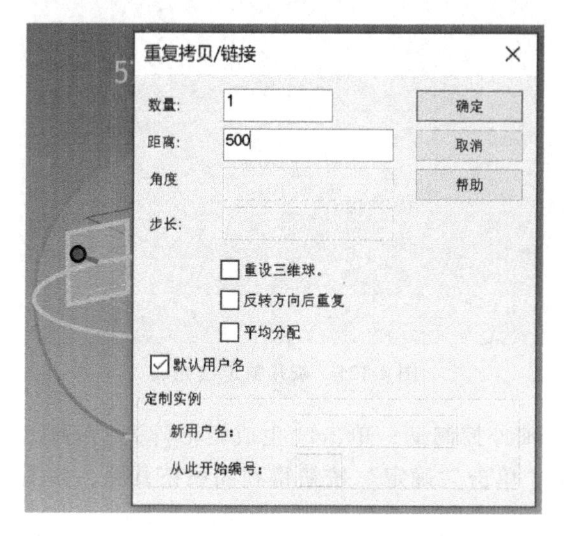

图 4-120　“重复拷贝/链接”对话框

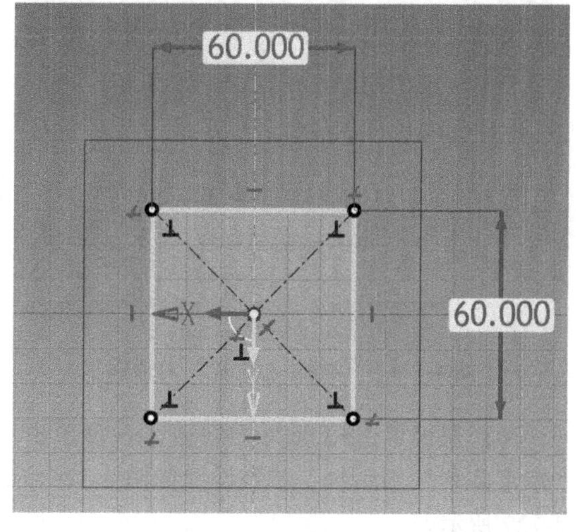

图 4-121　茶几腿下截面草图线框

4）选择“特征”功能选项卡，单击“放样”命令→“新生成一个独立的零件”，在放样特征属性对话框中，选择上下草图对应点，单击“”按钮确定并退出，生成茶几腿，如图 4-122 所示。打开茶几腿三维球，单击 *Z* 轴外控制柄，用鼠标左键拖转 45°，按空格键三维球脱离关联，单击 *Z* 轴外控制柄，用鼠标左键反向拖转 45°，再按空格键恢复关联，坐标系复位，如图 4-123 所示。

5）用鼠标右键单击三维球中心点，在右键菜单中选择“编辑中心位置”，在“编辑中心位置”对话框中输入茶几腿位置坐标，如图 4-124 所示，单击“确定”按钮，将茶几腿定位至（−630，−280，0），如图 4-125 所示。

图 4-122　茶几腿生成

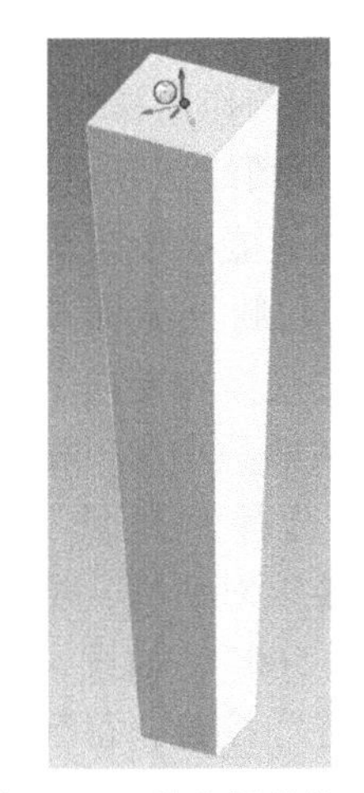

图 4-123　茶几腿旋转 45°

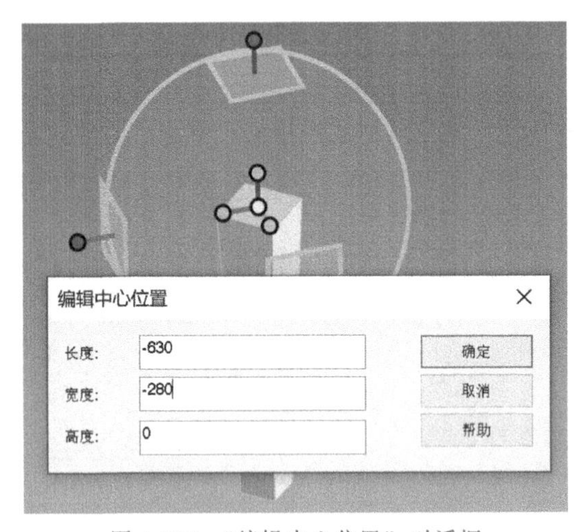

图 4-124　“编辑中心位置”对话框

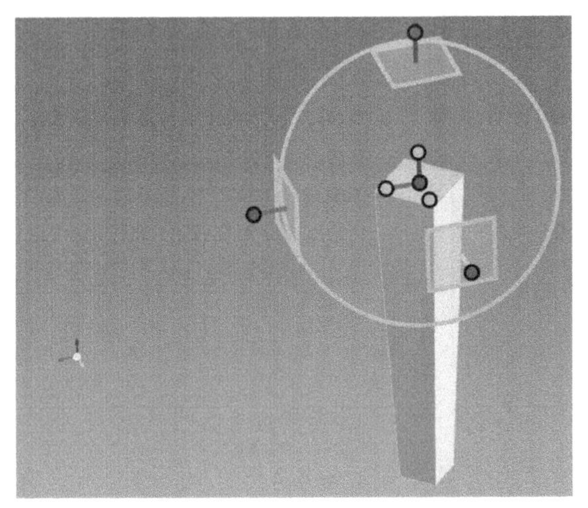

图 4-125　茶几腿定位完成

6）左键单击+*X* 轴外控制柄，右键单击+*Y* 轴外控制柄，单击“生成矩形阵列”，弹出“矩形阵列”对话框，参数设置如图 4-126 所示，单击“确定”按钮得到四条茶几腿，如图 4-127 所示。

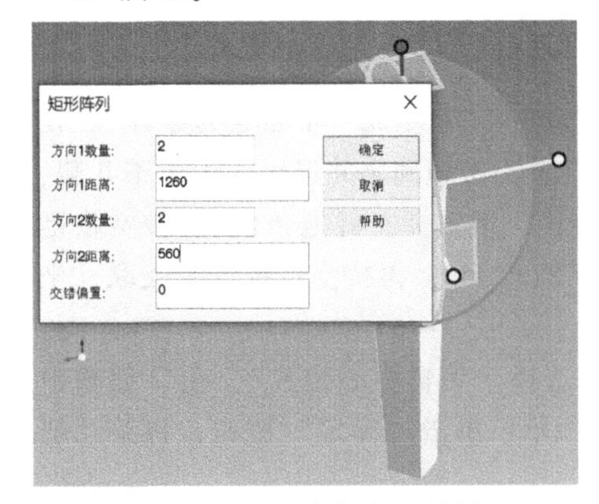

图 4-126　“矩形阵列”对话框

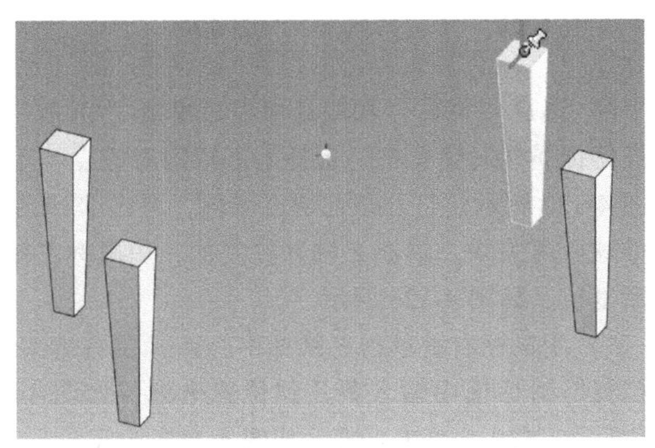

图 4-127　茶几腿矩形阵列

4. 生成层隔板

1）选择“草图”功能选项卡，选择“在 X-Y 基准面”，进入草图绘制界面，单击“中心矩形”命令，以坐标原点为中心，绘制矩形，添加智能尺寸约束，得到矩形线框 1260×560，框选该矩形，在右键菜单中选择“作为构造辅助元素”。单击圆弧绘制“用三点”命令，点选矩形上面两端点，拖动第三点至圆弧正确位置，在右键菜单中输入半径值 $R=3000$，再点选矩形侧面两端点，拖动第三点至圆弧正确位置，在右键菜单中输入半径值 $R=1000$，同理，完成另外两个圆弧，结果如图 4-128 所示，单击完成并退出。

2）选择“特征”功能选项卡，打开层隔板草图三维球，按住鼠标右键拖动-Z 向外控制柄一小段，松开后在右键菜单中选择“平移”，在弹出的“编辑距离”对话框中输入“距离=340”，确定后完成层隔板草图定位。单击“拉伸”命令，选择“新生成一个独立的零件”，选择草图轮廓，向下拉伸距离为 30，单击“✓”按钮确定并退出，得到层隔板，再单击“布尔加”命令，将层隔板与茶几腿成为一个零件，如图 4-129 所示。

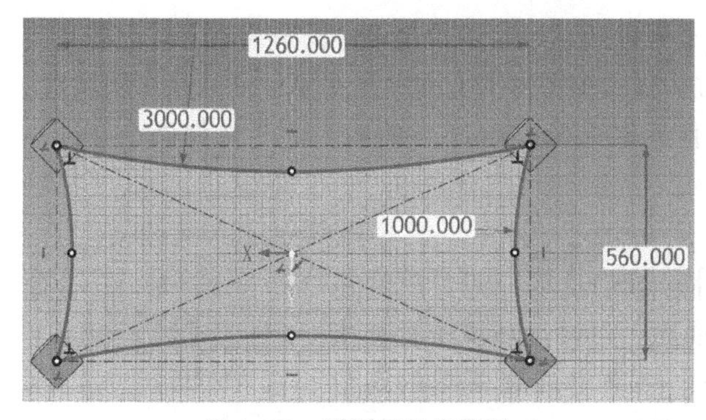

图 4-128　层隔板轮廓草图

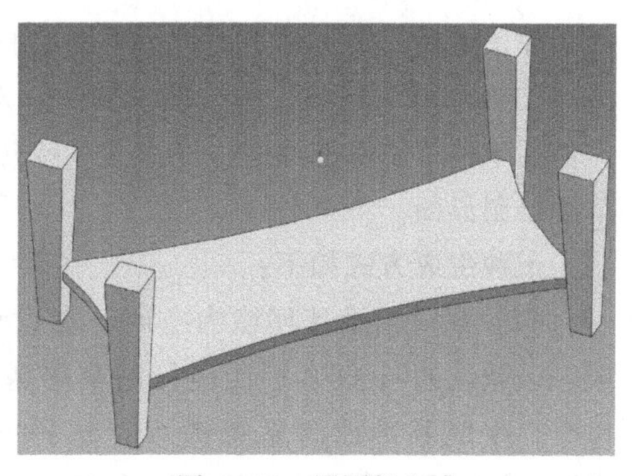

图 4-129　层隔板生成

5. 完成茶几实体造型并渲染

1）从设计树中选择台面及玻璃板零件，在右键菜单中选择“显示选中”。将台面零件与茶几腿零件做布尔加。点选玻璃板，在右键菜单中选择“智能渲染”，在“智能渲染属性”对话框中，颜色选为浅蓝色，透明度选为 50%，确定后玻璃板渲染完成。

2）用鼠标右键单击茶几，在右键菜单中选择“编辑材质库”，在弹出的“编辑材料”对话框中，打开“标准材料”，选择“木材”→“红木”，应用并确定后茶几渲染完成，如图 4-130 所示。

图 4-130　茶几实体造型及渲染

知识点拓展

一、草图

如果设计元素库中所包含的图素不能满足特殊零件造型，则可以采用特征生成工具生成自定义图素。先在草图上绘制二维平面图，再利用其他功能将二维平面图延伸成三维实体或曲面。通过草图来生成特征也是实体造型的主要方式之一。草图是特征生成所依赖的曲线组合。草图是为特征造型准备的一个平面封闭图形。

绘制草图的过程：①确定草图基准平面；②选择草图状态；③图形的绘制；④图形的编辑；⑤草图参数化修改。下面将按绘制草图的过程依次介绍。

（一）确定基准平面

草图中曲线必须依赖于一个基准面，开始一个新草图前必须先选择一个基准面。

1. 选择基准平面

在功能选项卡中选择“草图”，出现草图按钮“ ”，在草图按钮下方有一个黑三角“ ”，单击黑三角便出现基准平面的选择，即“在 X-Y 基准面”“在 Y-Z 基准面”“在 Z-X 基准面”选项，可以直接选择任一坐标平面作为草图绘制平面，并直接进入草图绘制界面，开始二维草图的绘制。

2. 二维草图

除了选择三个坐标平面作为草图绘制平面以外，还有多种构建草图平面的方式。如果单击“二维草图”选项，则出现“属性”对话框，如图 4-131 所示，在设计环境存在图素时，提供了十种草图基准面的生成方式。待几何元素选择正确后，单击“ ”按钮确定并进入草图绘制界面。

十种生成方式如下：

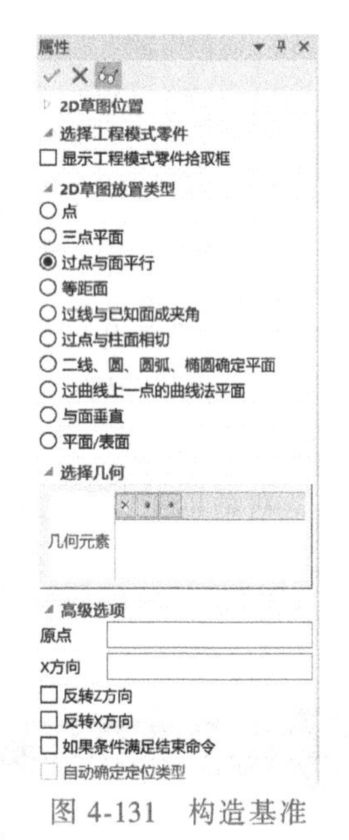

图 4-131 构造基准面的“属性”对话框

（1）点 当设计环境为空时，在设计环境中选取一点，就会生成一个默认的与 *XOZ* 平面平行的草图基准面。当设计环境中存在实体时，生成基准面时系统提示“选择一个点确定二维草图的定位点”，拾取面上需要的点就在这个面上生成基准面。当在设计环境中拾取三维曲线上的点时，在相应的拾取位置上生成基准面，生成的基准面与曲线垂直。当在设计环境中拾取二维曲线时，生成的基准面为过这个二维曲线端点的 *XOY* 平面。

（2）三点平面 拾取三点建立基准面，生成的基准面的原点在拾取的第一个点上。这三个点可以是实体上的点和三维曲线上的点。如果是二维曲线，则可以利用右键菜单中的“生成三维曲线”来实现二维曲线到三维曲线的转换。

（3）过点与面平行 生成的基准面与已知平面平行并且过已知点。该平面可以是实体的表面和曲面。拾取的点可以是实体上的点和三维曲线上的点。如果是二维曲线，则可以利用右键菜单中的“生成三维曲线”来实现二维曲线到三维曲线的转换。

（4）等距面 生成的基准面由已知平面沿法向平移给定的距离而得到。生成基准面的方向由输入距离的正、负符号来确定。平面可以是实体上的面和曲面。

（5）过线与已知面成夹角 与已知的平面成给定的夹角并且过已知的直线。这里的线和面必须是实体的棱边和面。

（6）过点与柱面相切 所得到的基准面与柱相切，并且过空间一点。柱面可以是曲面和实体的表面，空间一点可以是三维曲线和实体棱边上的点。如果是二维曲线，则可以利用右键菜单中的“生成三维曲线”来实现二维曲线到三维曲线的转换。

（7）二线、圆、圆弧、椭圆确定平面　众所周知，两条直线、圆、圆弧和椭圆都可以唯一地确定一个平面，那么直接拾取它们就可以生成所需要的基准面。这里的两条直线、圆、圆弧和椭圆必须是三维曲线和实体上的棱边。如果是二维曲线，则可以利用右键菜单中的“生成三维曲线”来实现二维曲线到三维曲线的转换。

（8）过曲线上一点的曲线法平面　选择曲线上的任意一点，所得到的基准面与曲线上这一点的切线方向垂直，使用最多的是选择曲线的端点。这个曲线可以是三维曲线、曲面的边、实体的棱边。如果是二维曲线，则可以利用右键菜单中的“生成三维曲线”来实现二维曲线到三维曲线的转换。

（9）与面垂直　选择一点，再选择一个表面，得到通过该点与表面垂直的基准面。

（10）平面/表面　选择一个平面/表面，所得到的基准面就在这个平面/表面上。

（二）草图绘制

在实体设计的草图中，可以方便地绘制直线、圆、切线和其他几何图形。图 4-132 所示为草图绘制功能面板和工具。

所有图形的绘制，可以通过单击来可视化确定，也可以通过右击来精确确定，还可以在左侧的命令管理栏中输入精确数值确定。

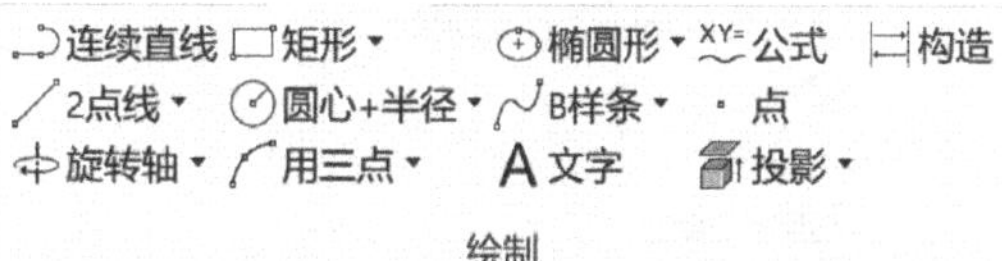

图 4-132　草图绘制功能面板和工具

1. 连续直线

使用“连续直线”工具可以在草图平面上绘制多条首尾相连的直线，操作步骤如下：

1）单击“连续直线”按钮。

2）开始绘制系列互连直线时，在连续直线起点处的草图平面上单击并放开。

3）将光标移动到第一直线段的端点位置，单击选择并设置第一直线段的第二个端点。

4）将光标移动到第二直线段合适的端点位置，单击即可定义该直线段的第二个端点和下一条直线段的第一个端点。

5）继续绘制直线，生成所需的轮廓。

6）单击“连续直线”图标，结束绘制。

此外同样可以使用鼠标右键精确绘制连续直线，在步骤 2 后，右击从弹出的对话框中指定精确的长度和倾斜角度，并单击“确定”按钮，这样也可以确定第二个端点及以后的各个端点。

注意：

当需要将“连续直线”切换为“圆弧”时，只需要按住鼠标左键向前延伸即可切换。默认的连续圆弧与已有曲线是相切的。如果想切换圆弧与已有曲线的位置关系，只需将光标移回已有曲线端点，向另外一个方向移动即可。然后该工具将恢复为连续直线的绘制，可再次按住鼠标左键向前延伸切换为“圆弧”来绘制连续相切的圆弧。

2. 2 点线

使用“╱2 点线”工具可以在草图平面的任意方向上画一条直线或一系列相交的直线。CAXA 3D 实体设计提供两种 2 点线绘制方法。

（1）鼠标左键绘制

1）进入草图平面以后，单击“╱2 点线”按钮。

2）用鼠标左键在草图平面上单击所要生成直线的两个端点，或者在命令管理栏中输入点的坐标，如图 4-133 所示。

3）直线绘制完毕，按<Esc>键或再次单击“╱2 点线”按钮结束操作。

（2）鼠标右键绘制

1）进入草图平面以后，单击“╱2 点线”按钮。

2）将光标移动到所期望的直线开始点位置，单击（鼠标左右键均可）确定起始点位置。

3）将光标移动到直线另一个端点位置，右击出现如图 4-134 所示对话框，输入直线长度和与 X 轴夹角的度数，单击“确定”完成直线绘制。

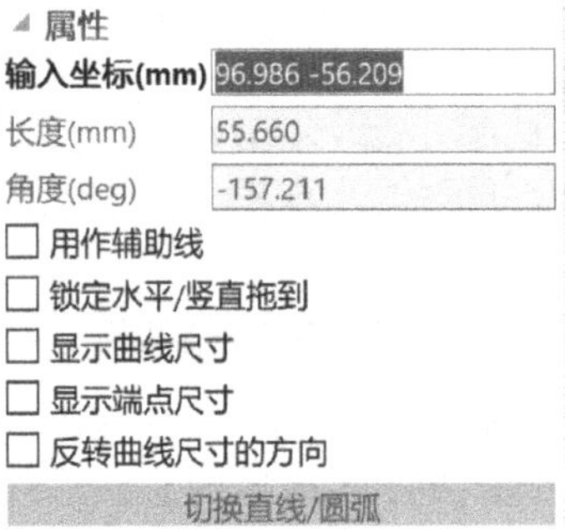

属性
输入坐标(mm) 96.986 -56.209
长度(mm) 55.660
角度(deg) -157.211
☐ 用作辅助线
☐ 锁定水平/竖直拖到
☐ 显示曲线尺寸
☐ 显示端点尺寸
☐ 反转曲线尺寸的方向
切换直线/圆弧

图 4-133　直线坐标

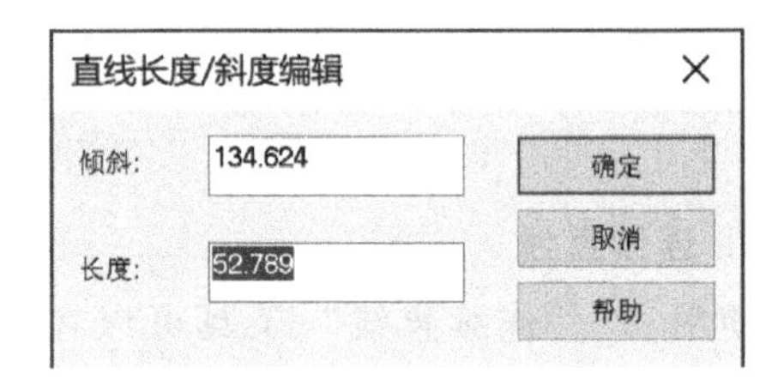

图 4-134　直线绘制对话框

利用“╱2 点线”工具，可以按自己的要求任意绘制水平线、垂直线和对角线。在这种情况下，可以看到一些表明直线与坐标轴之间平行/垂直关系的深蓝色符号。

3. 切线

使用“切线”工具可用来绘制与圆、圆弧、圆角等曲线上的一个点相切的直线。

以圆形为例，绘制其切线的步骤如下：

1）在草图平面上绘制一个圆，作为切线的参考图素。

2）单击“切线”按钮。

3）单击该圆圆周上的任意点。此时，草图平面中会出现一条切线。将光标移动到圆外的各个点位置时，直线和圆的切点就沿着圆的圆周移动，此时会看到深蓝色的相切符号也随之移动。

4）在合适的切点及长度处，单击以设置切线的第二个端点。

5）切线绘制完毕时，松开鼠标或者按<Esc>键，结束操作，如图 4-135 所示。

此外，还可以使用“鼠标右键绘制”法绘制切线。右击并在随之出现的对话框中指定一个精确的长度值和斜度，如图 4-136 所示，然后单击“确定”完成切线绘制。也可以右击切线，得到一个对话框，选择“曲线属性”，通过修改参数得到所需要的切线。

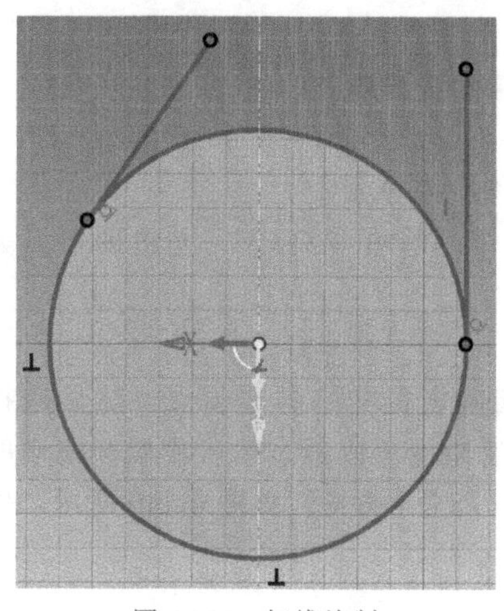

图 4-135　切线绘制

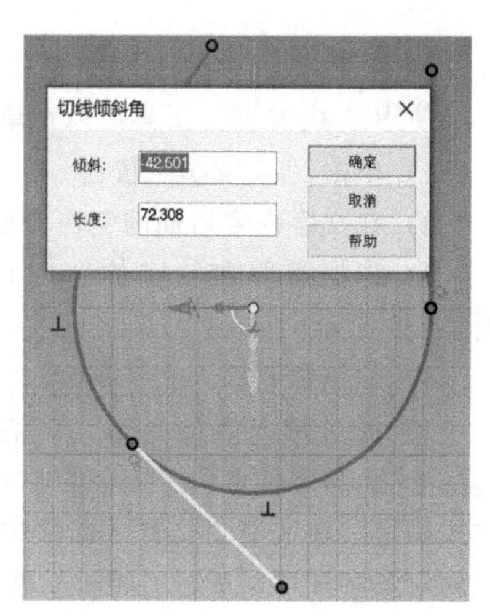

图 4-136　用鼠标右键绘制切线

4. 法线

使用“法线”工具可以绘制与其他直线或曲线垂直（正交）的直线。

以圆形为例，绘制其法线的步骤如下：

1）在草图平面上绘制一个圆，作为法线的参考图素。

2）单击“法线”按钮。

3）单击该圆圆周上任一点。此时，草图平面中会出现一条法线。将光标移动到圆外的各个点位置时，直线和圆的垂足点就沿着圆的圆周移动，此时会看到深蓝色的垂直符号也随之移动。

4）在合适的垂足点及长度处，单击以设置法线的第二个端点。

5）法线绘制完毕时，再次单击“法线”按钮，结束操作。

此外，还可以使用“鼠标右键绘制”法绘制法线。右击并在随之出现的对话框中指定一个精确的长度值和斜度，如图 4-137 所示，然后单击“确定”完成法线绘制。也可以右击法线，得到一个对话框，选择“曲线属性”，通过修改参数得到所需要的法线，如图 4-138 所示。

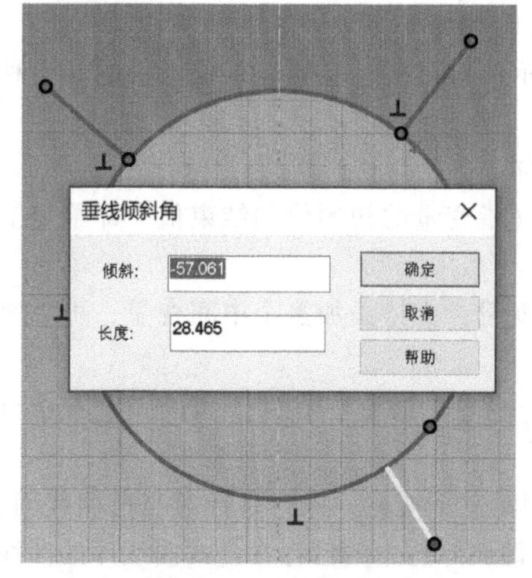

图 4-137　法线绘制

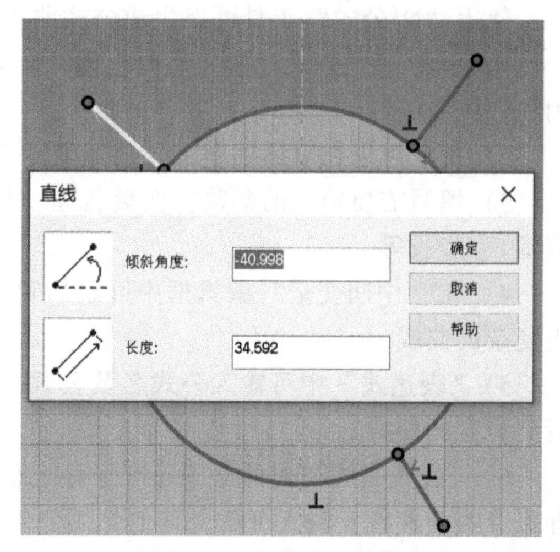

图 4-138　法线绘制对话框

5. 文字

使用“A文字”工具可以在草图绘制中输入文字，操作步骤如下：

1）单击“A文字”按钮。

2）在文字内容后面的空白方框内输入需要的文字，如“CAXA”。

3）根据需要在“字体”对话框中选取需要的字体，单击“确定”按钮即可，如图 4-139 所示。

4）根据需要输入文字高度。

5）通过输入点的坐标（或者由鼠标左键点选）精确定位文字的定位点，然后选择“左-上”，即定位点位于文字的左上方（其余类推），文字角度可以通过输入或鼠标拖动的方式确定。在文字“位置”属性中确定文字的定位原点以及文字方向，如图 4-140 所示。生成的草图字样可以进行“特征”里面的拉伸等操作。

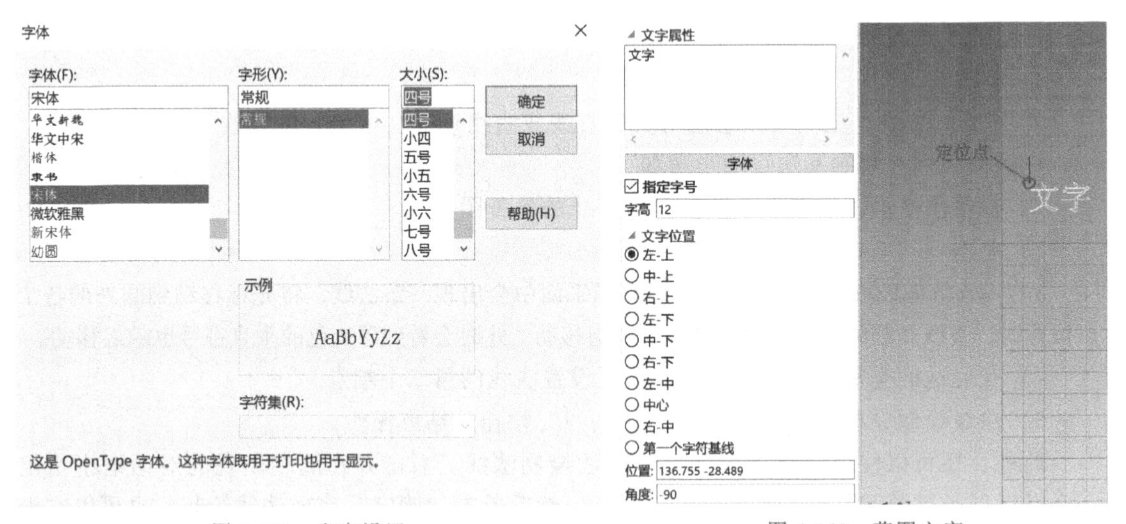

图 4-139　文字设置　　　图 4-140　草图文字

6. 公式

使用“XY=公式”工具可以生成公式曲线，操作步骤如下：

1）单击“XY=公式”按钮后弹出如图 4-141 所示的对话框，左侧是系统提供的几十种常用的公式曲线。

2）用户可以在对话框中首先选择坐标系和单位。

3）填写需要给定的参数：变量名称、起终值（指变量的初始值和结束值，即给定变量范围）、步长等。

4）在“中间变量”编辑框中可添加和删除新变量，支持添加多个中间变量，可以完成更复杂的曲线。

5）“表达式”中可输入公式名及公式。单击“预览”按钮，在左上角的预览框中可以看到设定的曲线。

6）“公式曲线”对话框中还有保存、载入、删除三个按钮。保存是针对当前曲线而言，即保存当前曲线；载入可载入其他曲线公式；删除即删除选中的已存在公式曲线库的曲线。

7）设定完曲线后，单击“确定”按钮，即绘制出一条公式曲线。

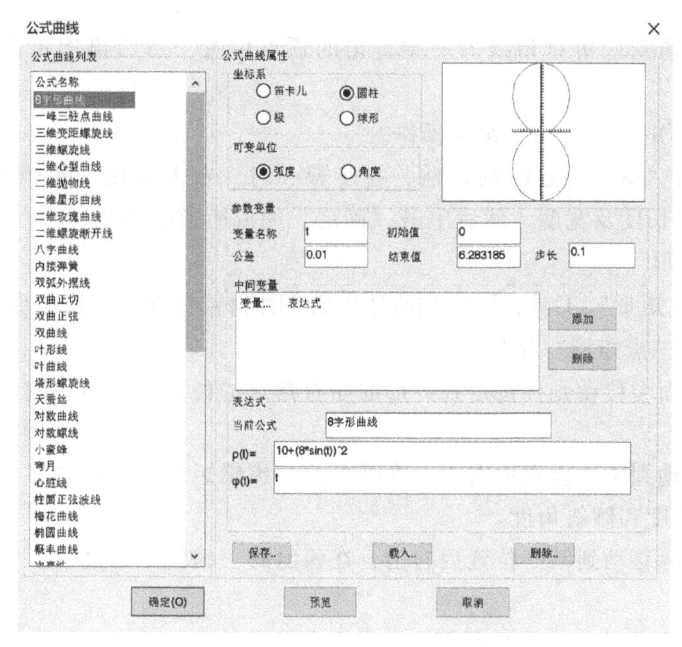

图 4-141　“公式曲线”对话框

7. 构造

构造是为生成复杂的二维草图而绘制辅助线的工具，用这些工具可生成作为辅助参考图形的几何图形，但不能用来建立实体或曲面。

选择该工具时，可选用任何一种“二维草图”绘制工具来生成构造辅助几何元素，操作步骤如下：

1）单击“构造”按钮。

2）任意选择一个绘图工具，如“圆”工具。

在草图平面的任意区域任画一个圆形，当绘制完成时，该圆形就会立即以深蓝色加亮显示，以表明其为一条辅助线。

3）取消对“约束绘制”工具和“圆”工具的选定。

如果把已经绘制好的图形作为辅助元素，则可以选择已有的几何图形，右击并弹出右键菜单，然后选择“作为构造辅助元素”，即可将已有的几何图形转换成辅助制图几何图形。

8. 投影

投影是将实体或曲面的边界投影到当前草图中，分为投影和投影约束两个功能。投影约束是指投影到草图中的几何和原来的几何有关联；投影则和原来的几何没有关联。

操作步骤如下：

1）单击“投影”按钮。

2）选择一个边或一个面投影。

9. 矩形

利用“矩形”工具，可以通过确定两对角点快速地生成长方形，操作步骤如下：

1）单击“矩形”按钮。

2）在草图平面中移动光标选定长方形起始直角点的位置，单击并放开，起始点确定完成。

3）将光标移动到该角对角线另一端直角的顶点位置，然后再次单击，完成长方形的绘制。

4）单击“矩形”按钮，结束操作。

同样可以使用“鼠标右键绘制”法，在步骤3时，右击出现“编辑长方形”对话框，输入指定的长方形长度及宽度，然后单击“确定”完成矩形的绘制。

10. 三点长方形

利用“三点矩形”工具，可以快速地生成各种斜置长方形，操作步骤如下：

1）单击“三点矩形”按钮。

2）在草图平面中移动光标选定长方形起始直角点的位置，单击并放开，确定长方形的开始点。

3）将光标移动到某一位置后右击，在弹出的“编辑矩形第一条边”对话框中，设定长方形第一条边的长度和倾斜角度。

4）接着将光标移动到某一位置后右击，在弹出的“编辑矩形宽度”对话框中，设置长方形的宽度。

5）单击“确定”按钮，完成绘图。

11. 多边形

利用“多边形”工具，可以快速地生成各种边数的多边形，操作步骤如下：

1）单击“多边形”按钮。

2）在草图上确定一点，设为多边形的中心点。

3）单击鼠标右键，弹出“编辑多边形”对话框，如图4-142所示。

4）在对话框中选择边数、外接或内切、圆半径、角度，单击“确定”按钮后完成多边形绘制。

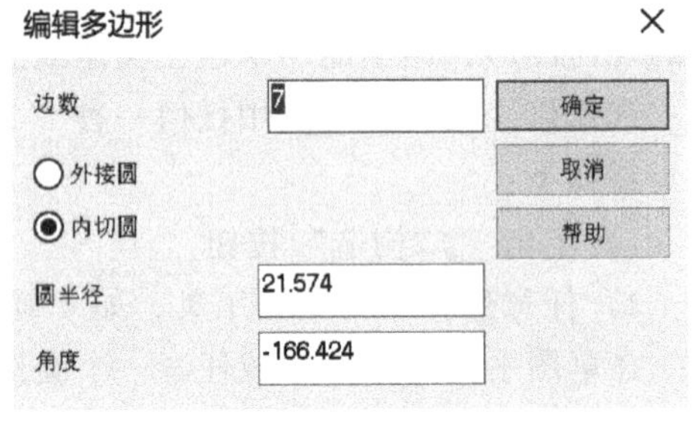

图4-142 “编辑多边形”对话框

12. 中心矩形

利用“矩形”工具，可以快速地生成中心点及长宽参数确定的矩形，操作步骤如下：

1）单击“矩形”按钮。

2）在草图上确定一点，设为矩形的中心点。

3）单击鼠标右键，弹出“编辑长方形”对话框。

4）在对话框中输入长度、宽度，单击“确定”按钮完成矩形绘制。

13. 圆形

该功能有六种方式：圆心+半径、两点圆、三点圆、一切点+两点、两切点+一点及三切点。

（1）圆心+半径　使用该工具，可以根据确定的圆心和半径绘制圆形，操作步骤如下：

1）进入草图平面后，单击“圆心+半径”按钮。

2）在栅格上单击一点作为圆心，或在命令管理栏中输入圆心坐标，得到圆心点。

3）单击确定在圆形上的点（用以确定半径），或在命令管理栏“输入坐标/半径”中输入圆上另外一点的坐标或者圆的半径值，确定后完成绘制。

也可以在选定该圆圆心后，单击鼠标右键，在曲线属性对话框中输入半径值，确定后完成绘制。

（2）两点圆　使用该工具，可通过指定圆周上的两点并以这两点间的线段长度为直径绘制一个圆，操作步骤如下：

1）进入草图平面后，单击“两点圆”按钮。

2）在栅格上单击一点或者在工具栏上输入点的坐标值，作为圆周上的一点。

3）在栅格上单击另一点或者在工具栏上输入另一点的坐标值，作为圆周上的另一点，完成圆的绘制。

4）单击“两点圆”按钮，结束绘制。

也可以在选定直径一个端点后，单击鼠标右键，在曲线属性对话框中输入半径值和另一端点的角度，确定后完成绘制。

（3）三点圆　使用该工具，可以指定圆周上的三个点来画圆，操作步骤如下：

1）进入草图平面后，单击“三点圆”按钮。

2）在栅格上单击一点作为圆的第一点，或者输入点的坐标值。

3）在栅格上单击另一点作为圆的第二点，或者输入点的坐标值。

4）将光标移动到新圆圆周上将包含的第三个点，单击即确定第三点。

5）单击“三点圆”按钮，结束绘制。

也可以在确定两点后，单击鼠标右键，在曲线属性对话框中输入半径值，确定后完成绘制。

（4）一切点+两点　使用该工具，可生成一个与圆、圆弧、圆角或直线已有图素相切的圆。以绘制与已知圆相切的圆为例，其操作步骤如下：

1）进入草图平面，首先绘制一个圆。

2）单击“一切点+两点”按钮。

3）在栅格上单击已知圆圆周上的任一点。

4）将光标移动到新圆圆周将包含的一个点上，单击该点。

5）将光标移动到新圆圆周将包含的第二个点处，单击该点，即可完成新圆的绘制。

6）单击“一切点+两点”按钮，退出操作。

此外，还可以使用“鼠标右键绘制”法，在将光标移动到新圆圆周将包含的第二个点处后，单击鼠标右键，输入特定的半径值并选择“确定”即可。

（5）两切点+一点　使用该工具，可以生成一个与两个已知圆、圆弧、圆角或直线相切的圆。以绘制与两个圆相切的新圆为例，其操作步骤如下：

1）进入草图平面，分别绘制两个圆。

2）单击“两切点+一点”按钮。

3）在其中一个已知圆圆周上单击一点。

4）将光标移动到另一个已知圆圆周的某个点上，然后单击将其选定。

5）将光标移动到新圆圆周将包含的一个点处，单击该点，即可完成新圆的绘制。

此外，还可以使用“鼠标右键绘制”法，在将光标移动到新圆圆周将包含的第二个点处后，单击鼠标右键，输入特定的半径值并选择“确定”即可。

（6）三切点　该绘制工具完全依赖于已有的几何图形。它定义的是一个与三个已知圆、圆弧、圆角或直线相切的圆。

14. 椭圆形

使用椭圆形工具可以轻松地绘制出各种椭圆形，操作步骤如下：

1）单击“⊕椭圆形”按钮。

2）在栅格上单击确定一点，设为椭圆的中心。

3）移动光标到合适位置，单击鼠标右键，在弹出的如图 4-143 所示对话框中，设定椭圆的长轴参数。

4）接着移动光标，单击鼠标右键，在弹出的如图 4-144 所示对话框中，设定椭圆的短轴参数。

5）单击“确定”按钮，结束操作。

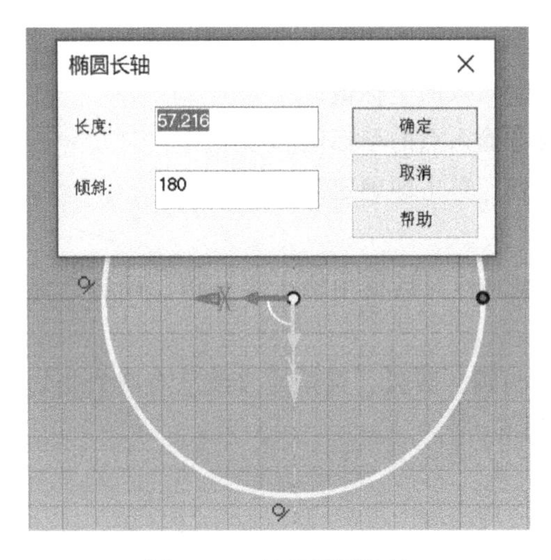

图 4-143　编辑椭圆长轴

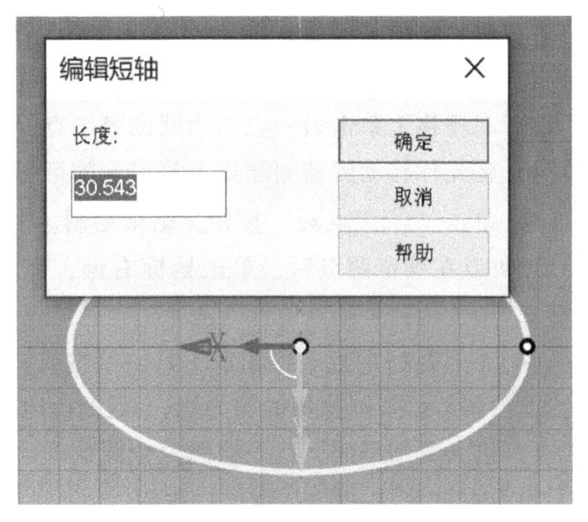

图 4-144　编辑椭圆短轴

15. 椭圆弧

利用该工具可生成椭圆弧，操作步骤如下：

1）单击“椭圆弧”按钮。

2）在栅格上单击确定一点，设为椭圆弧的中心。

3）移动光标，在栅格上单击一点，确定椭圆弧的长半轴。

4）移动光标，再在栅格上单击一点，确定椭圆弧的短半轴。

5）移动光标，此时黄色椭圆弧会随之移动，单击一点确定椭圆弧的一个端点。

6）再单击一点确定椭圆弧的另一个端点。

7）单击“椭圆弧”按钮，结束操作。

16. B 样条曲线

利用该工具可以生成连续的 B 样条曲线，操作步骤如下：

1）单击“B 样条”按钮。

2）在草图平面中将光标移动到 B 样条曲线的起点位置。

3）在栅格上单击，设置 B 样条曲线的第一个端点。

4）将光标移动到 B 样条曲线的第二个点，然后单击设定该点。

5）继续拾取其他的点，生成一条连续的 B 样条曲线。

6）单击“B 样条”按钮，结束操作。

注意：

在拾取几个控制点后，在屏幕上单击鼠标右键，则在该点处开始绘制新的一条 B 样条曲线。可以通过在样条曲线上右击添加所需的插值点。

17. Bezier 曲线

利用该工具可以生成连续的 Bezier 曲线，操作步骤如下：

1）单击“Bezier 曲线”按钮 。

2）在草图平面中将光标移动到 Bezier 曲线的起点位置。

3）在栅格上单击，设置 Bezier 曲线的第一个端点。

4）将光标移动到 Bezier 曲线的第二个点，然后单击设定该点。

5）继续拾取其他的点，生成一条连续的 Bezier 曲线。

6）单击“Bezier 曲线”按钮，结束操作。

注意：

在拾取几个控制点后，在屏幕上单击鼠标右键，则在该点处开始绘制新的一条 Bezier 曲线。

（三）草图修改

该功能模块可以对草图中的图形进行平移、缩放、旋转、镜像和偏置等编辑修改操作。

1. 平移

利用“平移”工具，可以移动草图中的图形。既可以对单独的一条直线或曲线使用该工具，也可以同时对多条直线或曲线使用该工具。操作步骤如下：

1）选择要移动的几何图素。

选择多个几何图素时，可按顺序一一进行点选。若要选择全部几何图形，则可以框选。

2）单击“平移”按钮，在属性对话框中默认“选择实体”状态，点选或框选几何图素。

3）在选定完几何图形后，单击鼠标右键，将属性对话框中状态变换为“拖动实体”。点选定位点，并按住鼠标左键将其拖动到新位置后放开鼠标，便可以看到点画线表示的图形新位置。也可以在属性对话框中输入坐标值，实现精准移动。

4）单击“✔”按钮确定完成平移，结束操作。

如果需要保留原曲线，则在属性对话框中选择“拷贝”。

2. 旋转

利用“旋转”工具，可以使几何图形旋转。既可以对单独的一条直线或曲线使用该工具，也可以对一组几何图形使用该工具。操作步骤如下：

1）单击“旋转”按钮，选择需要旋转的几何图形，选择完成后单击鼠标右键。

2）在草图栅格的坐标原点（系统默认）位置会出现一个绿色的定位图钉“ ”，这个图钉指定旋转中心点。如果把光标指针放在旋转中心点，光标指针就变为手形，此时，按住鼠标左键拖动可以移动旋转中心点，松开鼠标左键完成旋转中心点平移。

3）按住鼠标左键拖动图形可旋转几何图素，松开鼠标左键，单击“ ”按钮确定完成旋转，结束操作。

注意：

可以在属性对话框中输入角度值，实现精准旋转。

3. 比例

利用“比例”工具，可以将几何图形按比例缩放。既可以对单独的一条直线或曲线使用该工具，也可以同时对多条直线或曲线使用该工具。操作步骤如下：

1）单击“比例”按钮，选择需要缩放的几何图形，选择完成后单击鼠标右键。

2）在草图栅格的坐标原点处会出现一个绿色的图钉“ ”，这个图钉定义比例缩放中心点。如果把光标指针放在比例缩放中心点，光标指针就变为手形，此时，按住鼠标左键拖动可以移动比例缩放中心点，松开鼠标左键完成比例缩放中心点平移。

3）按住鼠标左键并拖动则显示几何图形缩放，到适当的比例后松开鼠标左键。

4）单击“ ”按钮确定完成缩放，结束操作。

注意：

可以在属性对话框中输入比例值，实现精准比例缩放。

4. 镜像

利用“镜像”工具，可以在草图中将图形对称地复制。

当需要生成复杂的对称性草图时，该工具的采用可以节约时间和精力。只需生成需要的图形的一半，然后绘制一条对称轴，则自动在对称轴的另一侧生成图形的镜像复制。

下面通过简单示例来说明，其操作步骤如下：

1）单击“连续直线”工具，并在草图栅格上绘制一个三角形。

2）单击“两点线”工具，并在三角形一侧画一条直线，单击“两点线”结束命令，以该线为对称轴。

3）单击“镜像”按钮，属性对话框中“选择实体”项有效，点选三角形各边。单击鼠标右键，“选取镜像轴”生效，点选两点线，出现镜像图形点画线显示，如图4-145所示。

4）单击“ ”按钮确定完成，镜像操作结束。此时，镜像直线的颜色变为暗蓝色。（将镜像直线用作辅助元素，是为了防止它被生成三维造型。）

注意：

可以在属性对话框中选择“平移”，则不保留原三角形。

5. 等距

利用“等距”工具，可以复制选定的几何图形，然后使它从原位置等距特定距离。

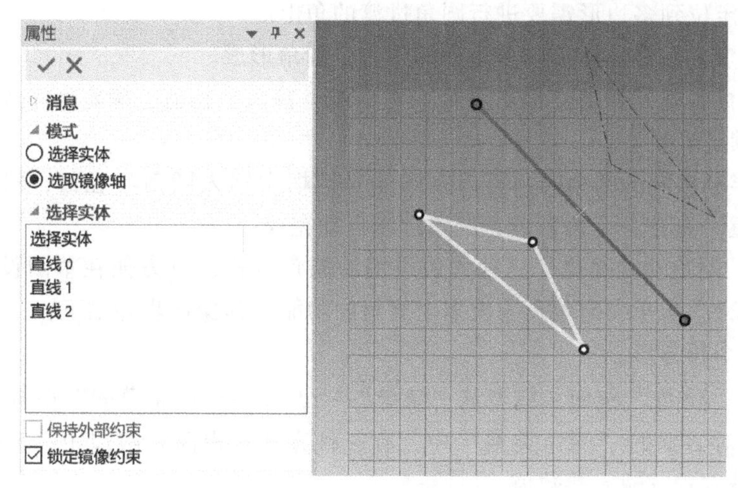

图 4-145 镜像操作

对直线和圆弧等非封闭图形而言，该工具与其他的复制功能并没有多大的区别。但是，对于包含不规则几何图形的封闭草图来说，该工具的真正功能则是非常明显的。具体操作步骤如下：

1）通过“二维绘图”工具，生成由直线、圆弧和 B 样条曲线组成的二维草图轮廓。

2）选择需要进行等距的几何图形。

3）单击“等距”按钮。点选拾取要等距的曲线图素，当图素较多时，可以按住<Shift>键逐一选择，或框选图素。

4）在“距离”栏中输入期望等距的距离值。

5）在“拷贝份数”栏中输入选定几何图形的复制份数。

6）还可根据需要勾选“切换方向”“双向”等选项。

7）单击“✓”按钮确定完成，等距操作结束。

6. 阵列

利用“阵列”工具，可以阵列选定的几何图形。阵列分为“线性阵列”和“圆形阵列”。

以圆形阵列为例来说明阵列的使用，其操作步骤如下：

1）单击“圆形阵列”按钮。

2）属性对话框中“选择实体”项有效，选择需要阵列的几何图形。

3）在属性对话框中输入阵列中心坐标值、阵列数目、角度跨度、半径值和弧心角等。

4）二维草图上也有相关的阵列结果预显，可以在这里按照实际需要更改相关参数。

5）单击“✓”按钮确定完成，圆形阵列操作结束。

7. 过渡

过渡分为圆角过渡和倒角两种。

（1）圆角过渡　使用该工具，可以将相连曲线形成的交角进行圆弧过渡。下面给出了两种绘制圆弧过渡的方法。

方法一：顶点过渡

1）在草图平面中绘制一个多边形。

2）单击“圆角过渡”按钮。

3）将光标定位到多边形需要进行圆角过渡的角上。

4）单击顶点，并将光标拖向多边形的中心，圆角形成。

5）单击鼠标右键，弹出“编辑半径”对话框，输入半径值，确定后完成圆角过渡。

方法二：锁定半径

当有多个半径相同的圆角时，可以在属性对话框中输入圆角半径值，然后选择“锁定半径”项，再逐一点选各个角顶点，圆角过渡自动完成。

（2）倒角　倒角功能提供了三种普遍应用的倒角方式，以方便在草图设计过程中选择倒角。支持交叉线/断开线倒角及一次多个倒角的功能。其操作步骤如下：

1）绘制一个长方形。

2）单击“倒角”按钮，或者从“菜单”→“工具”→“编辑草图”中打开。

3）在属性对话框的“倒角类型”中，有三种方式：距离、两边距离、距离-角度。根据需要选择一种方式，输入参数值。

4）点选要倒角的顶点，形成倒角。

5）单击“倒角”按钮，或按<Esc>键，结束操作。

8. 延伸

利用该工具可将一条曲线延伸到一系列与它存在交点的曲线上，该功能支持延伸到曲线的延长线上。其操作步骤如下：

1）单击“延伸”按钮。

2）将光标移动到曲线上靠近目标曲线的端点上，此时会出现一条绿线和箭头，它们指明了直线的延伸方向和在第一相交曲线上的拉伸终点。如果要将曲线沿着相反的方向延伸，可将工具移动到相反的一端，直到显示出相反的绿线和箭头。

3）通过<Tab>键切换的方式，可切换该直线延伸到与它相交的一系列曲线，可选定要延伸到的曲线。

4）单击即完成曲线的延伸。

5）单击“延伸”按钮，或按<Esc>键，结束命令。

9. 打断

利用“打断”工具，可将草图平面上现有直线或曲线段分割成单独的线段。其操作步骤如下：

1）在草图平面上绘制一条曲线。

2）单击“打断”按钮，将光标移动到需要分割的直线或曲线上，则显示出分割点，分割点一侧的线段将呈绿色反亮状态，而另一侧则为蓝色，表明其为将在基于光标位置而生成的独立线段。

3）在曲线上单击分割点，以确定从该处将该线分割开。

4）单击“打断”按钮，或按<Esc>键，结束命令。

10. 裁剪

利用该工具可以裁剪掉一个或多个曲线段。

（1）裁剪

1）单击“裁剪”按钮。

2）将光标向需要修剪的曲线段移动，直到该曲线段呈现绿色反亮状态。

3）单击曲线段，将裁剪掉指定的曲线段。

4）单击“裁剪”按钮，结束操作。

（2）强力裁剪

1）单击“裁剪”按钮。

2）在草图上按下鼠标左键并拖动，划过的区域被裁剪掉。

3）单击“裁剪”按钮，结束操作。

11. 删除重复

该工具主要是在草图绘制过程中，针对比较复杂的图形，在绘制或者修改的过程中对没有裁剪掉的多余重线进行删除，以免在特征操作的过程中出现错误，导致不能生成实体特征。

在草图绘制完成后，框选所绘制的草图，单击“删除重复”按钮，当有多余的重线时会弹出“删除重线”对话框，再单击对话框中的“确定”按钮即可。

12. 查找缝隙

利用该工具可以查找草图轮廓中的缝隙，双击结果可以快速定位到缝隙。

（四）草图约束

在实体设计中，草图生成后应对二维草图图形进行约束。二维约束功能面板和工具如图 4-146 所示。

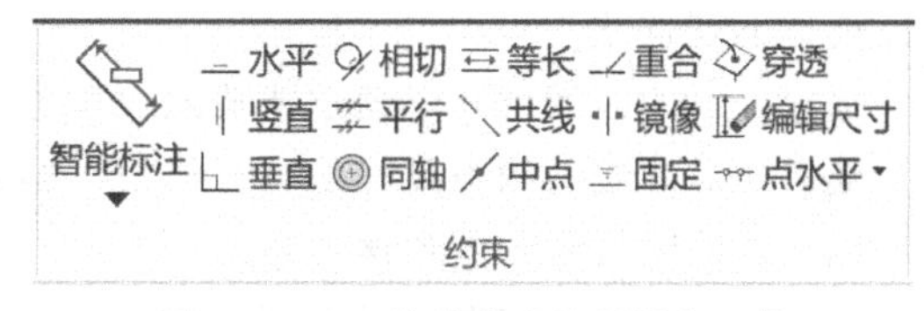

图 4-146 二维约束功能面板和工具

“二维约束”工具可以对绘出图形的长度、角度、平行、垂直和相切等曲线图形加上限制条件，并且以图形方式标示在草图平面上，以方便直观浏览所有的信息。约束条件可以编辑、删除或者恢复关系状态。

注意：

在进行约束时，默认的是选择的第一条曲线重定位，选择的第二条曲线保持固定。

过、欠、完全约束的状态显示：

在设计树中和二维草图中都能显示草图的约束状态。根据草图元素上添加的约束，草图被定义为过约束、欠约束或完全约束。

在设计树中会显示该草图的约束状态，草图名称后面的“+”号为过约束，“-”号为欠约束，没有加减号则为完全约束状态。

草图中通过颜色显示约束状态。默认设置下，过约束为红色、欠约束为蓝色、完全约束为绿色。当用户添加一个过约束时将弹出“过约束”对话框，选择该约束是否作为未加锁约束（参考约束），如图 4-147 所示。如果选择“保留约束加锁”，

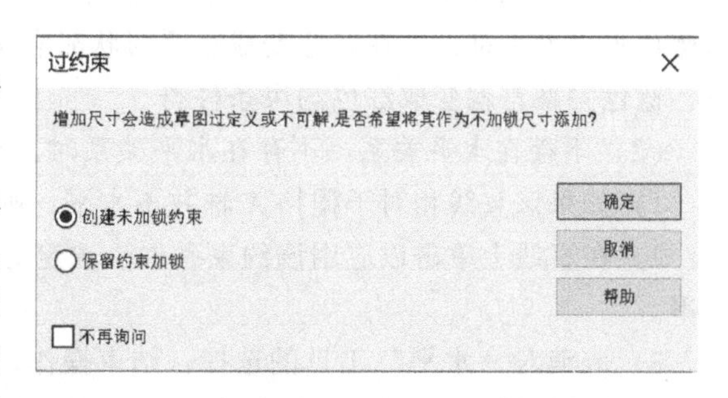

图 4-147 “过约束”对话框

则草图会变成红色。

1. 智能标注

在功能面板中，尺寸约束有智能标注、角度约束、弧长约束和弧度角约束四个选项。这几种约束可以采用类似的添加和修改方法。

智能标注可以对圆或者圆弧曲线生成圆的半径、单条直线生成直线长度、两条平行直线生成距离、两条相交直线生成夹角等尺寸约束条件。

（1）建立尺寸约束　操作步骤如下：

1）单击“智能标注”按钮。

2）单击图形中一直线段（非中点部位）或直线段的两个端点，可生成长度尺寸标注；单击圆弧或整圆曲线可生成半径尺寸标注；依次点选两条平行直线段则可生成两条线段的距离尺寸标注；依次点选两条相交直线可生成两直线夹角标注。

3）从该几何图形上移开光标，并将光标移动到所希望尺寸显示位置，单击弹出“参数编辑”对话框，可以输入尺寸约束精确值，然后单击“确定”按钮。此时，将显示出一个红色尺寸约束符号和尺寸值。

4）单击“智能标注”按钮或按<Esc>键，结束约束操作。

（2）修改尺寸约束　将光标移动到尺寸上，此时光标会变成手形，右击弹出下拉菜单，可以选择下列选项：

锁定：对曲线的尺寸值锁定或清除（关系仍保留）。

编辑：对曲线的约束尺寸值进行编辑，精确确定尺寸。

删除：清除尺寸约束和该关系。

输出到工程图：将图形投影到工程图时，实现约束的尺寸值的自动标注。

（3）多尺寸约束编辑　该功能可以对已经施加约束后的草图轮廓统一编辑，以驱动图形。

在约束好尺寸之后，在草图的空白区域，右击弹出快捷菜单，从中选择“参数”，使用参数表，可以对其进行多尺寸约束编辑。

勾选“预览改变”表示每次修改一个尺寸约束图形将改变，不勾选“预览改变”表示同时修改多个尺寸约束确定后图形改变，采用多尺寸编辑后一起驱动图形的方式。

2. 水平约束

采用该工具可以在一条直线上生成一个相对于栅格 *X* 轴的平行约束。

（1）已相对于 *X* 轴水平　如果直线已经相对于栅格 *X* 轴水平，则只需将光标移动到其深蓝色水平关系符，并在光标变成小手形状时右击，然后从弹出的菜单中选择“锁定”。此时，蓝色关系符就变成红色约束条件符。

（2）不存在水平关系　不存在水平关系时，则按以下步骤操作：

1）如果该直线相对于栅格 *X* 轴并不水平，则单击“水平”按钮。

2）在直线上单击以应用该约束条件。选定的直线将立即重新定位为相对于栅格的 *X* 轴水平。

3）取消对“水平”工具的选择，结束操作。

4）如果需要，可以清除该约束条件。在红色水平约束符上移动光标，当光标变成小手形状时右击，然后从弹出的菜单中选择“锁定”即可。约束恢复到关系状态，而红色水平约束符则变成深蓝色关系符。

3. 竖直约束

采用该工具可以在一条直线上生成一个相对于栅格 X 轴的垂直约束。

（1）已相对于 X 轴垂直　如果直线已经相对于栅格的 X 轴垂直，则只需将光标移动到其深蓝色垂直关系符，并在光标变成小手形状时右击，然后从弹出的菜单选择“锁定”。此时，蓝色关系符就变成红色约束条件符。

（2）不存在铅垂关系　不存在铅垂关系时，则按以下步骤操作：

1）单击“竖直”按钮。

2）在直线上单击以应用该约束条件。选定的直线将立即重新定位为相对于栅格的 X 轴而垂直。

3）取消对“竖直”工具的选择，结束操作。

4）如果需要，可以清除该约束条件。在红色竖直约束符上移动光标，当光标变成小手形状时右击，然后从弹出的菜单中选择“锁定”即可。约束恢复到关系状态，而红色竖直约束符则被深蓝色关系符所代替。

4. 垂直约束

该工具用于在草图平面中的两条已知曲线之间生成垂直约束。

（1）已经存在垂直关系　如果两条曲线之间已经存在垂直关系，则只需将光标移动到其深蓝色垂直关系符，并在光标变成小手形状时右击，然后从弹出的菜单中选择“锁定”。此时，蓝色关系符就变成红色约束条件符。

（2）不存在垂直关系　不存在垂直关系时，则按以下步骤操作：

1）单击“垂直”按钮。

2）选择要应用垂直约束条件的曲线之一。

3）将光标移动到第二条曲线上，然后单击将其选中。这两条曲线将立即重新定位到相互垂直，同时在它们的相交处出现一个红色的垂直约束符。

4）取消对“垂直”工具的选择，结束操作。

5）如果需要，可以清除该约束条件。在红色垂直约束符上移动光标，当光标变成小手形状时右击，然后从弹出的菜单中选择“锁定”即可。约束恢复到关系状态，而红色垂直约束符则被深蓝色关系符所代替。

注意：

应用垂直约束条件时，并不一定要选择两条相邻曲线。

5. 相切约束

该工具用于在草图平面中已有的两条曲线之间生成一个相切的约束条件。

（1）已经存在相切关系　如果两条曲线之间已经存在相切关系，则只需将光标移动到其深蓝色相切关系符，并在光标变成小手形状时右击，然后从弹出的菜单中选择“锁定”。此时，蓝色关系符就变成红色约束条件符。

（2）不存在相切关系　不存在相切关系时，则按以下步骤操作：

1）单击“相切”按钮。

2）选择要应用相切约束条件的曲线之一。

3）将光标移动到第二条曲线上，然后单击将其选中。这两条曲线将立即重新定位到相切于选定点，同时在切点位置将出现一个红色的相切约束符。

4）取消对“相切”工具的选择，结束操作。

5）如果需要，可以清除该约束条件。在红色相切约束符上移动光标，当光标变成小手形状时右击，然后从弹出的菜单中选择“锁定”即可。约束恢复到关系状态，而红色相切约束符则被深蓝色关系符所代替。

6. 平行约束

该工具用于在已有的两条直线之间生成一个平行约束条件，其操作步骤如下：

1）单击“平行”按钮。

2）选择平行约束中将包含的一条直线。

3）将光标移动到约束将被包含的第二条直线上，然后单击选定该直线。第一条直线将立即重定位到与第二条直线平行，此时每条直线上都将出现一个红色的平行约束符。

4）取消对“平行”工具的选择，结束操作。

5）如果需要，可以清除该约束条件。在红色平行约束符上移动光标，当光标变成小手形状时右击，然后从弹出的菜单中选择“锁定”即可。约束恢复到关系状态，而红色平行约束符则被深蓝色关系符所代替。

注意：

如果选择“选择”工具并将光标移动到平行约束符之一，那么在约束条件及被约束的直线之间就会出现一条红色指示线。

7. 同轴约束

该工具用于在草图平面上的两个已知圆上生成一个同心约束，其操作步骤如下：

1）在草图平面上绘制两个圆。

2）单击“同轴”按钮。

3）在将应用同心约束的两个圆中选择一个圆，选定圆的圆周上将出现一个浅蓝色的标记。

4）将光标移动到第二个圆上，然后单击将其选中。系统将立即对这两个圆进行重新定位，以满足所采用的同心圆约束条件。此时，在两圆的圆心位置均会出现一个红色的同心圆约束符。

5）取消对“同轴”工具的选择，结束操作。

6）如果需要，可以清除该约束条件。在红色同轴约束符上移动光标，当光标变成小手形状时右击，然后从弹出的菜单中选择“锁定”即可。

8. 等长约束

利用该工具可在两条已知曲线上生成一个等长约束条件，其操作步骤如下：

1）单击“等长”按钮。

2）选择两条需要应用等长约束曲线中的第一条曲线，选定的曲线上将出现一个浅蓝色的标记。

3）将光标移动到第二条曲线上，然后单击将其选中。其中一条被选定的曲线将被修改，以与另一条曲线的长度相匹配。此时，两条曲线上都将出现红色的等长约束符。

4）取消对“等长”工具的选择，结束操作。

5）如果需要，可以清除该约束条件。将光标移动到红色等长约束符上，当光标变成小手形状时右击，然后从弹出的菜单中取消对“锁定”的选择。

注意：

在两条曲线之间应用等长约束时，究竟调整哪一条曲线并使其与另一条曲线匹配，由单独的几何图形和已有的约束条件确定。

9. 共线约束

利用该工具可以在两条现有直线上生成一个共线约束条件，其操作步骤如下：

1）单击“⟍共线”按钮。

2）选择两条需要应用共线约束直线中的第一条直线，选定直线上出现一个浅蓝色的标记。

3）将光标移动到第二条直线上，然后单击将其选中。系统将重新调整第二条直线的位置，使其与第一条直线共线。此时，两条直线上都将出现红色的共线约束符。

4）取消对“共线”工具的选择，结束操作。

5）如果需要，可以清除该约束条件。将光标移动到其中一个共线约束符上，当光标变成小手形状时右击，然后从弹出的菜单中取消对“锁定”的选择。

10. 中点约束

该工具用于在草图平面中的直线与直线、直线与圆弧、圆弧与圆弧之间生成的中点约束。若在工程模式下则因为父子关系的存在，只能约束后面的直线/曲线与前面的直线/曲线生成中点约束。

1）直线与直线的中点约束。在草图平面中有两条直线，单击“中点约束”命令，首先选取直线 a 的端点，再在直线 b 上选取任意点，则直线 a 的端点移动到直线 b 的中点。

2）直线与圆弧的中点约束。操作方法同上。

3）圆弧与圆弧的中点约束。操作方法同上。

11. 重合约束

使用该工具可以对曲线的端点进行重合约束，重合约束可以将端点、中点约束到草图中的其他元素。操作步骤如下：

1）在草图平面上绘制一个圆和一个长方形，单击“⊥重合”按钮。

2）用光标分别单击圆形边上一点 a 和长方形的一个角点 b，则为这两个点之间添加了重合约束。

12. 镜像约束

镜像约束功能就是建立两组几何图素相对于镜像轴对称，且镜像约束以后若改变镜像轴一边的几何长度，则另一边的几何长度随着变化。

1）在草图平面上绘制两个几何图形，如圆。

2）单击“▪|▪镜像”按钮。

3）依次在对称轴以及圆上选取 a、b、c 三点，则生成的草绘图形为两圆心相对于镜像轴对称，如图 4-148 所示。

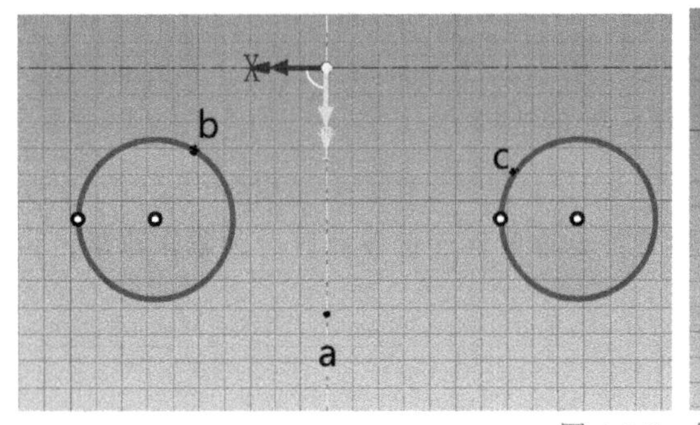

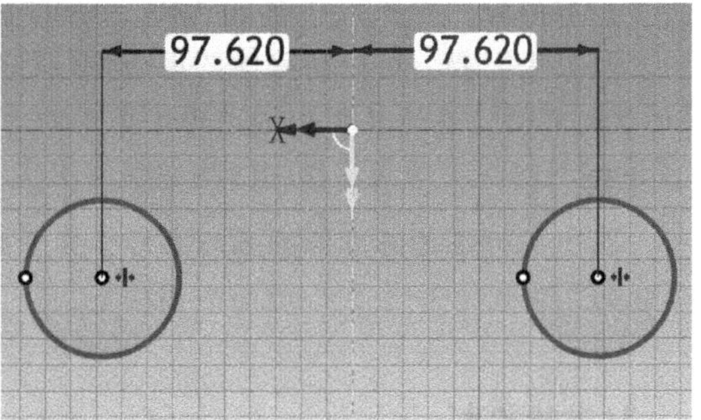

图 4-148　镜像约束

13. 固定几何约束

采用“固定几何约束”工具，可以对选定几何图形尺寸进行约束。在进行固定几何约束之后，无论对它们做了何种修改，图像都将与原来的几何图形保持一致，不做任何改变。其操作步骤如下：

1）在草图平面上绘制一长方形，修改其尺寸，直到符合要求。

2）单击“固定”按钮，对图形进行约束。

3）取消对“固定”工具的选择。在接下来的操作中，不管对它们做了何种修改，由于其几何尺寸固定约束，其图像不发生改变。

4）如果需要，可以在固定几何约束符上右击，然后从弹出的菜单中选用合适的选项来对该约束条件进行锁定/解除锁定。

14. 穿透约束

该工具用于将草图平面上圆/椭圆中心移动至另一草图平面上的曲线/样条曲线与本草图的贯穿点上。其操作步骤如下：

1）在椭圆/圆编辑状态，单击“穿透”按钮。

2）在椭圆上选取任意一点，选取点呈蓝色亮点。再将光标移动到曲线/样条曲线上，曲线/样条曲线呈绿色时单击，则椭圆/圆的中心移动至曲线/样条曲线与草图平面的贯穿点。

3）完成退出，结果如图 4-149 所示。

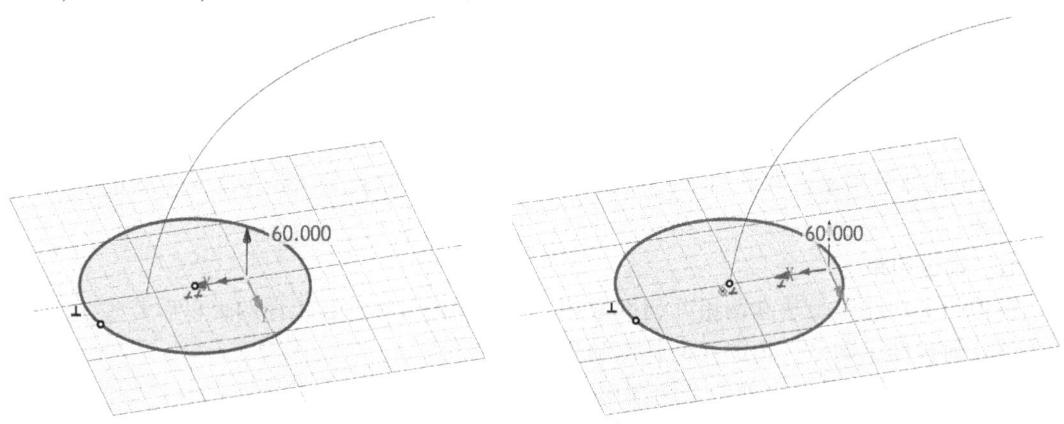

图 4-149　穿透约束

15. 编辑尺寸

该工具用于草图功能中，在使用智能编辑后可以统一对编辑过的尺寸进行一个快速的修改。

1）在智能标注之后，框选所有需要编辑的尺寸。如图 4-150 所示，框选后的颜色变为淡黄色。

2）在左边出现的属性对话框中，可以统一修改需要修改的尺寸。

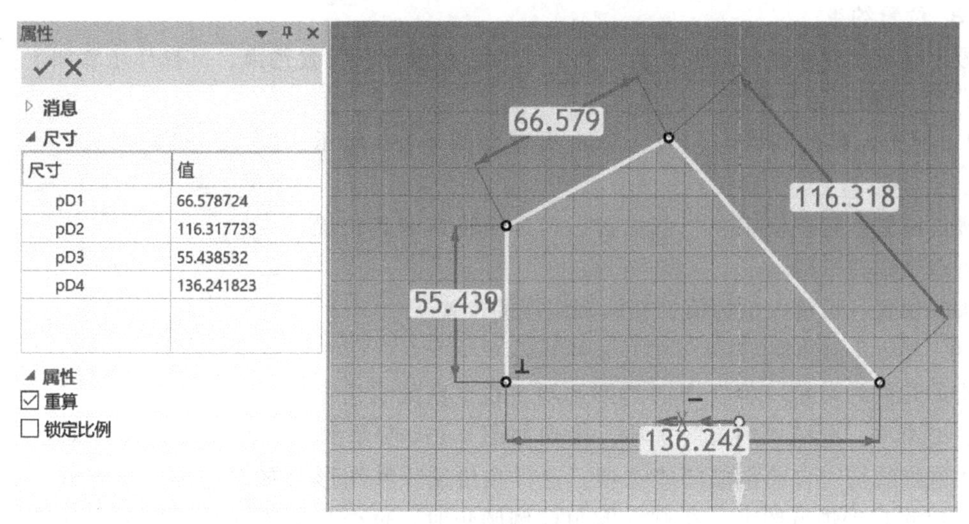

图 4-150　编辑尺寸操作

16. 点约束

该工具支持在两个点之间提供水平和垂直两种点约束。支持曲线端点、中心点等。如图 4-151 所示，可以将两个圆通过水平点约束在水平共线的位置。

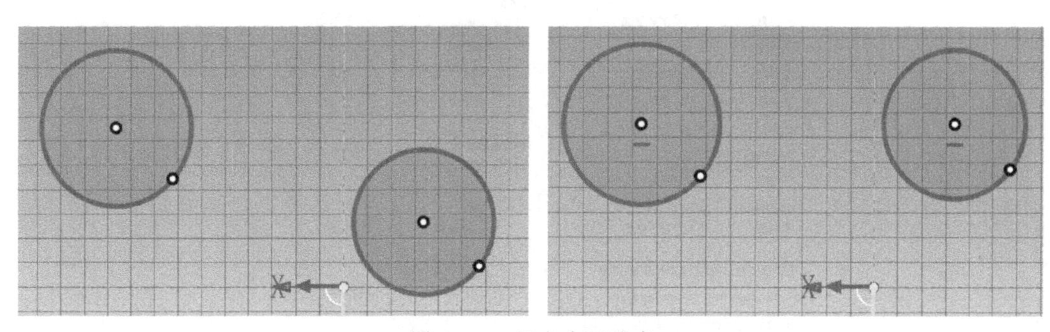

图 4-151　两点水平约束

17. 投影约束

对几何图形采用的另一种约束类型是“投影约束”选项，如图 4-152 所示。通过这种约束，可以生成选定几何元素的投影图像，在进行投影约束之后，无论对几何元素做了何种修改，生成的图像都将与原来的几何元素保持一致。

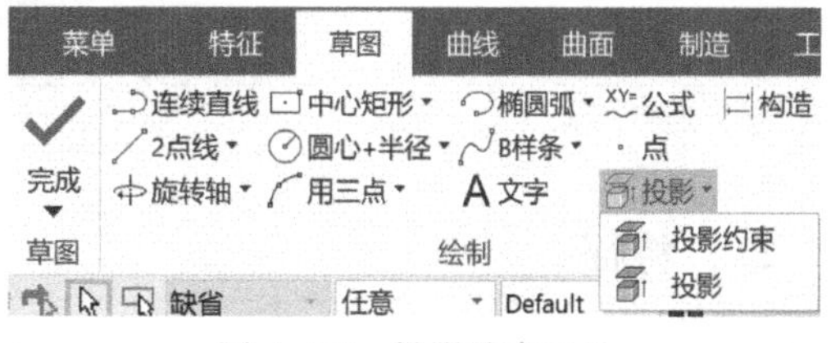

图 4-152　投影约束工具

如果希望拾取被隐藏的几何元素，可通过<Ctrl+Alt>键拾取。其操作步骤如下：

1）在二维草图绘制工具中，单击“投影”按钮。

2）单击选择一几何元素，投影到草图平面上。

3）取消对“投影”工具的选择，结束操作。

4）生成的图像都将与原来的几何元素保持一致。

如果不需要这些约束，可以在投影完成后，删除投影约束。

18. 位置约束

该工具可以对曲线的端点及圆（弧）的圆心位置进行位置约束，其操作步骤如下：

1）在草图平面上绘制一个圆。

2）把光标移动到圆心位置，单击出现如图4-153所示菜单。

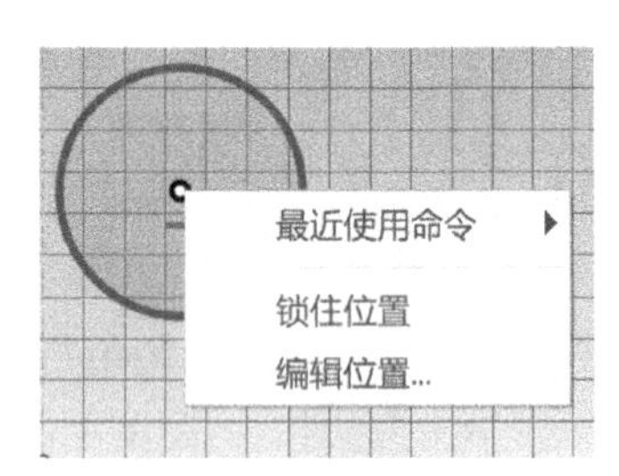

图4-153 位置约束菜单

锁住位置：将点锁定在当前位置，锁定后将在端点位置出现红色锁定符号提示。

编辑位置：可输入坐标值，精确确定点的位置。

19. 自动几何约束

自动几何约束是一种新增的约束选项，在空白处右击会弹出右键菜单，选择“约束”选项，得到如图4-154所示的“二维草图选择”对话框，可以从中选择绘图时自动生成哪些选项，这样在绘制一些图形（如多边形、长方形、平行四边形）时将自动进行约束，在进行倒角或倒圆角时，也会自动添加尺寸约束。有了这样的自动几何约束，在创建几何参数时，可以缩减添加约束需要花费的时间。

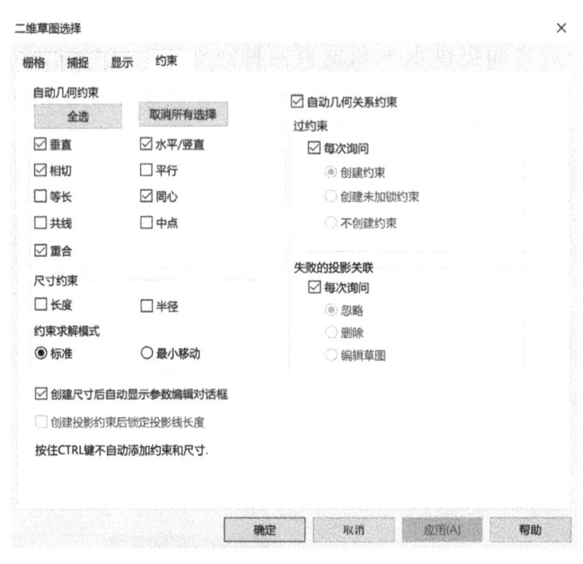

图4-154 “二维草图选择”对话框

二、特征

软件提供了四种由二维草图轮廓延伸为三维实体的方法，它们是拉伸、旋转、扫描及放

样，使用这四种方法既可以生成实体特征，也可以生成曲面。特征选项卡工具栏如图 4-155 所示。

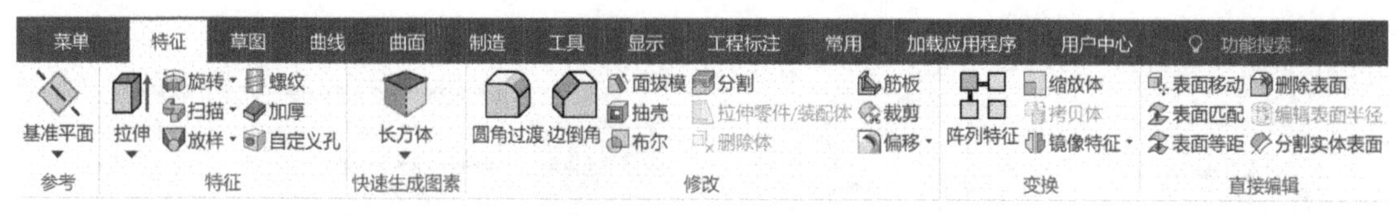

图 4-155　特征选项卡工具栏

（一）特征生成

1. 拉伸

拉伸是沿第三条坐标轴拉伸二维草图轮廓并添加一个高度，从而生成三维特征。用这种方法可以把正方形拉伸成长方体，或把圆拉伸成圆柱。实体设计可以通过几种不同的方法，对二维草图轮廓进行拉伸。

（1）拉伸设计

1）单击“拉伸”按钮，出现拉伸属性对话框。

2）此时可以在设计环境中选择一个零件，在其上添加拉伸特征；也可以创建一个新的零件，单击“确定”后，进入下一个界面。

3）如果此时设计环境中存在拉伸需要的草图，则单击该草图，它的名称出现在“选择草图”下。如果设计环境中不存在拉伸需要的草图，则可以单击“创建草图”来创建一个新草图进行拉伸。草图绘制完成以后，选择该草图。此时设计环境中会有该拉伸的预显，可以根据预显再进行其他选择。

4）拔模。可以勾选“向内拔模”，然后输入“拔模值”，在拉伸的同时进行拔模，生成一个有拔模斜度的拉伸零件。

5）方向选择。

反向：将进行目前预显的反方向拉伸。

方向深度：选择该方向上的拉伸深度。可以用高度值表示，也可以选择到某特征，如不通孔、到顶点、到曲面、中面等选项。

6）其他选项。

生成曲面：选择此选项，将拉伸成曲面。

增料：进行拉伸增料操作。

除料：对已存在零件，进行拉伸除料操作。

（2）工程模式　如果是在工程模式下，选择新建一个零件，则该零件自动激活。其余步骤与“（1）拉伸设计”中相同。

（3）拉伸向导　单击特征面板中的“拉伸向导”按钮，可以按照向导 4 步对话框，预先输入各项参数或选项，再绘制草图，生成实体特征。

在图 4-156 所示的“2D 草图”对话框“平面类型”中选择基准点，然后单击“✔”按钮确定，设计环境中将出

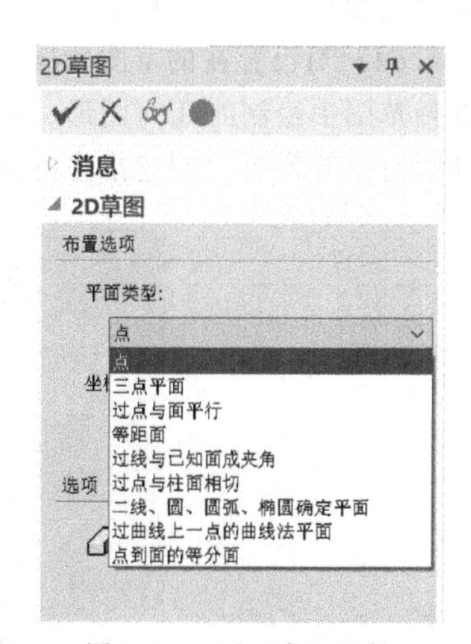

图 4-156　平面类型选择

现“拉伸特征向导”对话框，向导共有 4 步。

拉伸特征向导第 1～4 步，如图 4-157～图 4-160 所示。

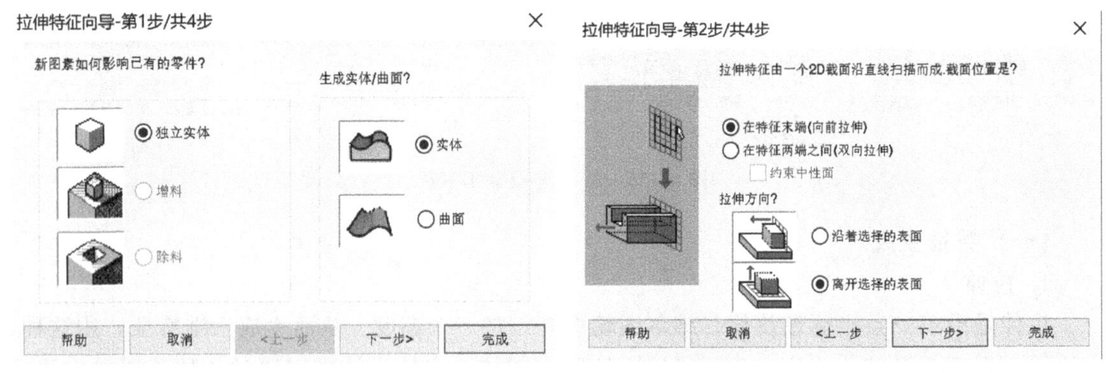

图 4-157　拉伸特征向导第 1 步　　　图 4-158　拉伸特征向导第 2 步

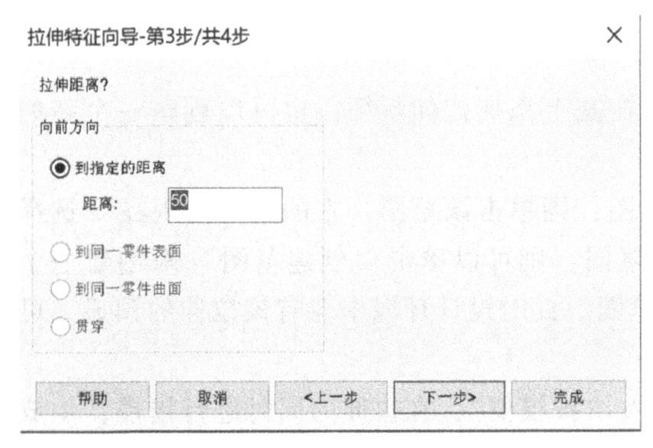

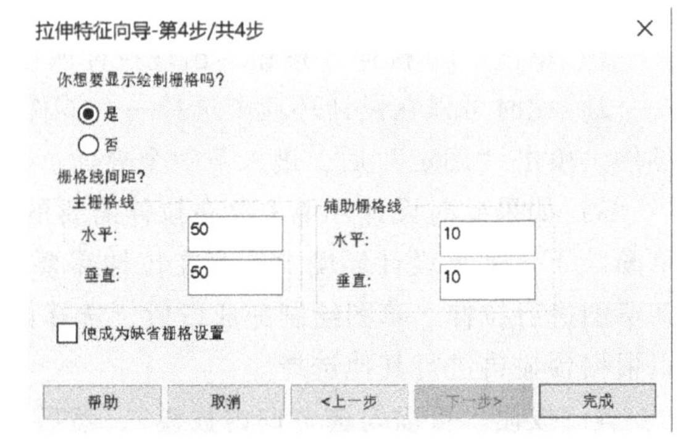

图 4-159　拉伸特征向导第 3 步　　　图 4-160　拉伸特征向导第 4 步

在这些对话框中，可以设置拉伸特征的一系列参数。设定以上选项后，单击“完成”按钮退出向导。

此时，直接进入二维草图栅格绘制界面。利用二维草图所提供的功能绘制所需草图，单击“完成造型”，即可把二维草图轮廓拉伸成三维实体造型。

（4）对已存在的草图轮廓拉伸　软件也提供对已存在的草图轮廓进行右键拉伸的功能，选择草图中绘制的几何图形，单击鼠标右键，在弹出的菜单中选择“生成-拉伸”，进入拉伸状态，并弹出“创建拉伸特征”对话框，如图 4-161 所示。

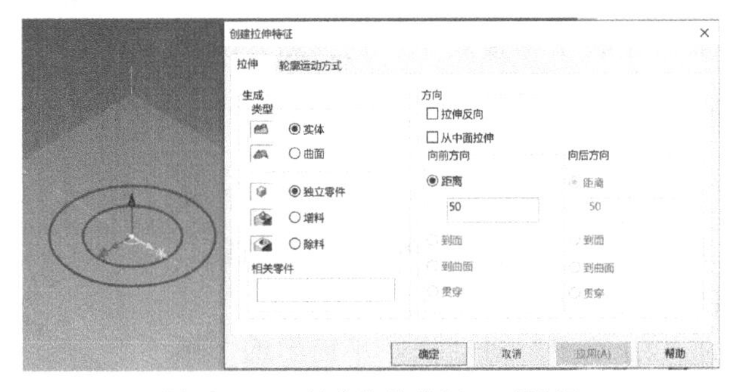

图 4-161　“创建拉伸特征”对话框

同时在设计区中以灰白色箭头显示拉伸方向，可以在“方向”选项中勾选“拉伸反向”使拉伸方向反向。

“拉伸”选项卡中的选项可以定义拉伸的各个参数，与“拉伸特征向导”中的各个选项类似，这里不再介绍。

“轮廓运动方式”选项卡中的选项介绍如下：

复制轮廓：在拉伸造型时，复制草图轮廓。

轮廓隐藏：在拉伸造型后，自动隐藏草图轮廓。在软件中为默认选项。

与轮廓关联：在设置轮廓关联后，草图轮廓自动复制，并且拉伸实体与草图轮廓相关联。

通过修改设计树上复制的草图，便可以修改拉伸特征，修改后两者保持关联关系。

通过修改拉伸实体自身的草图，拉伸实体随之修改，但复制的草图轮廓不随之修改，且与实体零件分离，关联关系丢失。

（5）对草图轮廓分别拉伸　以上方法都是对一个草图的整体进行拉伸，CAXA 3D 实体设计可将同一视图的多个不相交轮廓一次性输入到草图中，再选择性地利用轮廓建构特征。将同一视图的多个轮廓在同一个草图中约束完成，并在草图中可选择性地建构特征，可提高设计的效率，尤其是对习惯在实体草图中输入 EXB/DWG 文件，并利用输入 EXB/DWG 文件后生成的轮廓建构特征的操作者，这个功能就比较实用。其操作步骤如下：

1）在草图中绘制多个封闭不相交的草图轮廓。

2）在草图绘制界面中选择某一个封闭轮廓，单击鼠标右键，在弹出的菜单中选择“生成-拉伸”。

3）完成一次拉伸，再次进入拉伸草图编辑，拉伸其他封闭轮廓。

（6）拉伸特征的编辑　即使二维草图已经拉伸成三维状态，只要对所生成的三维造型不满意，仍然可以编辑它的草图轮廓或其他属性。

1）利用智能图素手柄编辑。在“智能图素”编辑状态中选中已拉伸的图素。注意，标准“智能图素”上默认显示的是图素手柄，而不是包围盒手柄。三角形拉伸手柄用于编辑拉伸特征的后表面，以改变拉伸体的长度，如图 4-162 所示。

2）利用鼠标右键弹出菜单编辑。软件还支持在设计树上选择要编辑拉伸特征，单击鼠标右键，弹出如图 4-163 所示的菜单。或者在设计环境中，选择处于智能图素状态的拉伸特征，单击鼠标右键亦可。

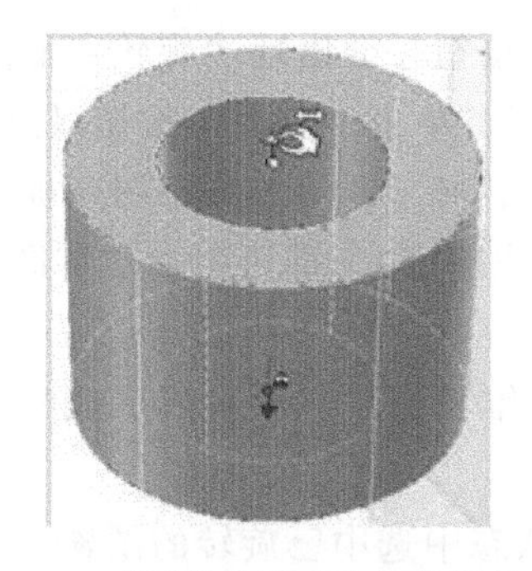

图 4-162　利用智能图素手柄编辑拉伸体

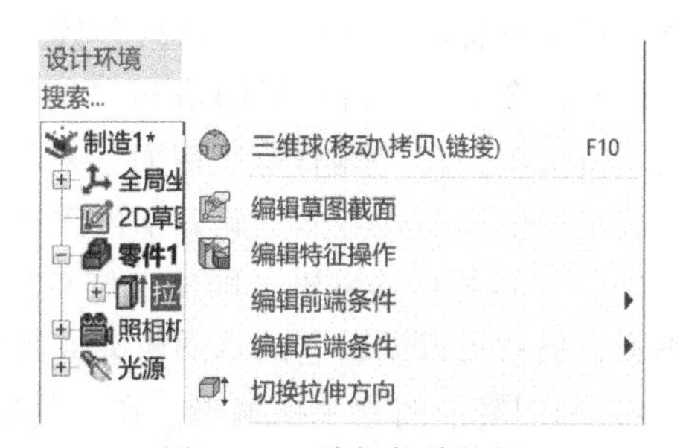

图 4-163　编辑拉伸特征

根据所要编辑的条件，选择不同的选项。以下是对各选项功能的介绍。

编辑草图截面：通过修改二维草图轮廓，来修改三维拉伸特征。

编辑特征操作：进入拉伸特征操作的命令控制栏，可以修改生成特征时的各项设置。

编辑前端条件：在特征零件上表面拉伸加长。

编辑后端条件：在特征零件下表面拉伸加长。

切换拉伸方向：使拉伸方向反向。

3）利用“智能图素属性”编辑。利用“智能图素属性”可以编辑拉伸草图和拉伸长度。具体方法如下：

① 在设计树中拉伸特征在图素状态下，单击鼠标右键，在弹出的菜单中选择“智能图素属性”。

② 选择“拉伸”选项卡，显现拉伸特征属性对话框。

③ 选择“包围盒”，在轮廓列表中修改草图轮廓（长度、宽度）。

④ 在拉伸深度文字区，输入拉伸高度。

⑤ 在智能图素属性中还可以设定显示/隐藏拉伸手柄和轮廓手柄。

2. 旋转

利用旋转法把一个二维草图轮廓沿着它的旋转轴旋转生成三维造型。例如，可以把一个直角三角形（二维）绕着一条直角边旋转生成一个锥体（三维）。

使二维草图轮廓沿其旋转轴转动，产生的图素三维造型总是具有圆的性质，所以图素三维造型从沿该旋转轴的方向看，形状总是圆形。

（1）旋转设计

1）单击“旋转”按钮，则在命令管理栏询问是新建一零件还是在原有零件上添加特征。选择一个选项，进入“旋转特征”属性对话框。

2）如果在“轮廓”选项中，单击“创建草图”按钮，按照创建草图的过程绘制一草图，并在草图中绘制好旋转轴线（默认是草图平面中的 Y 轴），单击“完成”并退出草图，此时会在设计环境预显旋转结果。

3）单击“确定”，完成旋转特征。

在工程模式下生成旋转体，需要新建一个零件并激活它，然后在此零件基础上绘制草图。或者是选择“旋转”操作后，在创建旋转体的属性栏中单击“创建草图”。

在工程模式下，不能选择未激活的草图作为截面创建旋转体。

（2）旋转向导　单击特征面板中的“旋转向导”按钮，会出现“旋转特征向导”对话框，可以设置旋转特征的一系列参数。设定好各选项后，单击“完成”按钮退出向导。

此时，会显示二维草图栅格和“编辑草图截面”对话框。利用二维草图所提供的功能绘制所需草图，在“编辑草图截面”对话框中单击“完成造型”，即可把二维草图轮廓以 Y 轴为旋转轴生成一旋转体。此处不再详述。

（3）旋转特征的编辑　即使二维草图已经旋转成三维状态，只要对所生成的三维造型不满意，仍然可以编辑它的草图轮廓或其他属性。

1）利用智能图素手柄编辑。在“智能图素”编辑状态中选中已旋转的图素。与拉伸设计一样，要注意标准“智能图素”上默认显示的是图素手柄，而不是包围盒手柄。

旋转设计手柄包括：

旋转设计手柄：用于编辑旋转设计的旋转角度。

轮廓设计手柄：用于重新定位旋转设计的各个表面，来修改旋转特征的截面轮廓。

旋转设计四方形轮廓手柄并不总出现在“智能图素”编辑状态上，但可以通过把光标移至关联平面的边缘，使之显示。

若用旋转设计手柄来进行编辑，则可以通过拖动该手柄或在该手柄上单击鼠标右键，进入并编辑它的标准“智能图素”手柄选项。

2）利用鼠标右键弹出菜单编辑。在设计树上选择要编辑旋转特征，单击鼠标右键，弹出如图 4-164 所示的菜单。或者在设计环境中，选择处于智能图素状态的旋转特征，单击鼠标右键亦可。

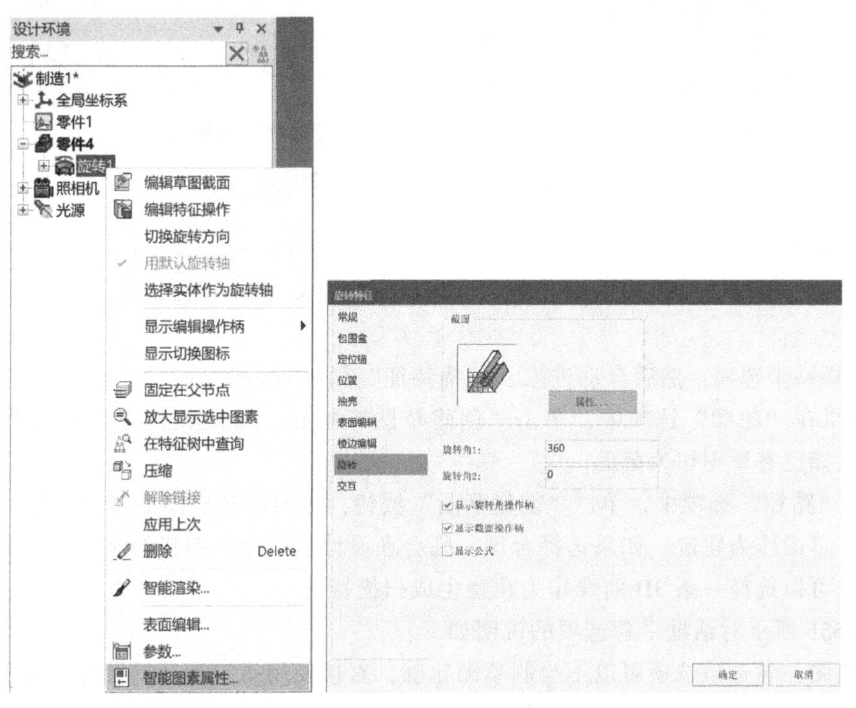

图 4-164　利用鼠标右键弹出菜单编辑旋转特征

根据所要编辑的条件，选择不同的选项。以下是对各选项功能的介绍。

编辑草图截面：用于修改生成旋转造型的二维草图截面。

编辑特征操作：可以进入旋转特征操作的命令管理栏进行重新设置。

切换旋转方向：用于切换旋转设计的转动方向。

3）利用“智能图素属性”编辑。在智能图素状态下右击旋转特征，或者在设计树中的旋转造型上右击，在弹出的菜单中选择“智能图素属性”，进入“旋转”选项卡，在选项卡中编辑旋转角的数值。

3. 扫描

扫描工具是将二维草图轮廓沿着预先设定的路径移动，从而生成三维造型。使用扫描特征，除了需要二维草图外，还需指定一条扫描曲线。扫描曲线可以为一条直线、一系列连续线条、一条B样条曲线或一条三维曲线。扫描特征的生成结果，两端表面完全一样。扫描特征生成如图4-165所示。

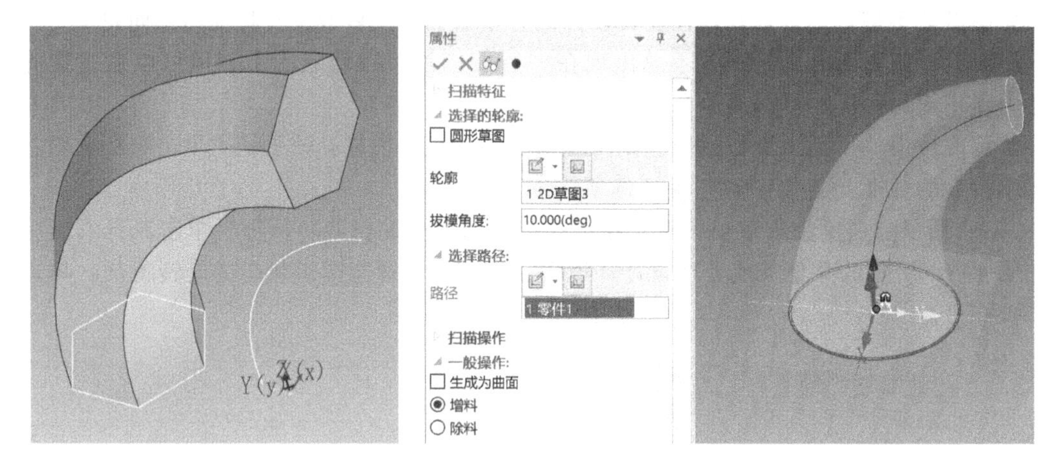

a) 六边形截面扫描　　b) 圆形截面带拔模角扫描

图4-165　扫描特征生成

（1）扫描设计

1）单击“扫描”按钮，则在命令管理栏询问是新建一零件还是在原有零件上添加特征。

2）选择一个选项，然后自动进入“扫描特征”属性对话框。

3）如果在“轮廓”选项中，单击“创建草图”按钮，按照创建草图的过程绘制一草图，或者选择已有草图作为截面。

4）在“路径”选项中，单击“创建草图”按钮，按照创建草图的过程绘制一草图，或者选择已有草图作为轨迹。如果选择合理，则会在设计环境预显扫描结果，此时用户可以进行更改。也可以选择一条3D曲线作为轨迹生成扫描特征。

图4-165b所示对话框中各选项的说明如下：

圆形草图：勾选该选项可以不绘制草图轮廓，直接使用指定直径的圆作为草图轮廓。

拔模角度：以草图截面为基准，设置拔模角度。

生成为曲面：生成的图素为曲面轮廓。

5）当预显满意后，设置完成，单击“确定”，则生成预显中的扫描体。

（2）扫描向导　单击特征面板中的“扫描向导”按钮，选择基准点以后，设计环境中将出现扫描特征向导。向导共有4步，在这些对话框中，可以设置扫描特征的一系列参数。设定好各选项后，单击“完成”按钮退出向导。

此时，会显示二维草图栅格和“编辑轨迹曲线”对话框。利用二维草图所提供的功能绘制所需轨迹曲线，在“编辑轨迹曲线”对话框中单击“完成造型”，进入“编辑草图截面”对话框，利用二维草图所提供的功能绘制所需草图截面。单击“编辑草图截面”对话框中的“完成造型”，则按照轨迹线和草图截面生成扫描实体。

（3）扫描特征的编辑　即使已生成三维扫描特征，只要对所生成的三维造型不满意，仍然可以编辑它的草图或其他属性。

4. 放样

放样设计的对象是多重草图截面，这些截面都须经由编辑和重新设定尺寸。该工具是把这些草图截面沿定义的轮廓定位曲线生成一个三维造型，如图 4-166 所示。

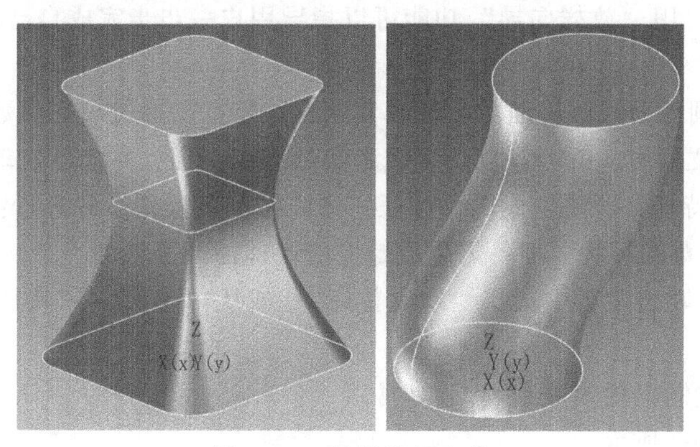

图 4-166　放样特征生成

（1）放样设计

1）单击“放样”按钮，则在命令管理栏询问是新建一零件还是在原有零件上添加特征。

2）选择一个选项，然后进入“放样特征”属性对话框。

3）单击“轮廓”后的“创建草图”按钮，按照创建草图的过程绘制一草图。或者单击“轮廓”后的输入框，选择已有草图或平面作为截面。生成放样特征时，可以选择多个截面草图。

4）设置“起始/结束约束”。

起始轮廓约束：无、正交于轮廓、与邻接面相切。

结束轮廓约束：无、正交于轮廓、与邻接面相切。

这两个条件下面均有三个选项可供选择：

无：即放样实体的生成处于自由状态。

正交于轮廓：与草图轮廓垂直正交，下面的“起始向量长度”可以设置正交的向量长度，设置的值越大，将有更长的长度保持与起始截面垂直。

与邻接面相切：当选择的截面为同一个零件的两个平面时，选择此选项，生成的放样特征起始或末端与所选平面的邻接面相切。

5）当预显满意后，单击“✓”按钮确定并退出，则生成预显中的放样实体。

放样特征中各项含义如下：

中心线：可以选择一条变化的引导线作为中心线。所有中间截面的草图基准面都与此中心线垂直。中心线可以是绘制的曲线、模型边线或草图曲线。

引导线：单击“引导线”后面的按钮选项，可以创建一草图或 3D 曲线作为放样特征的引导线，引导线可以控制所生成的中间轮廓。选择已有草图作为轨迹。如果选择合理，则会在设计环境预显扫描结果，此时用户可以进行更改。也可以选择一条 3D 曲线作为轨迹生成扫描特征。

生成曲面：放样得到一个曲面，而不是实体。

增料/除料：该次放样对已有零件进行增料或者除料操作。

封闭放样：自动连接最后一个和第一个草图，沿放样方向生成一闭合实体。

合并 G1 连续的面片：如果相邻面是 G1 连续的，则在所生成的放样中进行曲面合并。

（2）放样向导　用“放样向导”功能可以指导用户一步步完成自己的特征操作。

5. 螺纹

该功能可以在圆柱面或圆锥面上生成真实的螺纹特征。通过填写参数表及选择绘制好的螺纹截面、生成螺纹的面，就可以自动生成真实的螺纹特征，并能够自动完成螺纹收尾。

（1）生成螺纹特征　若要生成螺纹特征，则应按如下操作步骤进行：

1）绘制螺纹的草图形状，准备需生成螺纹的圆柱面或圆锥面。

2）从“特征”功能面板中选择“螺纹特征”，或从“生成”→“特征”菜单中选择“螺纹特征”选项。

3）设计环境左侧出现“螺纹特征”属性管理栏，如图 4-167 所示。

图 4-167　“螺纹特征”属性管理栏

4）单击“预览”按钮可以预览效果，单击“确定”按钮生成真实螺纹特征。

螺纹定义中各项含义如下：

材料：选择螺纹是增料还是除料。

螺距：选择螺距类型，等螺距还是变螺距。

螺纹方向：选择螺纹方向，左旋还是右旋。

起始螺距：开始时的螺距。

终止螺距：针对于变螺距螺纹，输入终止时的螺距。

螺纹长度：螺纹特征的长度，该值可比其附着的圆柱长度小，也可比其附着的圆柱长度大（即超出圆柱体）。

起始距离：螺纹特征开始的位置。正值则开始于圆柱体上一段距离，负值则超出圆柱体一段距离。

反转方向：使螺纹反向。

分段生成：使用此选项可生成自相交的螺纹特征，即螺距等于齿形高度的螺纹。

草图：选择螺纹面和螺纹截面草图，并设置草图平面是否经过回转体的轴线。

收尾：选择是否收尾，然后可以设置收尾圈数。

螺纹选项中各项含义如下：

草图过轴线：在扫描过程中保持草图平面过轴线。

预览时仅显示螺旋线：仅显示用于扫描的螺旋线。

收尾（0-1）：0 没有收尾，1 为一圈收尾。

起始裁剪选项/终止裁剪选项：此选项用于分段生成螺纹特征时选择，螺纹超出圆柱面高度时选择裁剪方式。其中各项含义如下：

不裁剪：不裁剪多生成的螺纹特征。

用平面自动裁剪：用两端的圆柱体平面自动裁剪高于圆柱面的螺纹特征。

用相邻面自动裁剪：用相邻的面裁剪高于圆柱面的螺纹特征。

手动裁剪：自选平面/曲面裁剪螺纹特征。

（2）螺纹截面　螺纹截面可以在设计环境的任何一个位置绘制。绘制螺纹截面时，螺纹图线关于 X 轴对称，X 轴正向的草图曲线是发挥作用的曲线，即这部分是即将生成的真实螺纹的形状；Y 轴与螺纹面重合。

图 4-168 所示为减料螺纹的螺纹截面与生成的减料螺纹的关系。

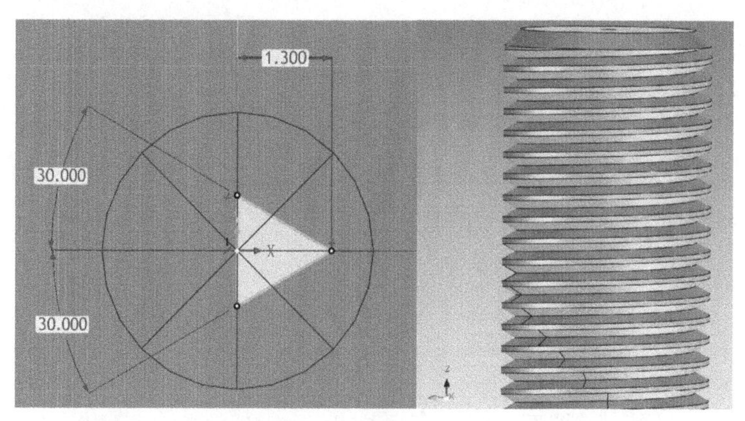

图 4-168　减料螺纹的螺纹截面与生成的减料螺纹的关系

（3）编辑螺纹特征　在设计树或设计环境中选择螺纹特征，单击鼠标右键，出现编辑螺纹特征的菜单。其中各项含义如下：

编辑：进入螺纹特征命令管理栏重新设置螺纹特征。

编辑草图：可以编辑生成螺纹特征的草图。

压缩：压缩螺纹特征。

删除：删除螺纹特征。

父子关系：选择此选项会出现另一个对话框，可以显示该螺纹特征的父特征。

6. 加厚

该功能可以选择面做加厚操作。可以从“特征”功能面板或“生成”→“特征”菜单中单击“加厚”按钮。

生成加厚特征的操作步骤如下：

1）单击“加厚”按钮，进入“加厚特征”属性管理栏，其各项含义如下：

面：选择要加厚的表面。在表面编辑状态选择表面图素（面以绿色显示）。

厚度：输入要加厚的厚度值。

方向：选择加厚的方向，可以向上、向下或对称。

向量：从 CAXA 3D 实体设计 2011 开始，可以不局限于法线方向加厚，还可以选择向量，如选择长方体的一个边作为加厚方向。此时它的名称显示在向量后面的文本框中。如果此时向量的箭头方向不是我们想要的方向，可以选择“向下”，这时加厚方向将是该向量的反方向。

2）单击“确定”按钮即可将指定表面按指定的方向加厚指定的厚度，然后返回到设计环境。此时，该表面加厚的图素在设计环境中就以一个实体零件显示。

7. 自定义孔

利用该工具，可以利用草图绘制多个点，一次生成多个不同位置的自定义孔。

1）进入草图绘制孔位置中心点草图。如图 4-169 所示，在长方体上表面绘制了 5 个孔中心点草图。

2）单击“自定义孔”按钮，在设计环境中点选零件，则出现相应属性管理栏，按图样设计要求填写相应参数，如图 4-169 所示。

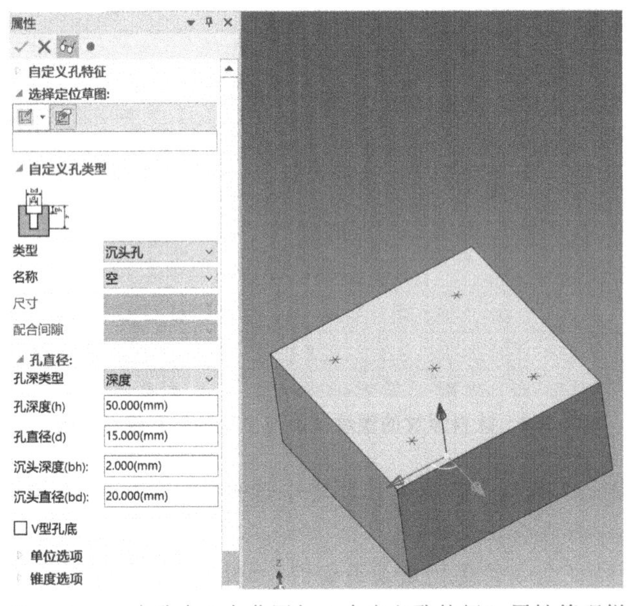

图 4-169　5 个孔中心点草图与“自定义孔特征”属性管理栏

3）点选零件表面上的孔中心点，则出现孔的预显示状态，单击“✓”确定，完成孔的特征造型，如图 4-170 所示。

8. 快速生成图素

通过拾取零件上特征点快速创建几何体，支持长方体、圆柱体、圆台、圆锥、球体和旋转体等几何体。

单击“快速生成图素”下方的小三角，打开下拉菜单选择要快速生成的几何体。例如选择三点后，即可确定长方体的草图平面及轮廓，再选择平面外一点作为拉伸高度，即可快速生成一个长方体。

其他几何体的生成过程与此过程类似。

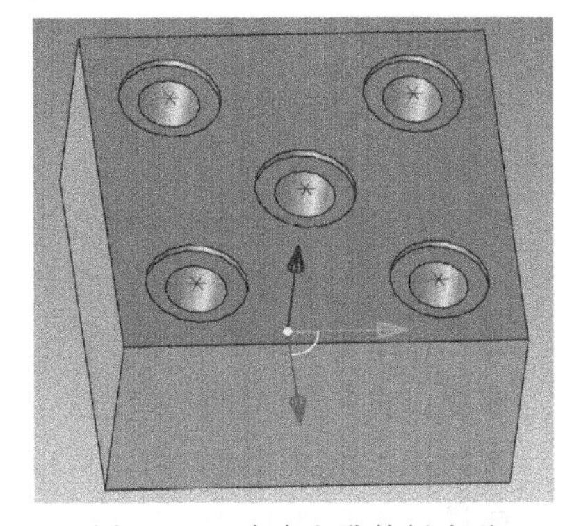

图 4-170　自定义孔特征造型

（二）特征修改

在进行基本实体特征设计后，需要对其进行精细设计。CAXA CAM 制造工程师 2020 软件提供了对零件的编辑修改功能，可以对实体特征进行圆角过渡、边倒角、面拔模和抽壳等操作。这些操作都在“特征”功能面板中的“修改”部分，或者从菜单“修改”中选择对应的选项。

1. 圆角过渡

单击“圆角过渡”命令，将启动过渡命令管理栏，在该命令管理栏中，可对零件的棱边实施凸面过渡或凹面过渡。在对话框中，能够可见地检查当前设置值、实施需要的编辑操作或添加新的过渡。软件提供等半径过渡、两点过渡、变半径过渡、等半径面过渡、边线过渡和三面过渡等六种过渡方式。

（1）等半径过渡　等半径过渡可以实现在实体的边线进行圆角过渡，加工上的意义就是将尖锐的边线磨成平滑的圆角，如图 4-171 所示。其操作步骤如下：

1）在设计环境中绘制一个三维实体造型。

2）在“特征”→“修改”功能面板中单击“圆角过渡”按钮，在工作窗口左边弹出“圆角过渡”命令管理栏。

3）选择需要过渡的边。

4）在“圆角过渡”命令管理栏中，选择过渡类型和设定圆角半径尺寸。

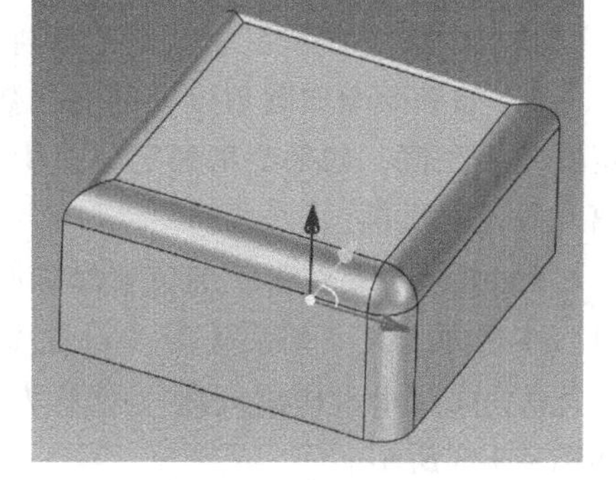

图 4-171　等半径过渡

对话框中各选项的含义如下：

过渡类型：选择圆角过渡的类型为等半径。

几何：选择要进行过渡的面或边。

半径：设置圆角过渡半径。

球形过渡：过渡的圆角为球形。

光滑连接：自动选择光滑连接的边，可以对与所选择的棱边光滑连接的所有棱边都进行圆角过渡。

5）设置完成后，可以单击命令管理栏上方的按钮应用操作或退出操作。单击“✔”将应用操作并退出；单击“✖”将不应用操作并直接退出；单击“6ơ”可以预览操作的效果；单击“●”将应用操作而不退出。

（2）两点过渡　两点过渡是变半径过渡中最简单的形式，过渡后圆角的半径值为所选择的过渡边的两个端点的半径值，如图 4-172 所示。其操作步骤如下：

1）在设计环境中绘制一个三维实体造型。

2）在“特征”→“修改”功能面板中单击“圆角过渡”按钮，在工作窗口左边弹出“圆角过渡”命令管理栏。

3）选择需要过渡的边。

图 4-172　两点过渡

4）在“圆角过渡”命令管理栏中，选择两点过渡类型，设定过渡半径尺寸。

对话框中各选项的含义如下：

开始半径：两点变半径过渡的开始半径 $R1$。

终点半径：两点变半径过渡的终点半径 $R2$。

切换半径值：利用此选项可交换过渡的半径值 $R1$ 和 $R2$。

过渡变化类型：支持光滑变化和线性变化。

5）选择“应用并退出”选项，结束操作。

（3）变半径过渡　变半径过渡可以使一条棱边上的圆角有不同的半径变化。其操作步骤如下：

1）在设计环境中绘制一个三维实体造型。

2）在“特征”→“修改”功能面板中单击“圆角过渡”按钮，在工作窗口左边弹出“圆角过渡”命令管理栏。

3）选择需要过渡的边。

4）选择“变半径”，出现“变半径圆角过渡”命令管理栏。

5）如果要增加圆角半径的变化数目，在想要增加变半径的边上单击，在“半径”中设定圆角半径值，如果要精确定位点所在的位置，可以在比例栏中输入变半径点和起始点的距离与长度的比例。

6）如果想要在等长的位置增加圆角半径的变化数目，在“附加半径”项中输入变化数目，本例为“3”，然后单击“设置点的数量”按钮，则在欲进行圆角过渡所在边上增加了3个点，此时单击任意一点（点变为黄色点），在对话框内填写半径值，确定后得到结果，如图4-173所示。

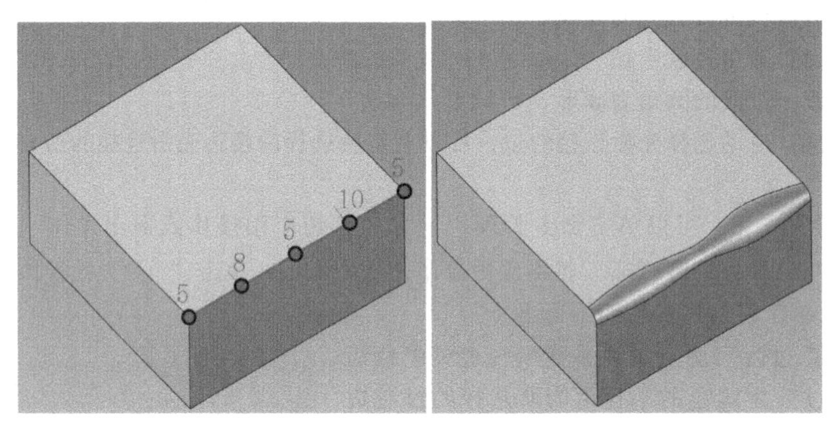

图4-173　增加变半径点的数目

（4）等半径面过渡　生成等半径面过渡的操作步骤如下：

1）在设计环境中绘制一个三维实体造型。

2）在“特征”→“修改”功能面板中单击“圆角过渡”按钮，在工作窗口左边弹出“圆角过渡”命令管理栏。

3）选择“等半径面过渡”，出现“等半径面过渡”命令管理栏，如图4-174所示。

第一组面（顶面）：选择用来生成等半径面过渡的第一个面。

第二组面（底面）：选择用来生成等半径面过渡的第二个面。

辅助点：当两个面进行圆角过渡时，如果过渡位置比较模糊，可以使用定位辅助点来确定圆角过渡的条件，会在辅助点附近生成一个过渡面

过渡半径：输入过渡圆角半径。

二次曲线参数：过渡圆角支持二次曲线，参数范围为0~1。

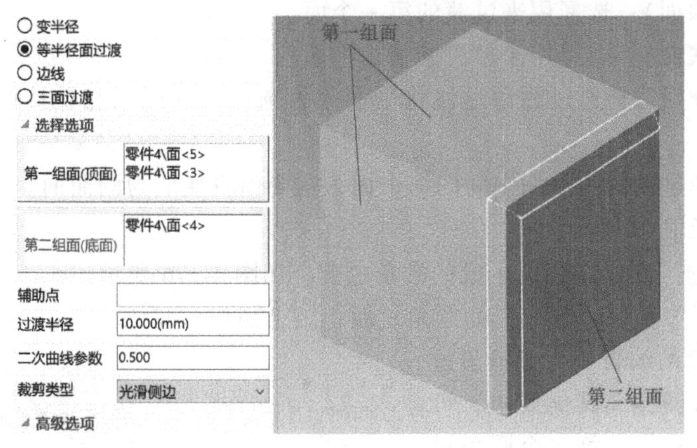

图 4-174　等半径面过渡

(5) 边线过渡　边线过渡可以边线内生成面过渡，其操作步骤如下：

1）在设计环境中绘制一个三维实体造型。

2）在“特征”→“修改”功能面板中单击“圆角过渡”按钮，在工作窗口左边弹出“圆角过渡”命令管理栏。

3）选择“边线”，出现“边线过渡”命令管理栏，如图 4-175 所示。

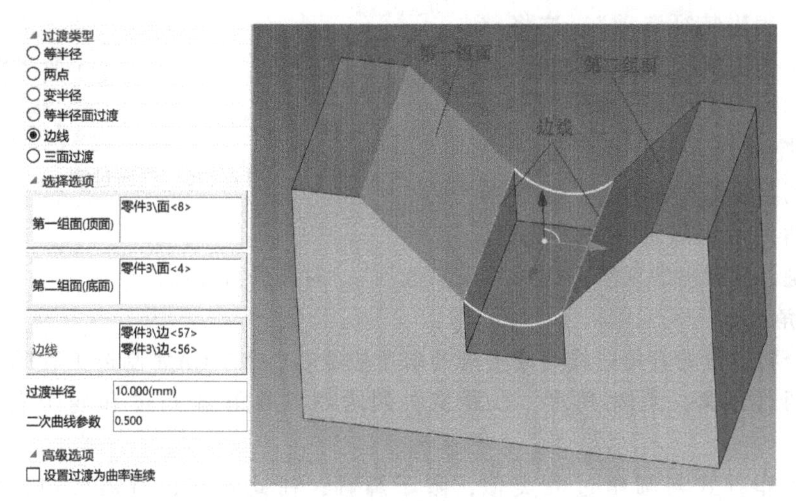

图 4-175　边线过渡

第一组面（顶面）：选择用来过渡的第一个面。

第二组面（底面）：选择用来过渡的第二个面。

二次曲线参数：过渡圆角支持二次曲线，参数范围为 0~1。

(6) 三面过渡　三面过渡功能将零件中某一个面，经由圆角过渡改变成一个圆曲面。其操作步骤如下：

1）在设计环境中绘制一个三维实体造型。

2）在“特征”→“修改”功能面板中单击“圆角过渡”按钮，在工作窗口左边弹出“圆角过渡”命令管理栏。

3）选择“三面过渡”，出现“三面过渡”命令管理栏，如图 4-176 所示。

第一组面（顶面）：选择用来过渡的第一个面。

第二组面（底面）：选择用来过渡的第二个面。

以上两个面分别选择通过圆角过渡将平面改为圆曲面的面的相连接两面（箭头所指向的平面）。

中心面：选择过渡的两个面中间的那个面，这个面将变形为圆曲面。不再需要在工具条中输入圆角的半径值。

4）单击“6σ”图标，预览生成的圆角过渡，如图4-176所示。

5）单击“✓”图标，生成三面圆角过渡，结束操作。

（7）圆角过渡的编辑　生成圆角过渡后，如果不符合图样和其他要求，可以对其进行修改及编辑。每一个圆角过渡都在设计树中生成一个单一条目。如果过渡操作成功，就会以着色的图标指示；如果过渡操作失败，其图标上就会有一个叉号。

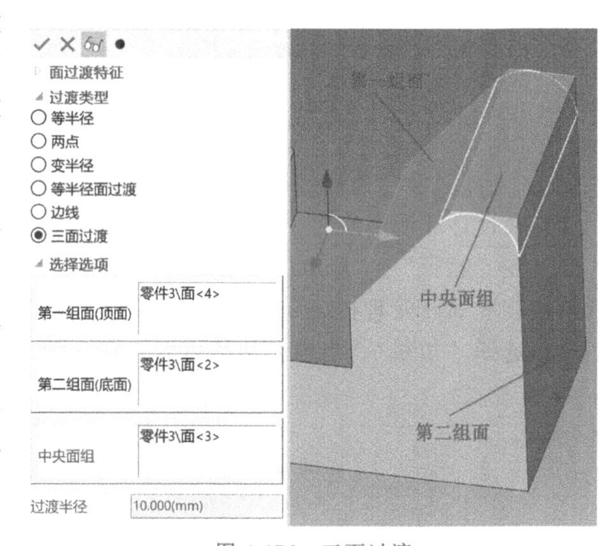

图4-176　三面过渡

若要显示用以编辑的过渡，则在设计树中右击其图标，然后从随之弹出的菜单中选择“编辑特征选项”。这将重新打开过渡命令控制栏，以便编辑。也可以直接在零件上选择该过渡来打开编辑倒角命令控制栏。当选择到零件内时，可以看到与光标一起显示的过渡图标，并且圆角过渡区域为黄色。此时，单击鼠标右键，从弹出的菜单中选择“编辑选项”，对其进行修改。

2. 边倒角

倒角命令将尖锐的直角边线磨成平滑的斜角边线。CAXA CAM制造工程师2020软件提供了距离、两边距离、距离-角度、双距离、四距离、两距离-角度和变距离等七种倒角方式。

由于其操作方式与圆角过渡类似，限于篇幅，在此省略，有需要时，可参照软件“帮助”。

3. 面拔模

面拔模可以在实体选定面上形成特定的拔模角度。实体设计可以做出中性面、分模线和阶梯分模线等三种面拔模形式。

（1）中性面拔模　这是面拔模的基础。与“拔模特征”命令的用法及作用相同，如图4-177所示，操作步骤如下：

1）绘制一个实体模型，并激活面拔模命令。

2）在拔模类型中，选择“中性面”。

3）选择中性面，在实体模型中以棕红色显示。

4）选择需要拔模的面，在实体设计中以蓝色显示。

5）在“拔模角度”文本框中，输入拔模角度。

6）单击“预览”，如果拔模方向与设想的相反，可以在拔模角度前添加负号，则拔模方向相反。

7）单击“确定”，完成拔模操作。

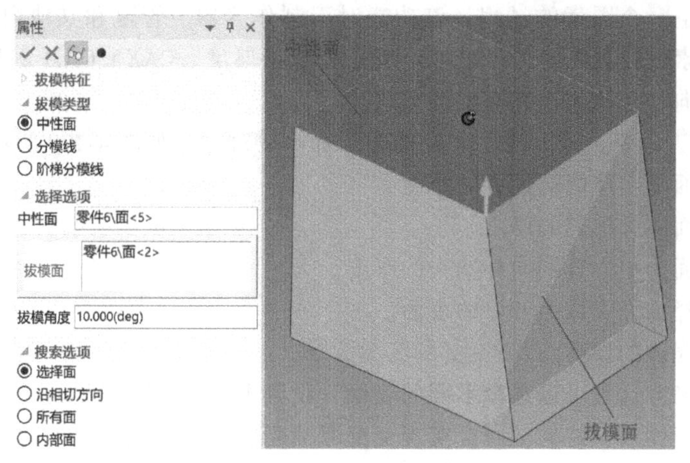

图 4-177　中性面拔模

（2）分模线拔模　可以在分模线处形成拔模面。分模线可以不在平面上。若要在分模线处形成拔模面，则需要在表面插入一条分模线（使用分割实体表面命令，目前工程模式下，零件处于激活状态时，分割实体表面命令为灰色状态），或者使用已存在模型边。其操作步骤如下：

1）绘制一个实体模型，并激活面拔模命令。

2）在拔模类型中，选择“分模线”。

3）选择要拔模的中性面，拔模方向，在实体设计中以蓝色箭头显示。

4）选择分模线，将出现一个黄色的箭头指示拔模的方向，将光标移动到箭头上，当箭头变为粉色时，单击箭头，拔模方向即反向。

5）在“拔模角度”文本框中，输入拔模角度。

6）单击“确定”，完成拔模操作，如图 4-178 所示。

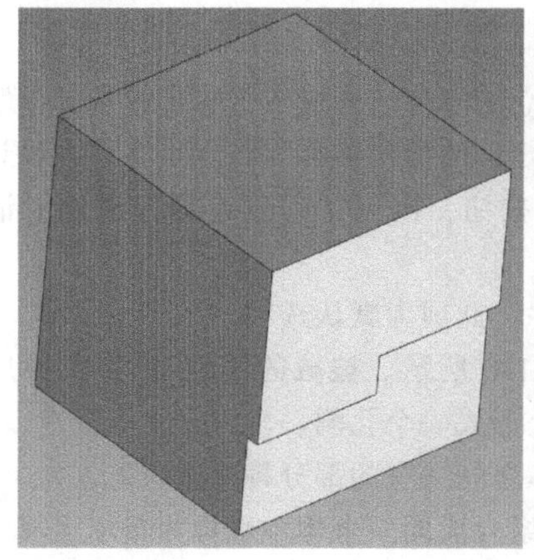
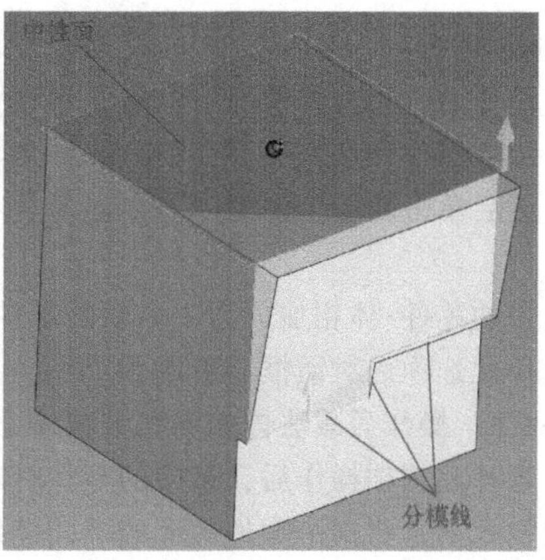

图 4-178　分模线拔模

（3）阶梯分模线拔模　阶梯分模线拔模是分模线拔模的一种变形。阶梯拔模能够生成选择面的旋转，这时生成小平面，即小阶梯。阶梯分模线拔模的操作步骤与分模线拔模类似，在此略。

4. 抽壳

抽壳即是挖空一个图素的过程。该功能对于制作容器、管道和其他内空的对象十分有用。当对一个图素进行抽壳时，可以规定剩余壳壁的厚度。CAXA CAM 制造工程师 2020 软件提供了向里、向外及两侧抽壳等三种方式。

单击“抽壳”命令，将出现“零件抽壳”命令管理栏，如图 4-179 所示。

内部：从表面到实体内部抽壳的厚度。

外部：从表面向外抽壳的厚度。

两边：以表面为中心分别向外抽壳的厚度。

开放面：选择抽壳实体上开口的表面。

厚度：指定壳体的厚度。

单一表面厚度：这里可以选择不同的表面，设置不同的抽壳厚度。

厚度：指定壳体某一处的壁厚，实现变壁厚抽壳。

单击“确定”，结束操作。图 4-179 所示为一零件的抽壳操作结果。

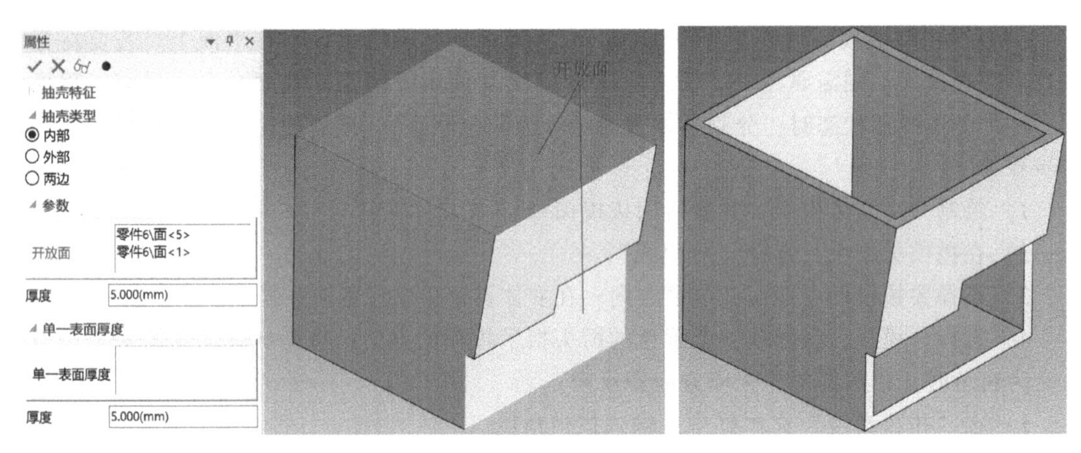

图 4-179　零件抽壳

5. 布尔运算

在创新设计中，在某些情况下，需要将独立的零件组合成一个零件或从其他零件中减掉一个零件。组合零件和从其他零件中减掉一个零件的操作被称为布尔运算。在设计树上选择多个零件，然后单击功能区中的“布尔运算”按钮，出现“布尔运算”属性对话框。其操作类型如下：

加：选中的零件/体相加成为一个新的零件。此项为默认选项。

减：选择此选项后对话框会更改为如图 4-180 所示。被减的零件/体将减掉后一个选项框中的零件/体。操作后减法体如同在被减体上形成一个孔洞。

相交：选择此选项操作后，选中的零件/体之间共有的部分将保留。

在工程模式下，将同一零件内部的不同体组合成同一个体，也称为布尔运算。不同的工程模式零件不能进行布尔运算。布尔运算有布尔加运算、布尔减运算和布尔交运算。

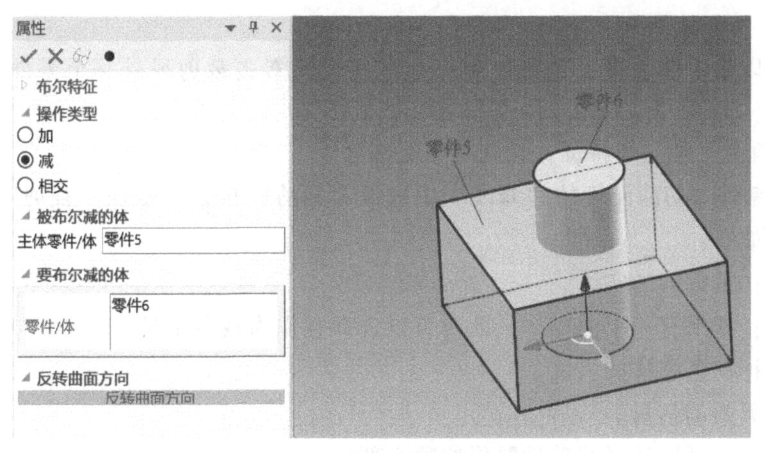

图 4-180 布尔运算“减”操作

6. 筋板

在创新模式下，首先建立一个草图。该草图一般位于要创建的筋板位置。

1）从“特征”功能面板的“修改”中单击“筋板”按钮，出现如图 4-181 所示选项。

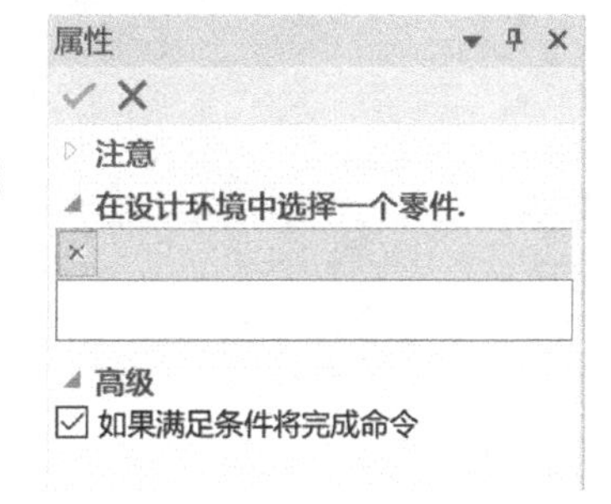

图 4-181 筋板设计选项

2）一般筋板选择“在设计环境中选择一个零件”，此时出现如图 4-182 所示的对话框，在其中做适当选择。

各选项含义如下：

拾取草图：选择用于生成筋板的草图。

厚度：可以定义筋板的厚度。

反转方向：勾选可以改变筋板的拉伸方向。

加厚类型：可以选择向左侧、双侧、右侧加厚生成筋板。

成形方向：可以选择平行于草图或垂直于草图。

拔模角度：勾选此项后，可以输入一个拔模角度使筋板有一个斜度。

单击“确定”后完成筋板特征，如图 4-182 所示。

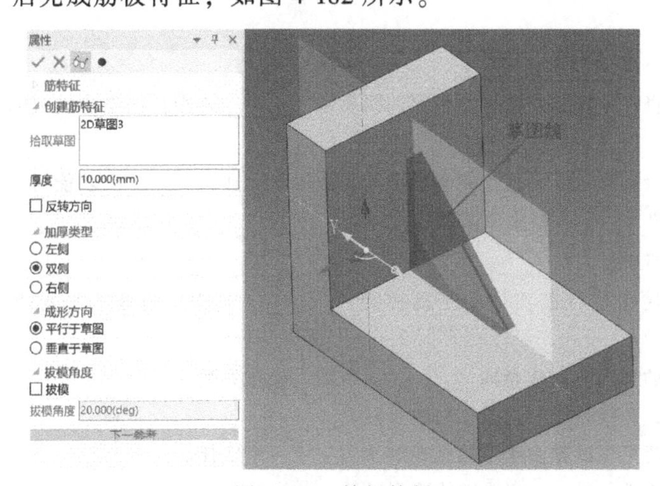

图 4-182 筋板特征

7．裁剪

该命令可以用于体裁剪，也可以用一个零件或元素去裁剪另外一个零件。其操作步骤如下：

1）创建两个三维实体特征，相互有相交部分。

2）从“特征”功能面板的“修改”中选择“裁剪”按钮，出现“裁剪”命令管理栏，其各选项含义如下：

目标零件：被裁剪的实体。

工具零件：如果有一个曲面体，此时可以选择它作为裁剪工具。

元素：选择一个零件的表面。

偏移：裁剪的偏移量。

保留的部分：可以选择裁剪后要保留哪一部分。

裁剪操作过程如图 4-183 所示。

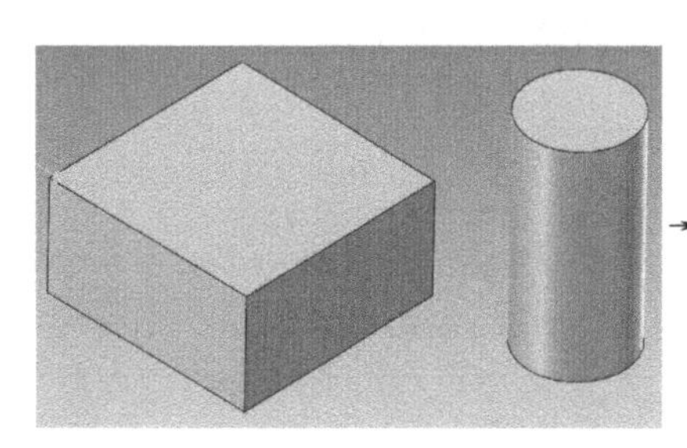
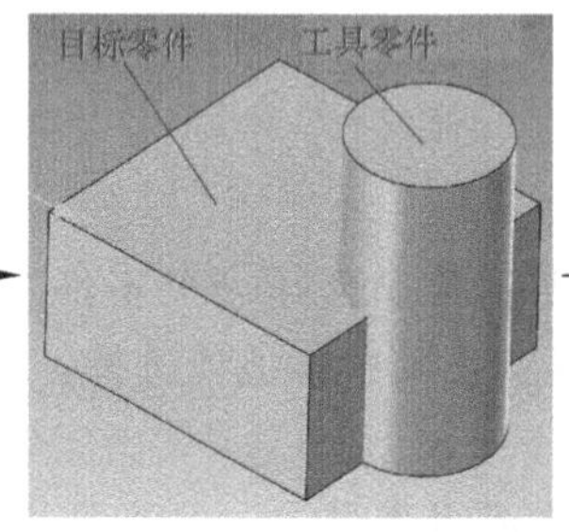

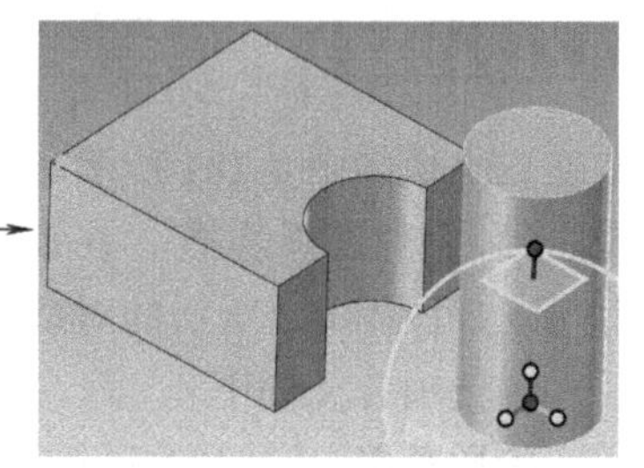

图 4-183　裁剪操作过程

思考与练习题

4-1　填空题

（1）特征树中的基准平面有________、________和________。

（2）拉伸除料是将一个轮廓曲线根据指定的距离做________操作，用来在已有的实体上生成一个减去材料的特征。

（3）草图有两种绘制方法，一是绘制出图形的大致形状，通过________功能对图形进行修改，得到最终图形；二是直接按照________精确作图。

（4）绘制草图的步骤：________、________、________、________和________。

（5）绕某轴线旋转生成特征实体的工具称为________，其中，截面线是封闭________线，轴线是________线。

（6）筋板生成时的加固方向应指向________，否则，操作失败。

（7）在草图状态，曲线投影时的投影对象可以是________、________和________。

（8）________功能可以根据多个截面线轮廓草图生成一个实体。

4-2　根据图 4-184 所示尺寸，完成实体造型设计。

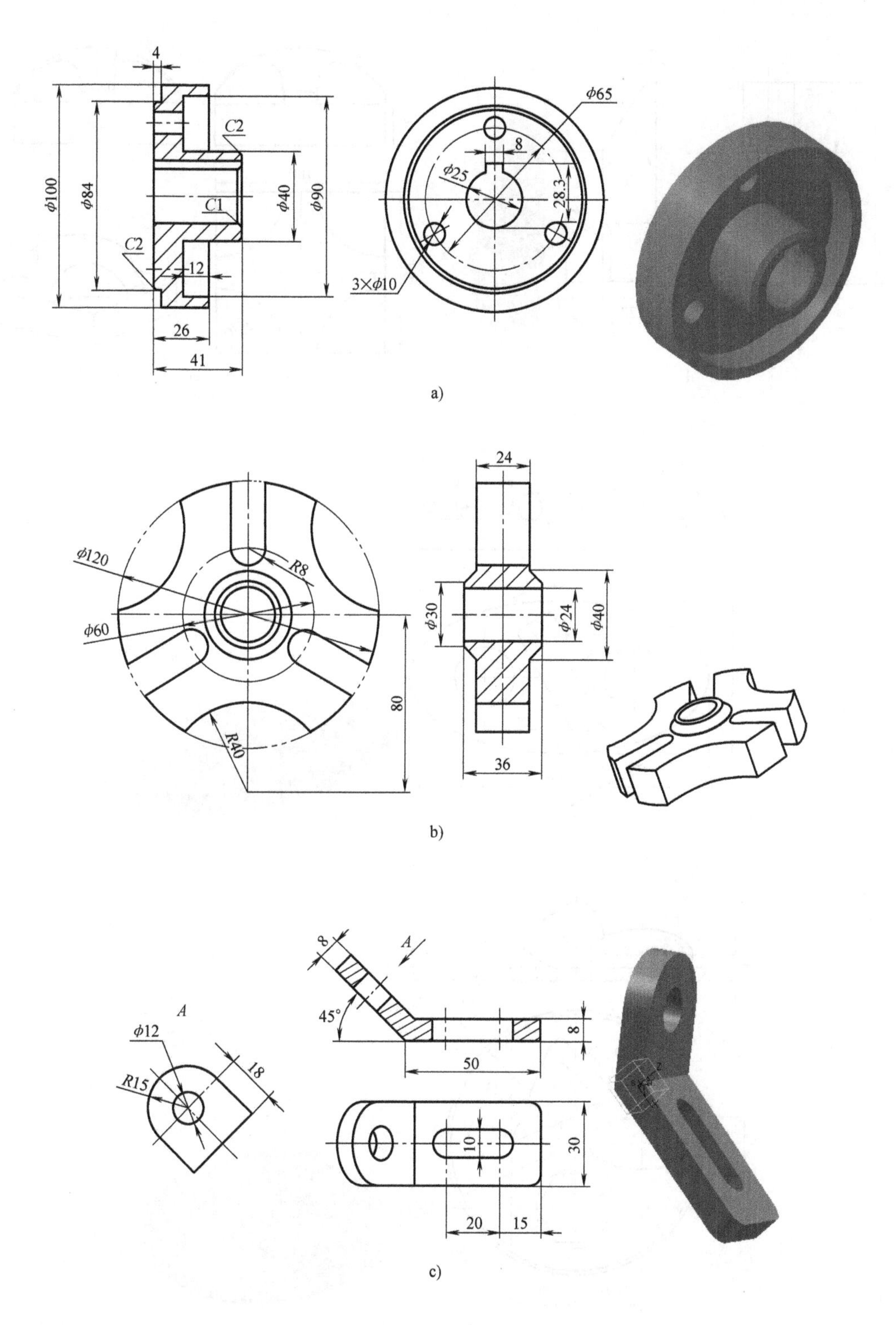

图 4-184　实体设计图例

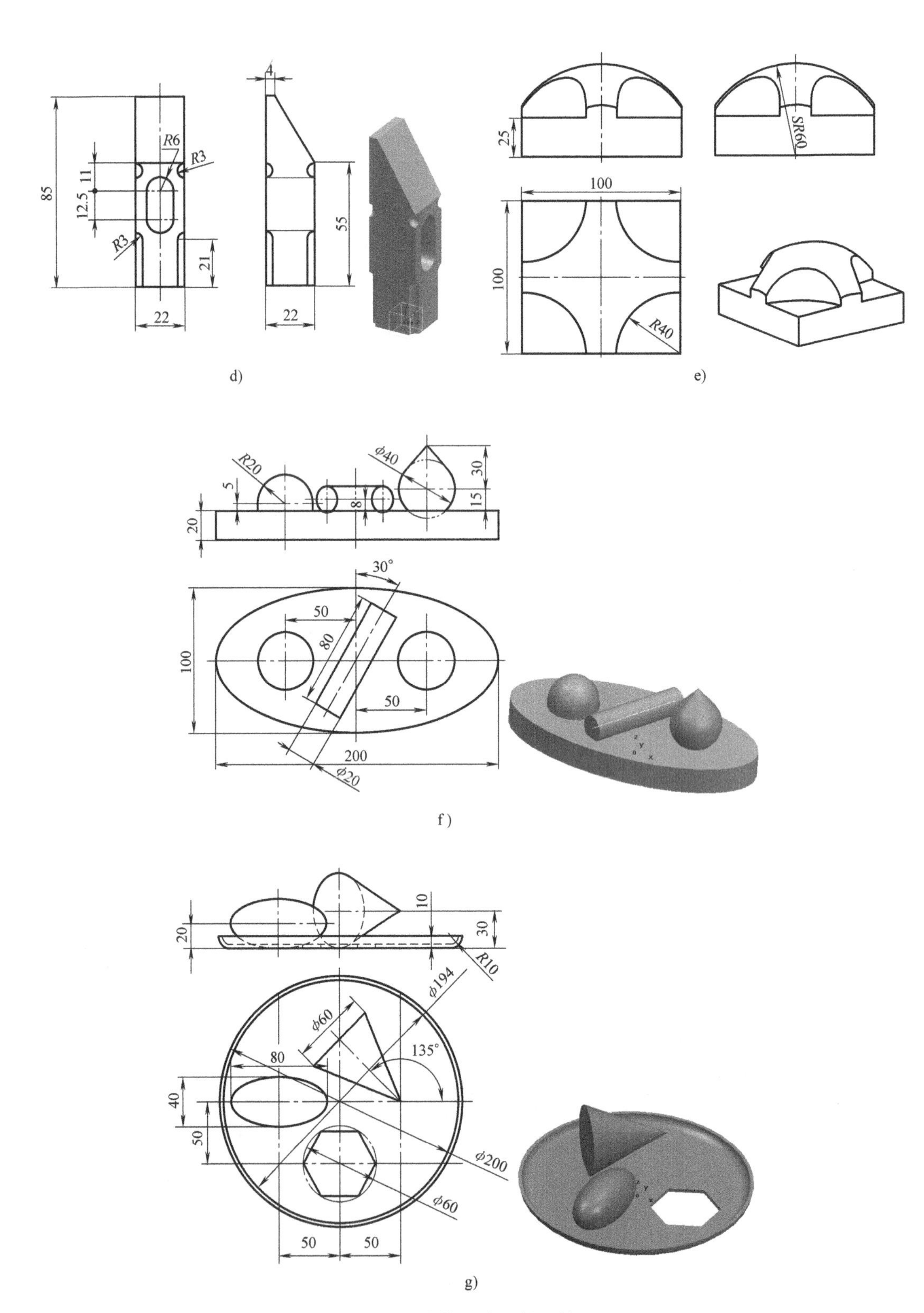

图 4-184　实体设计图例（续）

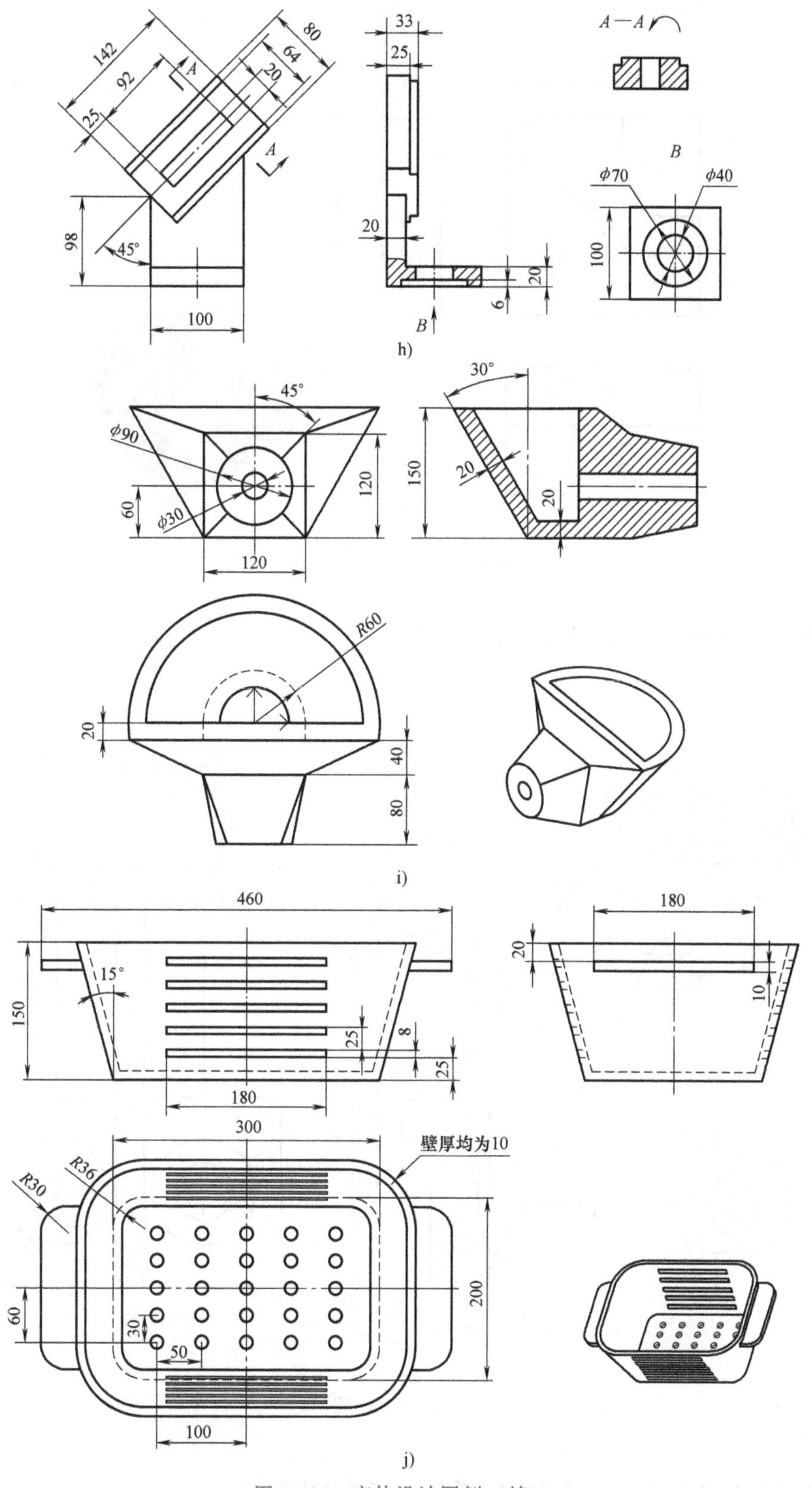

图 4-184 实体设计图例（续）

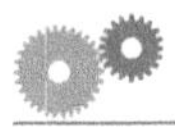

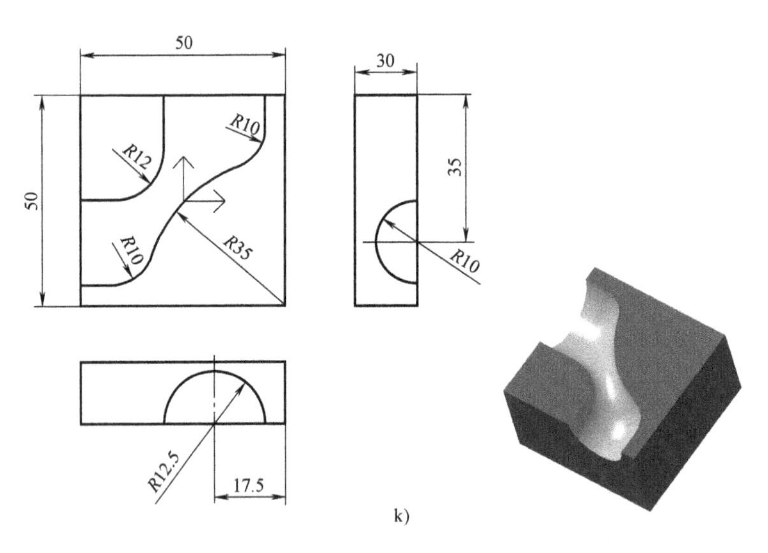

k)

图 4-184 实体设计图例（续）

4-3 根据图 4-185 所示尺寸，完成支架的实体造型设计。

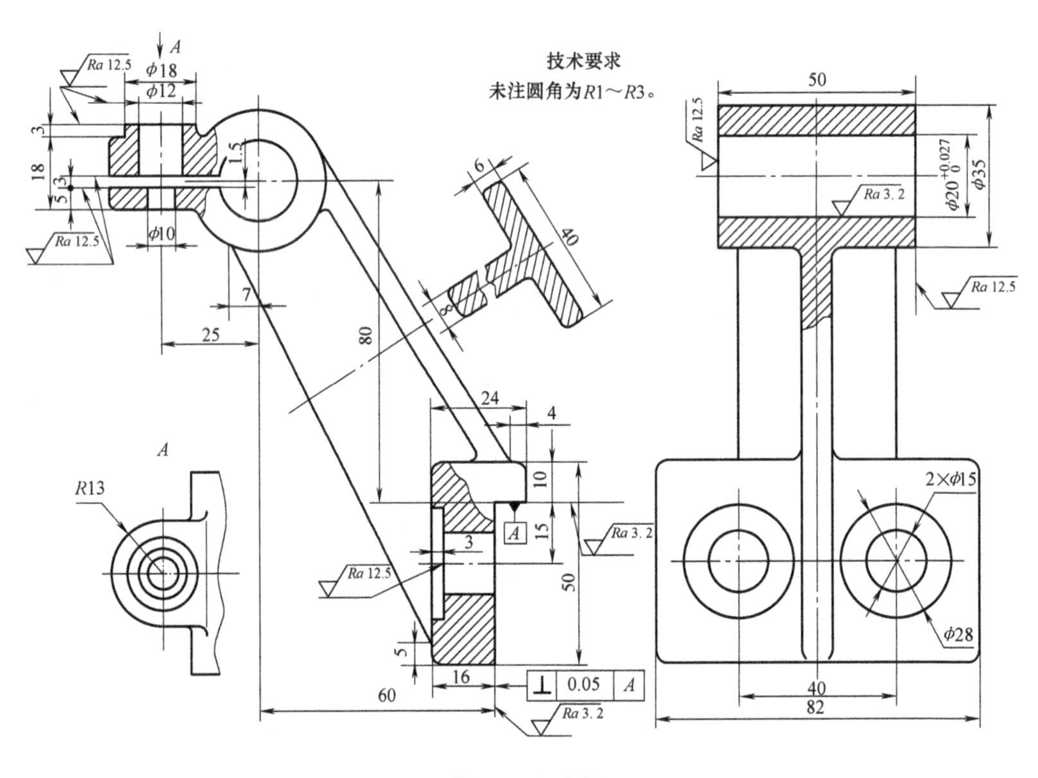

图 4-185 支架

4-4 根据图 4-186 所示尺寸，完成薄壁壳零件的三维实体造型设计。

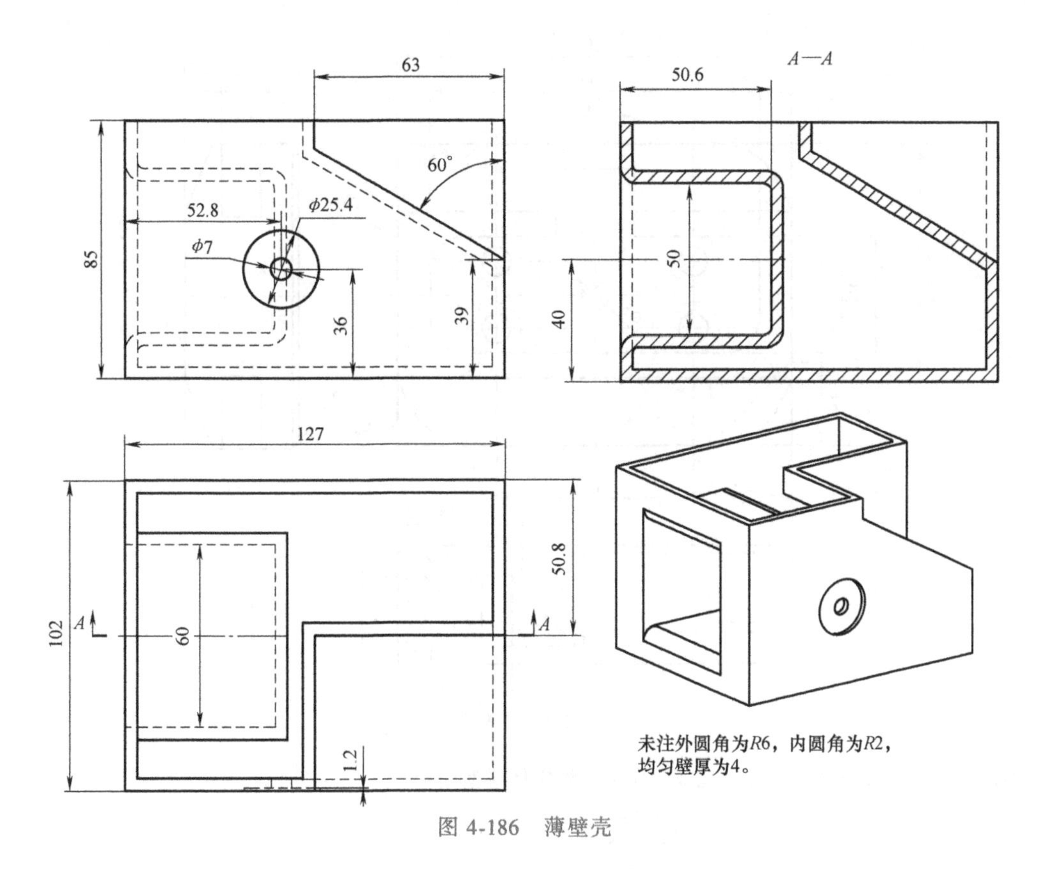

图 4-186 薄壁壳

4-5 根据图 4-187 所示尺寸，完成摩擦楔块锻模的实体造型设计。

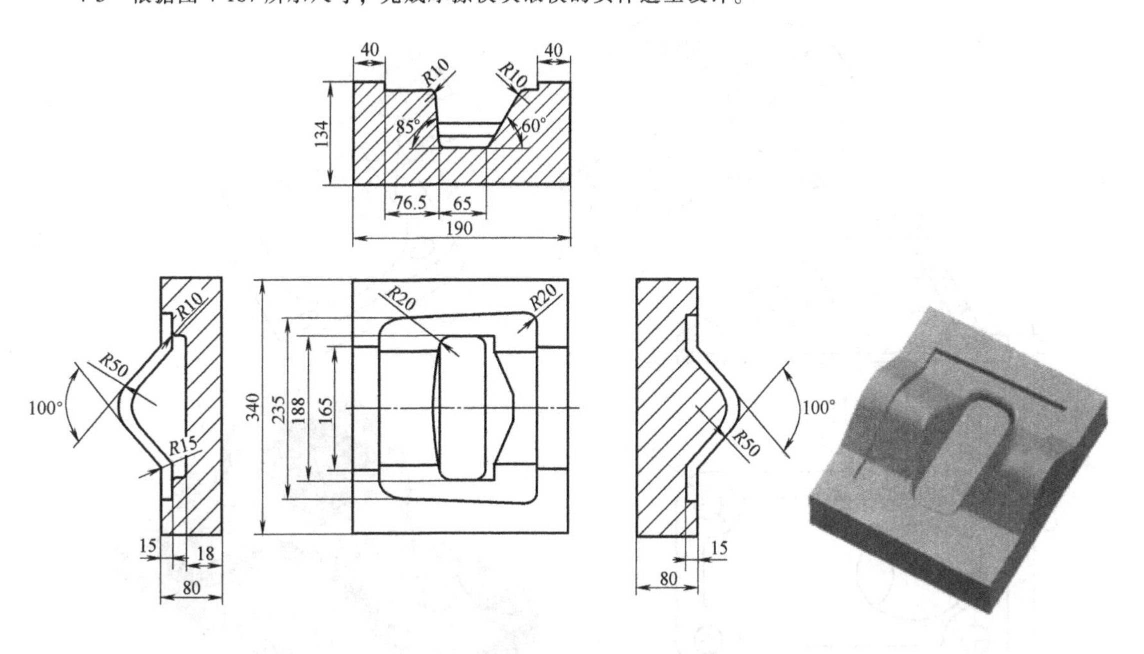

图 4-187 摩擦楔块锻模

4-6 根据图 4-188 所示尺寸，完成基座零件的三维实体造型设计。

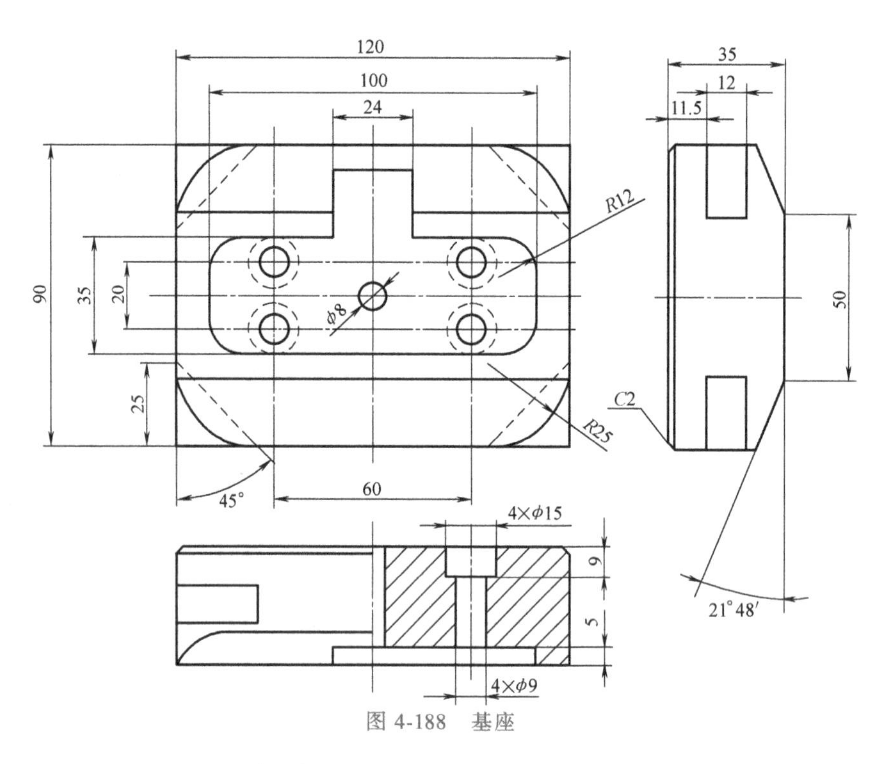

图 4-188　基座

4-7　根据图 4-189 所示尺寸，完成斜座的三维实体造型设计。

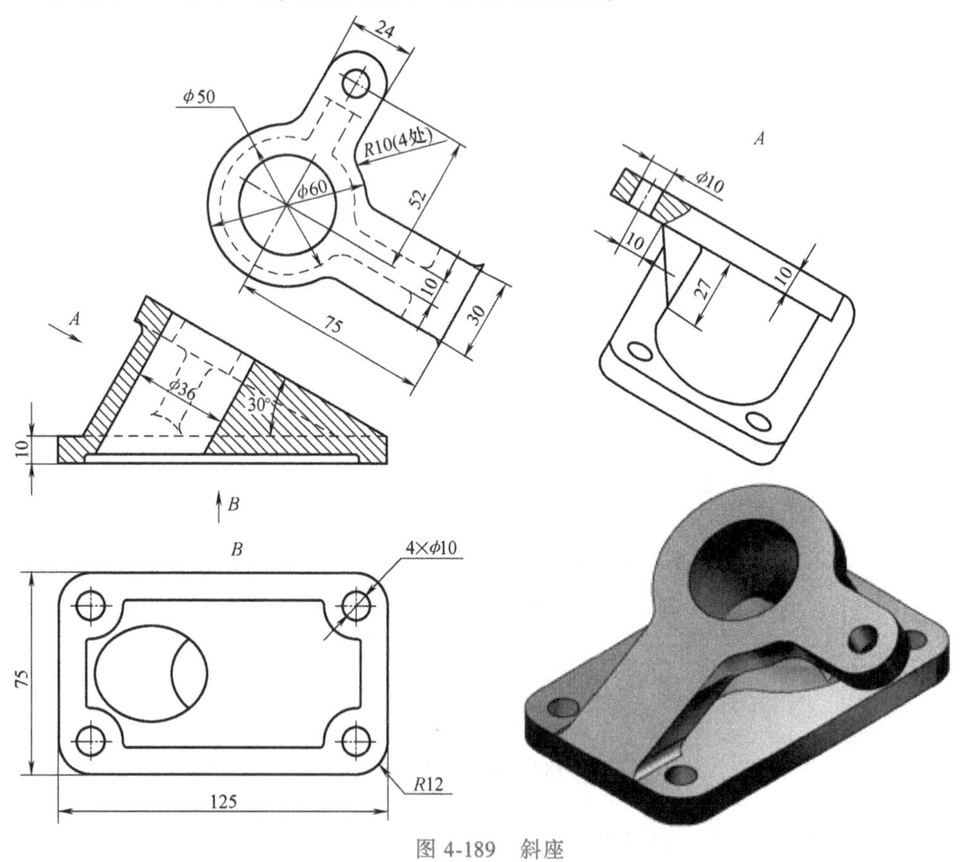

图 4-189　斜座

4-8　根据图 4-190 所示尺寸，完成叉架的三维实体造型设计。

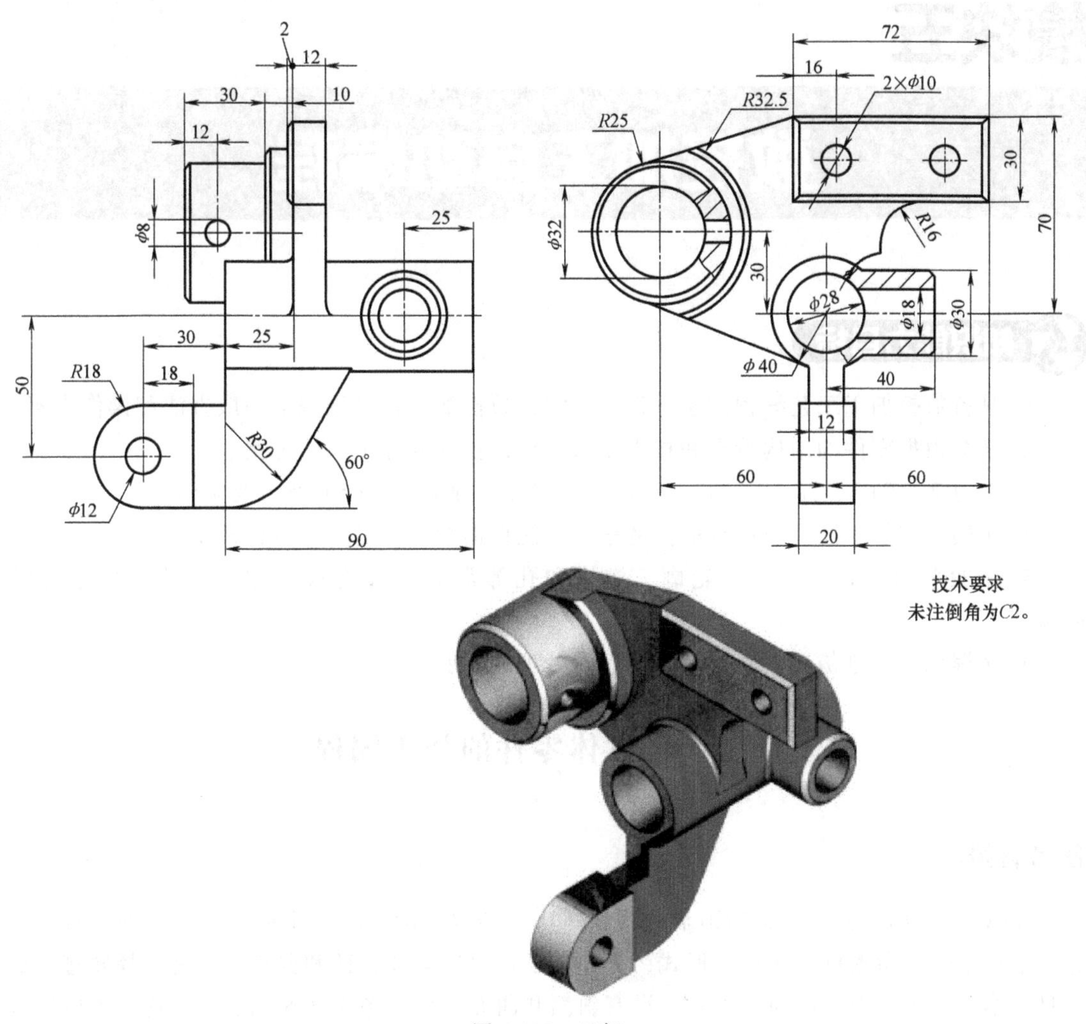

图 4-190　叉架

Chapter 5

模块五 数控加工自动编程

知识能力目标

1. 具备数控加工工艺编程的基本知识，掌握数控加工自动编程的一般方法和操作步骤。

2. 学会根据零件的结构特点和技术要求，设计正确的加工工艺方案。

3. 学习 2.5 轴、3 轴、4 轴和 5 轴加工，掌握各种加工功能的特点及应用。

4. 正确理解加工造型与设计造型的概念，能根据加工要求建立零件模型。

5. 掌握平面、曲面、内外轮廓、沟槽和孔等常见几何要素的加工方法及质量保证措施。

6. 掌握加工轨迹仿真、轨迹编辑和后置处理的一般方法。

任务一 盘体零件的加工编程

任务背景

CAXA CAM 制造工程师 2020 软件提供了丰富的数控加工轨迹生成工具，每种工具都有它的前提条件、参数特征和轨迹形式，操作者必须根据零件特征和要求，合理选择轨迹生成工具。本例属于平面区域加工方式，没有斜面和曲面，尽量考虑 2.5 轴加工，这样生成轨迹的速度比较快。通过盘体零件的加工编程，学生能学会平面区域粗加工和平面轮廓精加工功能的知识及应用。

任务要求

根据图 5-1 所示的尺寸和技术要求，完成盘体零件的加工编程。已知零件毛坯为 120×120×20 的硬铝板，底面及侧面已加工到位，单件生产。

任务解析

1）选用台虎钳装夹，下放垫铁，打表找正。

2）坐标原点建立在零件上表面中心点处。

3）根据零件技术要求，*R*2 未注圆角在轮廓曲线和加工造型的绘制时必须体现出来。

4）根据精度和表面粗糙度要求，决定采取平面区域粗加工和平面轮廓精加工功能来生成零件的加工轨迹。

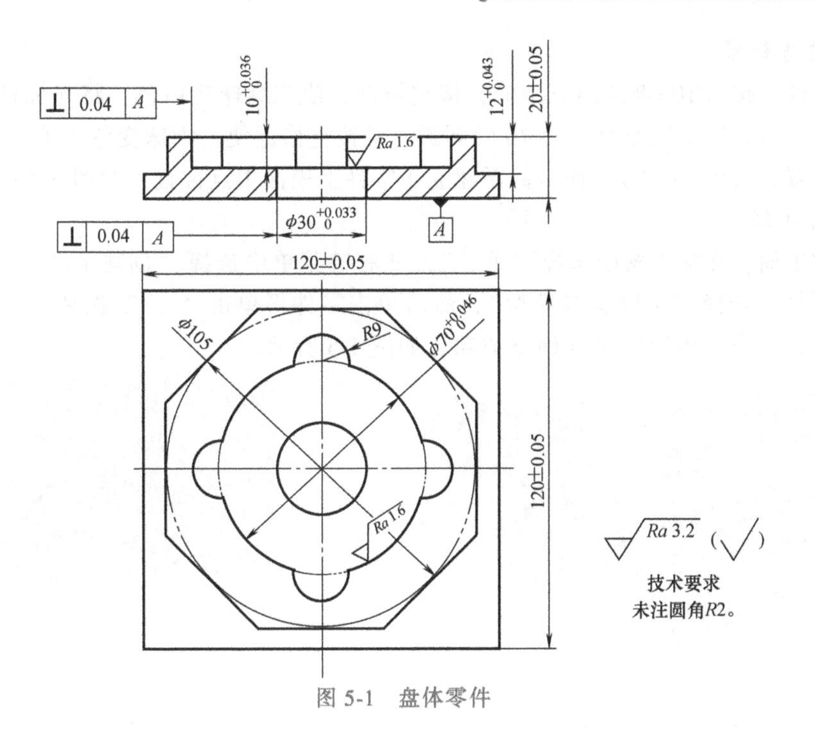

图 5-1 盘体零件

本案例的重点、难点

1）平面区域粗加工和平面轮廓精加工功能的特点、参数设置和轨迹。
2）实体造型坐标系与加工坐标系的建立与转换。
3）加工轨迹实体仿真检验。
4）后置处理，G 代码生成。

操作步骤详解

1. 零件实体造型

从图素库中选择长方体，拖拽至绘图区，编辑尺寸包围盒设置长、宽、高分别为 120、120、8。在二维草图方式下单击“创建草图”，选择上表面中点，绘制图 5-2 所示轮廓曲线，拉伸长度为 12。单击内平面至出现箭头，向上升高 2，可满足内轮廓深度 10 的要求。从图素库中拖拽孔类圆柱体到下表面中心，修改孔径为 30，深度到通孔，获得盘体零件实体造型，如图 5-3 所示。

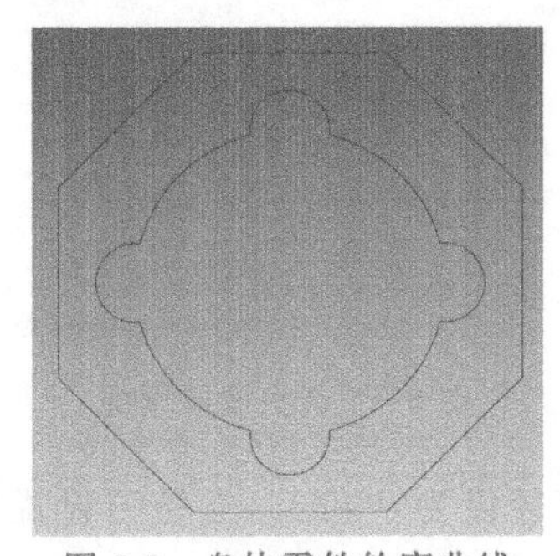

图 5-2 盘体零件轮廓曲线

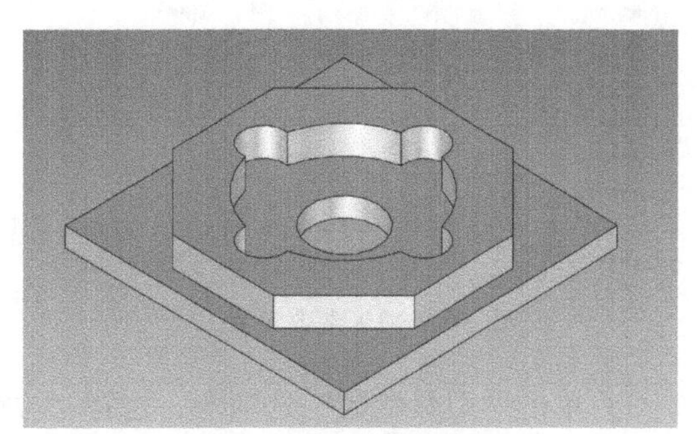

图 5-3 盘体零件实体造型

2. 建立坐标系

选中零件，按<F10>键调出三维球，按空格键，使三维球变白色，将光标移至三维球中点右击到中心点，选上表面直径为70的圆弧，再按空格键使三维球变色，单击三维球中点，右击编辑位置到（0，0，0）。使坐标系建立于零件上表面中点位置，如图5-4所示。

3. 建立毛坯

单击加工树，在加工树中选择“毛坯”，从右键菜单中选择“创建毛坯”，弹出“创建毛坯”对话框，选择“拾取参考模型”，然后单击零件再单击“✔”按钮，可在此界面修改毛坯大小，单击“确定”毛坯建立成功，如图5-5所示。

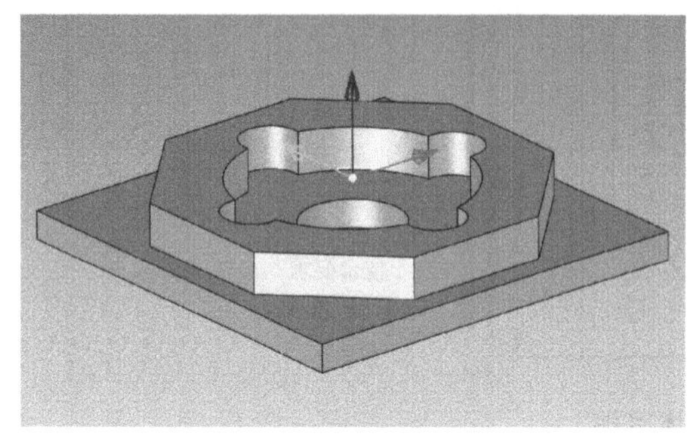

图5-4　建立坐标系

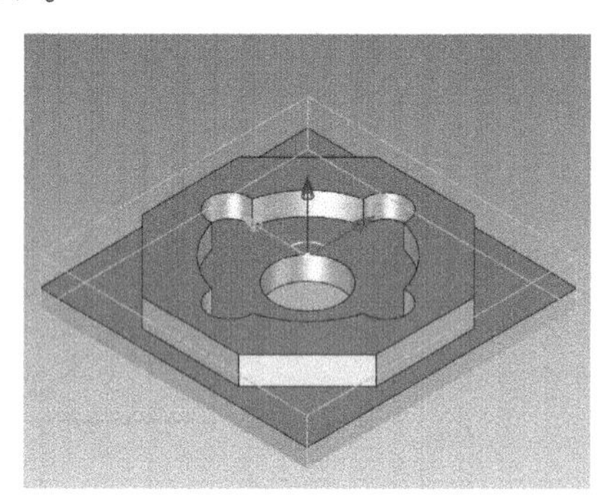

图5-5　建立毛坯

4. 平面区域粗加工

（1）外轮廓粗加工

1）单击“制造”→“二轴”→“平面区域粗加工”，弹出“创建：平面区域粗加工”对话框，单击“加工参数”选项卡，加工参数设置如图5-6所示。（注意：轮廓留精加工余量0.3。）

2）单击“清根参数”选项卡，清根参数设置如图5-7所示。

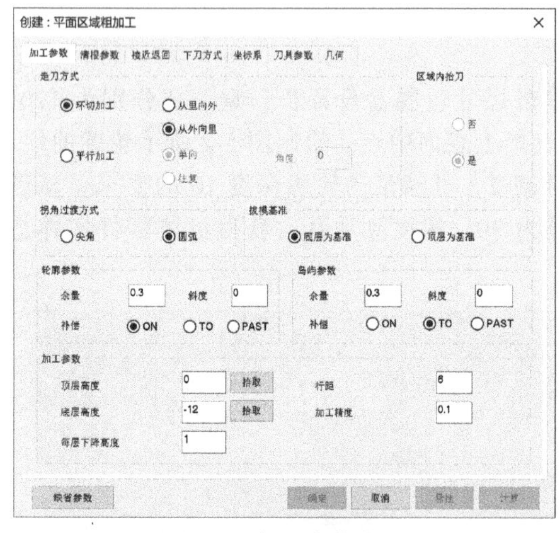

图5-6　加工参数设置

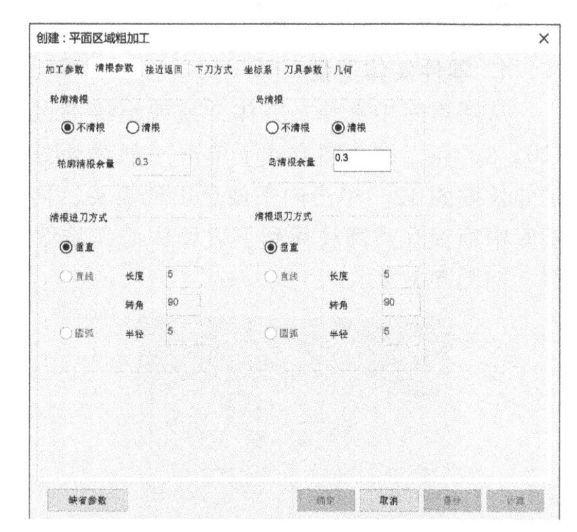

图5-7　清根参数设置

3）单击“刀具参数”选项卡，选择“立铣刀”，直径设为“12”，立铣刀设置如图5-8所示；选择“速度参数”选项卡，速度参数设置如图5-9所示。

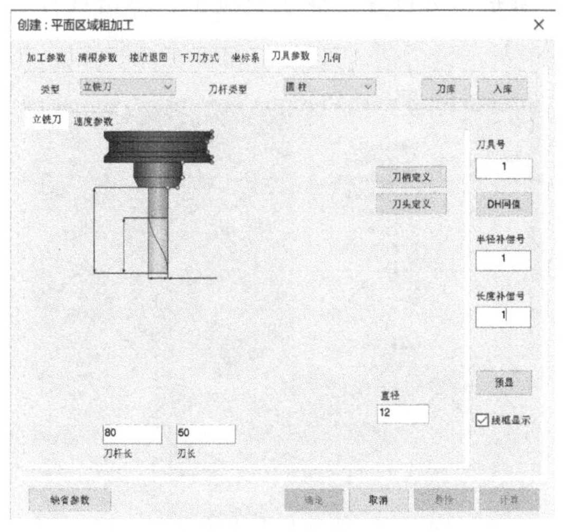

图 5-8 立铣刀设置

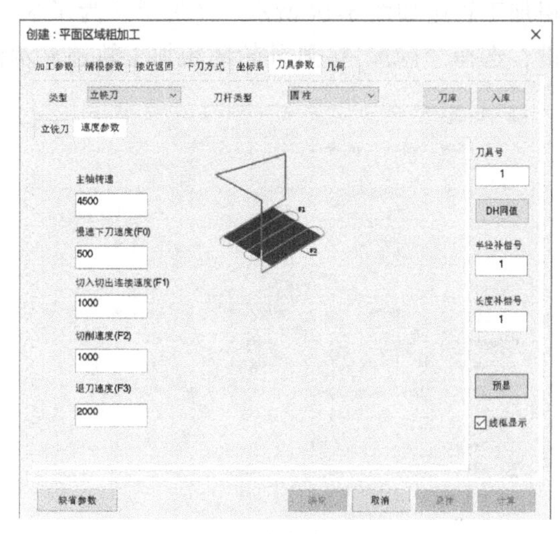

图 5-9 速度参数设置

4）单击“几何”选项卡，设定轮廓曲线与岛屿曲线（选择“面的内外环”，光标位置靠近哪个轮廓就可以智能拾取该轮廓），如图 5-10 所示。

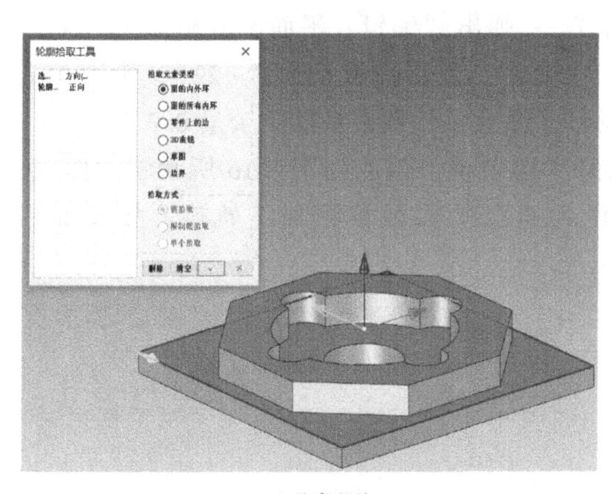

a) 轮廓曲线

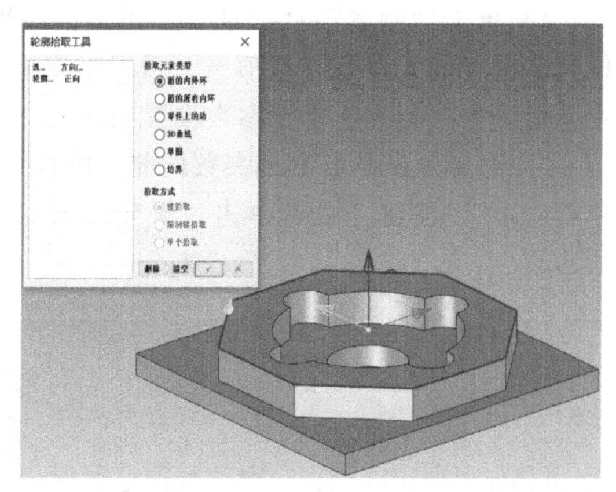

b) 岛屿曲线

图 5-10 几何设置

5）单击“确定”按钮，得到外轮廓平面区域粗加工轨迹，如图 5-11 所示。

（2）内轮廓粗加工

1）单击“制造”→“二轴”→“平面区域粗加工”，弹出“创建：平面区域粗加工”对话框，单击“加工参数”选项卡，底层高度设为“-10”，轮廓参数中余量设为“0.3”，加工参数设置如图 5-12 所示。（注意：轮廓留精加工余量 0.3。）

2）坐标系默认，其他参数同前，轮廓曲线选择如图 5-13 所示，内轮廓平面区域

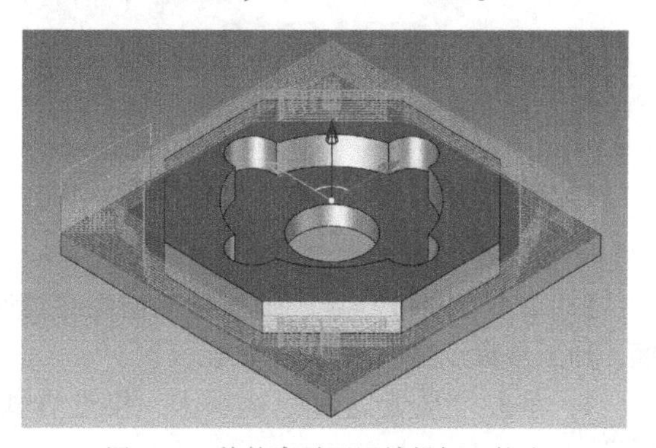

图 5-11 外轮廓平面区域粗加工轨迹

粗加工轨迹如图 5-14 所示。（提示：为了显示更清楚，可以在外轮廓轨迹上，单击鼠标右键，选择“隐藏”，则外轮廓粗加工轨迹显示消失。）

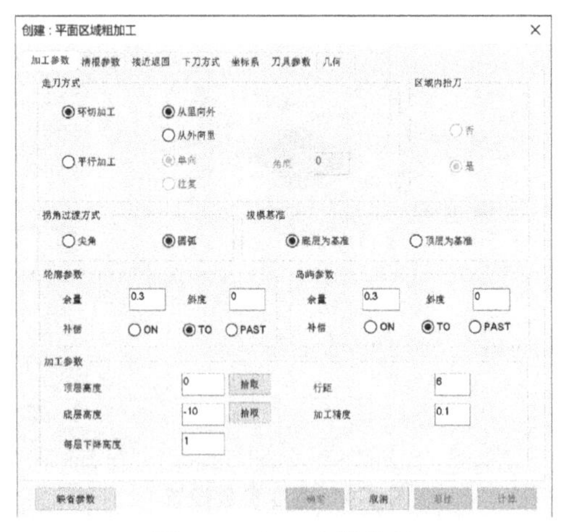

图 5-12　加工参数设置

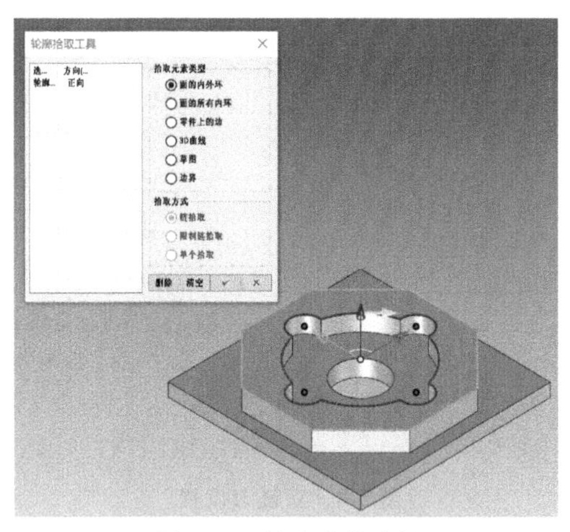

图 5-13　轮廓曲线选择

（3）通孔粗加工

1）单击“制造”→“二轴”→“平面区域粗加工”，弹出“编辑：平面区域粗加工”对话框，单击“加工参数”选项卡，顶层高度设为“-9.9”，底层高度设为“-22”，轮廓参数中余量设为“0.3”，加工参数设置如图 5-15 所示。（注意：轮廓留精加工余量 0.3。）

2）坐标系默认，其他参数同前，单击“几何”选项卡，拾取如图 5-16 所示轮廓曲线，单击“✓”按钮，然后单击“确定”按钮，得到通孔平面区域粗加工轨迹，如图 5-17 所示。

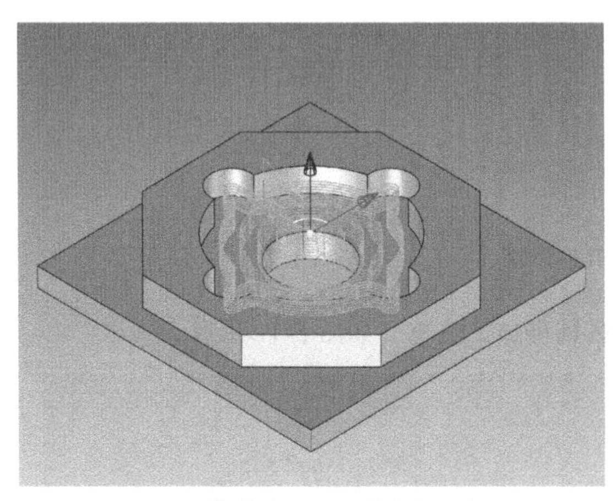

图 5-14　内轮廓平面区域粗加工轨迹

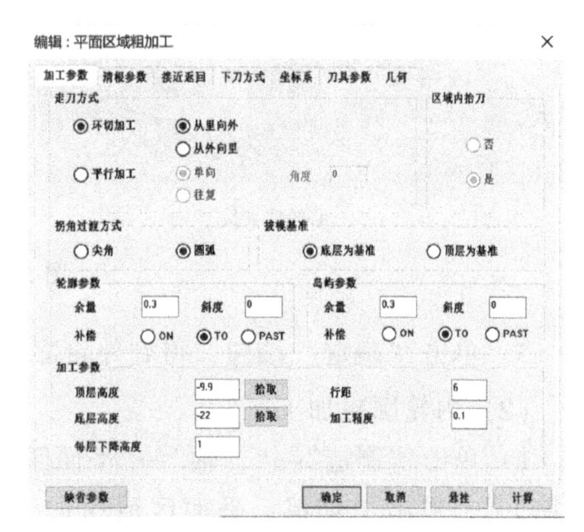

图 5-15　加工参数设置

5. 内、外轮廓精加工

1）单击“制造”→“二轴”→“平面轮廓精加工”，弹出“编辑：平面轮廓精加工”对话框，加工参数设置如图 5-18 所示。

2）单击“接近返回”选项卡，接近方式和返回方式均设置为“圆弧”，如图 5-19 所示。

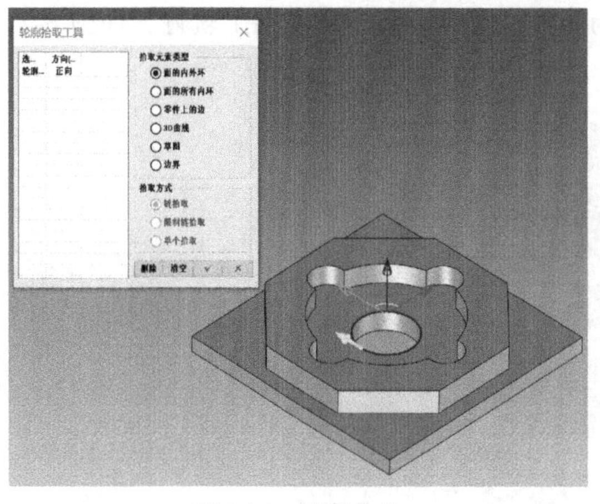

图 5-16　轮廓曲线

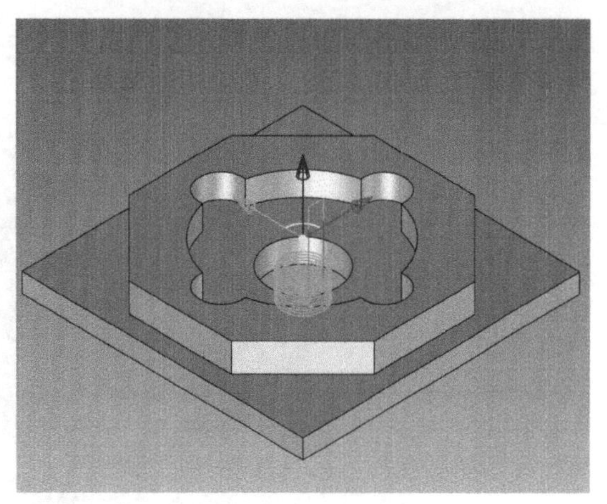

图 5-17　通孔平面区域粗加工轨迹

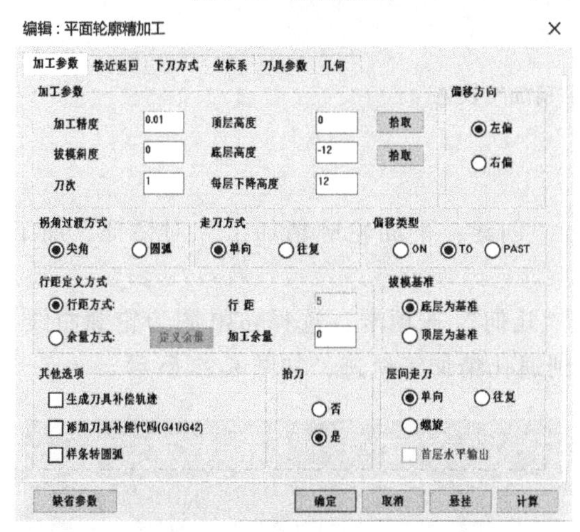

图 5-18　加工参数设置

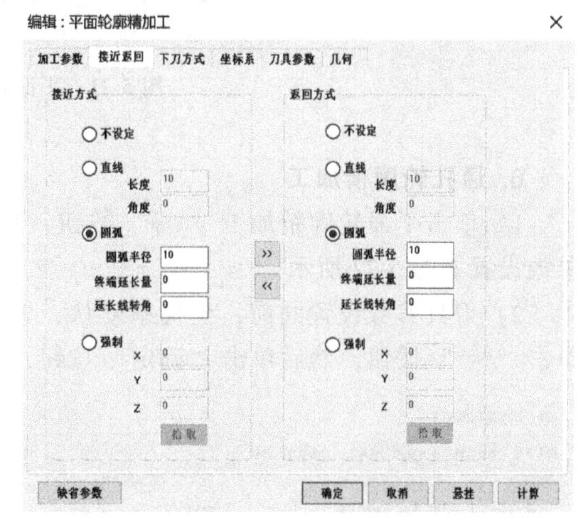

图 5-19　接近返回方式设置

3）坐标系默认。刀具参数设置如图 5-20 所示。选择“立铣刀”，直径设为“10”。

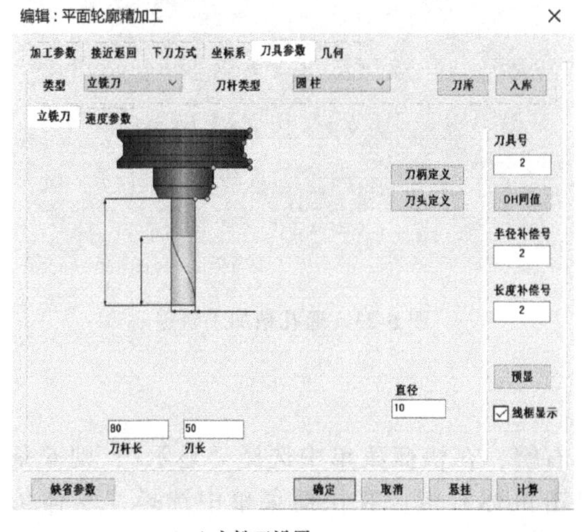

a) 立铣刀设置

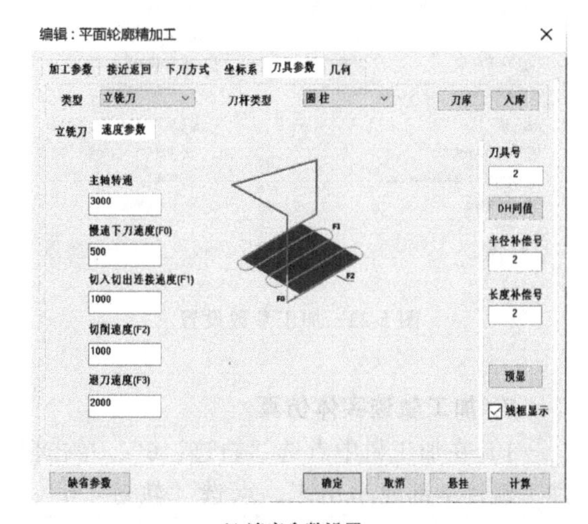

b) 速度参数设置

图 5-20　刀具参数设置

4）分别选取相应内外轮廓（内轮廓深度为10），得到平面轮廓精加工轨迹，如图5-21所示。该轨迹可完成内、外轮廓的精加工。

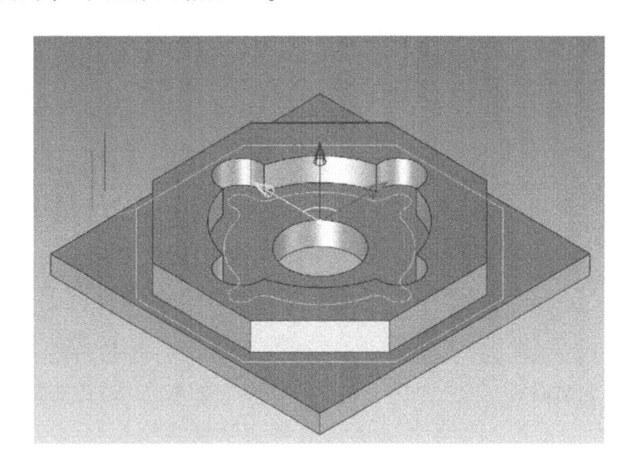

图5-21　平面轮廓精加工轨迹

6. 通孔轮廓精加工

1）单击平面轮廓精加工“ ”按钮，弹出“创建：平面轮廓精加工”对话框，加工参数设置如图5-22所示。

2）刀具参数设置同前，坐标系默认，单击“几何”选项卡，选择$\phi30$圆为轮廓曲线，单击“ ”按钮，然后单击“确定”按钮，得到通孔精加工轨迹，如图5-23所示。

图5-22　加工参数设置

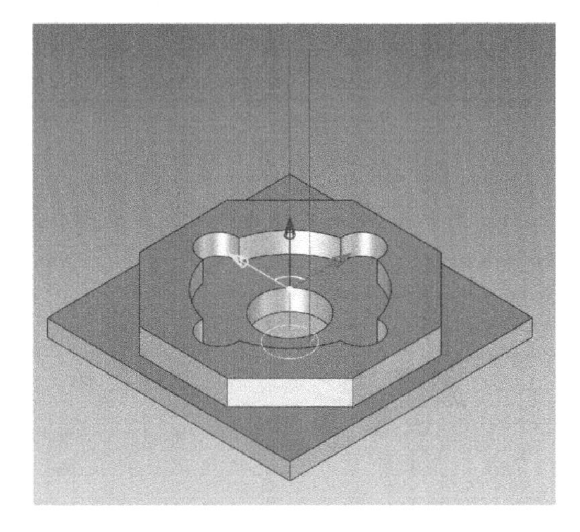

图5-23　通孔精加工轨迹

7. 加工轨迹实体仿真

1）在加工树中点选“轨迹：6”，单击鼠标右键，在快捷菜单中选择“显示”，则6条加工轨迹全部显示出来，点选“轨迹：6”，单击鼠标右键，在快捷菜单中选择“实体仿真”，弹出加工轨迹仿真界面，默认毛坯选择，单击“确定”按钮，进入仿真界面，如图5-24所示。

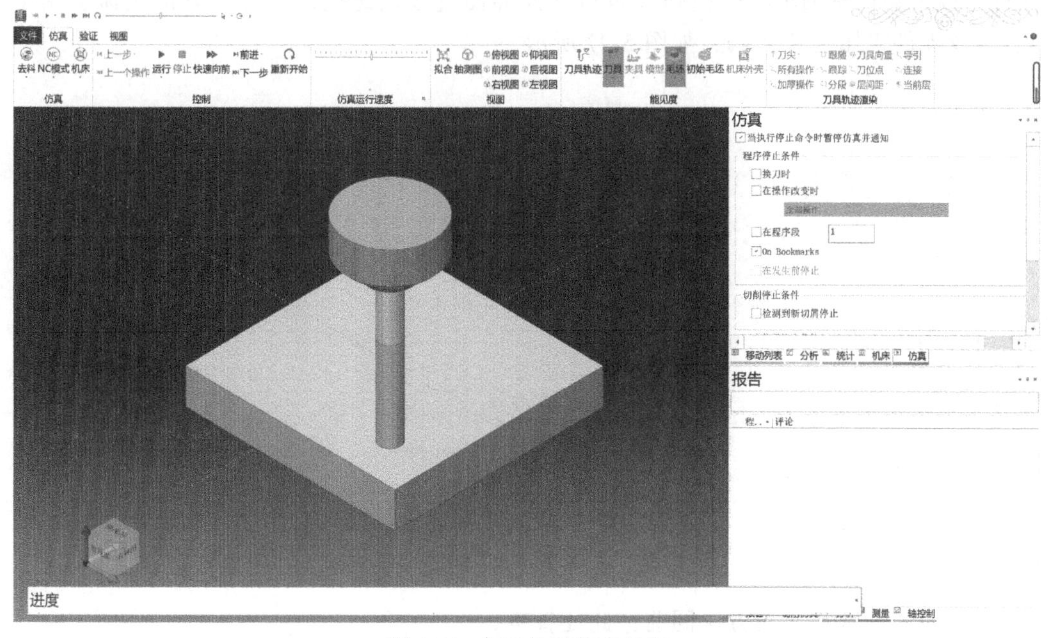

图 5-24　加工轨迹仿真界面

2）单击运行“ ”按钮，加工仿真开始，其仿真结果如图 5-25 所示。单击“文件”→“退出”，退出加工轨迹仿真界面，回到原设计界面。

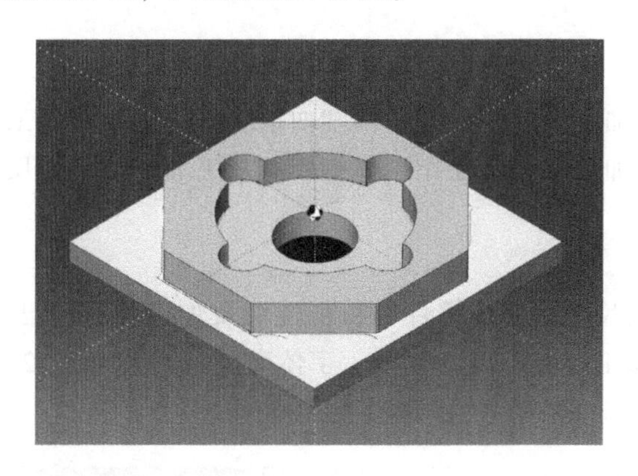

图 5-25　仿真结果

8. 生成加工程序（G 代码）

1）单击后置处理“G”工具，弹出“后置处理”对话框，如图 5-26 所示，选择“Fanuc”系统，选择机床配置文件“铣加工中心_3X”。

2）单击右侧“拾取”按钮，按住 Ctrl 键，拾取刀具轨迹，单击特征树中“1-平面区域粗加工、2-平面区域粗加工、3-平面区域粗加工”3 条粗加工轨迹。

由于粗加工和精加工时，刀具不同，而铣床一次只装 1 把刀，所以粗加工、精加工 G 代码分别生成。

3）单击“后置”按钮，弹出“编辑代码”对话框，在此可以改写“名称”来生成代码文件名或手动调整编辑程序代码（也可在此界面直接发送代码到配置好的机床上用于加工），生成零件粗加工G代码，如图5-27所示。

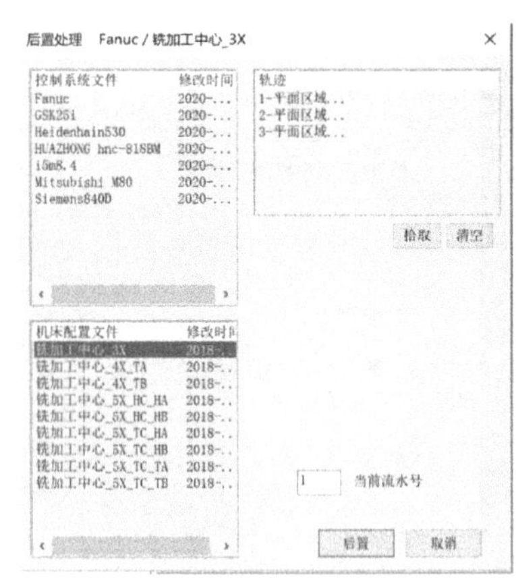

图5-26 “后置处理”对话框

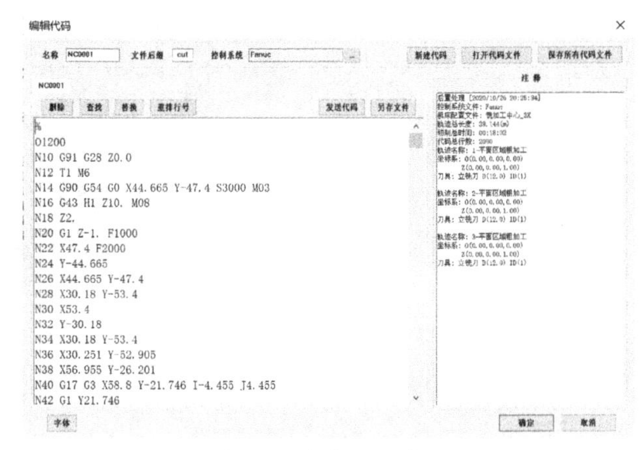

图5-27 粗加工G代码

4）精加工G代码生成方法同前，此处省略。

任务二 印章字体的雕刻加工

任务背景

本例属于平面区域加工方式，没有斜面和曲面，采用2.5轴加工，选择二轴功能中的雕刻加工工具完成零件的加工编程，使学生掌握雕刻加工和印章字体反向、阴阳的特征造型。

任务要求

根据图5-28所示的尺寸，完成零件的特征造型及加工编程。已知零件毛坯为120×60×30的长方体，表面已加工到位，单件生产。字体高度（深度）为2，正方形凹槽（54×54）深度为2，文字高度为36，宽度适当调整。

任务解析

1）选用台虎钳装夹，下放垫铁，打表找正。

2）坐标原点建立在零件上表面中心点处。

3）两个字阴阳不同，分别生成加工轨迹。

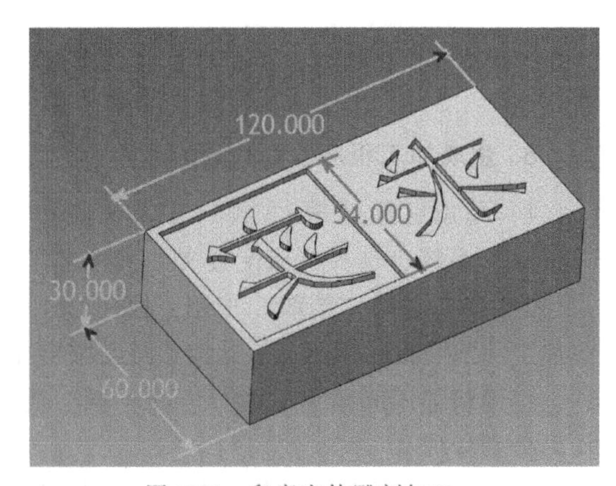

图5-28 印章字体雕刻加工

本案例的重点、难点

1）字体草图的定位。

2）字体的反转。

3）阴刻、阳刻的参数选择。

操作步骤详解

1. 零件实体造型

1）从图素库中拖拽出长方体，打开尺寸包围盒编辑尺寸为 120×60×30，打开三维球，将坐标系原点定位至上表面中心处。

2）单击“特征”→“草图”→“二维草图”，选择上表面中心点及上表面，进入草图绘制状态，或者在设计树中选择“X-Y 平面”，从右键菜单中选择“生成草图轮廓”，如图 5-29 所示，进入草图绘制界面。

3）“求”字属性对话框参数设置，如图 5-30 所示。单击“✓”按钮确定，单击“完成”并退出草图。

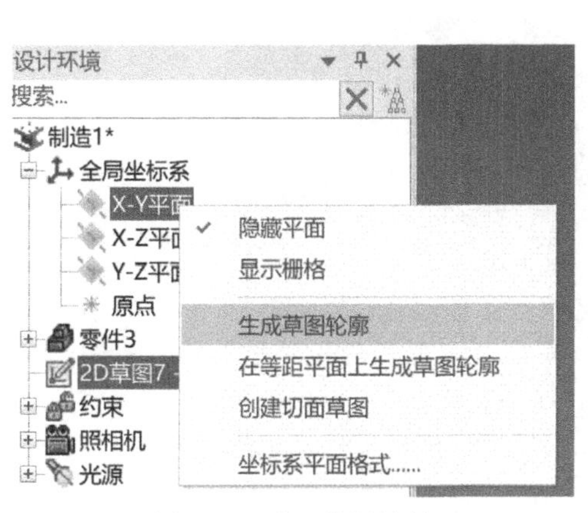

图 5-29　进入草图绘制

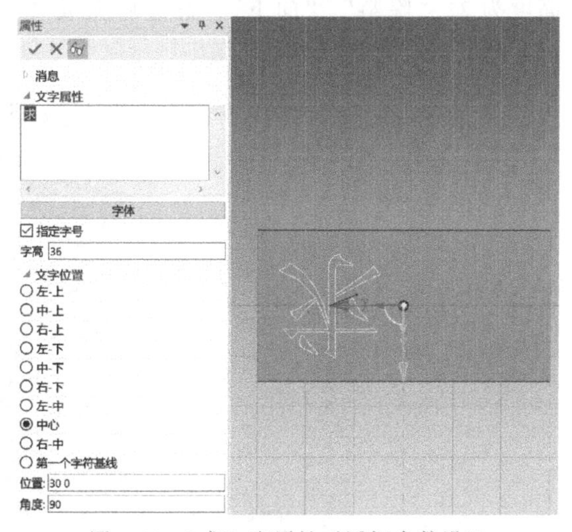

图 5-30　“求”字属性对话框参数设置

4）在设计树中选择“求”字草图，出现三维球图标，打开三维球，按空格键脱开与元素关联（三维球变白色），向 *X* 轴正向拖拉 30，至字体中心位置，按空格键恢复关联（三维球变蓝色），如图 5-31 所示。以三维球的 Y 轴为旋转轴，旋转 180°，完成“求”字草图。

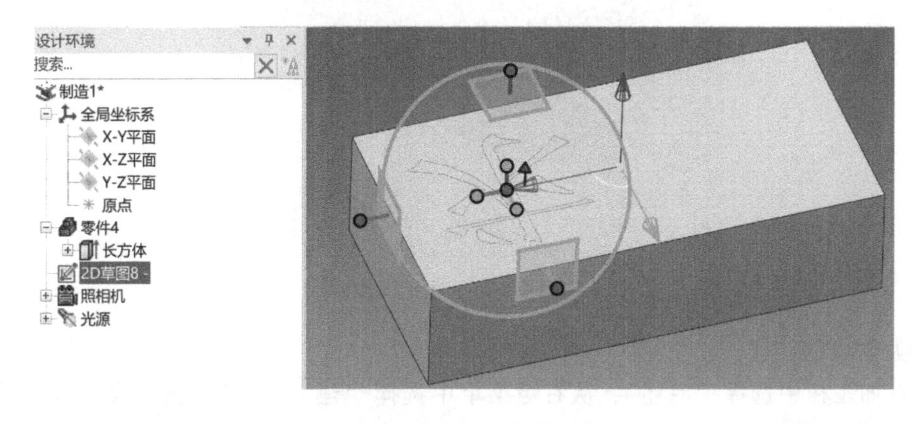

图 5-31　“求”字草图操作

5）单击“特征”→“拉伸”，“在设计环境中选择一个零件”选择长方体，选择“求”字草图，拉伸高度为2，“除料”“向下”，确定后完成“求”字阴刻特征，如图5-32所示。

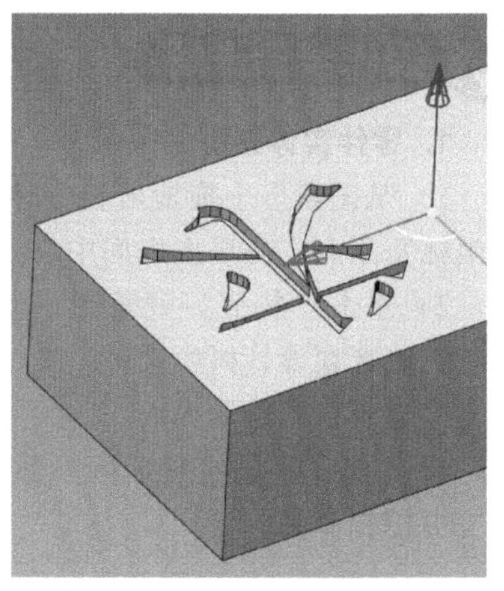

图5-32 “求”字阴刻特征

6）以同样方式进入草图绘制状态，绘制草图如图5-33所示。单击“✓”按钮确定，单击“完成”并退出草图。以同样的方法，将方框和“实”字草图旋转180°。

7）单击“特征”→“拉伸”，“在设计环境中选择一个零件”选择长方体，选择“实”字及方框草图，拉伸高度为2，“除料”“向下”，确定后完成“实”字及方框阳刻特征，如图5-34所示。

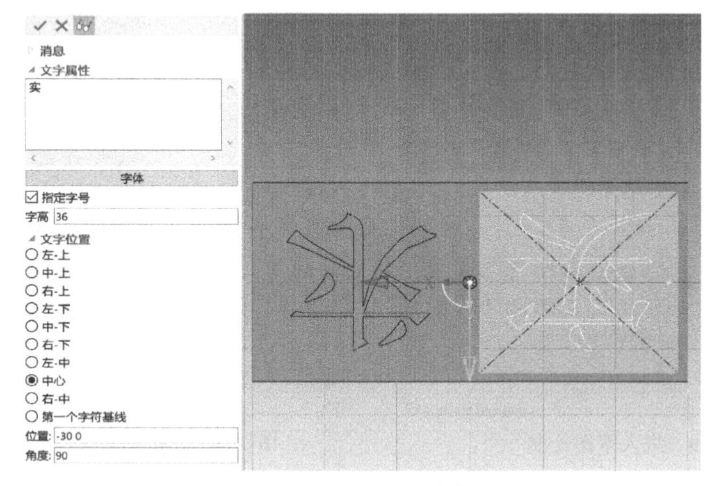

图5-33 “实”字草图参数选项

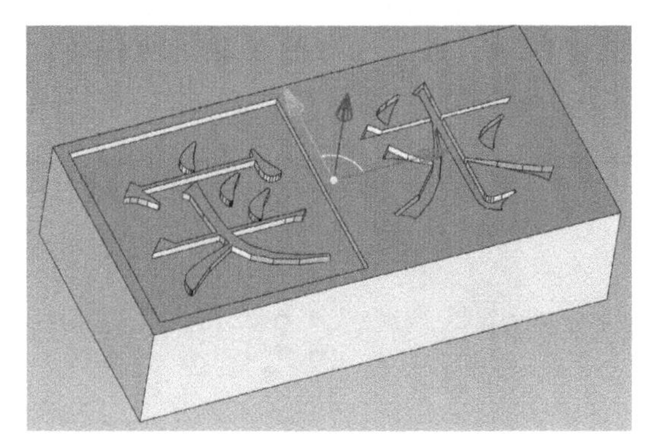

图5-34 “求实”印章字体特征

2. 数控加工编程

1）在加工树中选择“毛坯”，从右键菜单中选择“建立毛坯”，拾取参考模型后确定。坐标系采用世界坐标系。

2）单击“制造”→“二轴”→“雕刻加工”，弹出“编辑：雕刻加工”对话框，雕刻加工参数设置如图 5-35 所示。

3）刀具参数设置如图 5-36 所示，其他参数默认。

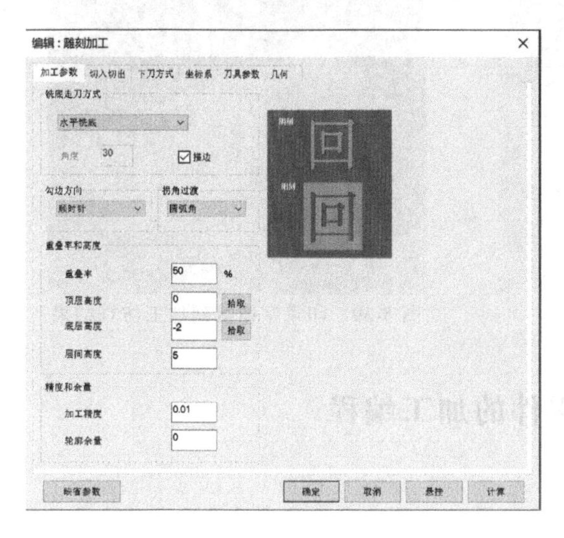

图 5-35　雕刻加工参数设置

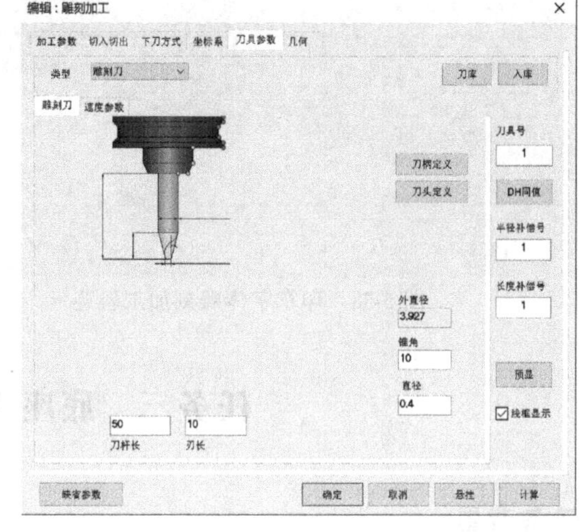

图 5-36　刀具参数设置

4）单击“几何”选项卡，弹出“轮廓拾取工具”对话框，选择“面的内外环”选项，点选“实”字-2 凹槽底面，靠近方框边界、靠近字体边界，待全选中（边界变成蓝色），再点选“求”字-2 凹槽底面，全选中（字体轮廓线均变成蓝色），如图 5-37 所示，单击“✓”按钮完成几何拾取，确定后自动生成加工轨迹，如图 5-38 所示。

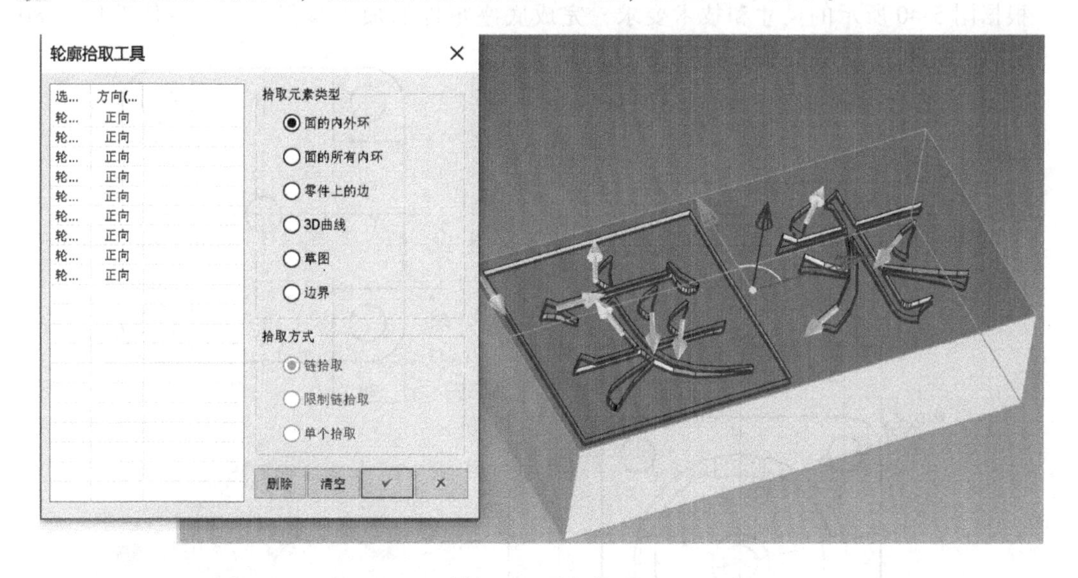

图 5-37　几何拾取

5）选择“实体仿真”，拾取加工轨迹，确定后进入仿真加工界面，单击“运行”按钮，所得仿真结果如图 5-39 所示。加工程序 G 代码生成操作同前，此处略。

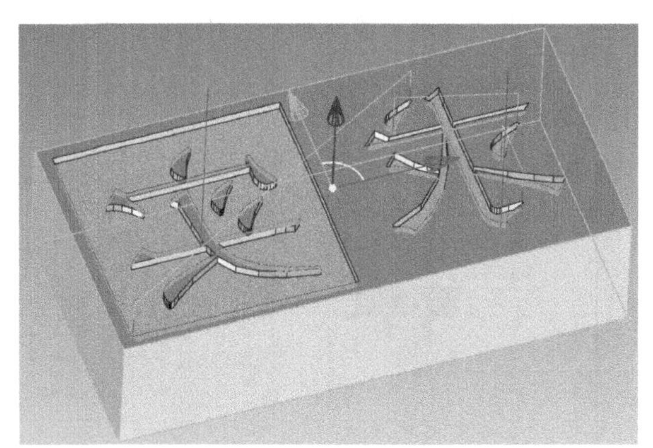

图 5-38　印章字体雕刻加工轨迹

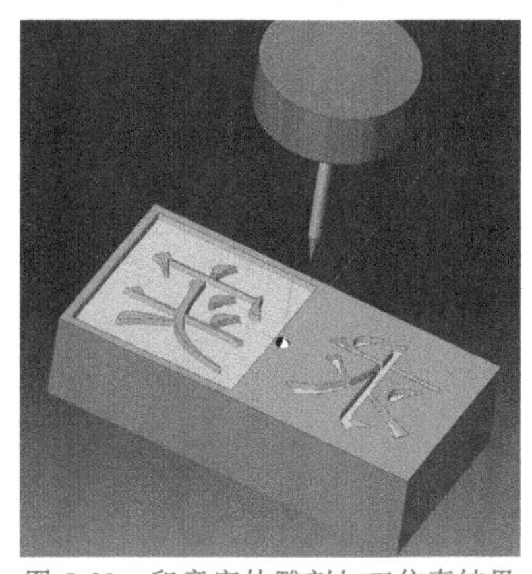

图 5-39　印章字体雕刻加工仿真结果

任务三　底座零件的加工编程

任务背景

本例底座零件既有平面区域轮廓，又有三维曲面和孔。通过该底座零件的加工编程，学生能学会等高线粗加工、参数线精加工、钻孔加工、平面区域粗加工及平面轮廓精加工功能的综合应用。另外，由于底座零件需要双面加工，本例还介绍了如何变换加工坐标系。

任务要求

根据图 5-40 所示的尺寸和技术要求，完成底座零件的加工编程。已知零件毛坯为 80×

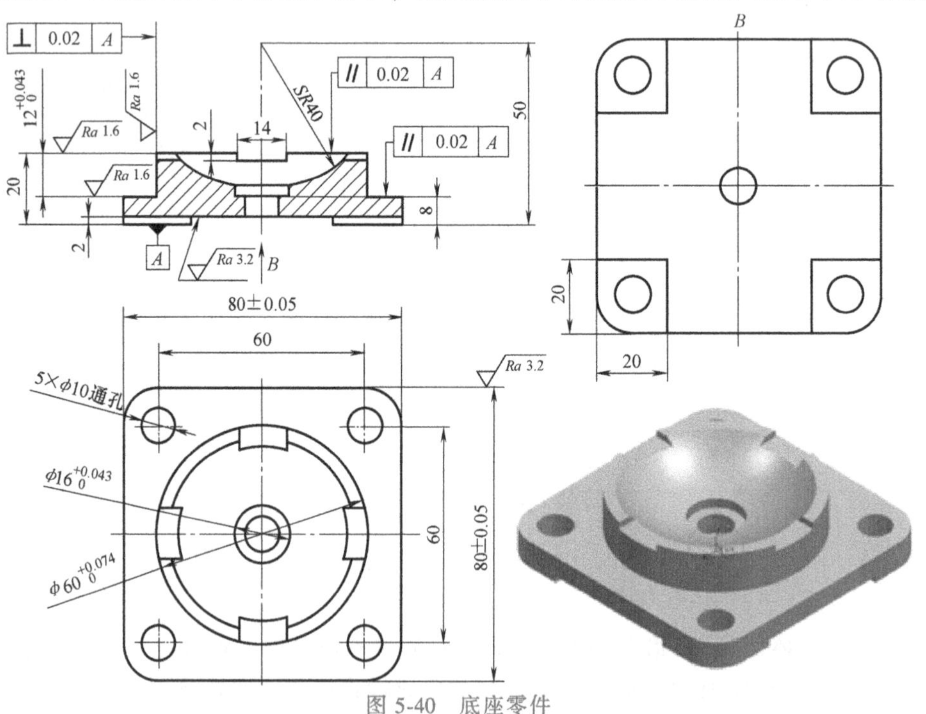

图 5-40　底座零件

80×20 的 45 钢板，各面已经加工到位，单件生产。

任务解析

1）选用台虎钳装夹，下放垫铁，打表找正。

2）坐标原点建立在零件上表面中心点处。

3）加工底面，翻面操作，使用平面区域粗加工生成外轮廓和十字槽底平面的粗、精加工轨迹，然后钻 5 个 $\phi10$ 的通孔。

4）加工上面，使用等高线粗加工、参数线精加工、平面区域粗加工及平面轮廓精加工，来生成各面粗、精加工轨迹。

本案例的重点、难点

1）新建坐标系，实现零件的翻面加工。

2）等高线粗加工、参数线精加工功能的应用。

3）如何设置参数，使用平面区域粗加工一次生成零件粗、精加工轨迹。

操作步骤详解

1. 零件实体造型

使用图素库拖拽长方体、圆柱和圆柱孔等，通过编辑尺寸及三维球调整，实现零件绘制。设置以上表面中心点为加工坐标系原点，如图 5-41 所示。

2. 创建毛坯

在加工树中点选“毛坯：1”，单击鼠标右键，在快捷菜单中选择“创建毛坯”，拾取参考模型为底座零件，设置基准点、长宽高参数如图 5-42 所示，单击“确定”按钮，完成毛坯的创建。

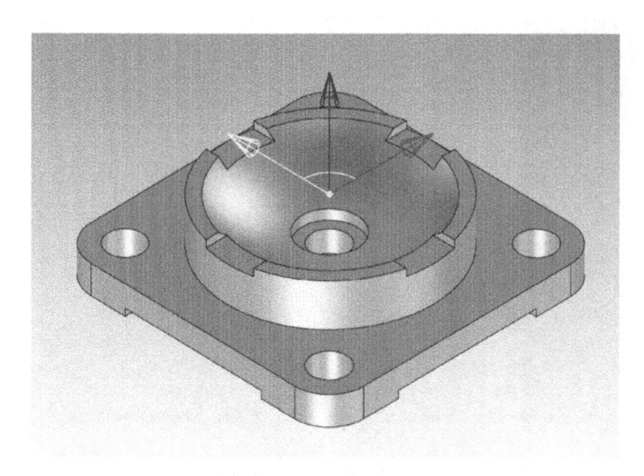

图 5-41　底座零件实体造型

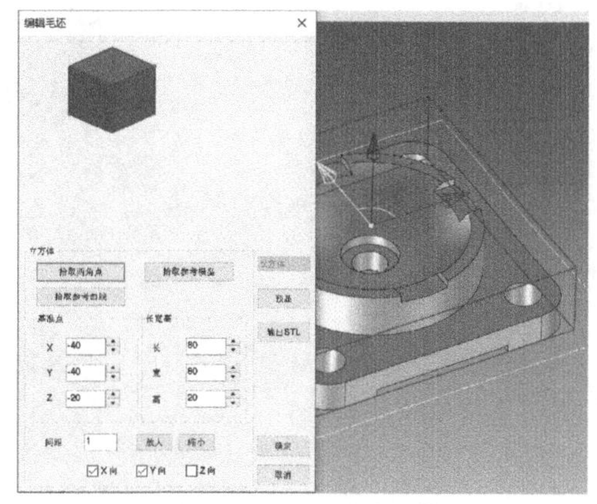

图 5-42　毛坯的创建

3. 底面加工操作

单击“曲线”→“三维曲线”，以坐标原点为中心画矩形 100×100 为加工边界线，矩形中心点选择为中心孔下端圆心点，如图 5-43 所示。

4. 底面加工坐标系的建立

单击“制造”→“坐标系”，弹出“创建坐标系”对话框，名称：坐标系；原点坐标：0，0，-20；在“Z轴矢量”中单击“反向”，如图5-44所示，确定后完成底面加工坐标系的创建。按鼠标中键翻转零件。

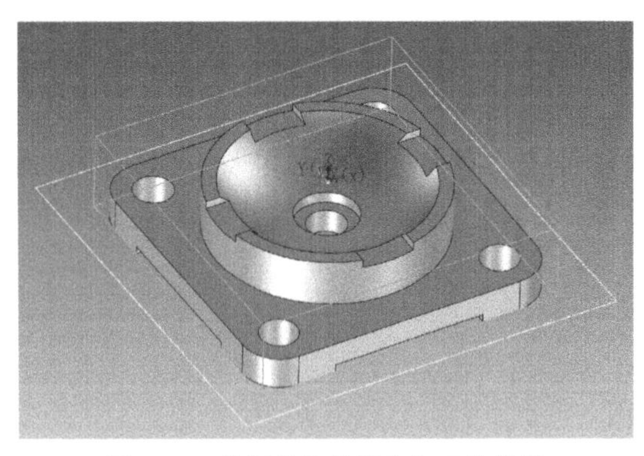

图5-43 绘制辅助轮廓为加工边界线

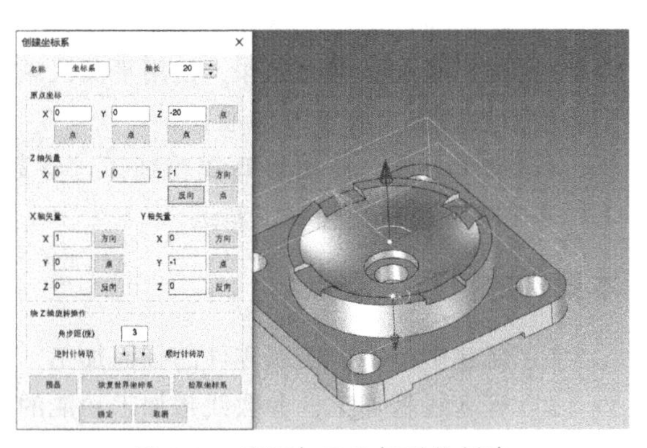

图5-44 底面加工坐标系的创建

5. 底面加工轨迹生成

（1）底面0~-2高度范围粗、精加工

1）单击“制造”→“平面区域粗加工”，弹出“创建：平面区域粗加工”对话框，首先完成0~-2高度范围的四个凸台（岛）外轮廓粗精加工轨迹的生成。平面区域粗加工参数设置如图5-45所示。

说明：如果粗精加工不换刀具，仅通过改变背吃刀量来实现时，顶层高度由0改为0.3，每层下降高度为2，则会留0.3作为底面第二刀精加工余量切除。

2）清根参数设置如图5-46所示。选择岛清根余量为0.3，实现四个凸台轮廓的精加工。

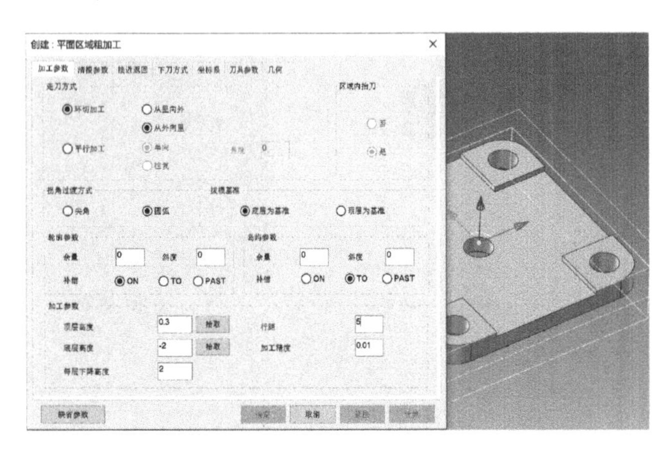

图5-45 平面区域粗加工参数设置

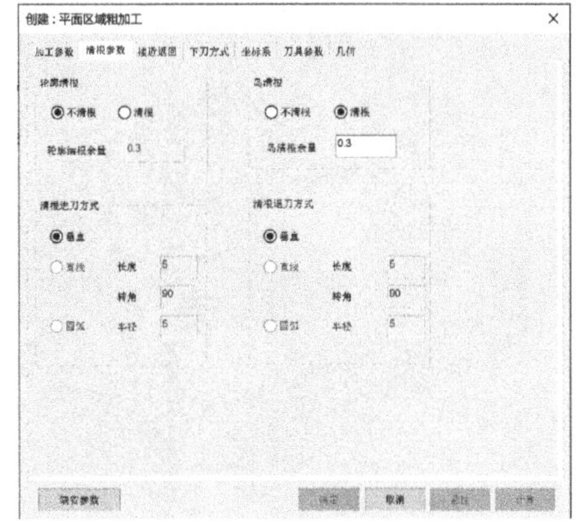

图5-46 清根参数设置

3）单击“几何”选项卡，在“轮廓曲线”选择时，点选100×100的加工边界线为轮廓曲线，如图5-47所示；在“岛屿曲线”选择时，分别点选四个凸台的轮廓，如图5-48所示。选好后单击“✓”按钮确定。

4）其他参数项适当选择或默认，单击“确定”后，生成加工轨迹如图5-49所示。

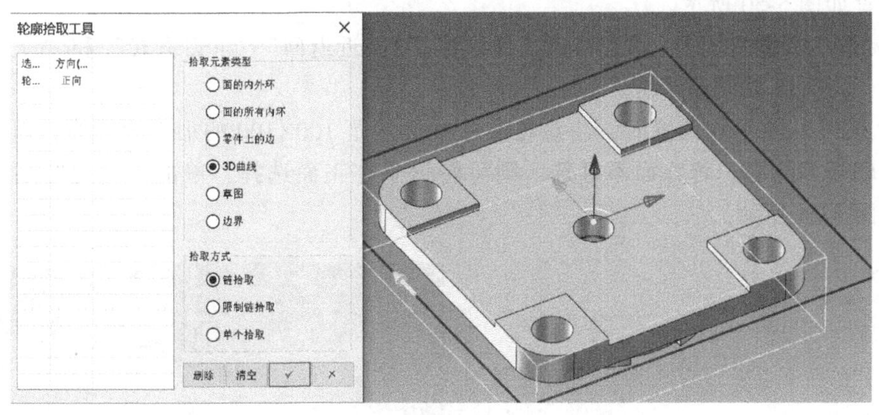

图 5-47 轮廓曲线的选择

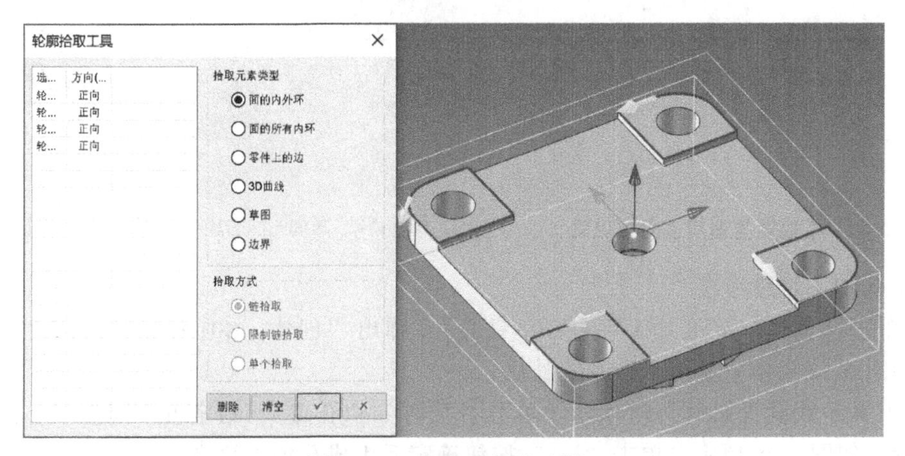

图 5-48 岛屿曲线的选择

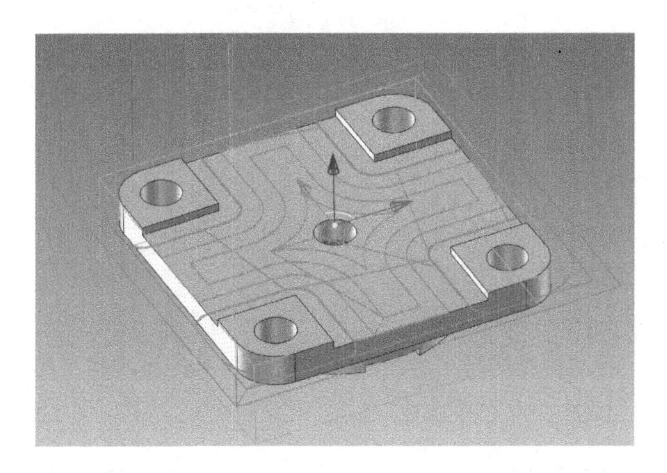

图 5-49 底面 0～-2 高度范围粗、精加工轨迹

(2) 底面-2～-10 高度范围粗、精加工

1) 单击“制造”→“平面区域粗加工”，弹出“创建：平面区域粗加工”对话框，其加

工参数设置如图 5-50 所示。

2）清根参数设置同前（图 5-46），此处略。“接近返回”“下刀方式”和“坐标系”按系统默认，刀具参数设置同前。

3）“几何”项参数设置时，注意轮廓曲线仍然是 100×100 的加工边界线，而岛屿曲线为零件的底板外轮廓，若背面不好选，则可转过来在正面选择。单击“确定”后，生成加工轨迹如图 5-51 所示。

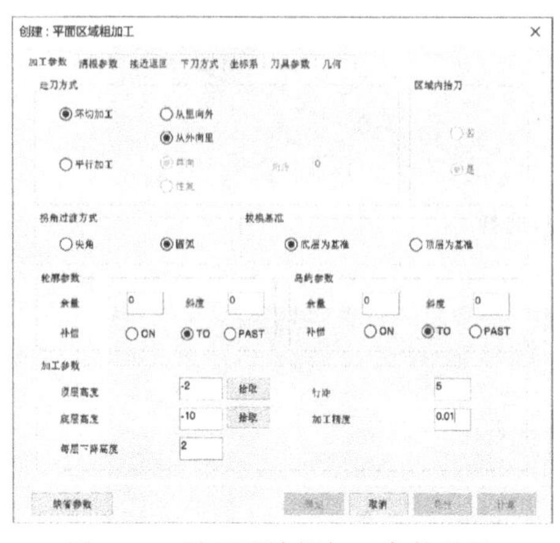

图 5-50　平面区域粗加工参数设置

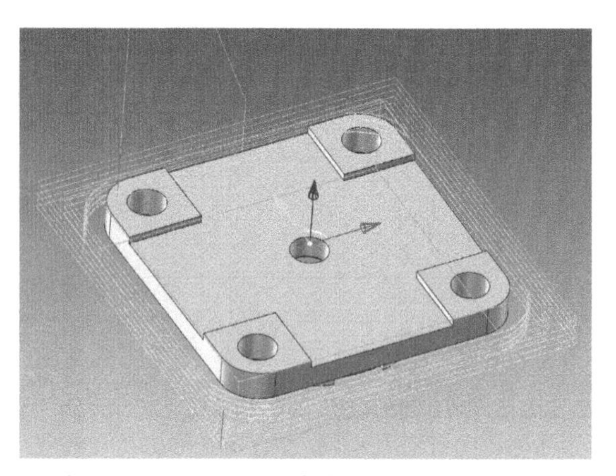

图 5-51　底面−2～−10 高度范围粗、精加工轨迹

（3）孔加工轨迹生成

1）单击“制造”→“孔加工”→“G01 钻孔”，弹出“创建：G01 钻孔”对话框，加工参数设置如图 5-52 所示。坐标系按系统默认。

2）刀具参数设置如图 5-53 所示。单击“几何”→“孔点”，给定五个圆弧中心点为下刀中心位置，如图 5-54 所示。单击“✓”按钮确定后生成孔加工轨迹。

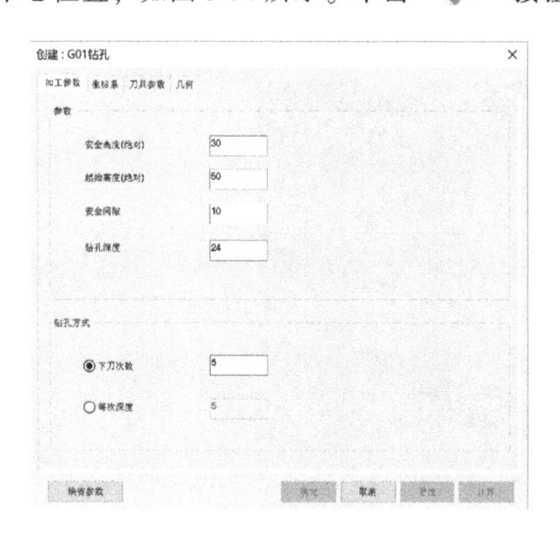

图 5-52　加工参数设置

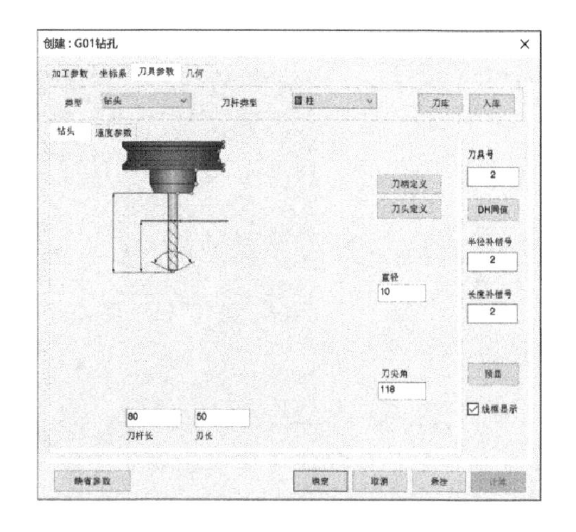

图 5-53　刀具参数设置

单击“实体仿真”命令，按住<Ctrl>键依次拾取轨迹 1、2、3，其仿真结果如图 5-55 所示。

图 5-54　孔定位中心点选择

6. 顶面加工轨迹生成

在加工树中，右击“世界坐标系”，在弹出的右键菜单中选择“激活”，如图 5-56 所示。

（1）等高线粗加工轨迹生成

1）单击“制造”→“三轴”→“等高线粗加工”，弹出“创建：等高线粗加工”对话框，等高线粗加工参数设置如图 5-57 所示。整体余量设为 0.3。

2）区域参数设置如图 5-58 所示。“连接参数”“干涉检查”“轨迹变换”和“坐标系”按系统默认，刀具参数仍使用前面平面区域粗加工刀具，如图 5-59 所示。

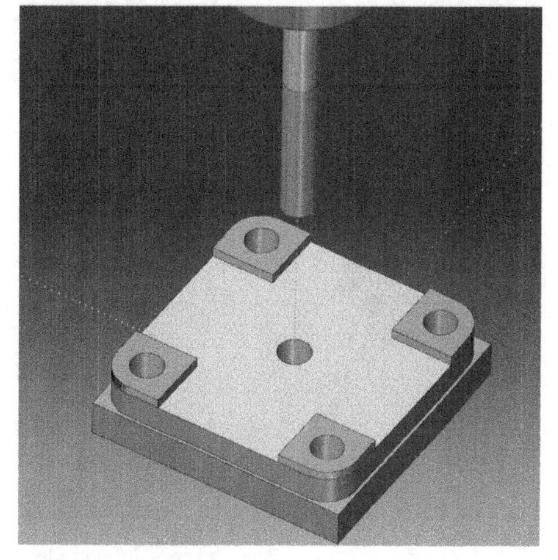

图 5-55　孔加工仿真结果

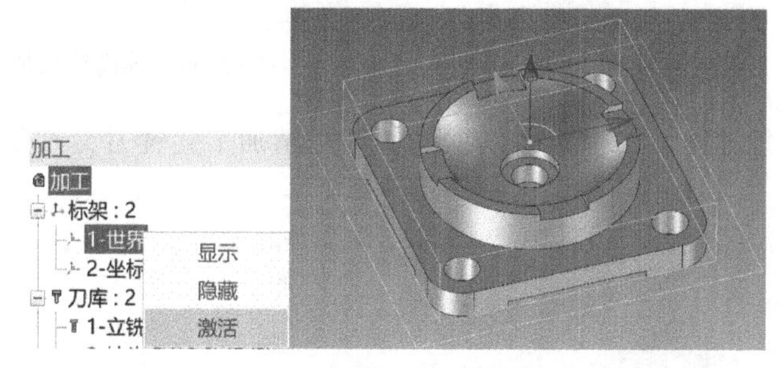

图 5-56　激活世界坐标系

3）单击“几何”选项卡，“加工曲面”选择底座零件实体，单击“✓”按钮确定。“毛坯”选择毛坯轮廓线，毛坯轮廓线变红色，右键确认，单击“确定”后生成等高线粗加工轨迹，如图 5-60 所示。

（2）平面精加工轨迹生成

1）单击“制造”→“三轴”→“平面精加工”，弹出“创建：平面精加工”对话框，平面精加工参数设置如图 5-61 所示。整体余量设为 0。精加工除球面以外的所有平面，同时将 $\phi60$ 圆柱轮廓精加工完成。

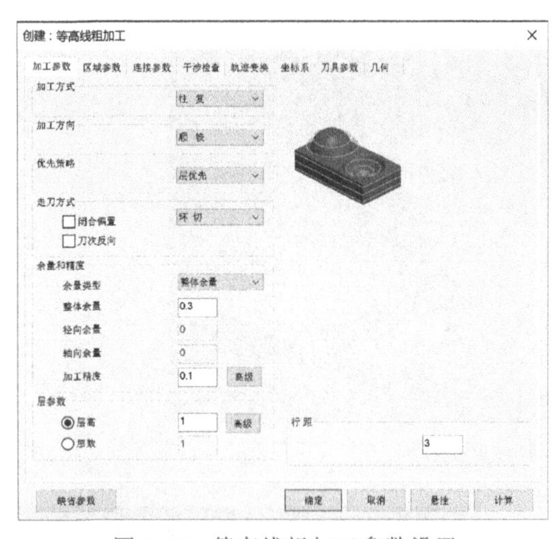

图 5-57 等高线粗加工参数设置

图 5-58 区域参数设置

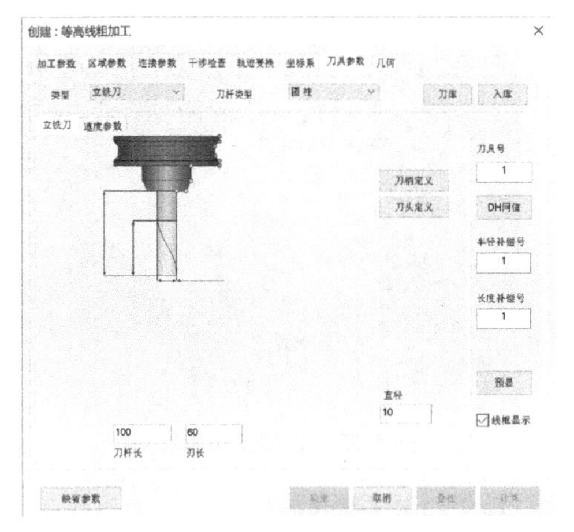

图 5-59 刀具参数设置

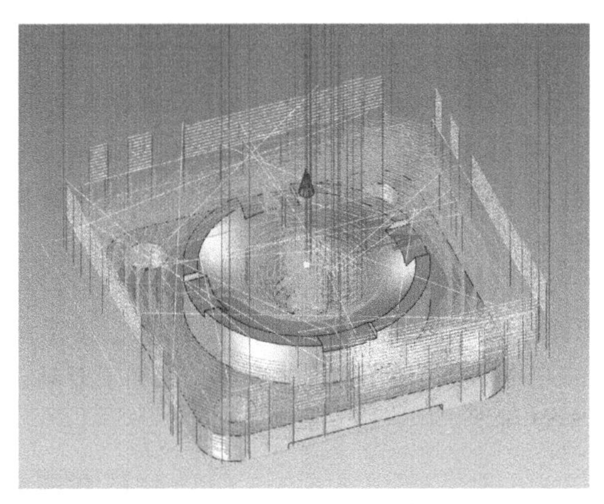

图 5-60 等高线粗加工轨迹

2）区域参数设置如图 5-62 所示。刀具选择 3 号精加工立铣刀，刀具参数设置如图 5-63

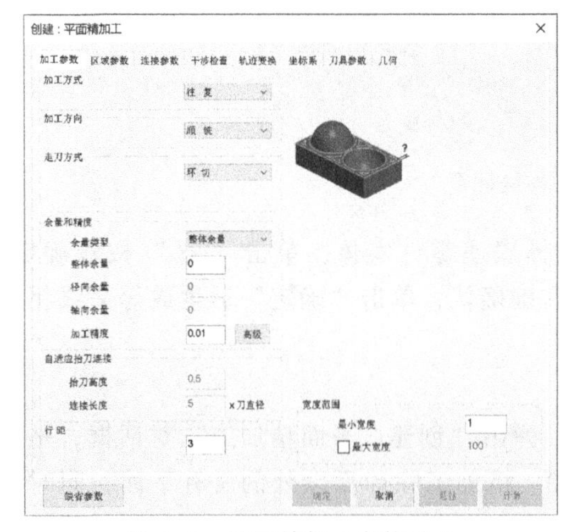

图 5-61 平面精加工参数设置

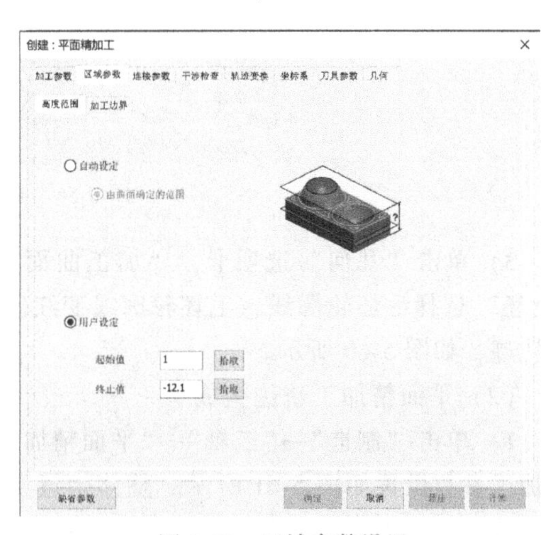

图 5-62 区域参数设置

所示，速度参数适当设置。“连接参数”“干涉检查”“轨迹变换”和“坐标系”按系统默认。单击“几何”选项卡，“加工曲面”选择底座零件实体，单击“✔”按钮确定。

3）参数设置完成后单击“确定”，平面精加工轨迹生成，如图 5-64 所示。

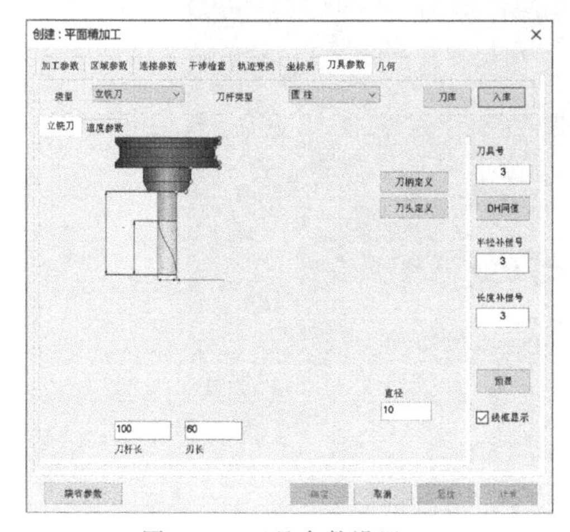

图 5-63　刀具参数设置

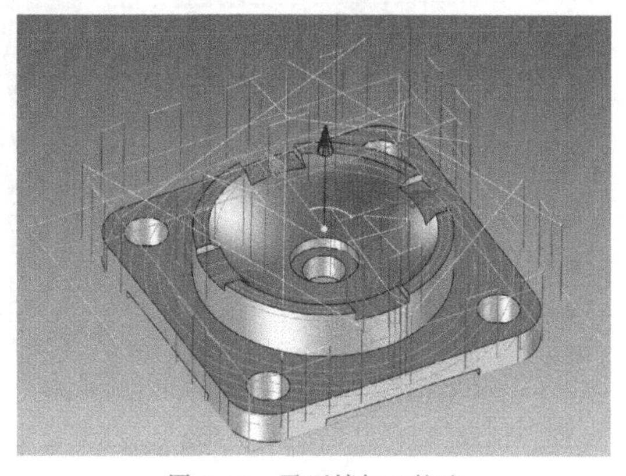

图 5-64　平面精加工轨迹

（3）球面参数线精加工轨迹生成　为了保证轨迹线连续、简洁，将四个凹槽暂时移除，待球面轨迹生成后再恢复凹槽特征。在设计树中点选凹槽拉伸 4，打开三维球，向上拖拽 10，如图 5-65 所示，关闭三维球。

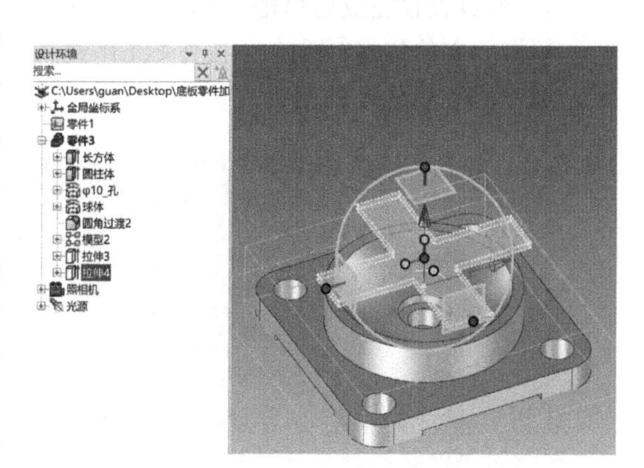

图 5-65　移除凹槽

1）单击“制造”→“三轴”→“参数线精加工”，弹出“创建：参数线精加工”对话框，参数线精加工参数设置如图 5-66 所示。“接近返回”“下刀方式”和“坐标系”均按系统默认。刀具参数设置如图 5-67 所示。

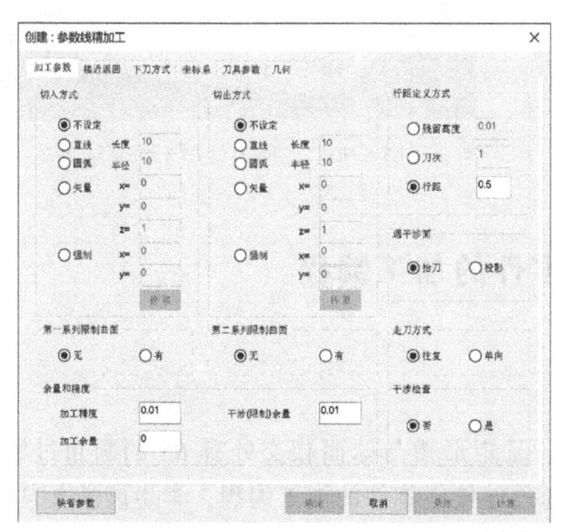

图 5-66　参数线精加工参数设置

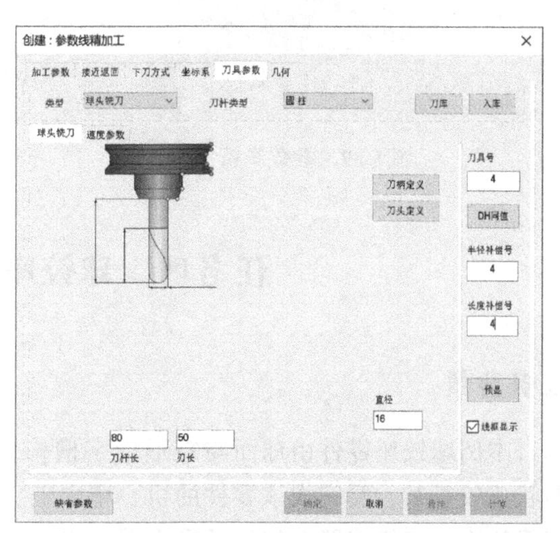

图 5-67　刀具参数设置

2）单击“几何”选项卡，单击“加工曲面”，弹出“参数面拾取工具”对话框，选择球面，并调整加工方向及走刀方向，如图 5-68 所示，单击“✓”按钮确定。

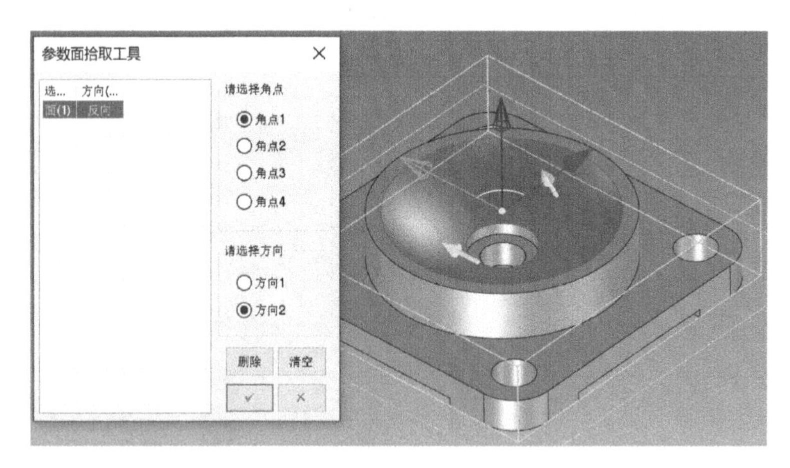

图 5-68　参数面拾取及加工方向

3）参数设置完成后单击“确定”，参数线精加工轨迹生成，如图 5-69 所示。

单击“实体仿真”命令，按住<Ctrl>键依次选择各加工轨迹，其仿真结果如图 5-70 所示。加工程序 G 代码的生成略。

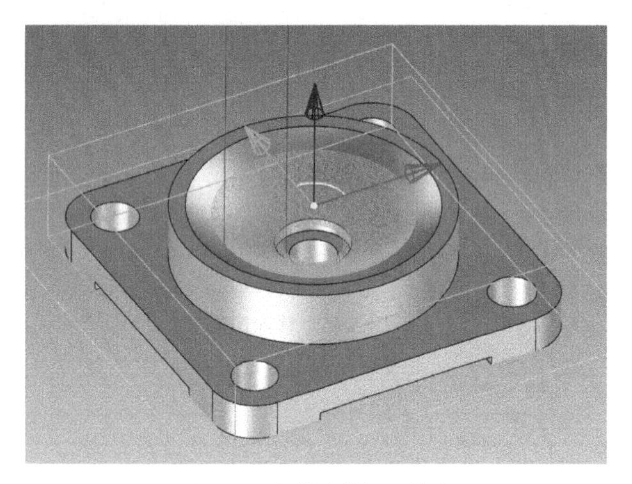

图 5-69　参数线精加工轨迹

图 5-70　底座零件加工仿真结果

任务四　球铰座零件的加工编程

任务背景

本例球铰座零件由球面与矩形十字槽构成，且矩形槽与球面相交处有 *R*5 的圆角过渡，形状比较复杂，要完成该零件的粗、精加工。通过球铰座零件的加工编程，学生能学会自适应粗加工、三维偏置精加工及平面精加工功能的应用。

任务要求

根据图 5-71 所示的尺寸和技术要求，完成球铰座零件的加工轨迹的生成。已知零件毛坯尺寸为 200×150×60，各面已加工到位。

任务解析

1）选用台虎钳装夹，下放垫铁，打表找正。

2）用世界坐标系作为加工坐标系。

3）利用图素库中基本形体及布尔运算功能，可以快速建模。

4）采用自适应粗加工高效去除余量。绘制 $\phi 90$ 圆曲线作为加工边界，用三维偏置加工完成轮廓曲面的精加工。用平面精加工完成平面部分及轮廓侧面的精加工。

本案例的重点、难点

1）自适应粗加工、三维偏置加工功能的应用。

2）如何选择合适的刀具、设置合理的参数，完成零件粗、精加工轨迹。

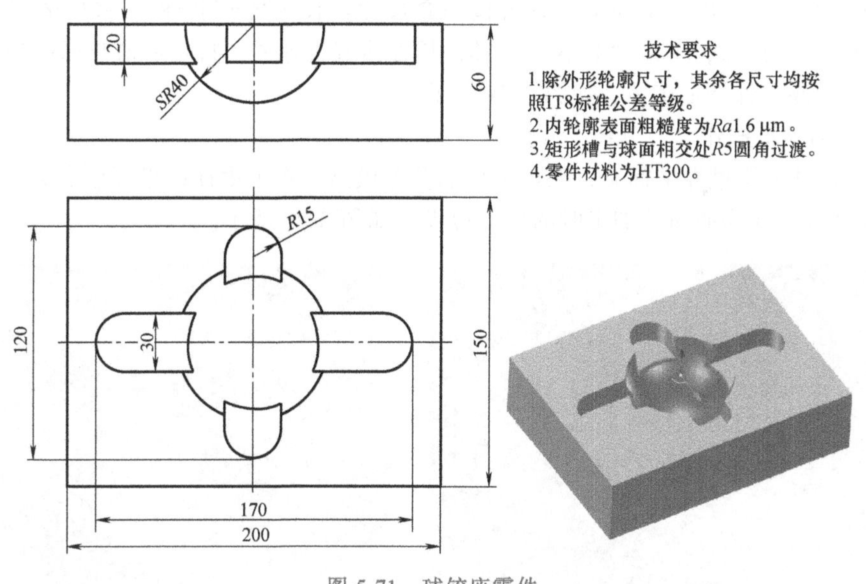

图 5-71 球铰座零件

操作步骤详解

1. 零件特征造型

1）选择创新模式，从图素库中拖拽出一个长方体，编辑包围盒尺寸：长＝200，宽＝150，高＝60。然后，打开三维球，从中心点右键菜单中选择“编辑位置”，编辑中心位置为（0，0，−60），如图 5-72 所示。

2）从图素库中拖出一个孔类键至长方体上表面某点，沿 X 轴方向放置，单击至编辑包围盒状态，点选下方轴点，从右键菜单中单击“编辑包围盒”，在对话框中输入：长度＝

170，宽度=30，高度=20，确定完成。打开孔类键三维球，将中心点定位至坐标原点。

在此再拖出一个孔类键，点选下方轴点编辑包围盒尺寸（120，30，20），打开此孔类键三维球，绕着Z轴旋转90°，使其沿Y轴方向放置，然后将三维球中心点移动至世界坐标系原点，如图5-73所示。

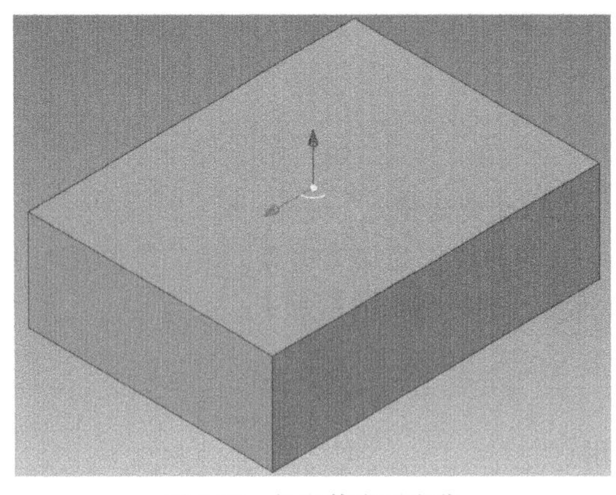
图5-72　长方体定形定位

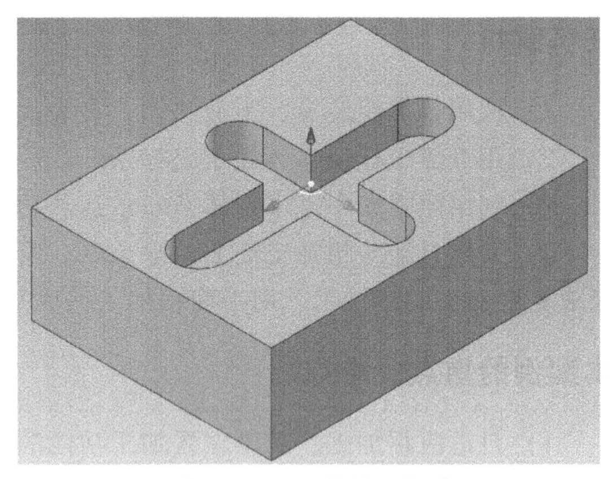
图5-73　矩形槽特征创建

3）从图素库中拖出一个球体，编辑包围盒尺寸：长=宽=高=80，将球体三维球中心定位至（0，0，0）点，单击“布尔”工具，长方体减去球体。将矩形槽与球面交线倒圆角*R*5，得到球铰座零件特征实体，如图5-74所示。

2. 零件的加工操作

加工坐标系采用世界坐标系，毛坯为拾取参考模型。在上表面以坐标原点为圆心，绘制3D曲线ϕ90圆，作为曲面精加工时的加工边界，如图5-75所示。

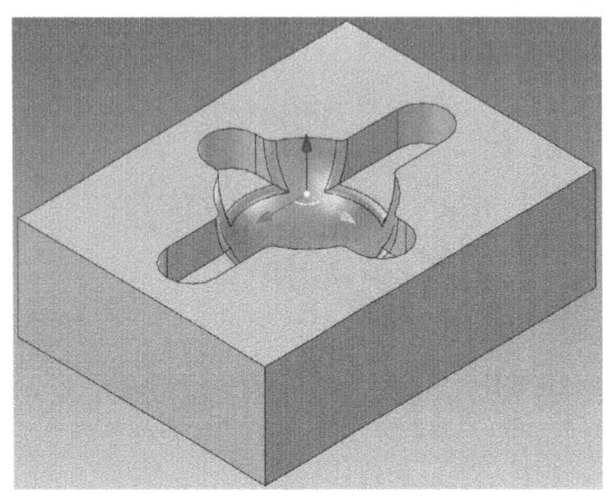
图5-74　球铰座零件特征实体

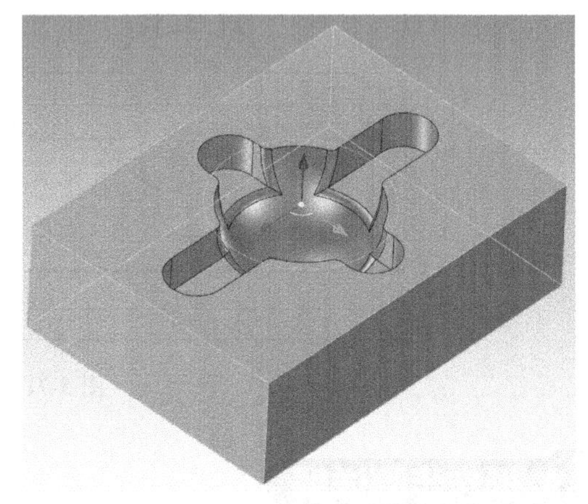
图5-75　毛坯、加工边界线

（1）自适应粗加工，高效去除余量

1）单击“制造”→“三轴”→“自适应粗加工”，弹出“编辑：自适应粗加工”对话框，自适应粗加工参数设置如图5-76所示。

2）“区域参数”“连接参数”“干涉检查”“轨迹变换”和“坐标系”按系统默认。刀具参数设置如图5-77所示。

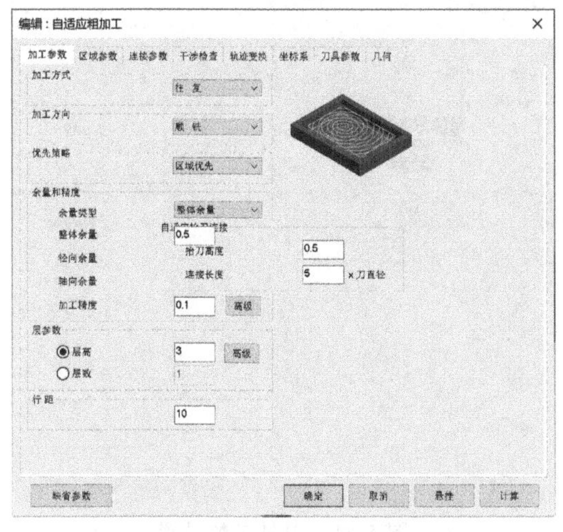

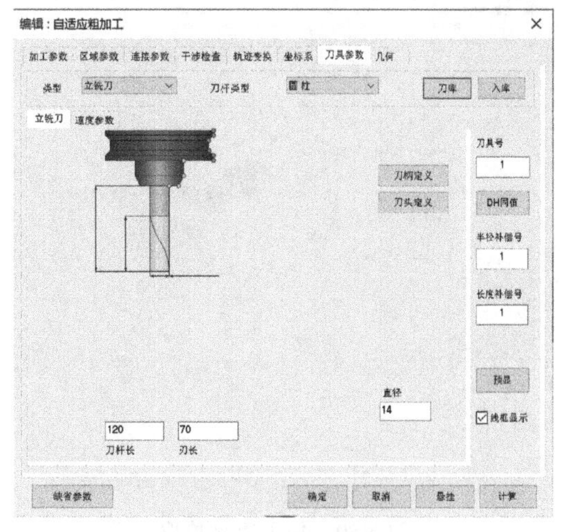

图 5-76　自适应粗加工参数设置

图 5-77　刀具参数设置

3）“几何”选项卡中，加工曲面选择零件实体，毛坯选择毛坯轮廓线，单击“确定”后生成自适应粗加工轨迹，如图 5-78 所示。整体余量为 0.5。

（2）三维偏置加工完成曲面部分（球面及圆角）的精加工

1）单击“制造”→“三轴”→“三维偏置加工”，弹出“编辑：三维偏置加工”对话框，三维偏置加工参数设置如图 5-79 所示。

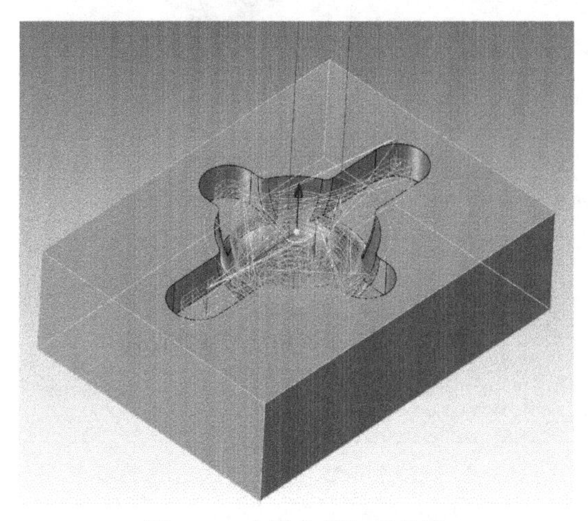

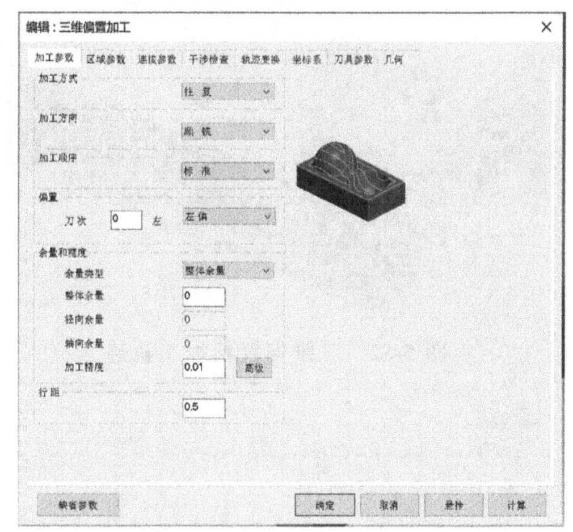

图 5-78　自适应粗加工轨迹

图 5-79　三维偏置加工参数设置

2）单击“区域参数”→“加工边界”，勾选“使用”，拾取加工边界为 ϕ90 圆 3D 曲线，如图 5-80 所示。

3）刀具参数设置如图 5-81 所示，其余参数按系统默认。“几何”选项卡中，加工曲面拾取零件实体，确定后得到三维偏置精加工轨迹，如图 5-82 所示。

（3）平面精加工完成矩形槽底面与侧面的精加工

1）单击“制造”→“三轴”→“平面精加工”，弹出“编辑：平面精加工”对话框，平面精加工参数设置如图 5-83 所示。“区域参数”选项卡中，高度范围选择用户设定，具体设定值如图 5-84 所示。

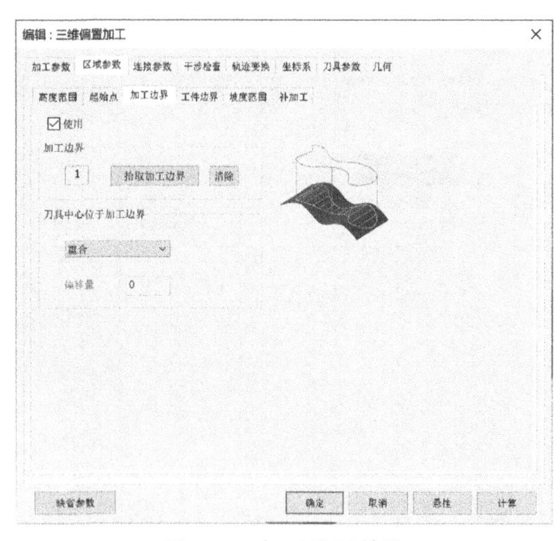

图 5-80 加工边界拾取

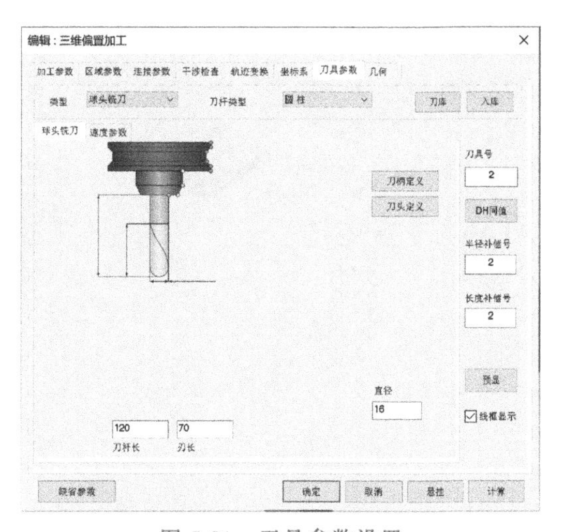

图 5-81 刀具参数设置

2）刀具参数设置如图 5-85 所示。“几何”选项卡中，加工曲面拾取零件实体，确定后生成平面精加工轨迹，如图 5-86 所示。

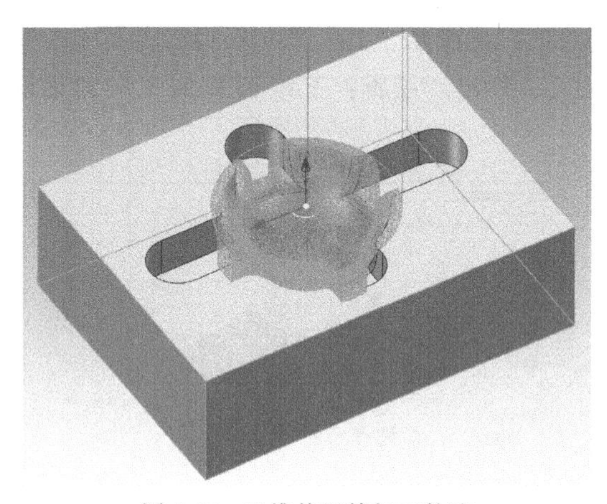

图 5-82 三维偏置精加工轨迹

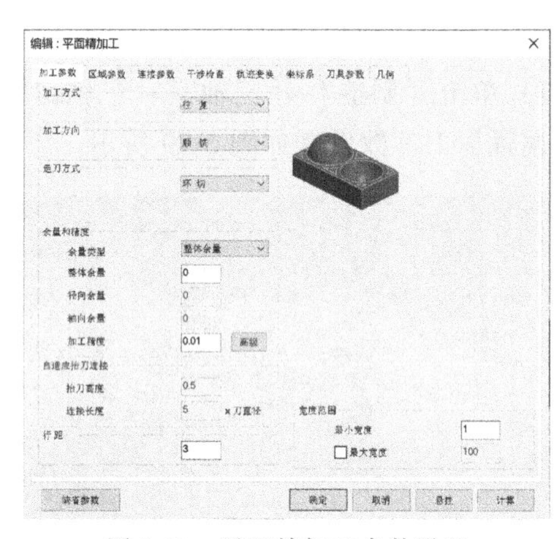

图 5-83 平面精加工参数设置

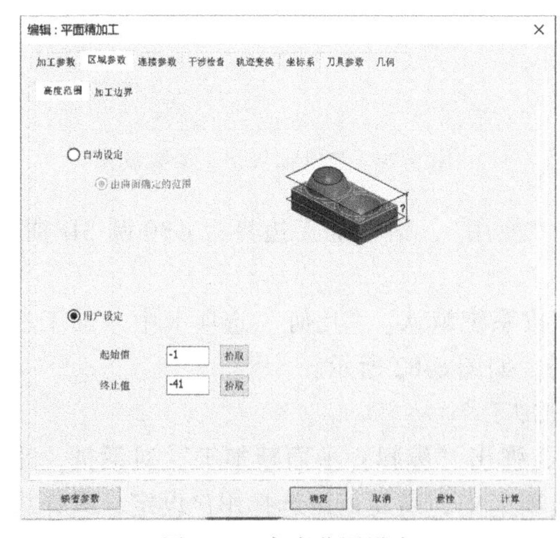

图 5-84 高度范围设定

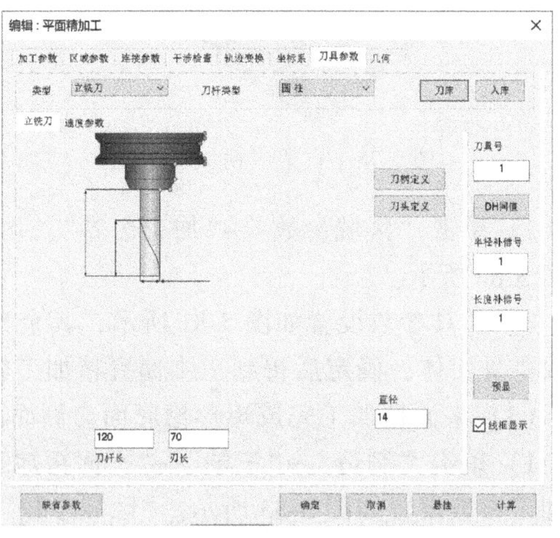

图 5-85 刀具参数设置

数控加工实体仿真结果如图 5-87 所示。加工程序 G 代码的生成略。

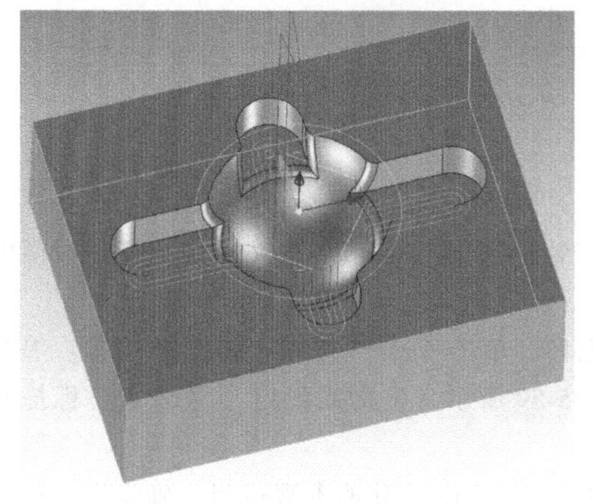

图 5-86　平面精加工轨迹

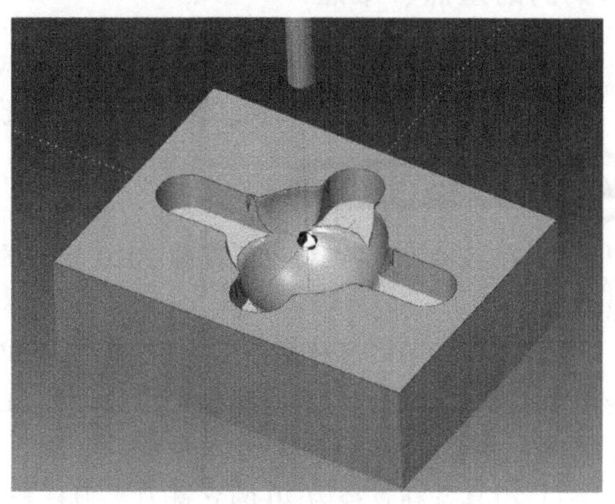

图 5-87　球铰座零件加工仿真结果

任务五　锻模电极的加工编程

任务背景

等高线粗加工、等高线精加工、平面精加工及笔式清根加工这四项功能是加工各种复杂形体的常用组合。本例锻模电极模型由曲面构成，形状比较复杂，曲面数量较多。通过锻模电极模型的加工编程，学生能学会等高线粗加工、等高线精加工、平面精加工及笔式清根加工功能的综合应用。

任务要求

锻模电极模型来自 CAXA CAM 制造工程师 2020 软件安装目录下“Samples”文件夹，其路径为“…CAXA\CAXACam\22.0\CamConfig\Samples”，如图 5-88 所示，完成锻模电极的加工轨迹的生成。

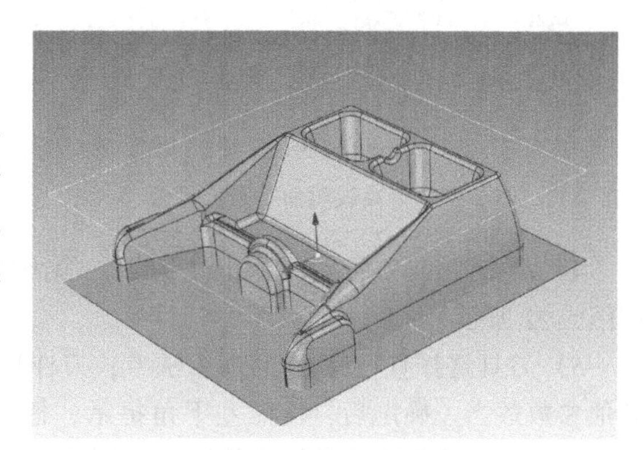

图 5-88　锻模电极模型

任务解析

1）新建加工坐标系，通过三维球调整坐标系与零件上表面中心位置。

2）模型结构比较复杂，曲面曲率变化较大，曲面构成数量比较多。

3）采用等高线粗加工高效去除余量，采用等高线精加工完成轮廓曲面的精加工，采用平面精加工完成平面部分的精加工。

4）为提高加工效率，应提高刀具的刚性，往往选用直径较大的刀具进行粗、精加工。但是，易在曲率半径小的角落留下死角，故用直径较小的刀具，采用笔式清根加工去除残留余量。

本案例的重点、难点

1）等高线精加工、笔式清根加工功能的应用。

2）如何选择合适的刀具、设置合理的参数，完成锻模电极粗、精加工轨迹。

操作步骤详解

1）在 CAXA CAM 制造工程师 2020 软件的安装目录下“Samples”文件夹，打开锻模电极模型。

2）选择“拾取参照模型”，框选模型生成毛坯，单击“ ”按钮，弹出“编辑：等高线粗加工”对话框，等高线粗加工参数设置如图 5-89 所示。坐标系设定，将 *Z* 点坐标提升至零件上表面。

3）刀具选择直径为 20 的立铣刀，刀杆长 100，刃长 60，其他参数适当。确定后，按照左下角提示，框选全部锻模电极轮廓曲面，单击鼠标右键确定，计算后生成等高线粗加工轨迹，如图 5-90 所示。等高线粗加工轨迹实体仿真结果如图 5-91 所示。

图 5-89　等高线粗加工参数设置

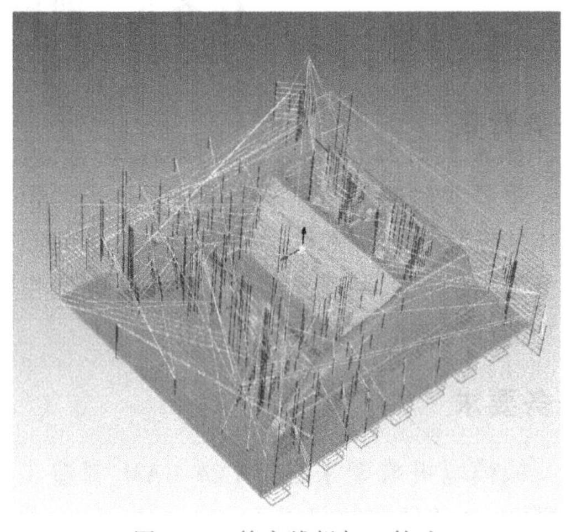

图 5-90　等高线粗加工轨迹

4）单击“ ”按钮，弹出“编辑：等高线精加工”对话框，等高线精加工参数设置如图 5-92 所示。

5）刀具选择直径为 20 的球头铣刀，刀杆长 100，刃长 60，以矩形 3D 线框为加工边界，其他参数适当。确定后，按照左下角提示，框选全部锻模电极轮廓曲面，单击鼠标右键确定，计算后生成等高线精加工轨迹，如图 5-93 所示。等高线粗、精加工轨迹实体仿真结果如图 5-94 所示。

6）单击“ ”按钮，弹出“创建：平面精加工”对话框，平面精加工参数设置如图 5-95 所示。

7）刀具选择直径为 12 的立铣刀，刀杆长 100，刃长 60，其他参数适当。确定后，按照左下角提示，框选全部锻模电极轮廓曲面，单击鼠标右键确定，计算后生成平面精加工轨迹，如图 5-96 所示。等高线粗精加工及平面精加工轨迹实体仿真结果如图 5-97 所示。

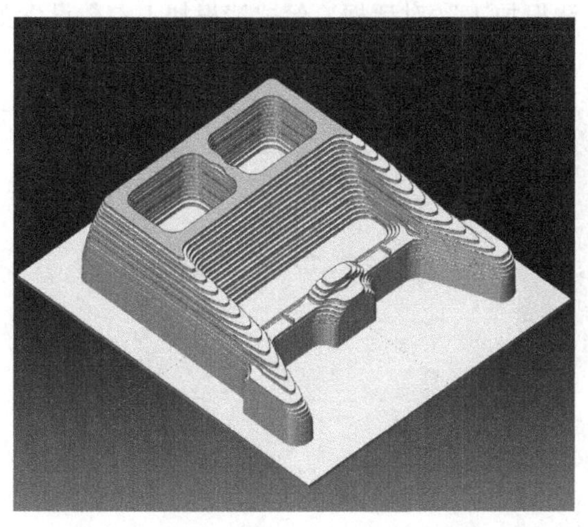

图 5-91　等高线粗加工轨迹实体仿真结果

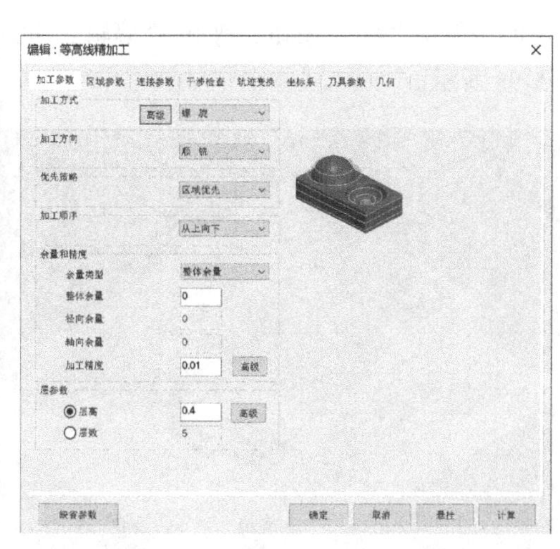

图 5-92　等高线精加工参数设置

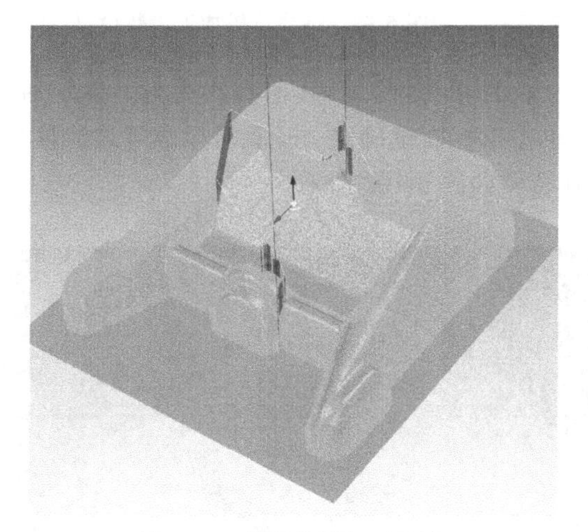

图 5-93　等高线精加工轨迹

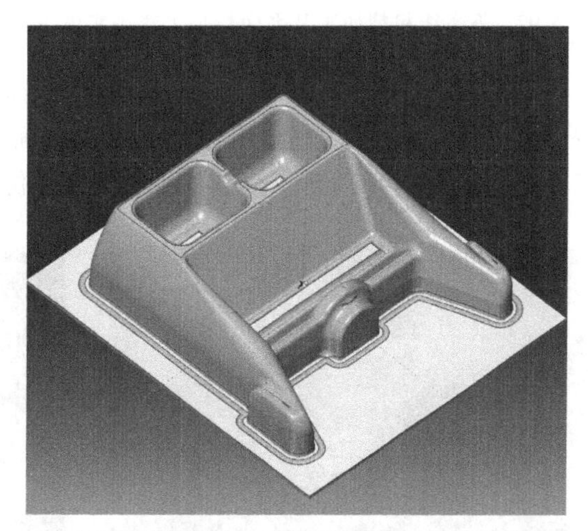

图 5-94　等高线粗、精加工轨迹实体仿真结果

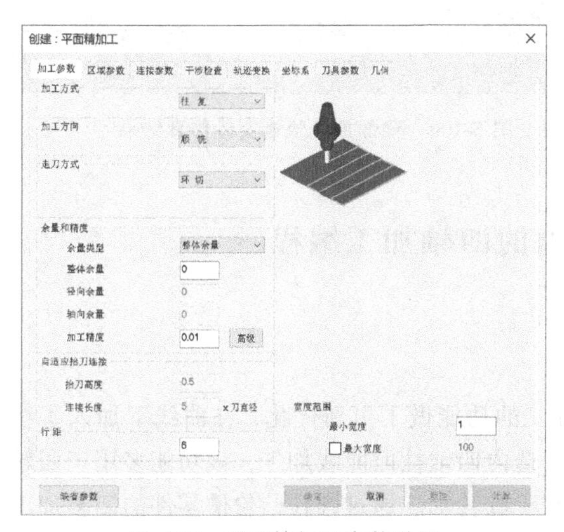

图 5-95　平面精加工参数设置

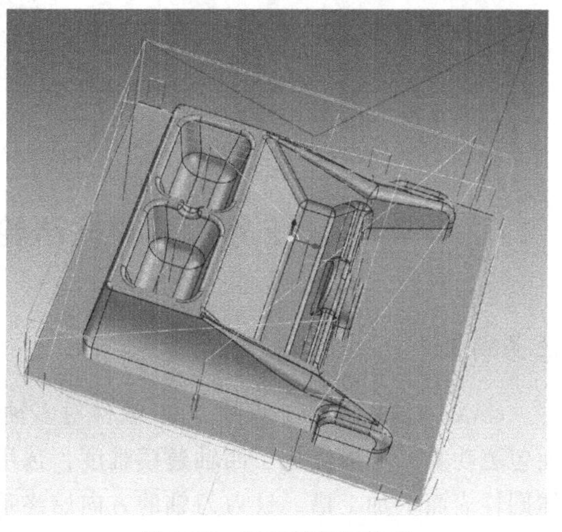

图 5-96　平面精加工轨迹

8）单击“”按钮，弹出“编辑：笔式清根加工”对话框，笔式清根加工参数设置如图 5-98 所示。

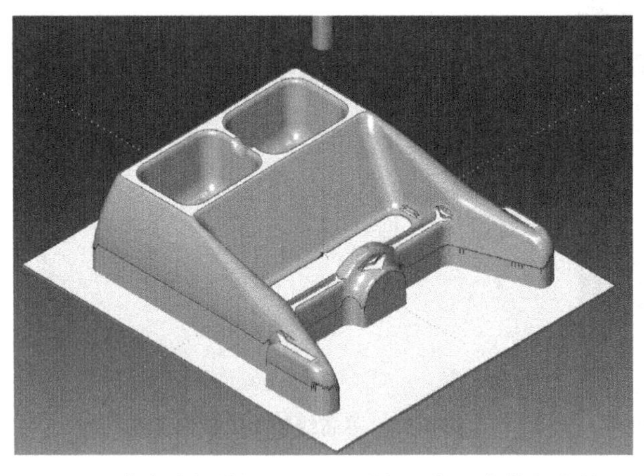

图 5-97　等高线粗精加工及平面精加工轨迹实体仿真结果

图 5-98　笔式清根加工参数设置

9）刀具选择长度为 100、刃长为 50、直径为 6 的球头铣刀，其他参数适当。确定后，按照左下角提示，框选全部锻模电极轮廓曲面，单击鼠标右键确定，计算后生成笔式清根加工轨迹，如图 5-99 所示。全部加工轨迹实体仿真结果如图 5-100 所示。

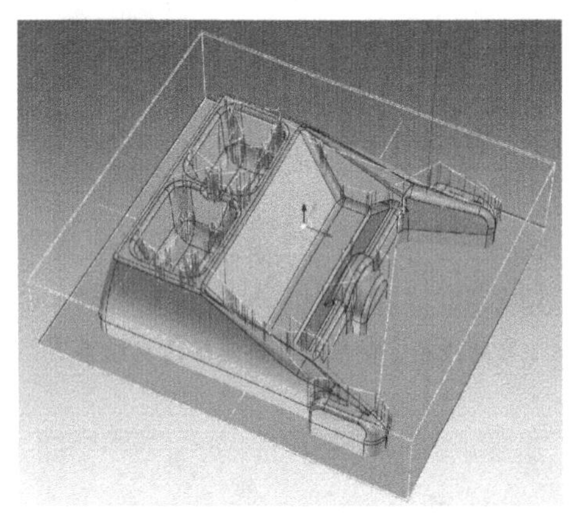

图 5-99　笔式清根加工轨迹

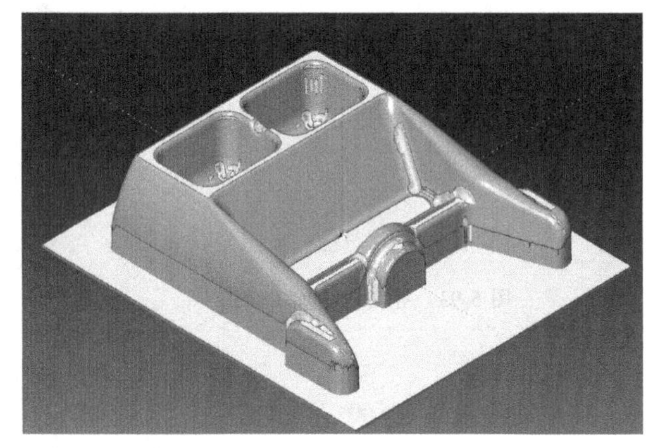

图 5-100　全部加工轨迹实体仿真结果

任务六　圆柱凸轮槽的四轴加工编程

任务背景

CAXA CAM 制造工程师 2020 软件对多轴加工的功能做了更新优化，在曲线下加入了线面包裹功能，更加优化了四轴建模难度，选用制造内四轴柱面曲线加工，该功能多用于回转体圆柱表面上加工槽。铣刀刀轴的方向始终垂直于旋转轴。通过圆柱凸轮槽零件的四轴加工编程，学生能学会四轴柱面槽加工功能的参数设置及操作方法。

任务要求

根据图 5-101 所示的尺寸，完成圆柱凸轮槽的四轴柱面曲线加工轨迹的生成。

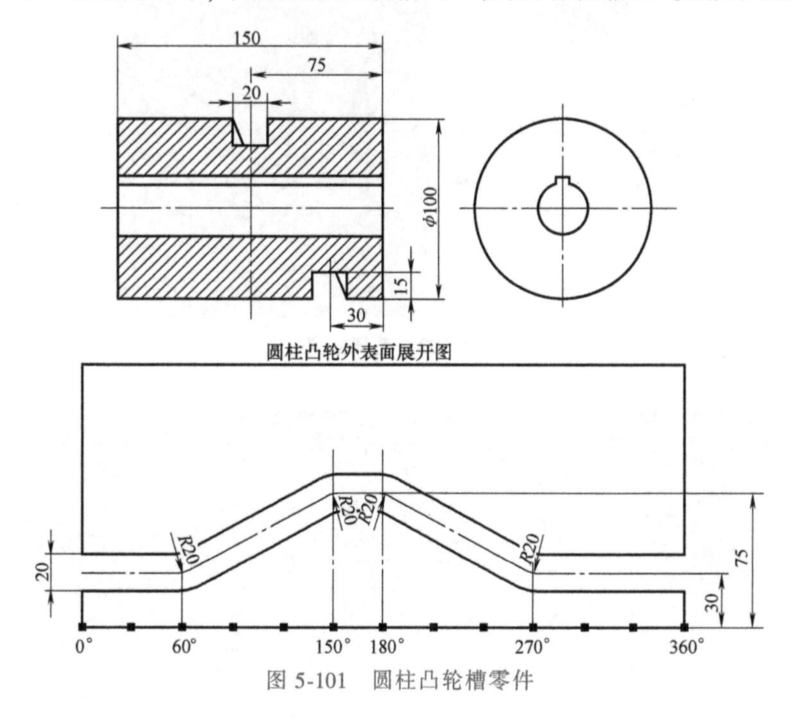

图 5-101　圆柱凸轮槽零件

任务解析

1）通过线面映射功能将圆柱凸轮槽中心线展开图映射（包裹）在 ϕ100 的圆柱曲面上。

2）使用四轴柱面曲线加工功能，生成圆柱凸轮槽零件的曲线加工轨迹。

3）使用带 A 轴的四轴立式数控铣床。

本案例的重点、难点

1）线面映射功能、四轴柱面曲线加工功能的应用。

2）理解 A 轴联动的概念及其工艺方法。

操作步骤详解

1）从图素库中拖拽一个圆柱体，编辑包围盒调整直径为 100，长度为 150。利用三维球移动与旋转，调整零件左端面中心位置与坐标系原点重合，轴线与 X 轴重合。

2）在加工树中，选择“毛坯”单击鼠标右键，弹出“编辑毛坯”对话框，各项参数选择如图 5-102 所示，拾取 *YOZ* 平面上 ϕ100 圆曲线为平面轮廓，单击“确定”后，完成毛坯定义。

3）隐藏圆柱体，按<F5>(+<Fn>) 键，以圆周长 100×3. 14159 为基准线，并 12 等分，画出圆柱凸轮槽中心线展开图，删除基准线及等分点，确定并退出三维曲线，如图 5-103 所示。

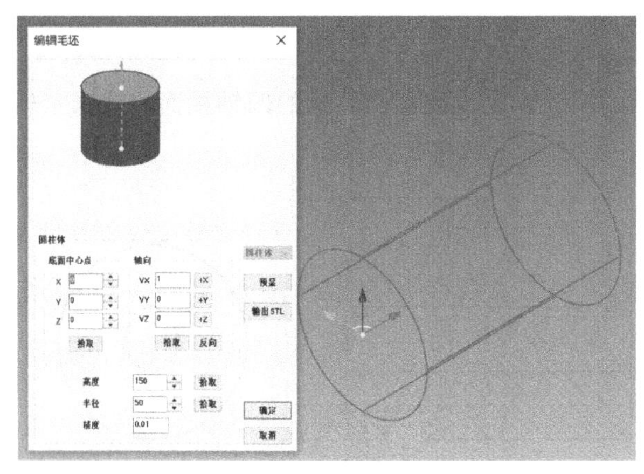

图 5-102　毛坯定义

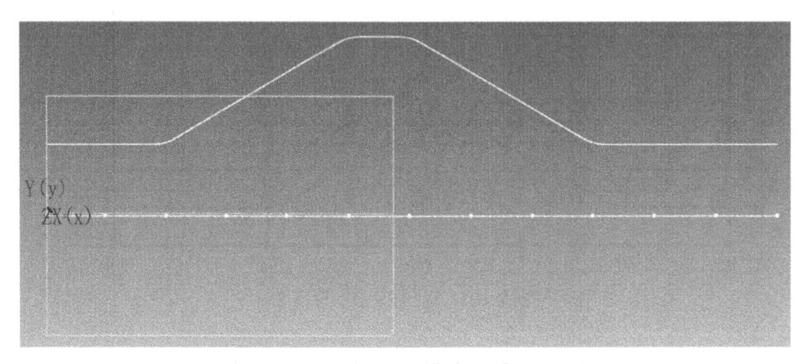

图 5-103　圆柱凸轮槽中心线展开图

4）单击“ ”命令，将圆柱凸轮槽中心线拟合，单击“ ”线面包裹按钮，弹出“线面包裹”对话框，拾取圆柱体毛坯为包裹对象，拾取圆柱凸轮槽中心线为源曲线（按顺序各段拾取），单击鼠标右键，轴向移动30，如图5-104所示。单击“确定”后，完成曲线包裹。

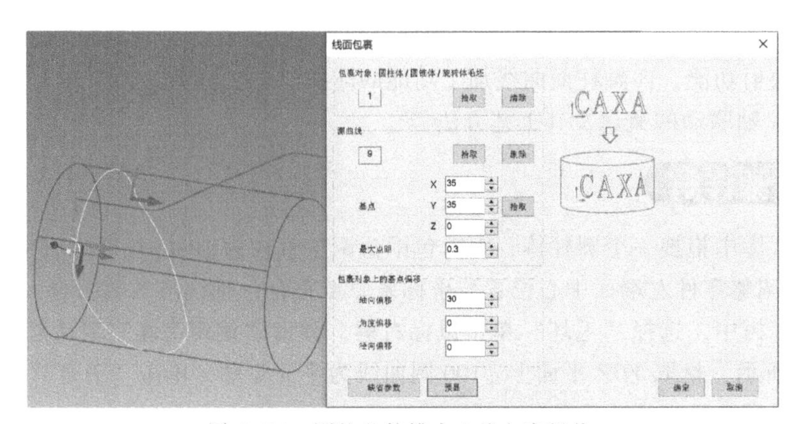

图 5-104　圆柱凸轮槽中心线包裹操作

5）单击“制造”→“ ”四轴柱面曲线加工按钮，弹出“编辑：四轴柱面曲线加工”对话框，四轴柱面曲线加工参数设置如图5-105所示。

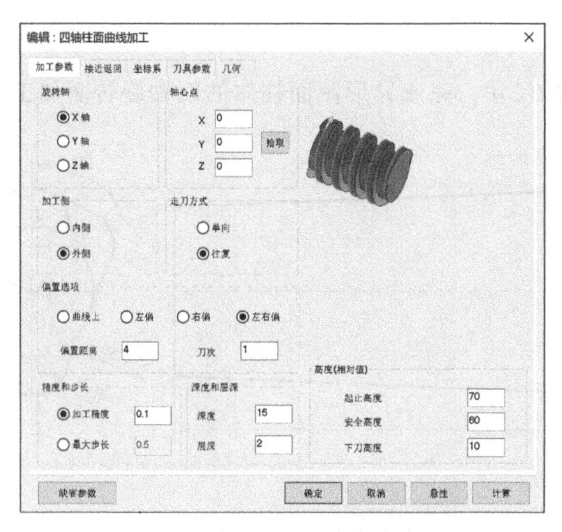

图 5-105　四轴柱面曲线加工参数设置

6）刀具选择直径为 12 的立铣刀，其他参数设置适当。“几何”选项卡中，“轮廓曲线”拾取包裹在柱面上的凸轮槽中心线轮廓曲线，单击“✔”按钮，单击“确定”后得到加工轨迹，如图 5-106 所示。圆柱凸轮槽加工轨迹实体仿真如图 5-107 所示。

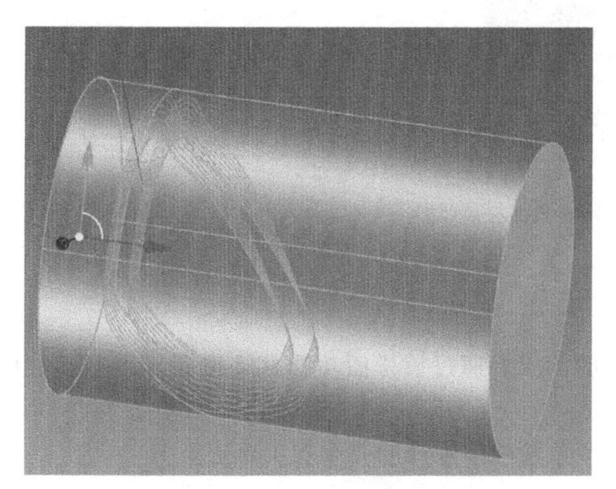

图 5-106　四轴柱面曲线加工轨迹

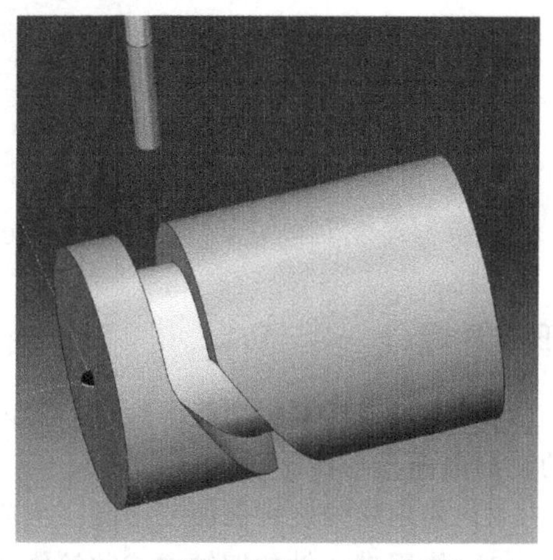

图 5-107　圆柱凸轮槽加工轨迹实体仿真

任务七　异形截面柱体的四轴加工编程

任务背景

四轴旋转粗加工、四轴旋转精加工是用一组垂直于旋转轴的平面与被加工曲面的等距面求交而生成四轴加工轨迹的方法，该方法称为四轴旋转面加工，其多用于加工旋转体及上面的复杂曲面。铣刀刀轴的方向始终垂直于旋转轴。通过异形截面柱体零件的四轴加工编程，学生能学会四轴旋转面加工功能的参数设置及操作方法。

任务要求

根据图 5-108 所示的尺寸，完成异形截面柱体的四轴旋转面加工轨迹的生成。

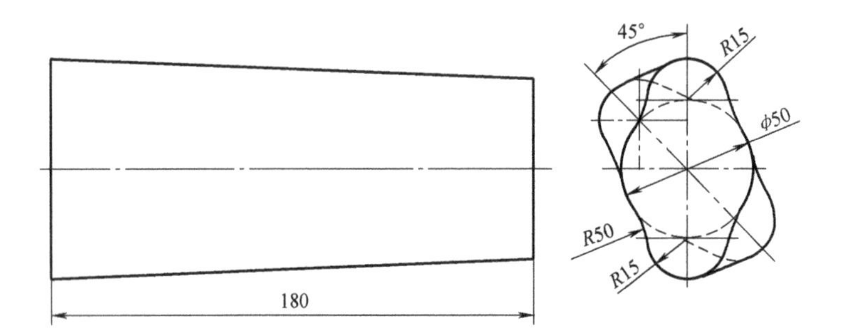

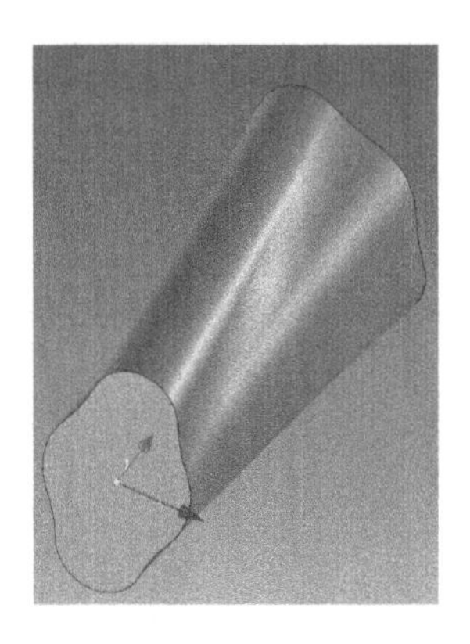

图 5-108　异形截面柱体零件

任务解析

1）通过放样增料功能得到零件实体造型，或者通过放样面功能直接得到异形截面柱体的轮廓曲面。

2）使用四轴旋转面加工功能，生成异形截面柱体零件的曲面加工轨迹。

3）使用带 *A* 轴的四轴立式数控铣床。

本案例的重点、难点

1）异形截面柱体零件的实体造型及曲面造型。

2）四轴旋转面加工功能的参数设置及操作方法。

操作步骤详解

1）选择“曲线”→“三维曲线”，以坐标原点为圆心，按<F6>（+<Fn>）键切换作图平面至 *YOZ* 面，作出异形截面空间曲线。单击“平移复制”按钮，在立即菜单中选择“给定两点”，旋转角设为 45°，按左下角提示，框选曲线，右击，如图 5-109 所示。再按左下角提示，选择第一点为坐标原点，第二点输入（180，0，0），右击，按<Enter>键完成，得到两截面曲线，如图 5-110 所示。完成后退出三维曲线界面。

图 5-109　平移复制立即菜单

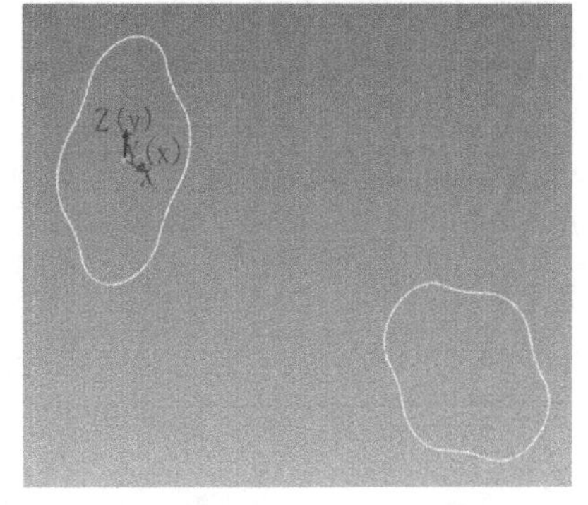

图 5-110　异形截面轮廓线

2）单击“”按钮，分别对两截面线进行拟合。选择“曲面”→“放样面”工具，分别点选两截面线对应段，单击“”按钮完成放样面，所得异形截面柱体曲面如图 5-111 所示。

3）创建毛坯，拾取参考模型框选曲面，在此基础上，为各个方向至少留 1 的余量，将宽、高尺寸值加 2，再将中心点坐标 Y、Z 值−1，如图 5-112 所示，确定后完成毛坯创建。

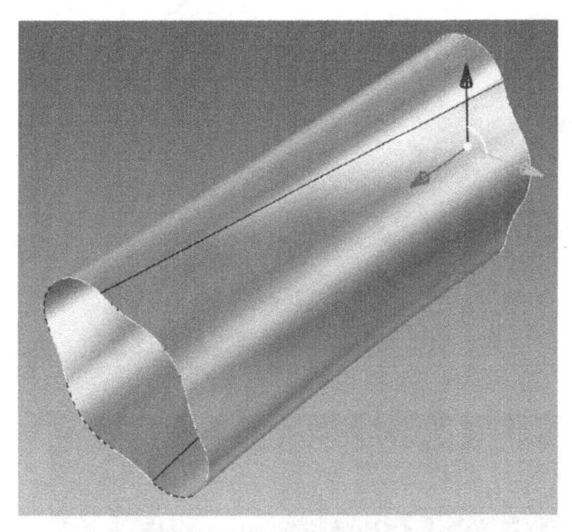

图 5-111　异形截面柱体曲面

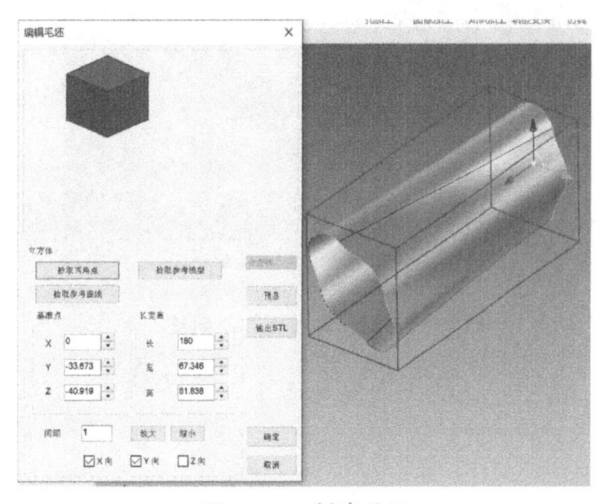

图 5-112　创建毛坯

4）单击“”按钮，弹出“创建：四轴旋转粗加工”对话框，四轴旋转粗加工参数设置如图 5-113 所示，单击“多刀次参数”可以设定轨迹层数和间距。

5）刀具选择长度为 80、刃长为 50、直径为 12 的立铣刀，如图 5-114 所示。在“几何”选项卡中完成加工曲面和毛坯选择，确定后生成四轴旋转粗加工轨迹，如图 5-115 所示。

6）单击“”按钮，弹出“编辑：四轴旋转精加工”对话框，四轴旋转精加工参数设置如图 5-116 所示。刀具选择长度为 80、刃长为 50、直径为 18 的球头铣刀，其余参数同前。四轴旋转精加工轨迹如图 5-117 所示，注意：在“区域参数”选项中“轴向范围”选择“用户设定”，起始值：0，终止值：180。异形截面柱体加工轨迹实体仿真如图 5-118 所示。

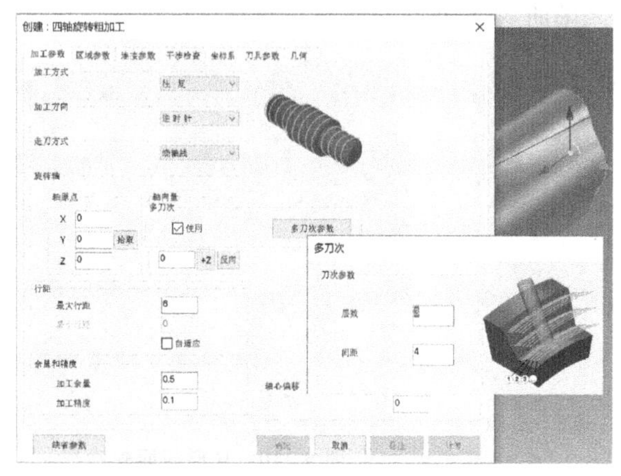

图 5-113　四轴旋转粗加工参数设置

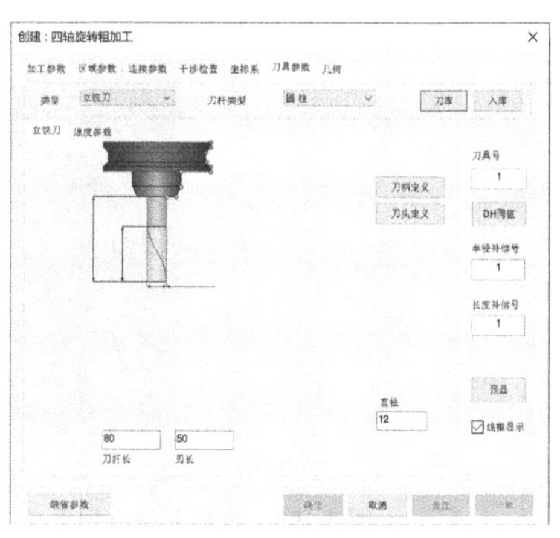

图 5-114　刀具参数设置

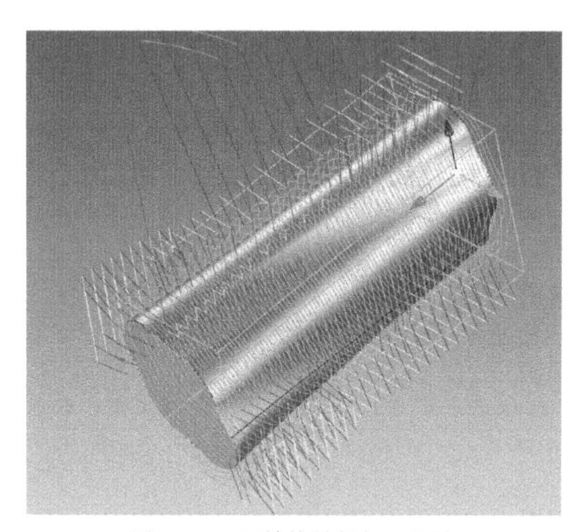

图 5-115　四轴旋转粗加工轨迹

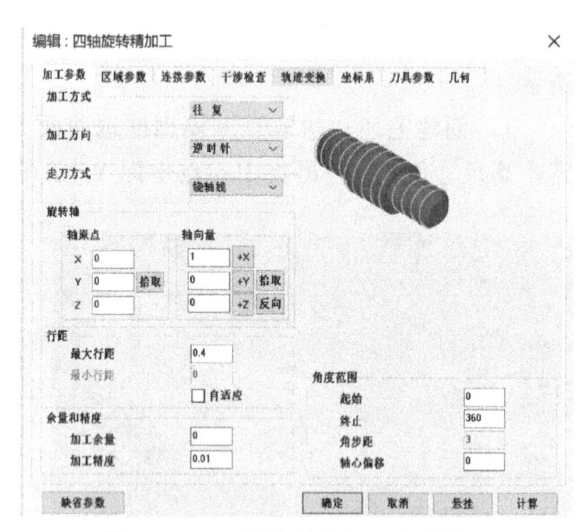

图 5-116　四轴旋转精加工参数设置

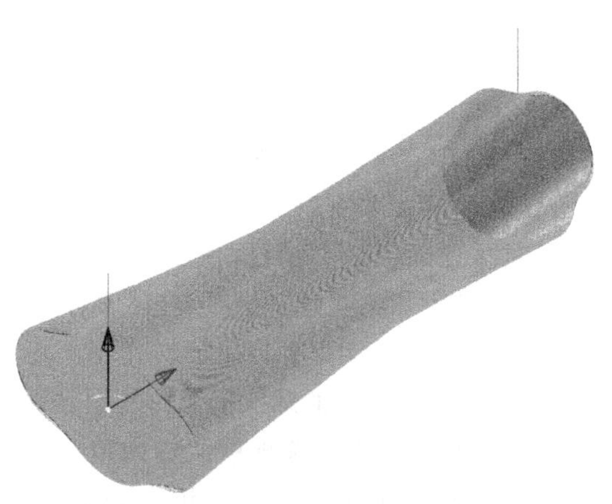

图 5-117　四轴旋转精加工轨迹

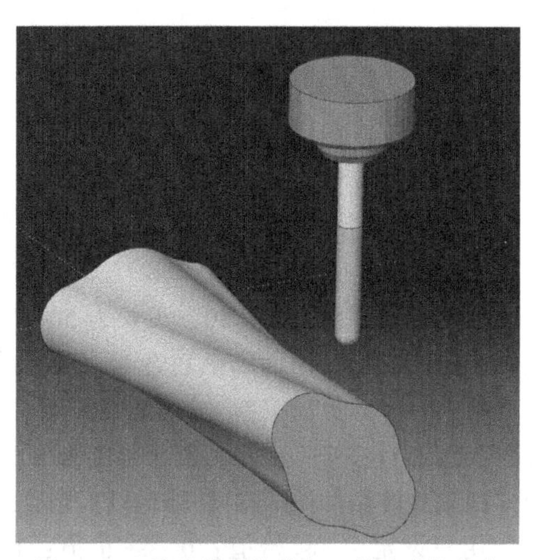

图 5-118　异形截面柱体加工轨迹实体仿真

任务八　滑杆支架的五轴钻孔加工编程

任务背景

五轴铣床及加工中心常用于加工箱体类零件，这类零件一般都有方向不同的孔系，加工这些孔成为箱体类零件的重要工作。通过滑杆支架零件的五轴钻孔加工编程，学生可学会五轴 G01 钻孔加工功能的参数设置及操作方法。

任务要求

根据图 5-119 所示的尺寸和技术要求，完成滑杆支架的轮廓加工及五轴 G01 钻孔加工轨迹的生成。

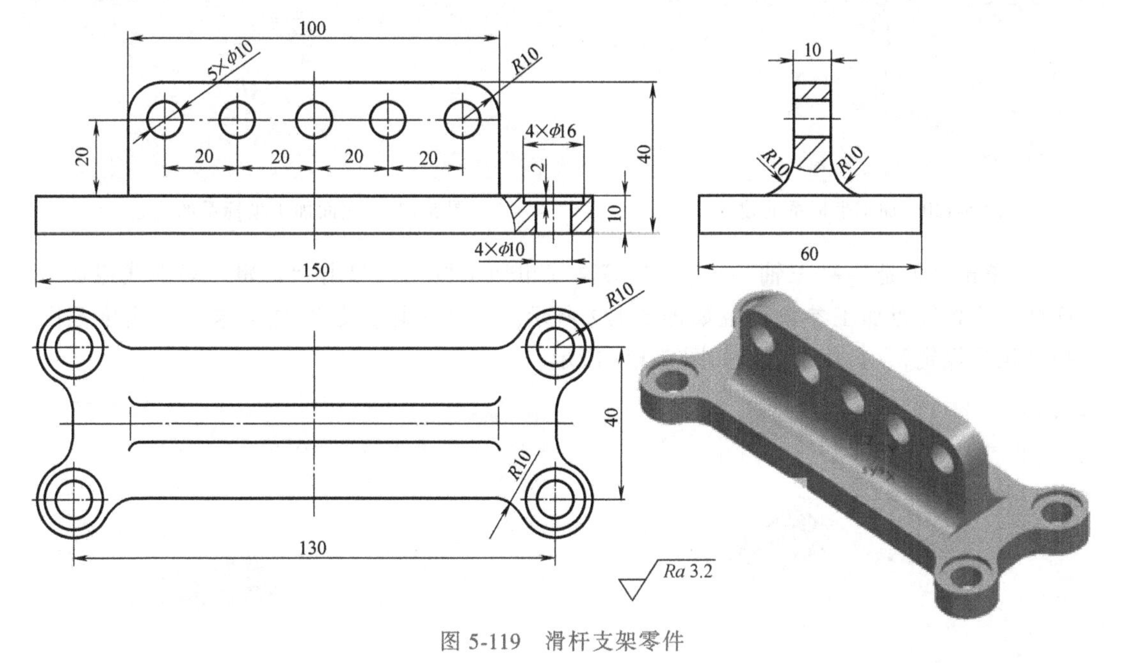

图 5-119　滑杆支架零件

任务解析

1）毛坯选用 150×60×40 的长方体，材料 45 钢。
2）先加工底面，完成底板侧面轮廓的粗、精加工。
3）翻面，装夹。采用等高线粗加工方法去除零件的大部分余量。
4）采用等高线精加工方法完成立板及 $R10$ 圆弧过渡面的精加工。
5）采用平面精加工方法完成底板上表面及 $\phi16$ 沉孔的精加工。
6）采用五轴 G01 钻孔加工方法完成底板、立板 9 个孔的加工。

本案例的重点、难点

1）轮廓粗、精加工的工艺方案与操作。

2）五轴 G01 钻孔加工功能的参数设置及操作方法。

操作步骤详解

1）由于篇幅所限，零件实体造型过程省略。

2）坐标系设定在工件上表面中心点处，按拾取参照模型方式建立毛坯，如图 5-120 所示。

3）建立底面（背面）轮廓加工坐标系，原点为底面中心点，Z 轴反向，如图 5-121 所示。

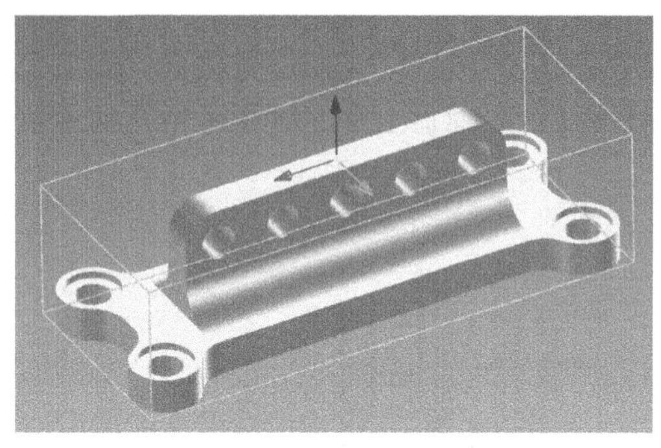

图 5-120　加工坐标系的建立

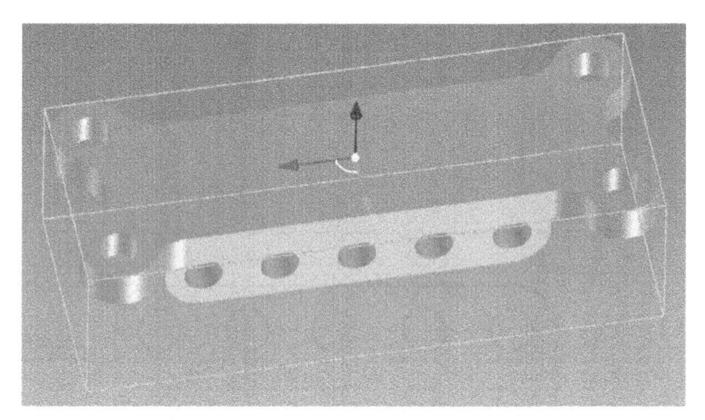

图 5-121　底面加工坐标系的建立

4）单击“制造”→“三轴”→“ ”等高线粗加工按钮，弹出“编辑：等高线粗加工”对话框，等高线粗加工参数设置如图 5-122 所示。在“区域参数”选项卡中“高度范围”选择“用户设定”，具体设定值如图 5-123 所示。

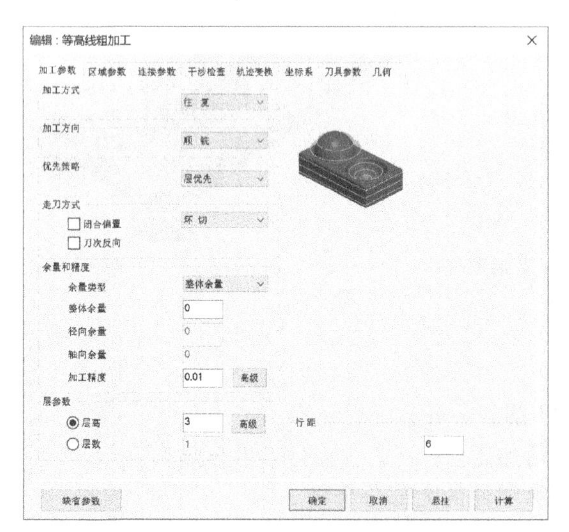

图 5-122　等高线粗加工参数设置

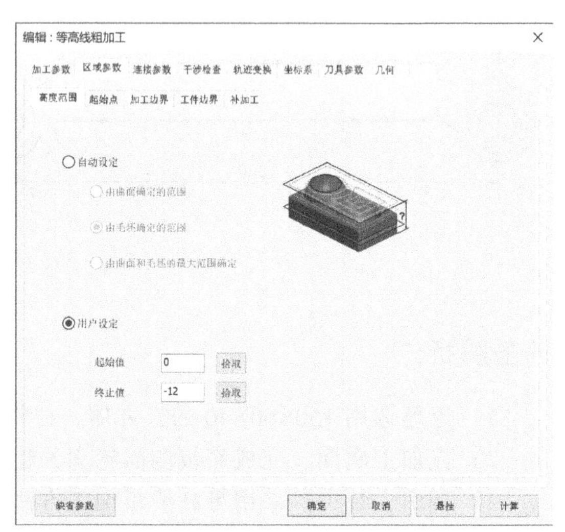

图 5-123　高度范围设定

5）刀具选择长度为 100、刃长为 60、直径为 10 的立铣刀。“几何”选项卡中，加工曲面拾取零件特征，选择毛坯，确定后生成底面等高线粗加工轨迹，如图 5-124 所示。

6）零件反转，从加工树中激活坐标系。单击“ ”等高线粗加工按钮，弹出“创建：等高线粗加工”对话框，加工参数设置如图 5-125 所示。在“区域参数”选项卡中“高度

范围”选择“用户设定”，起始值：0，终止值：-30。刀具参数设置同前，其余参数按系统默认，确定后生成等高线粗加工轨迹，如图 5-126 所示。

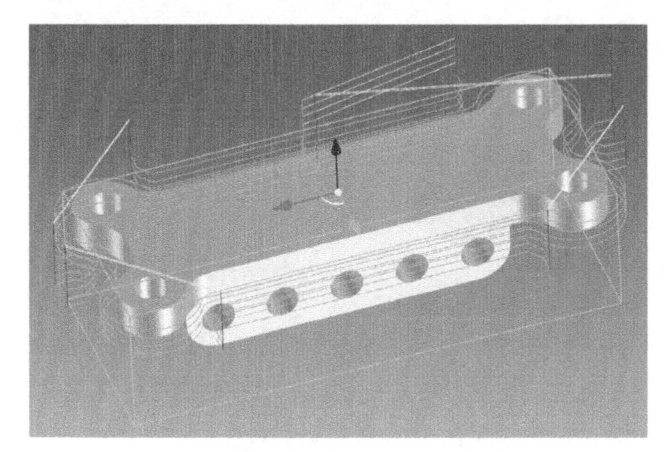

图 5-124　底面等高线粗加工轨迹

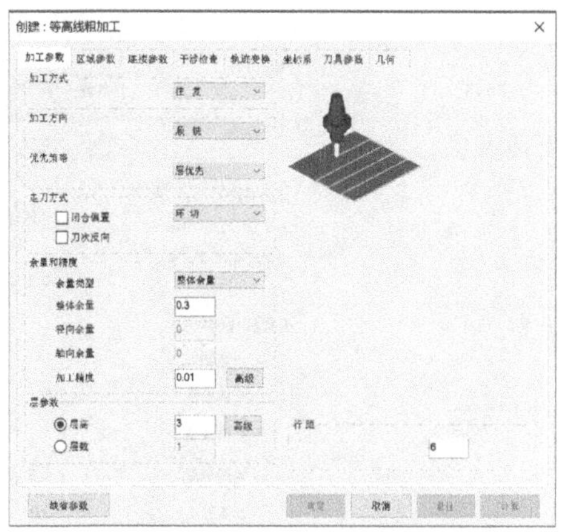

图 5-125　加工参数设置

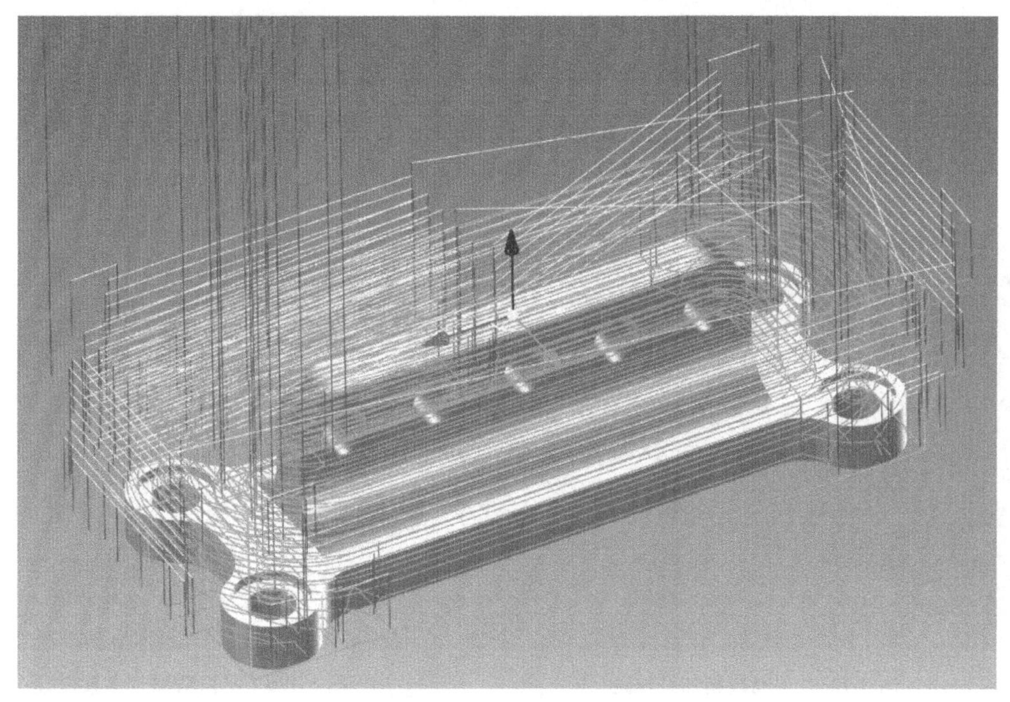

图 5-126　等高线粗加工轨迹

7）单击“”等高线精加工按钮，弹出“编辑：等高线精加工”对话框，等高线精加工参数设置如图 5-127 所示。在“区域参数”选项卡中“高度范围”选择“用户设定”，起始值：0，终止值：-29.99。刀具选择长度为 100、刃长为 60、直径为 20 的球头铣刀，其余参数按系统默认，确定后生成等高线精加工轨迹，如图 5-128 所示。

8）单击“”平面精加工按钮，弹出“编辑：平面精加工”对话框，平面精加工参数设置如图 5-129 所示。在“区域参数”选项卡中“高度范围”选择“用户设定”，起始值：0，终止值：-30。刀具选择长度为 100、刃长为 60、直径为 12 的立铣刀，其余参数按系统默认，确定后生成平面精加工轨迹，如图 5-130 所示。

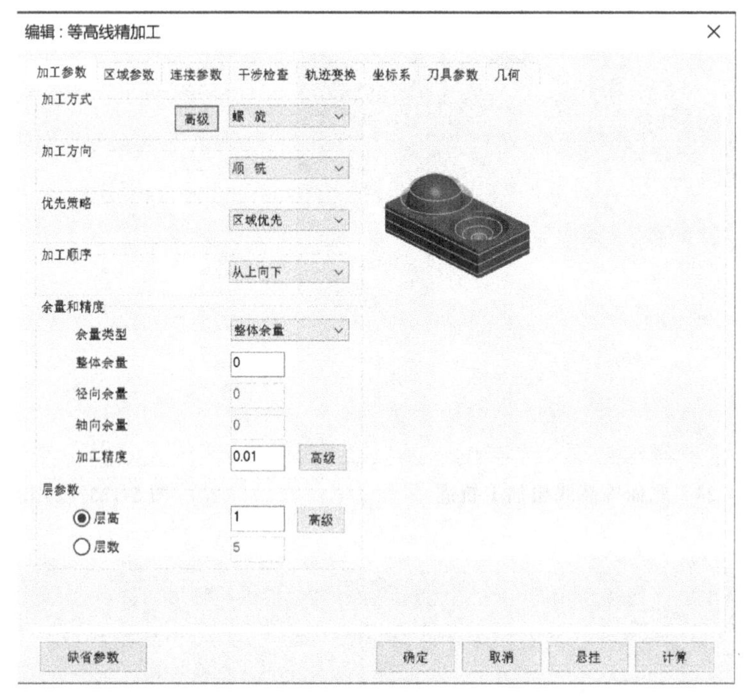

图 5-127　等高线精加工参数设置

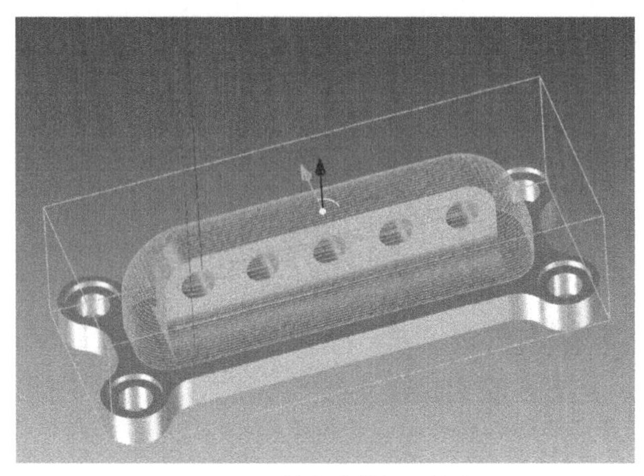

图 5-128　等高线精加工轨迹

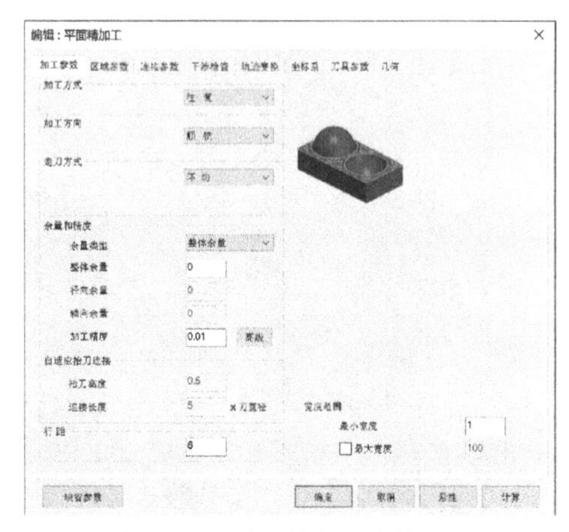

图 5-129　平面精加工参数设置

9）单击“5G”五轴 G01 钻孔按钮，弹出“编辑：五轴 G01 钻孔”对话框，加工参数设置如图 5-131 所示。刀具选择长度为 80、刃长为 50、直径为 10 的钻头，其余参数按系统默认。

10）“几何”选项卡中，孔点依次选择底板上 4 个孔中心。刀轴方向选择工件上 Z 向直线轮廓，并将方向箭头切换为退刀方向（本次为 Z 轴正向），确定后生成底板上四孔加工轨迹，如图 5-132 所示。

11）立板上 5 个导向孔加工参数设置同前，选择 Y 向轮廓直线为刀轴方向，确定后生成立板上五孔加工轨迹，如图 5-133 所示。

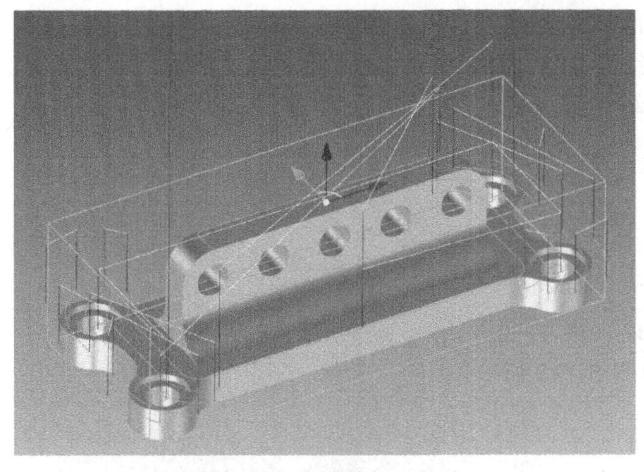

图 5-130　平面精加工轨迹

图 5-131　加工参数设置

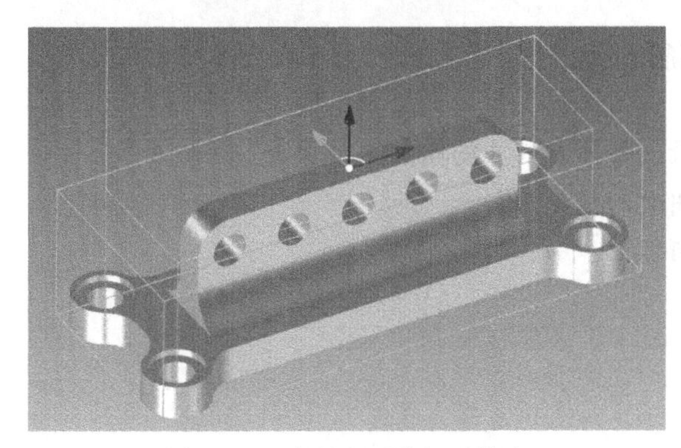

图 5-132　底板上四孔加工轨迹

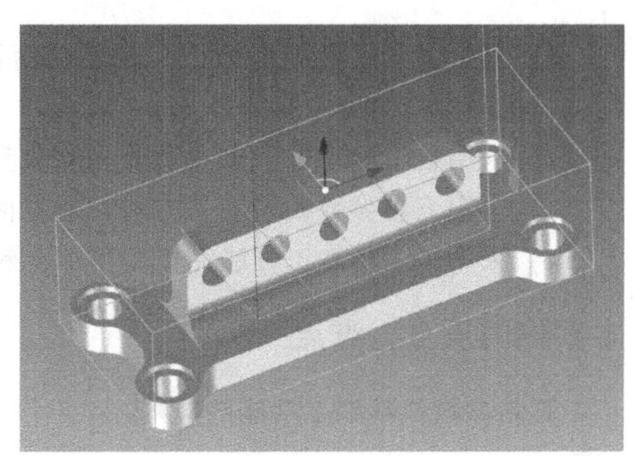

图 5-133　立板上五孔加工轨迹

12）滑杆支架加工轨迹实体仿真如图 5-134 所示。

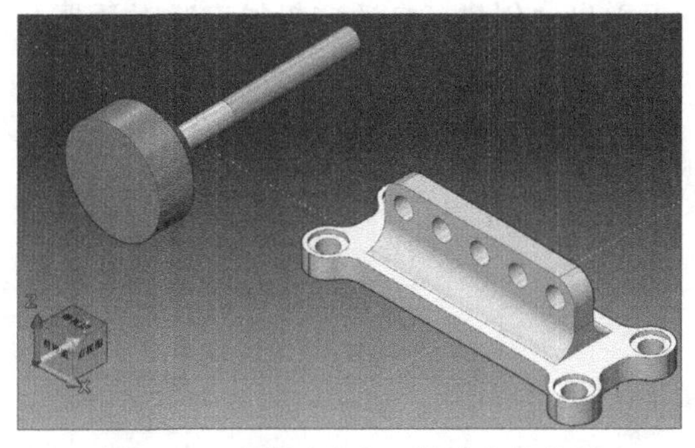

图 5-134　滑杆支架加工轨迹实体仿真

任务九　可乐瓶底凹模的五轴加工编程

任务背景

可乐瓶底凹模是典型的空间曲面，可通过自适应粗加工高效去除余量，用五轴参数线精

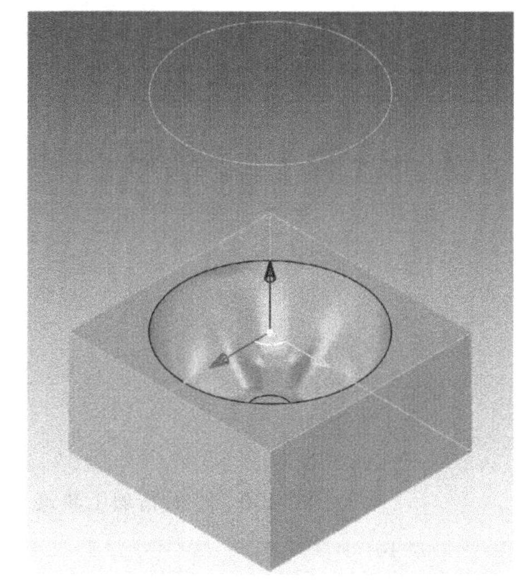

图 5-135　可乐瓶底凹模零件

加工完成主曲面的精加工，再通过平面精加工完成底平面的精铣。通过本例学习五轴参数线精加工功能在加工空间曲面中的应用，球头铣刀在五轴铣削时用侧刃加工，精度、效率更高。

任务要求

可乐瓶底凹模可从软件安装目录下“Sample”文件夹中直接调出，将原图中曲线压缩掉，提取可乐瓶底曲面上端整圆线，并上移 100，如图 5-135 所示，试完成其加工轨迹的生成。

任务解析

1）坐标系采用世界坐标系，毛坯侧面铣削加工到位，机用虎钳装夹，打表找正。

2）采用自适应粗加工方法高效去除余量，整体留 0.3 的精加工余量。

3）采用五轴参数线精加工方法完成主曲面的精加工。

4）采用平面精加工方法完成底平面的精加工。

本案例的重点、难点

五轴参数线精加工功能的应用。

操作步骤详解

1）坐标系采用零件建模使用的世界坐标系，毛坯参照模型。

2）单击“”按钮，弹出“创建：自适应粗加工”对话框，自适应粗加工参数设置如图 5-136 所示。

3）在“区域参数”选项卡中“高度范围”选择“自动设定”。刀具参数设置如图 5-137 所示，其余参数按系统默认。

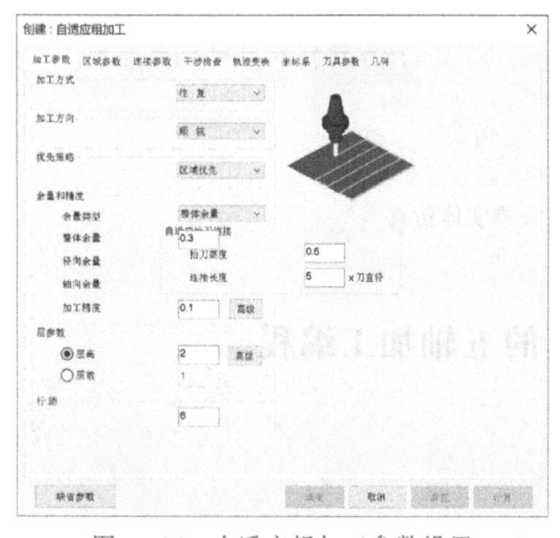

图 5-136　自适应粗加工参数设置

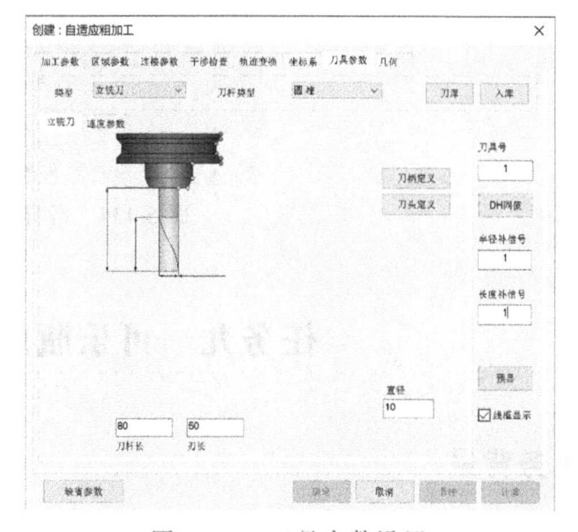

图 5-137　刀具参数设置

4）“几何”选项卡中，加工曲面拾取零件模型，选择毛坯，确定后生成自适应粗加工轨迹，如图 5-138 所示。

5）单击“![]”按钮，弹出“创建：五轴参数线加工”对话框，五轴参数线加工参数设置如图 5-139 所示。注意：“刀轴方向控制”选择“通过曲线”。

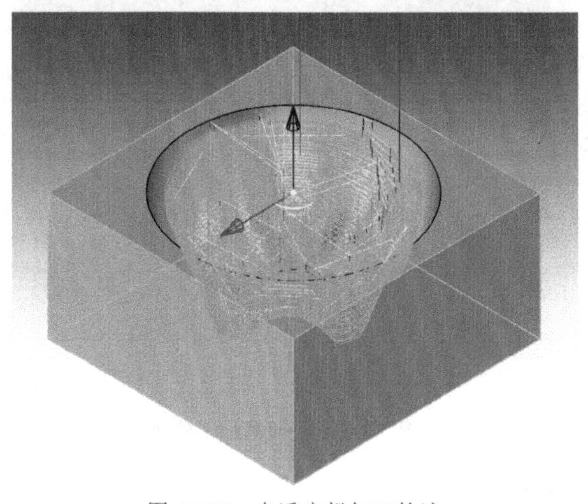

图 5-138　自适应粗加工轨迹

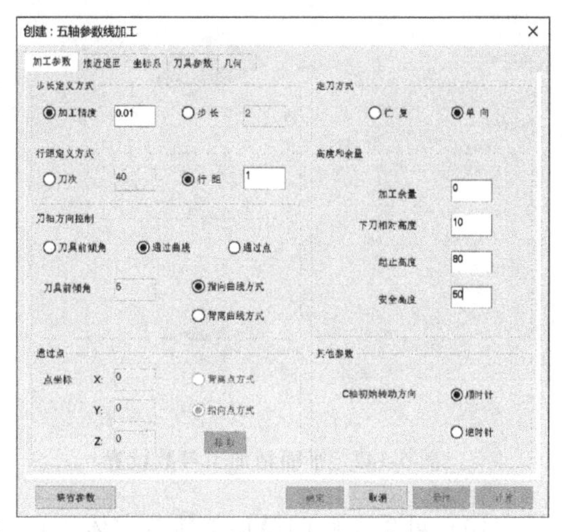

图 5-139　五轴参数线加工参数设置

6）刀具选择长度为 80、刃长为 60、直径为 10 的球头铣刀，如图 5-140 所示。其余参数按系统默认。

7）“几何”选项卡中，加工曲面选择可乐瓶底主曲面，注意切换曲面方向为向上，轨迹路径方向为圆周切线方向，刀轴控制曲线选 3D 曲线圆，确定后生成五轴参数线加工轨迹，如图 5-141 所示。

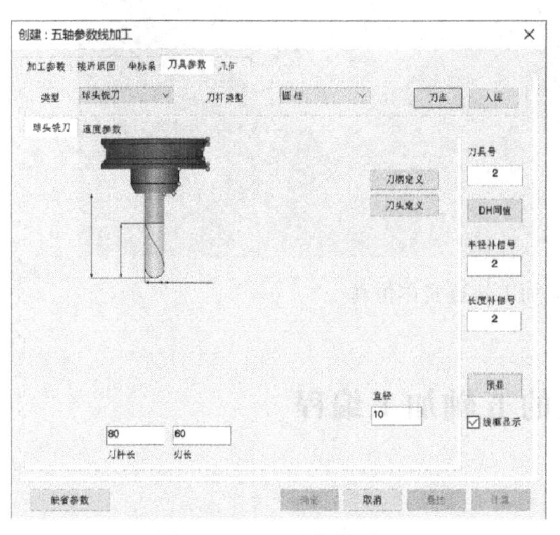

图 5-140　刀具参数设置

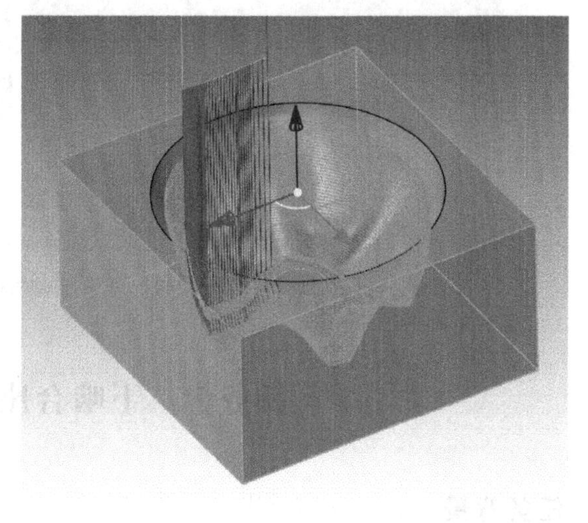

图 5-141　五轴参数线加工轨迹

8）单击“![]”按钮，弹出“创建：平面精加工”对话框，平面精加工参数设置如图 5-142 所示。

9）刀具选择长度为80、刃长为50、直径为10的立铣刀。其余参数按系统默认，确定后生成平面精加工轨迹，如图5-143所示。

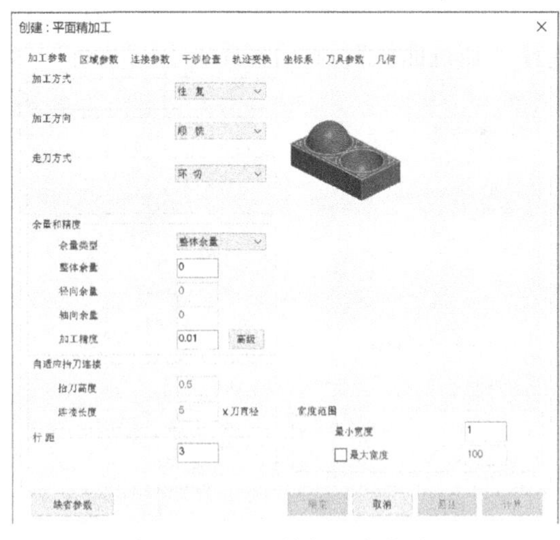

图5-142　平面精加工参数设置

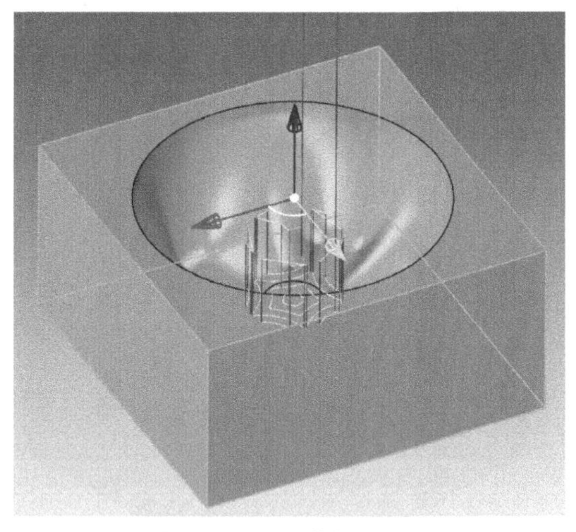

图5-143　平面精加工轨迹

10）可乐瓶底凹模加工轨迹实体仿真如图5-144所示。

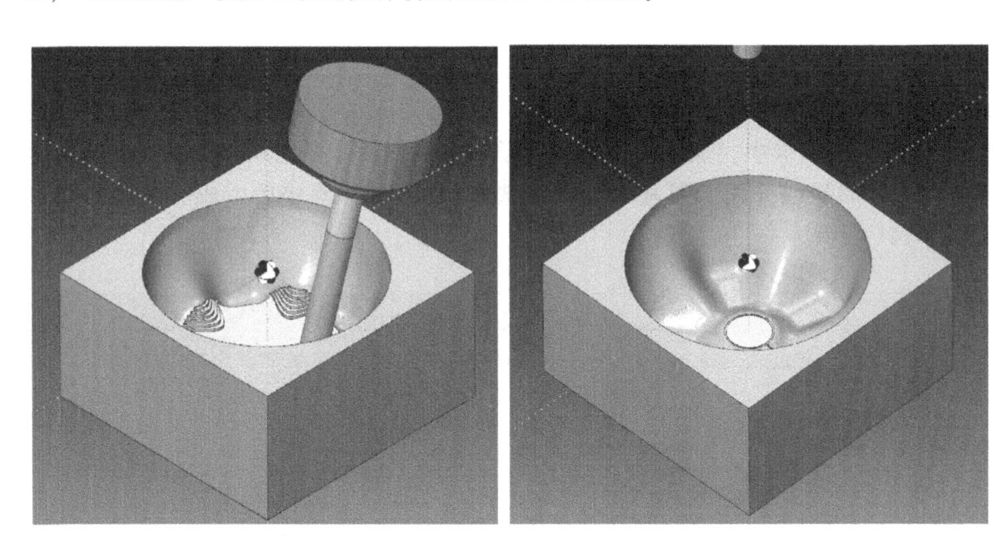

图5-144　可乐瓶底凹模加工轨迹实体仿真

任务十　下啮合座的五轴加工编程

任务背景

下啮合座是由多种空间曲面要素组成的零件，其造型和加工都比较有代表性。通过本案例的解析，学生能进一步学习和掌握更多的三维造型和数控加工功能，如公式曲线曲面的生成、曲面分割实体功能及多种五轴加工功能的应用等。

任务要求

根据图 5-145 所示的尺寸和技术要求，完成下啮合座零件的三维实体造型，进行零件正面安装工序的各个表面的加工轨迹生成及仿真。反面安装工序加工在此省略，学生可自行操作练习。注意工序安排时，先加工反面，再加工正面。

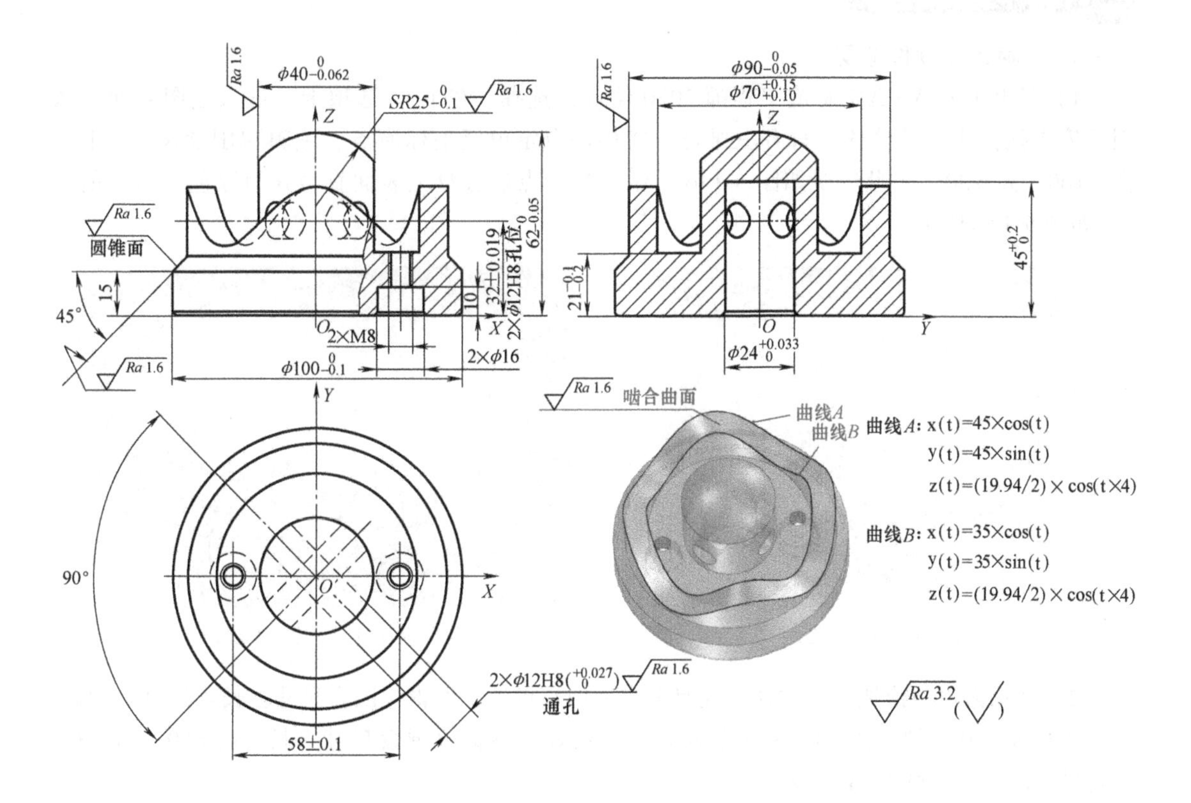

技术要求

1.啮合曲面是用曲线A和曲线B作出的直纹曲面(即UV网格某素线均为直线)。

2.2×ϕ12H8($^{+0.027}_{0}$)孔，要求选手用自带圆柱销钉可顺利穿过。

3.考虑切削效率及表面质量，禁止使用球头刀加工曲面，只能使用面铣刀或键槽铣刀。

图 5-145　下啮合座零件图

任务解析

1）零件造型时，坐标系采用世界坐标系，原点设置在底面中心点。加工坐标系原点设置在零件上表面中心点。

2）机床选用立式五轴加工中心，零件材料为 7075 T6 铝合金，毛坯为 ϕ100×62 圆柱棒料，直径和高度已加工到位。采用立装自定心卡盘装夹，打表找正。

3）采用等高线粗加工方法去除余量，整体留 0.3 精加工余量。

4）采用平面精加工、平面轮廓精加工、五轴平行面加工、五轴侧铣加工和五轴 G01 钻孔等加工方式，来生成零件的各个表面精加工轨迹。

本案例的重点、难点

1）零件下啮合曲线、曲面的生成，以及零件下啮合曲面的分割操作。

2）五轴侧铣加工、五轴平行面加工的参数设置及加工轨迹生成操作。

操作步骤详解

1. 下啮合座零件造型

1）打开 CAXA CAM 制造工程师 2020 软件，选择“特征”选项卡，进入绘图界面。从图素库中拖拽出一圆柱体，打开三维球，将中心点定位至坐标原点，编辑包围盒尺寸：长 = 宽 = 100，高 = 20，底盘造型如图 5-146 所示。接着点选底盘上表面直至其为绿色，向上拖拉 1，如图 5-147 所示。

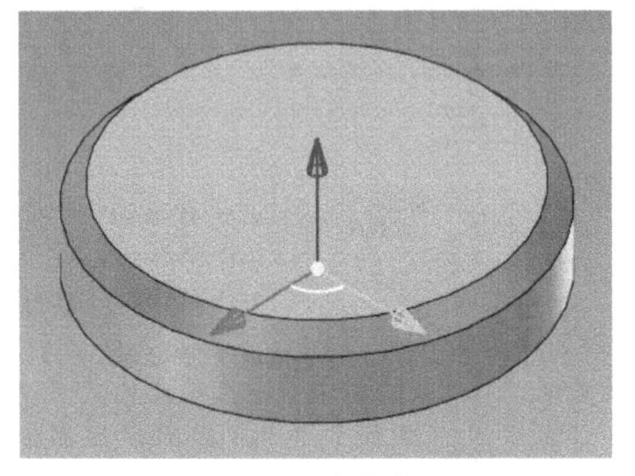

图 5-146　底盘造型

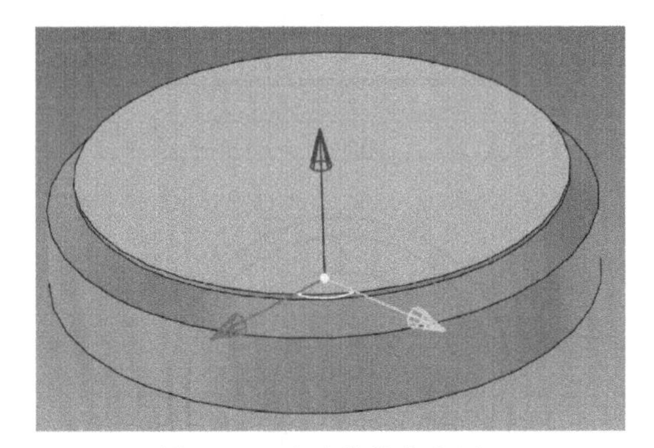

图 5-147　向上拖拉上表面 1

2）从图素库中拖拽一圆柱体至底盘上表面中心点处，编辑包围盒尺寸：长 = 宽 = 90，高 = 30；再拖拽一孔类圆柱体至圆柱体上表面中心点处，编辑包围盒尺寸：长 = 宽 = 70，高 = 30，所得圆柱环造型如图 5-148 所示。

3）选择“曲线”选项卡，单击“f(x)”公式曲线，弹出“公式曲线”对话框，从左边的公式库中选择“柱面正弦波线”，“坐标系”选择“直角坐标系”，“参变量单位”选择“角度”，参数：起始值 = 0，终止值 = 360，编辑参数方程如图 5-149 所示。单击“存储”确

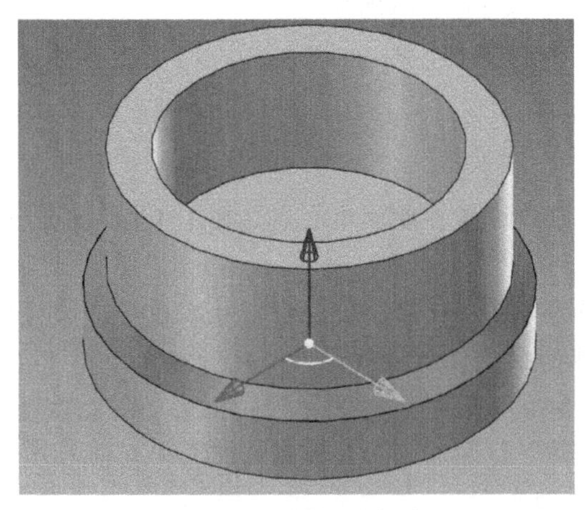

图 5-148　圆柱环造型

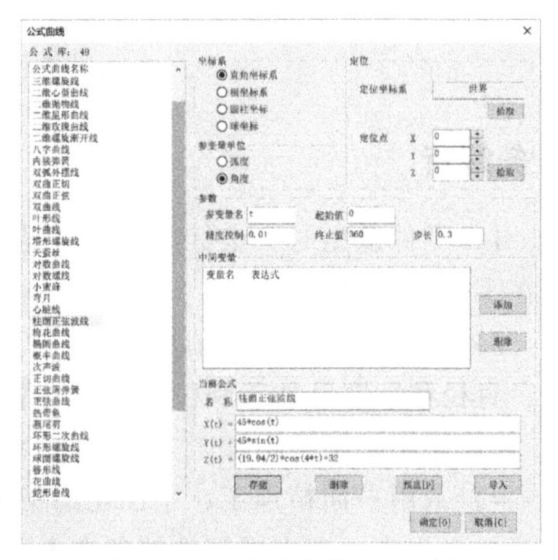

图 5-149　“公式曲线”对话框

认，再单击“预显”可看见曲线产生，最后单击“确定”完成曲线 A 生成。

再次单击“f(x)”公式曲线，弹出“公式曲线”对话框，从左边的公式库中选择“柱面正弦波线”，将参数方程中柱面半径改为 35，其余参数不变，如图 5-150 所示。单击“预显”可看见曲线产生，单击“确定”完成曲线 B 生成，如图 5-151 所示。

当前公式	
名　称	柱面正弦波线
X(t) =	35*cos(t)
Y(t) =	35*sin(t)
Z(t) =	(19.94/2)*cos(4*t)+32

图 5-150　曲线 B 的参数方程

4）隐藏实体，选择“曲面”选项卡，单击“”直纹面，分别点选曲线 A 和曲线 B 的对应点，则生成直纹面（注：一次只生成一半，需两次完成）。在“特征”选项卡中，单击“”布尔命令，用加运算将两半曲面合并，所生成下啮合曲面如图 5-152 所示。

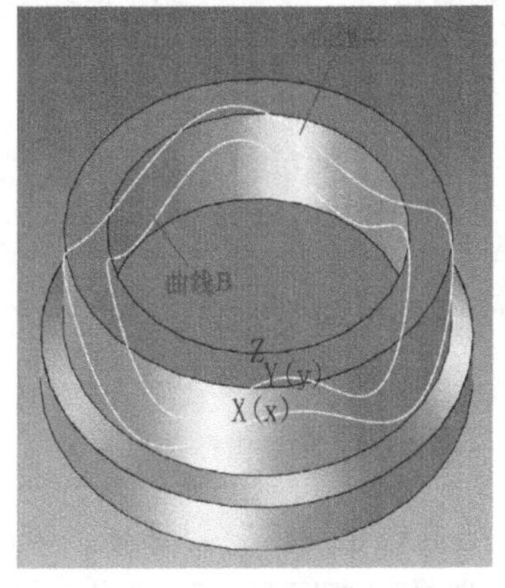

图 5-151　曲线 A 和曲线 B 生成

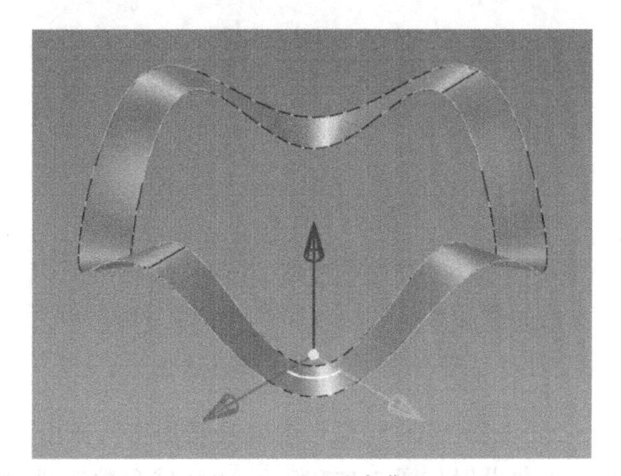

图 5-152　下啮合曲面

5）显示实体，选择“特征”选项卡，单击“”分割命令，在属性对话框中，目标零件选择实体，工具零件选择下啮合曲面，单击“✓”按钮完成分割，如图 5-153 所示。

6）将实体的上半部分、曲面和曲线压缩或隐藏，如图 5-154 所示。

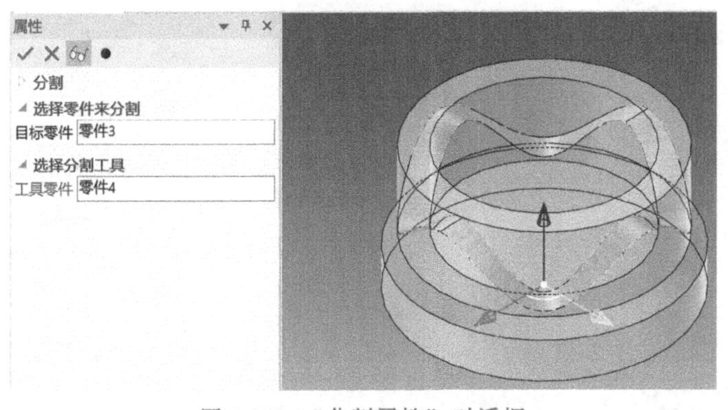

图 5-153　“分割属性”对话框

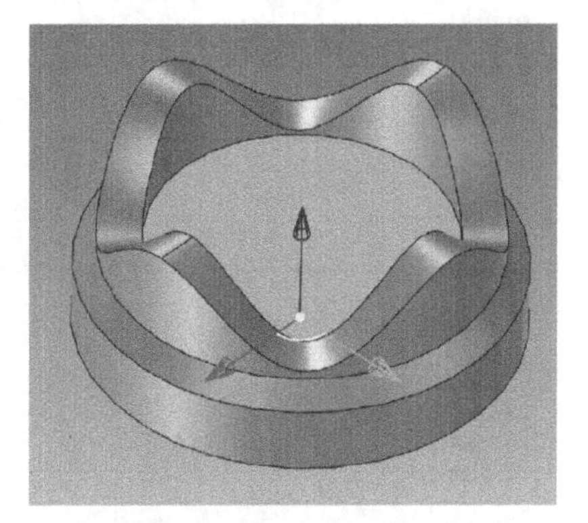

图 5-154　压缩或隐藏实体上半部、曲面和曲线

7）其余部分造型较简单，操作过程略，下啮合座零件造型如图 5-155 所示。

2. 零件加工轨迹生成

1）选择“制造”选项卡，单击“![]”坐标系，以（0，0，62）点为原点坐标建立坐标系。单击“![]”毛坯创建，在“创建毛坯”对话框中，选择毛坯种类为圆柱体，高度为 62，半径为 50，底面中心点（0，0，0），轴向方向（0，0，1），确定后完成毛坯创建，如图 5-156 所示。

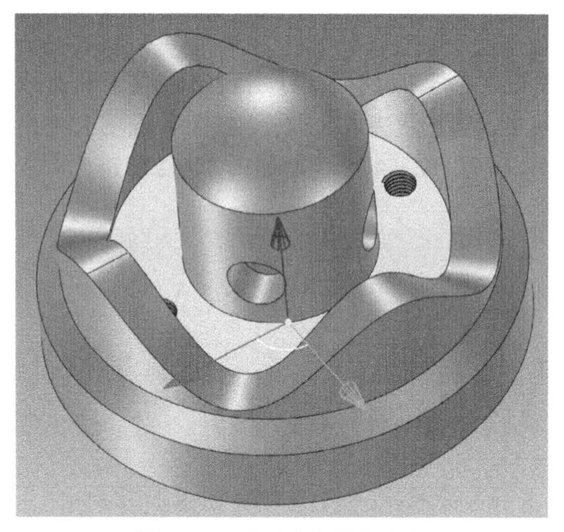

图 5-155　下啮合座零件造型

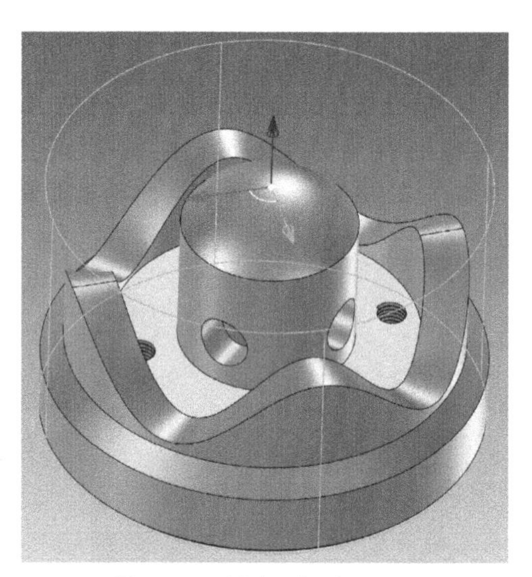

图 5-156　创建坐标系和毛坯

2）选择三轴“![]”等高线粗加工，弹出“编辑：等高线粗加工”对话框，等高线粗加工参数设置如图 5-157 所示。“区域参数”选项卡中，选择“高度范围”→“自动设定”→“由毛坯确定的范围”。等高线粗加工刀具参数设置如图 5-158 所示，速度参数选择适当，入库。在“几何”选项卡中，加工曲面选择零件实体，拾取毛坯，确定后生成等高线粗加工轨迹，如图 5-159 所示。

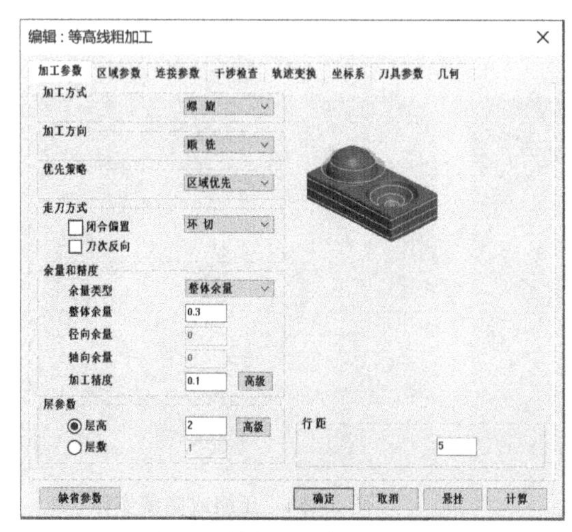

图 5-157　等高线粗加工参数设置

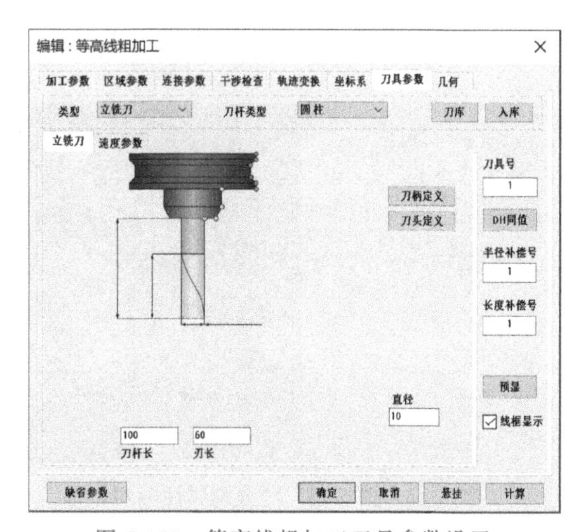

图 5-158　等高线粗加工刀具参数设置

3）选择三轴“平面精加工”，弹出“编辑：平面精加工”对话框，平面精加工参数设置如图 5-160 所示。平面精加工刀具参数设置如图 5-161 所示。其余参数按系统默认。在“几何”选项卡中，加工曲面选择零件实体，确定后生成平面精加工轨迹，如图 5-162 所示。

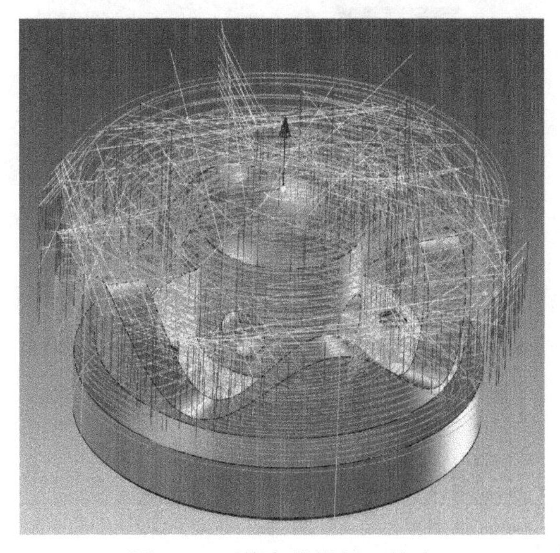

图 5-159　等高线粗加工轨迹

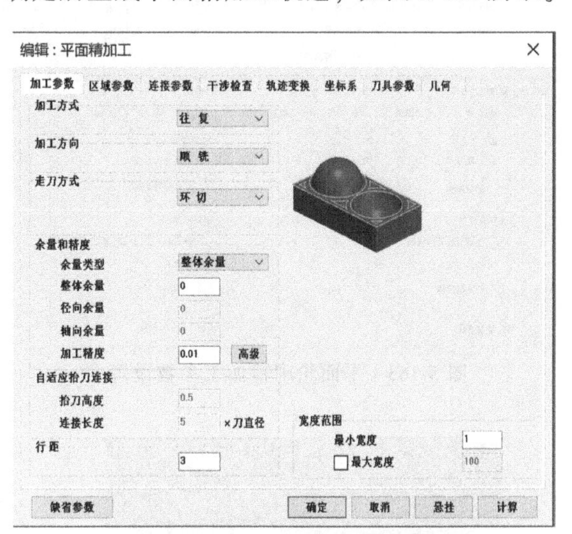

图 5-160　平面精加工参数设置

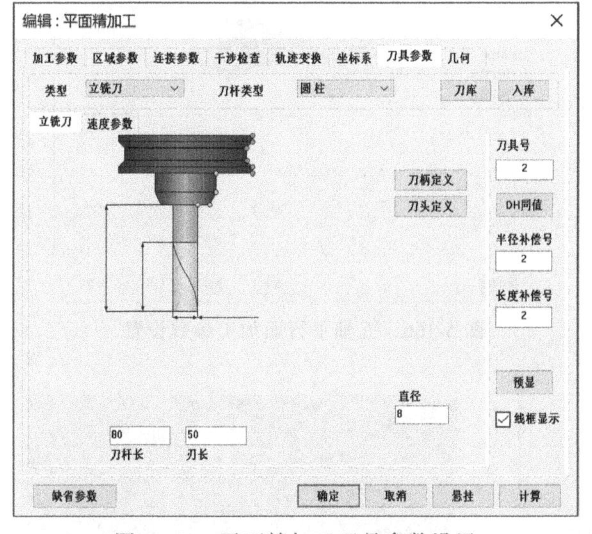

图 5-161　平面精加工刀具参数设置

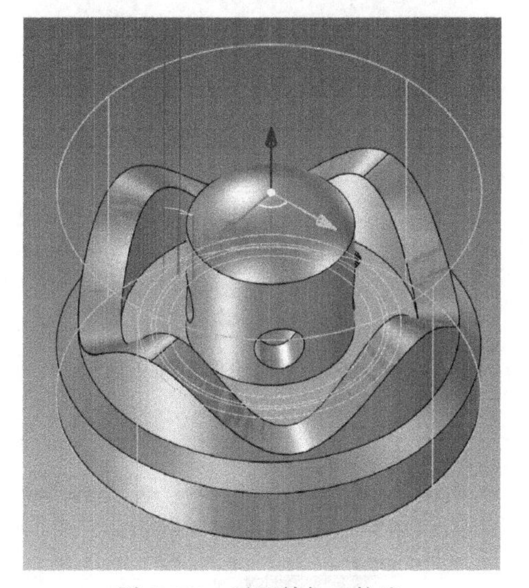

图 5-162　平面精加工轨迹

4）选择二轴“平面轮廓精加工”，弹出“编辑：平面轮廓精加工”对话框，平面轮廓精加工参数设置如图 5-163 所示。平面轮廓精加工刀具参数设置如图 5-164 所示。其余参数按系统默认。在“几何”选项卡中，轮廓曲线选择 ϕ90 圆柱面与圆锥面的交线，确定后生成平面轮廓精加工轨迹，如图 5-165 所示。

5）选择五轴“五轴平行面加工”，弹出“编辑：五轴平行面加工”对话框，五轴平行面加工参数设置如图 5-166 所示。五轴平行面加工刀具参数设置如图 5-167 所示。其余参数按系统默认。在“几何”选项卡中，加工曲面选择 R25 球面，单侧限制面选择 ϕ40 外圆柱面，方向箭头指向外侧，确定后生成 R25 球面五轴精加工轨迹，如图 5-168 所示。

图 5-163　平面轮廓精加工参数设置

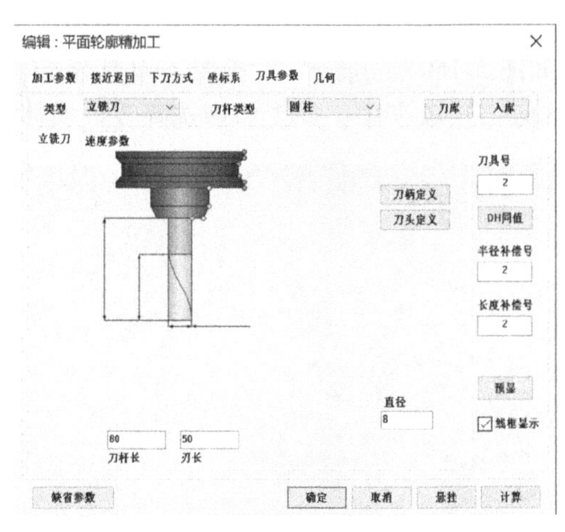

图 5-164　平面轮廓精加工刀具参数设置

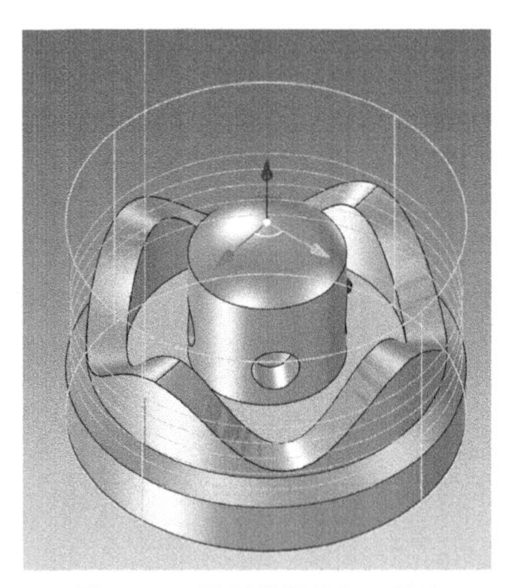

图 5-165　平面轮廓精加工轨迹

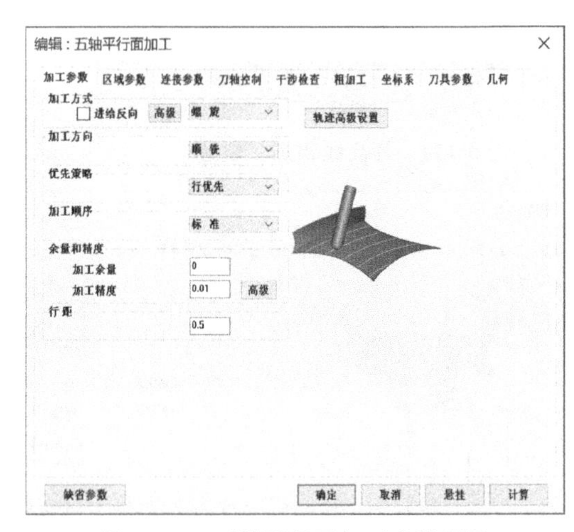

图 5-166　五轴平行面加工参数设置

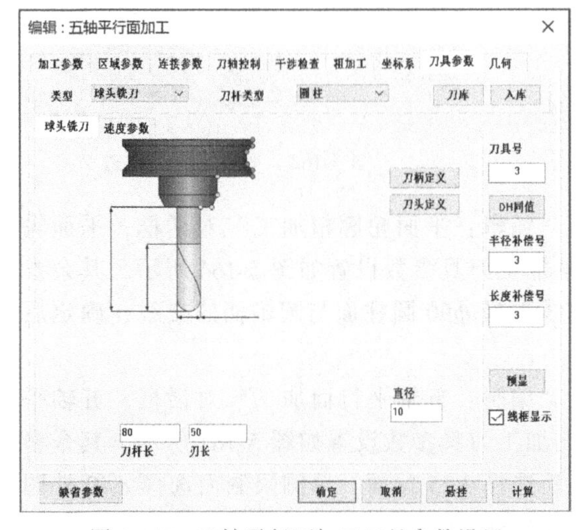

图 5-167　五轴平行面加工刀具参数设置

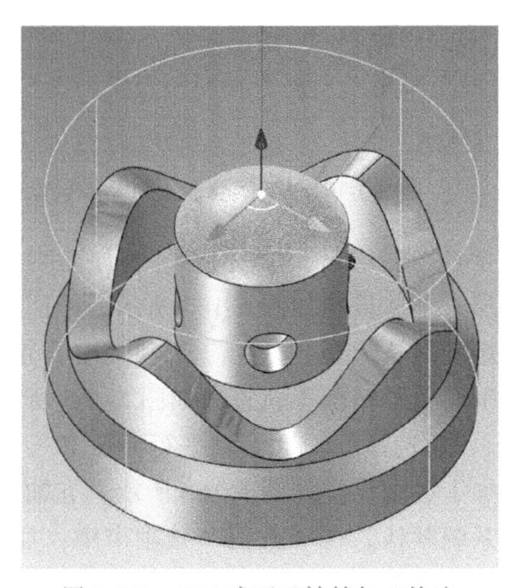

图 5-168　*R*25 球面五轴精加工轨迹

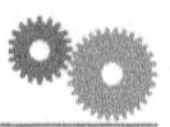

6）选择五轴“五轴平行面加工”，弹出“编辑：五轴平行面加工”对话框，五轴平行面加工参数设置如图 5-169 所示。在“区域参数”选项卡中，“类型”选择“填满区域，刀路起始及结束于边界上”，勾选“边距考虑刀具半径”，如图 5-170 所示。五轴平行面加工刀具参数选项如图 5-171 所示。其余参数按系统默认，确定后生成圆锥面五轴精加工轨迹，如图 5-172 所示。

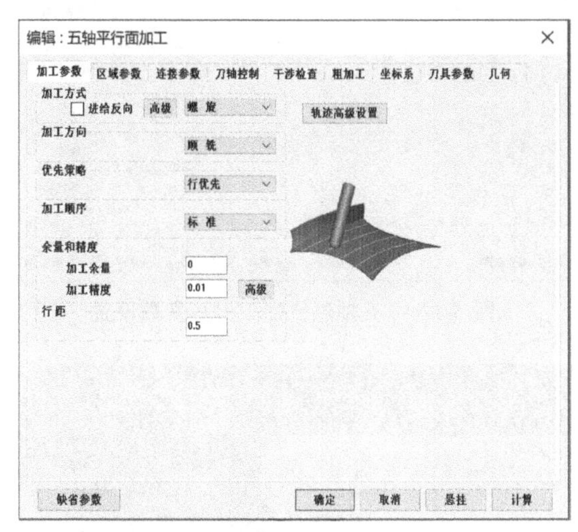

图 5-169　五轴平行面加工参数设置

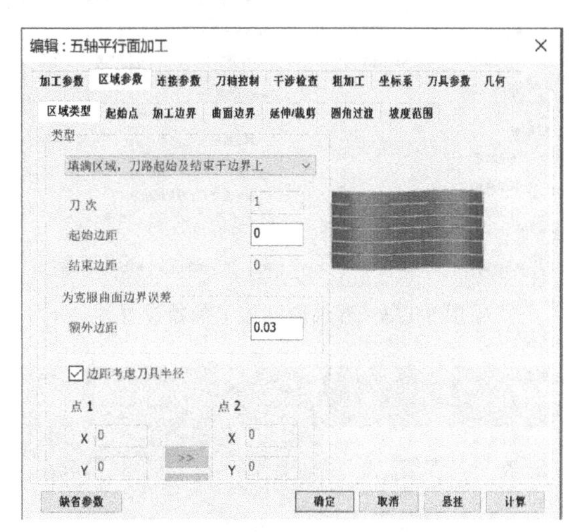

图 5-170　五轴平行面加工区域参数设置

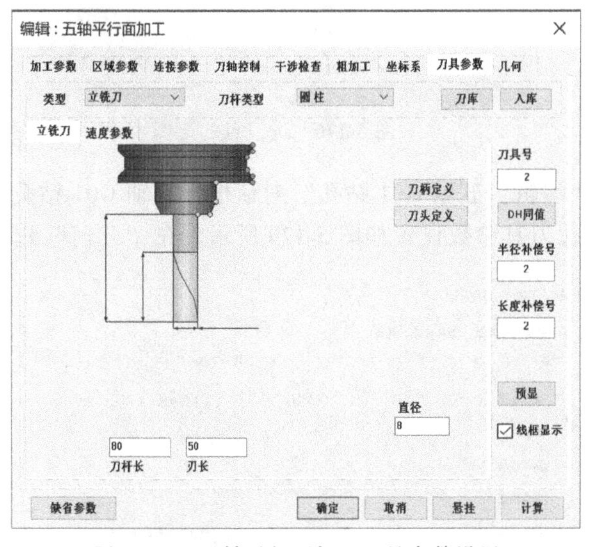

图 5-171　五轴平行面加工刀具参数设置

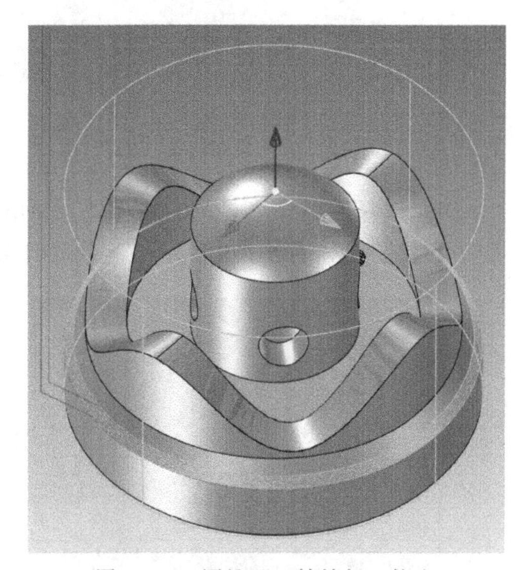

图 5-172　圆锥面五轴精加工轨迹

7）选择五轴“五轴侧铣加工”，弹出“编辑：五轴侧铣加工”对话框，五轴侧铣加工参数设置如图 5-173 所示。五轴侧铣加工刀具参数设置如图 5-174 所示。

8）在“几何”选项卡中，单击“第一条曲线”选项，选择曲线 A，选好后单击“✔”确定，如图 5-175 所示，同样，依此选择“第二条曲线”为曲线 B。进刀点的选择如图 5-176 所示，确定后生成下啮合曲面五轴侧铣精加工轨迹，如图 5-177 所示。

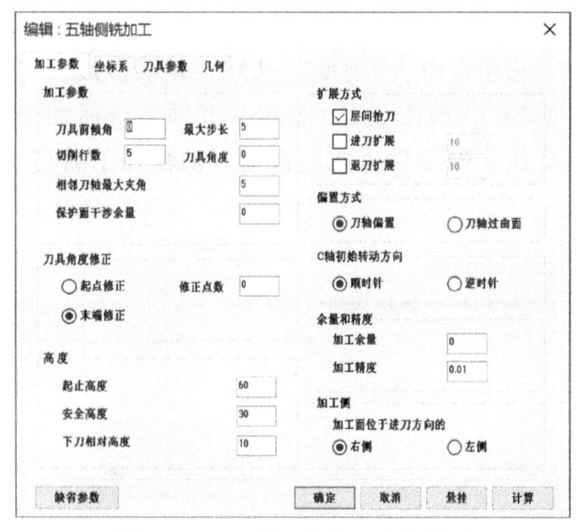

图 5-173　五轴侧铣加工参数设置

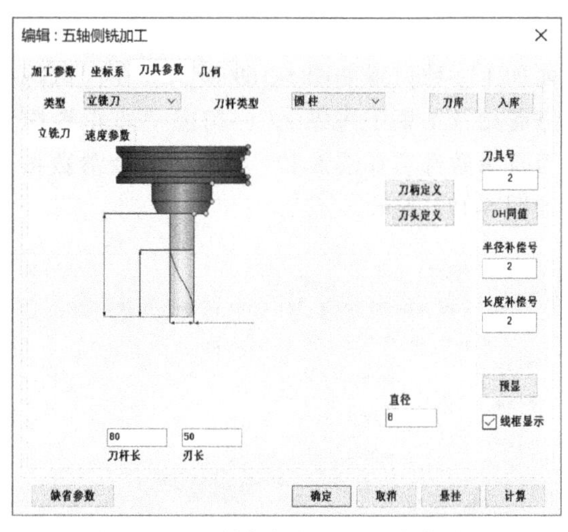

图 5-174　五轴侧铣加工刀具参数设置

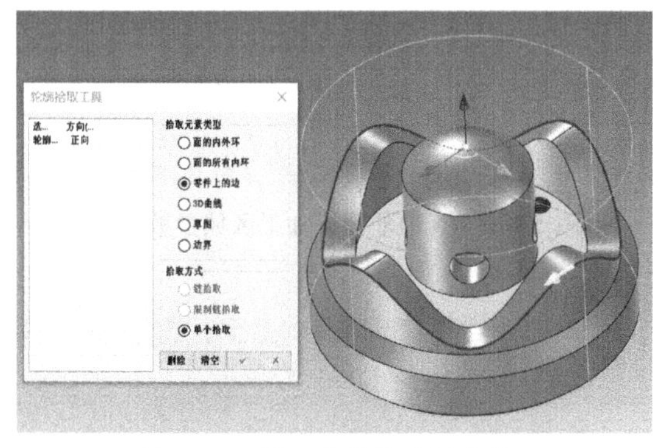

图 5-175　第一条曲线选择曲线 *A*

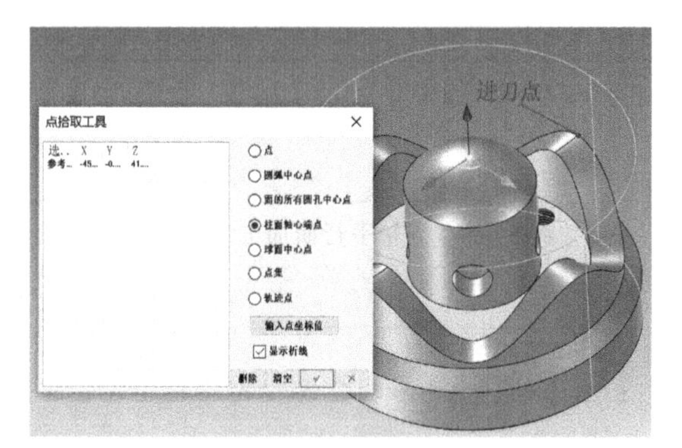

图 5-176　进刀点的选择

9）选择五轴“五轴 G01 钻孔”，弹出“编辑：五轴 G01 钻孔”对话框，五轴 G01 钻孔加工参数设置如图 5-178 所示。五轴 G01 钻孔刀具参数设置如图 5-179 所示。在“几何”选

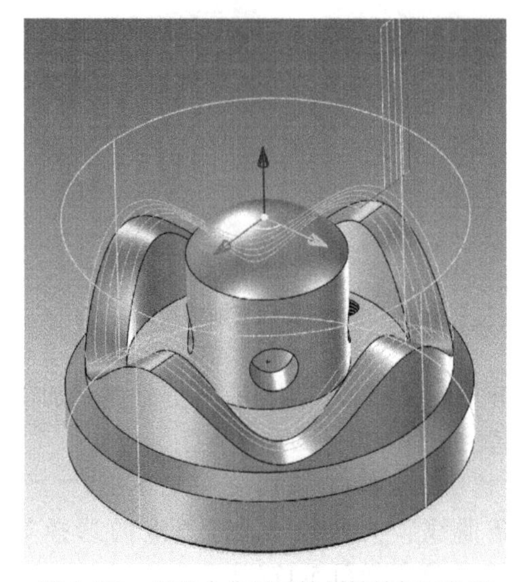

图 5-177　下啮合曲面五轴侧铣精加工轨迹

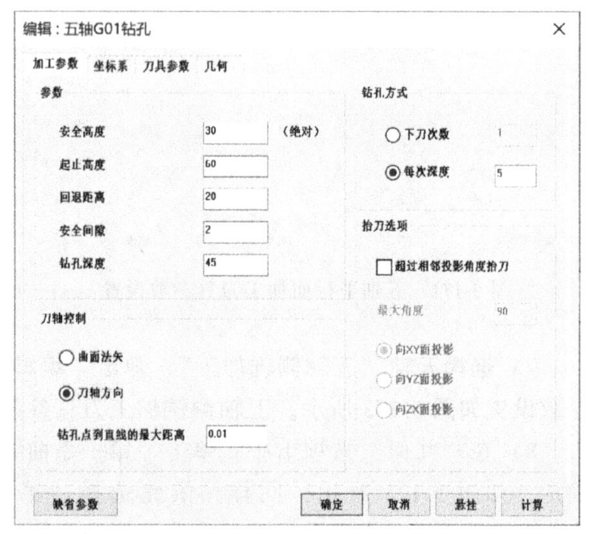

图 5-178　五轴 G01 钻孔加工参数设置

项卡中，孔点的选择如图 5-180 所示，刀轴方向的选择如图 5-181 所示，确定后生成五轴 G01 孔加工轨迹，如图 5-182 所示。另一方向孔加工轨迹生成操作略。

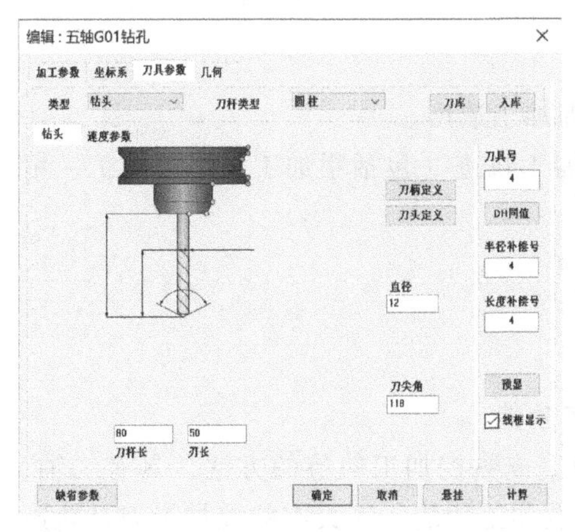

图 5-179　五轴 G01 钻孔刀具参数设置

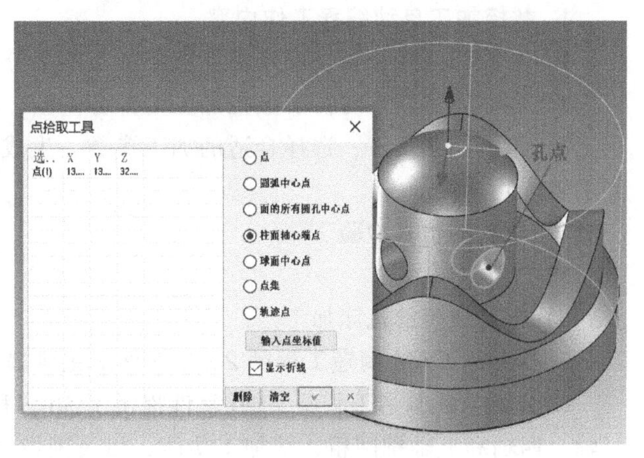

图 5-180　孔点的选择

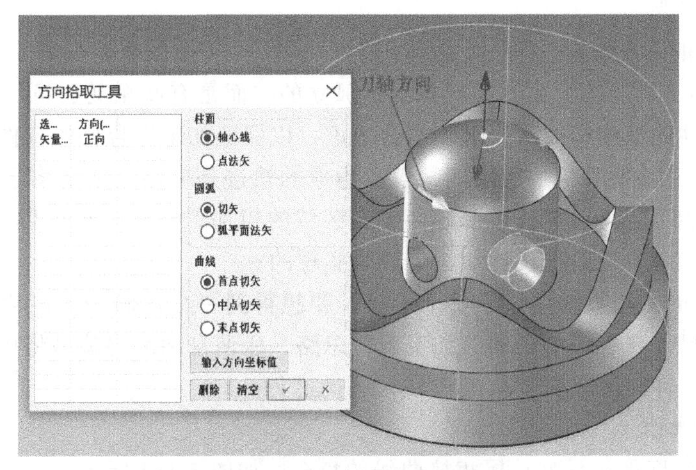

图 5-181　刀轴方向的选择

10）下啮合座零件五轴加工仿真结果如图 5-183 所示。

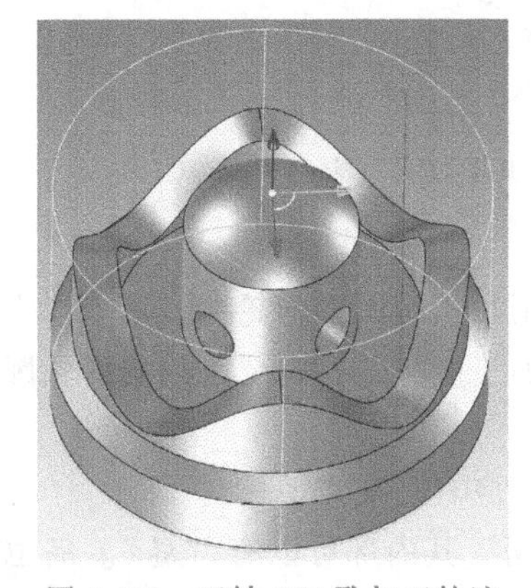

图 5-182　五轴 G01 孔加工轨迹

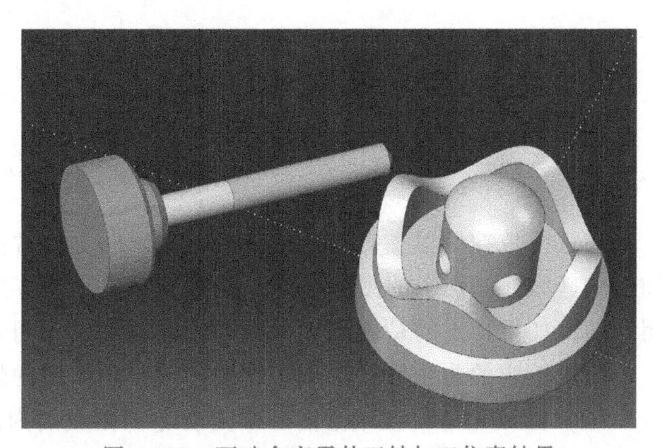

图 5-183　下啮合座零件五轴加工仿真结果

知识点拓展

1. 数控加工自动编程工作内容

1）对图样进行分析，确定需要数控加工的部分。

2）利用图形软件对需要数控加工的部分造型，即加工造型。

3）根据加工条件，选择合适的加工参数，生成加工轨迹（包括粗加工、半精加工、精加工轨迹）。

4）轨迹的仿真检验。

5）生成G代码。

6）存储或传给机床加工。

2. CAXA CAM制造工程师2020软件的主要加工功能

CAXA CAM制造工程师2020软件提供了50多种生成数控加工轨迹的方法，具有二轴、三轴、四轴和五轴铣削粗、精加工功能，以及图像浮雕加工功能，还具有数控加工刀具轨迹仿真、刀具轨迹的编辑及变换、后置处理以及G代码的生成等功能，可以满足平面和各种复杂曲面的加工需要。

3. 软件应用的几点说明

1）每一种加工轨迹的生成方式，并不是孤立的，而是有联系的，可以互相配合、互相补充，要根据零件的结构和技术要求，综合考虑，以保证加工出合格的零件。

2）所谓粗加工功能和精加工功能，仅指生成的轨迹是单层的还是多层的。例如，用平面区域粗加工功能，既可以生成某个零件平面区域的粗加工轨迹，也可以生成精加工轨迹，其加工精度和加工余量是通过设置加工参数来实现的。

3）CAXA制造工程师软件只是一个工具，要想得到一个正确的零件数控加工轨迹和G代码，首先要求操作者有一个正确的加工工艺思路，所谓自动编程就是将操作者的工艺思路通过CAD/CAM软件转换成加工轨迹和G代码的过程。

4. 常用名词术语

（1）轮廓　轮廓是一系列首尾相接曲线的集合，如图5-184所示。

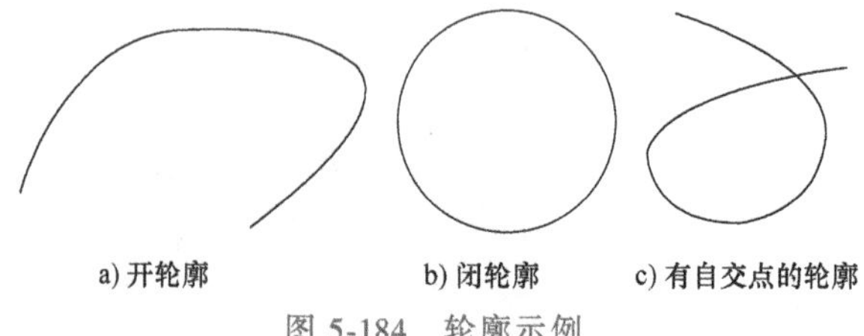

图5-184　轮廓示例

在进行数控编程、交互指定待加工图形时，常常需要用户指定图形的轮廓，用来界定被加工的区域或被加工的图形本身。如果轮廓是用来界定被加工区域的，则要求指定的轮廓是闭合的；如果加工的是轮廓本身，则轮廓也可以不闭合。

组成轮廓的曲线可以是空间曲线，但要求指定的轮廓不应有自交点。

（2）区域和岛　区域指由一个闭合轮廓围成的内部空间，其内部可以有“岛”。岛也是由闭合轮廓界定的。

区域指外轮廓和岛之间的部分。由外轮廓和岛共同指定待加工的区域，外轮廓用来界定加工区域的外部边界，岛用来屏蔽其内部不需加工或需保护的部分。轮廓与岛的关系如图5-185所示。

（3）刀具轨迹和刀位点　刀具轨迹是系统按给定工艺要求生成的对给定加工图形进行切削时刀具行进的路线，如图5-186所示。系统以图形方式显示。刀具轨迹由一系列有序的刀位点和连接这些刀位点的直线（直线插补）或圆弧（圆弧插补）组成。

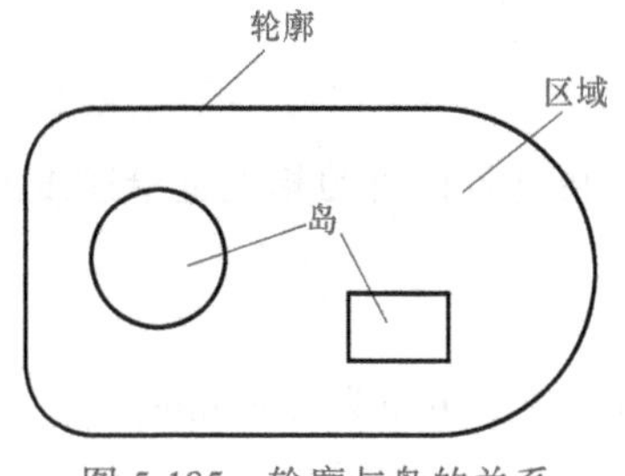

图5-185　轮廓与岛的关系

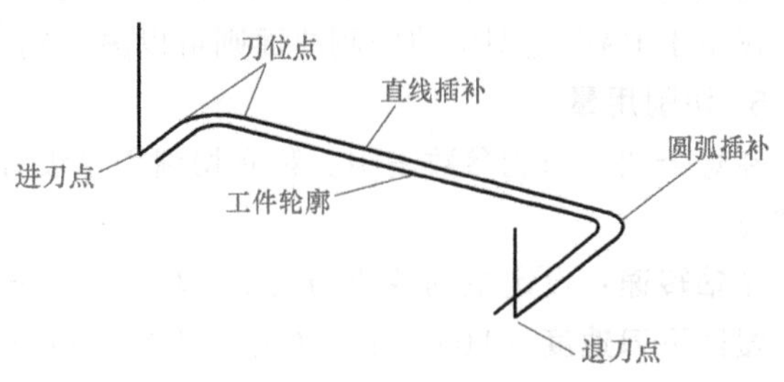

图5-186　刀具轨迹和刀位点

注意：

本系统的刀具轨迹是按刀尖位置来计算和显示的。

（4）干涉　在切削被加工表面时，如果刀具切到了不应该切的部分，则称为出现干涉现象，或者称为过切。

在CAXA CAM制造工程师系统中，干涉分为以下两种情况：

1）自身干涉。指被加工表面中存在刀具切削不到的部分时产生的过切现象，如图5-187所示。

2）面间干涉。指在加工一个或一系列表面时，可能会对其他表面产生过切的现象，如图5-188所示。

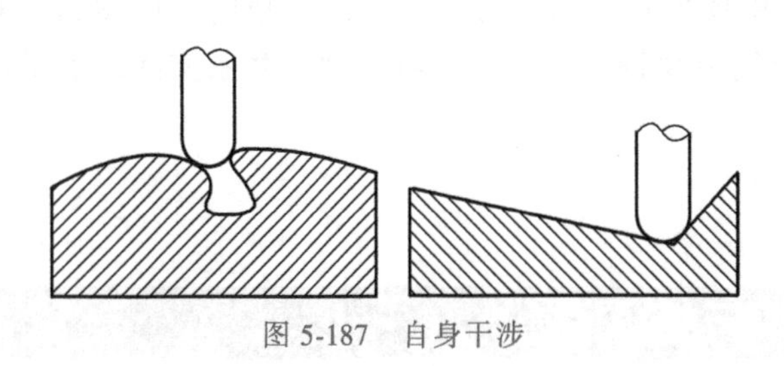

图5-187　自身干涉

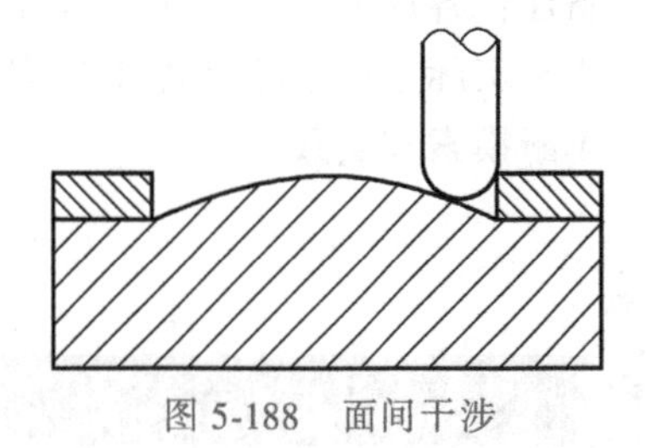

图5-188　面间干涉

（5）几何精度　在造型时，模型的曲面是光滑连续（法矢连续）的，如球面是一个理想的光滑连续的面，这样的理想模型称为几何模型。但在加工时，不可能完成这样一个理想的几何模型。所以，一般会把一张曲面离散成一系列的三角片。由这一系列三角片所构成的模型称加工模型。加工模型与几何模型之间的误差称为几何精度，用δ表示。加工精度是按轨迹加工出来的零件与加工模型之间的误差，当加工精度趋近于0时，轨迹对应的加工件的形状即为加工模型（忽略残留量）。几何精度示意图如图5-189所示。

（6）注意事项　由于系统中所有曲面及实体（隐藏或显示）的总和为模型，所以用户在增删曲面时，一定要小心，因为删除曲面或增加实体元素都意味着对模型的修改，已生成的轨迹可能不再适用于新模型，严重的话会导致过切。

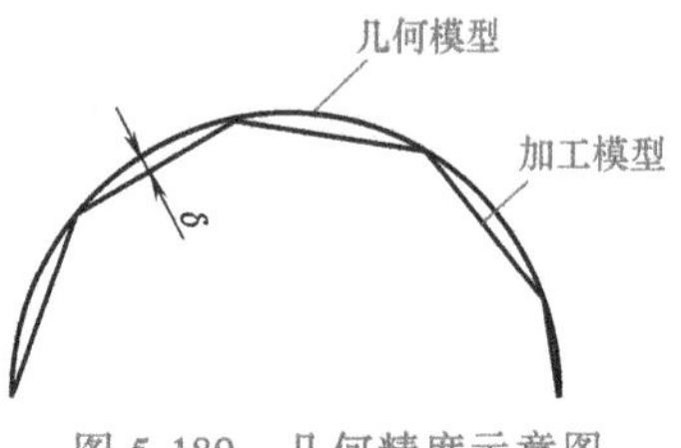

图 5-189　几何精度示意图

强烈建议用户使用加工模块过程中不要增删曲面，如果一定要这样做的话，请重置（重新）计算所有的轨迹。若仅仅用于 CAD 造型中的增删曲面则可以另当别论。

5. 切削用量

在每个加工功能参数表中，都有切削用量设置，即设定轨迹各位置的相关进给速度及主轴转速。

主轴转速：设定主轴转速的大小，单位为 r/min。

慢速下刀速度（F0）：设定慢速下刀轨迹段进给速度的大小，单位为 mm/min。

切入切出连接速度（F1）：设定切入轨迹段、切出轨迹段、连接轨迹段、接近轨迹段和返回轨迹段进给速度的大小，单位为 mm/min。

切削速度（F2）：设定切削轨迹段进给速度的大小，单位为 mm/min。

退刀速度（F3）：设定退刀轨迹段进给速度的大小，单位为 mm/min。

切削用量如图 5-190 所示。

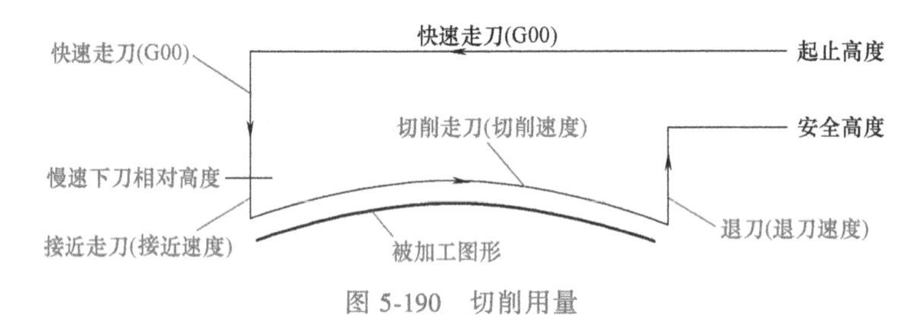

图 5-190　切削用量

备注：各项加工功能的具体含义、适用场景及应用方法可在软件“帮助”中搜索、查阅。由于实际生产中零件加工的多样性和复杂性特点，需要学习者理论联系实际，活学活用，不断摸索和实践。

思考与练习题

5-1　根据图 5-191 所示的尺寸及技术要求，完成凹槽零件的三维建模、加工轨迹生成、仿真及程序 G 代码的生成。

5-2　根据图 5-192 所示的尺寸及技术要求，完成十字凸台零件的实体建模与加工编程。

5-3　根据图 5-193 所示的尺寸，完成底板零件的实体建模与加工编程。

5-4　根据图 5-194 所示的尺寸及技术要求，完成转接盘零件的实体建模与加工编程。

5-5　根据图 5-195 所示的尺寸及技术要求，完成槽盘零件的实体建模与加工编程。

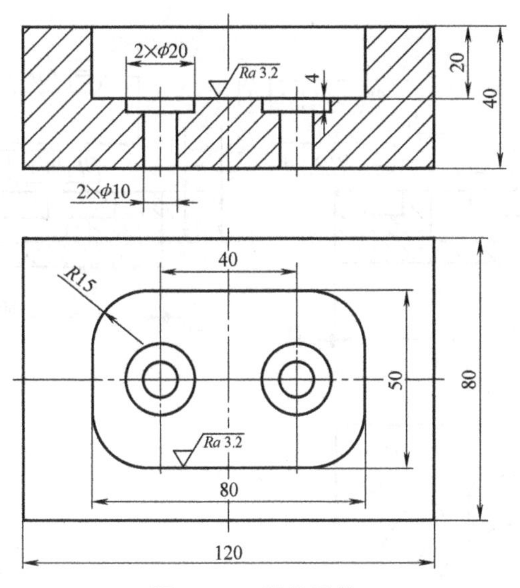

图 5-191　凹槽零件

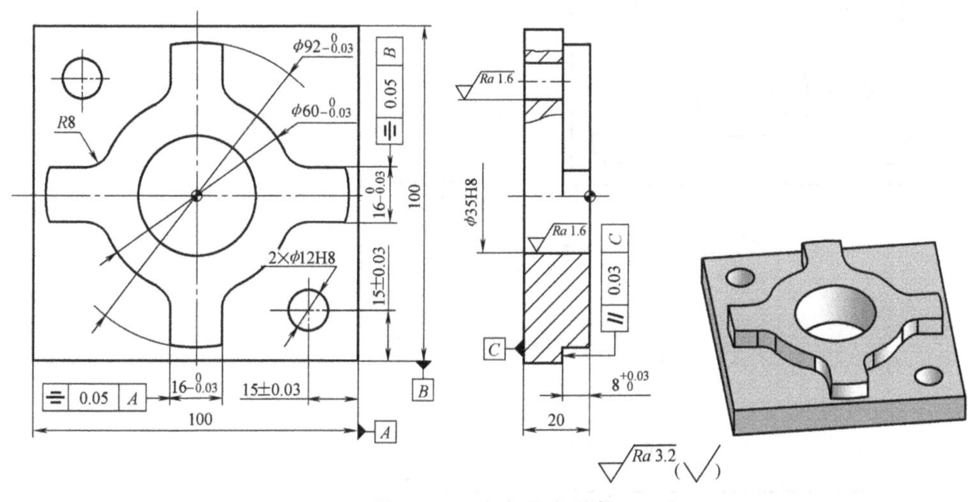

图 5-192　十字凸台零件

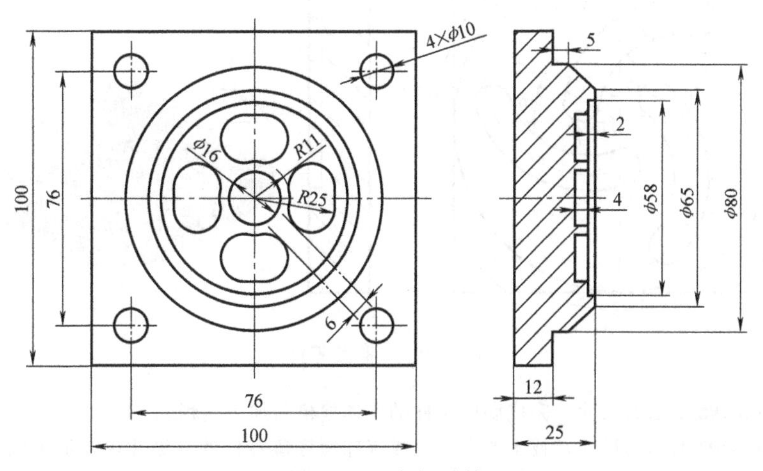

图 5-193　底板零件

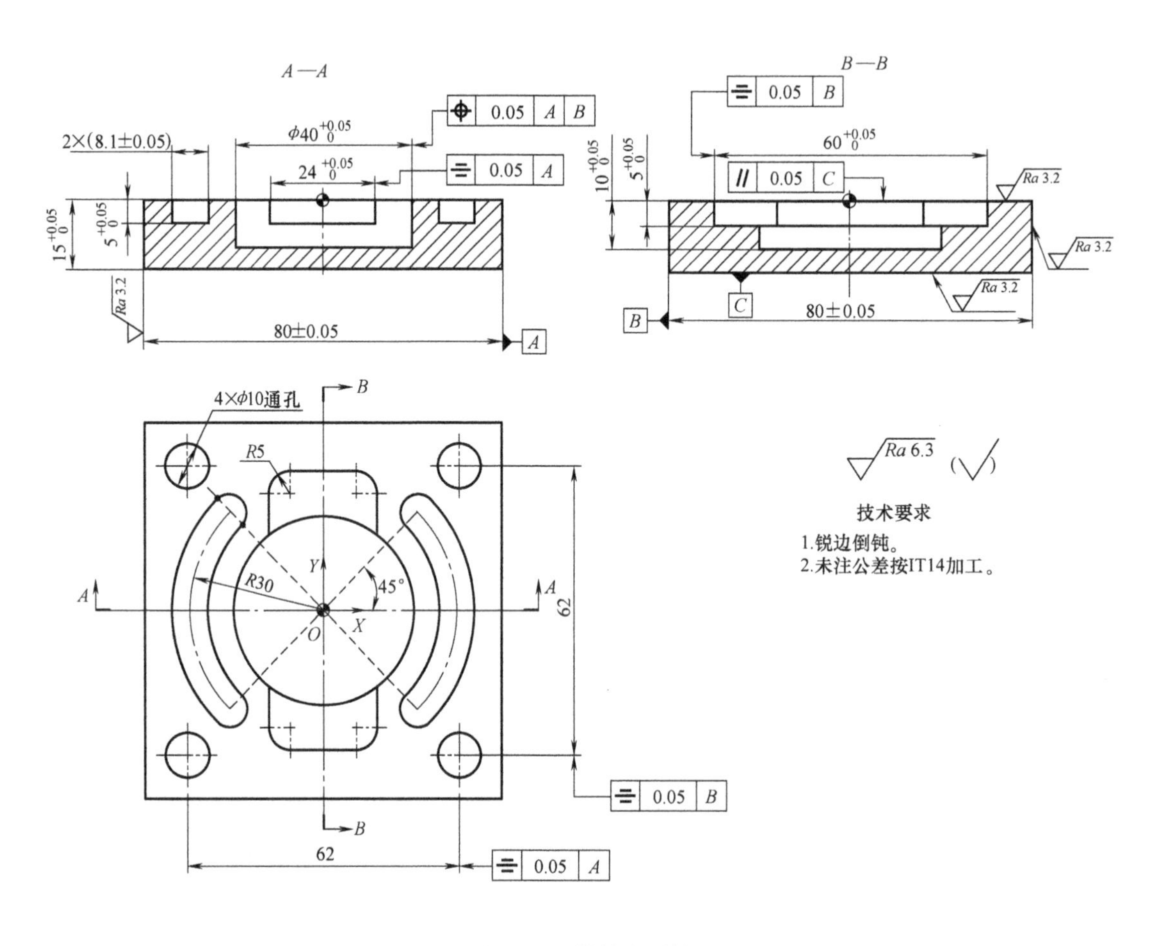

图 5-194　转接盘零件

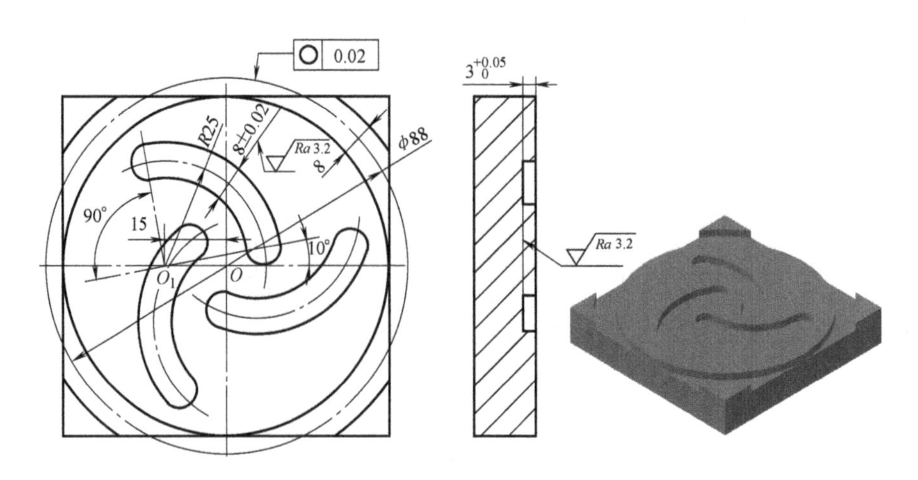

图 5-195　槽盘零件

5-6　根据图 5-196 所示的尺寸，完成底座零件的实体建模与加工编程。

5-7　根据图 5-197 所示的尺寸及技术要求，完成双球面底座零件的三维建模、加工轨迹仿真及程序 G 代码的生成。

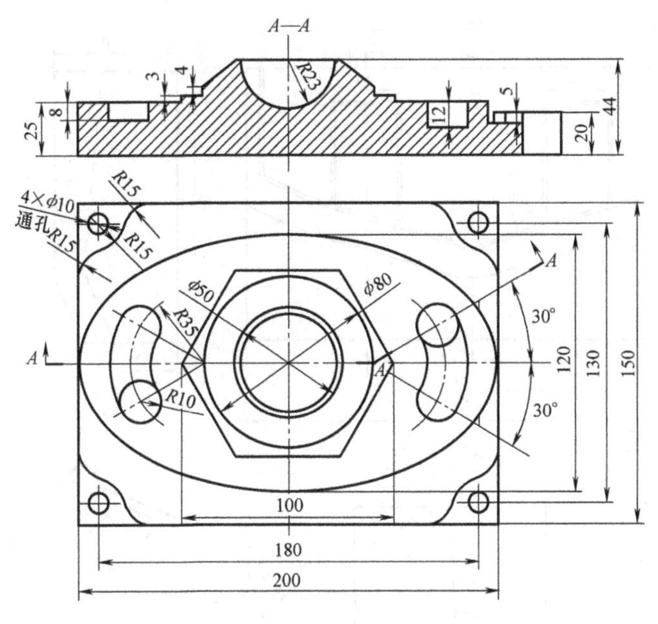

图 5-196　底座零件

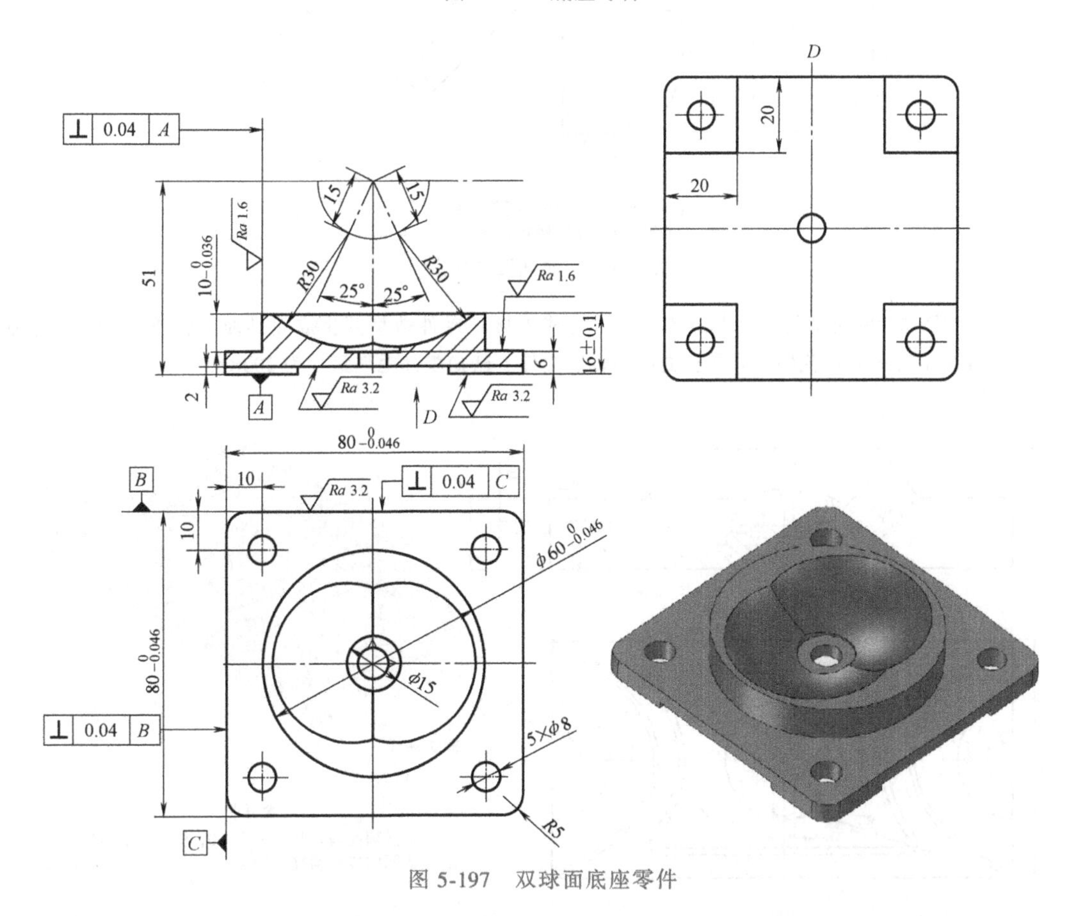

图 5-197　双球面底座零件

5-8　根据图 5-198 所示的尺寸及技术要求，完成曲面凹槽零件造型并生成刀具加工轨迹（分粗、精加工），生成 FANUC 系统 G 代码，并保存造型和轨迹文件。已知零件毛坯尺寸为 150×90×40。

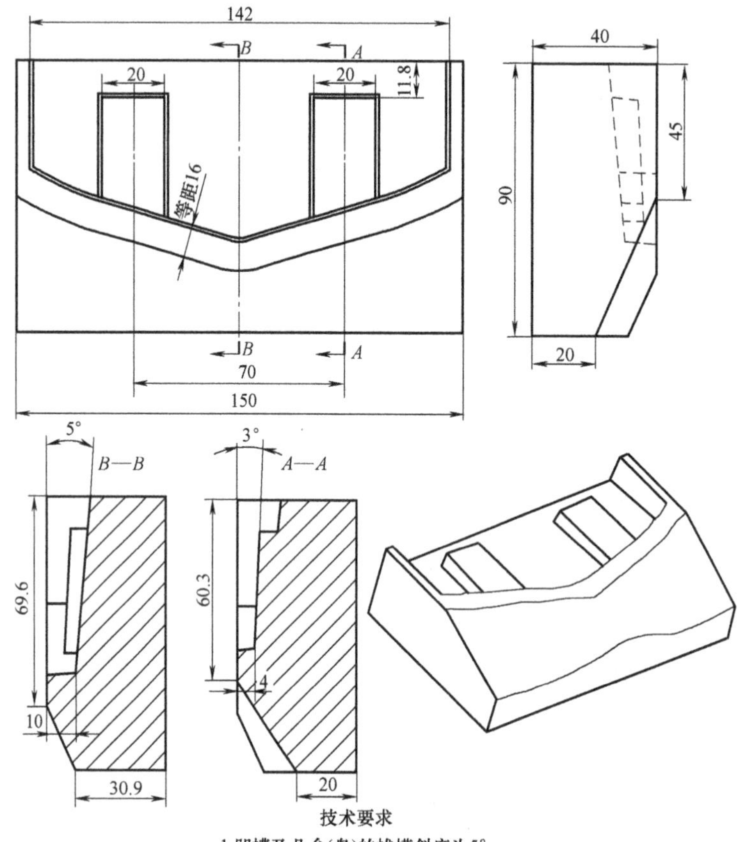

图 5-198　曲面凹槽零件

5-9　根据图 5-199 所示的尺寸及技术要求，完成连接板零件造型并生成刀具加工轨迹（分粗、精加工），生成 FANUC 系统 G 代码，并保存造型和轨迹文件。已知零件毛坯尺寸为 200×100×50。

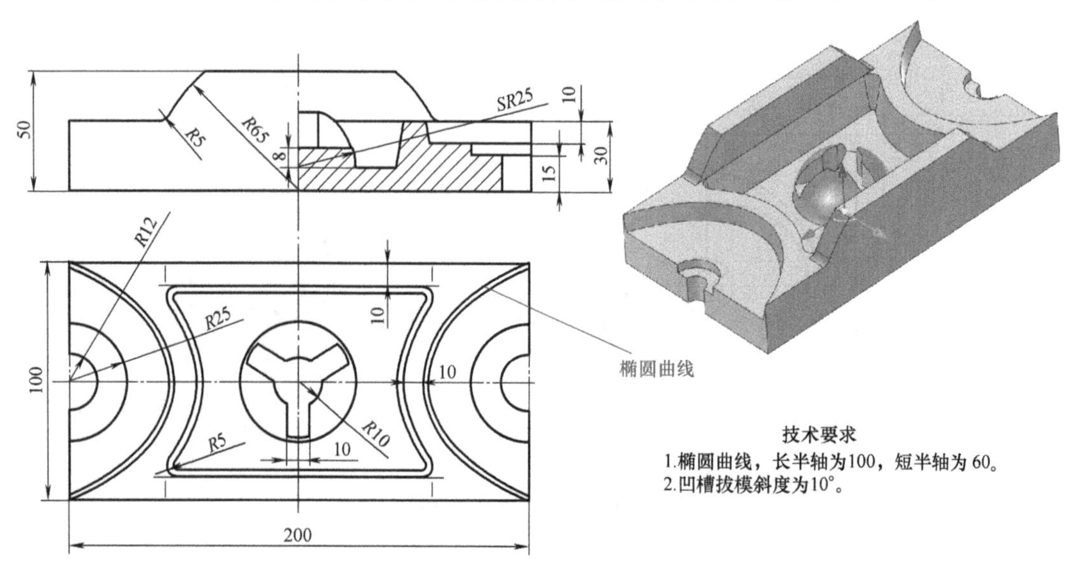

图 5-199　连接板零件

参 考 文 献

[1] 关雄飞. CAXA 制造工程师 2013r2 实用案例教程 [M]. 北京: 机械工业出版社. 2014.
[2] 关雄飞. CAXA 制造工程师应用技术 [M]. 北京: 机械工业出版社. 2008.
[3] 关雄飞. 数控加工工艺与编程 [M]. 北京: 机械工业出版社. 2011.